Spring Boot 3 入门与应用实战

LinkedBear 著

人民邮电出版社
北京

图书在版编目（CIP）数据

Spring Boot 3：入门与应用实战 / LinkedBear 著.
北京 : 人民邮电出版社, 2025. -- ISBN 978-7-115
-66747-2

I. TP312.8

中国国家版本馆CIP数据核字第2025TC1005号

内 容 提 要

随着JDK的升级与迭代，Spring Framework 与 Spring Boot 也分别升级到了全新的6.0与3.0版本，全新的版本带来了更加强大的功能和特性。本书侧重于核心功能和特性的讲解，重点讲解 Spring Framework 与 Spring Boot 在应用开发中的核心与应用，通过多个方面介绍应用开发中涉及的场景。

本书分为六个部分，共15章。第一～三部分介绍 Spring Framework 与 Spring Boot 的基础与核心机制，包括IOC、AOP、Spring Boot 应用特性；第四部分讲解基于 Spring Boot 的WebMvc应用开发；第五部分对Dao层整合开发进行讲解；第六部分则是 Spring Boot 的应用打包和生产级特性。

阅读本书之前，建议读者至少对Java Web有一定的了解。本书适合想要迅速上手Spring Framework 和 Spring Boot 的入门级开发者，也适合想要深入提升Java开发能力的初级或中级开发者。

◆ 著　　LinkedBear
　　责任编辑　单瑞婷
　　责任印制　王　郁　胡　南

◆ 人民邮电出版社出版发行　北京市丰台区成寿寺路11号
　　邮编　100164　电子邮件　315@ptpress.com.cn
　　网址　https://www.ptpress.com.cn
　　北京市艺辉印刷有限公司印刷

◆ 开本：787×1092　1/16
　　印张：27.5　　　　　　　　2025年5月第1版
　　字数：684千字　　　　　　2025年5月北京第1次印刷

定价：129.80元

读者服务热线：(010)81055410　印装质量热线：(010)81055316
反盗版热线：(010)81055315

前言

Spring Framework 和 Spring Boot 已然是当下构建 Java Web 应用的首选,其强大的容器和应用特性,再加上优异的第三方技术整合能力,使得 Spring Framework 和 Spring Boot 稳坐 Java Web 应用开发的头把交椅。在出版《Spring Boot 源码解读与原理分析》之后,不少读者提出,源码解读的阅读难度较大,对部分还不完全熟悉 Spring Framework 和 Spring Boot 的读者而言更是难上加难。为此,作者经过深思熟虑,并考虑到在撰写本书期间 Spring Framework 与 Spring Boot 的版本更新,决定以 Spring Framework 6.x 与 Spring Boot 3.x 为基础,重新编写一套从零开始学习的系列书,旨在帮助读者了解、掌握 Spring Framework 与 Spring Boot,并对新版本中引入的核心特性进行讲解。作者期望那些刚刚完成 Java Web 学习的初学者能够借助本书学习 Spring Framework 与 Spring Boot,同时希望那些实战经验尚浅的开发者能够利用本书巩固自身基础并弥补知识空缺。此外,作者也希望那些致力于深入研究的进阶学习者能够借助本书进一步深入了解 Spring Framework 与 Spring Boot 的全貌。

本书组织结构

本书分为六个部分,分别介绍 Spring Framework 的 IOC 容器(第 1～4 章)、Spring Boot 应用构建与核心特性(第 5 章、第 6 章)、Spring Framework 的 AOP(第 7 章、第 8 章)、基于 WebMvc 的 Spring Boot Web 应用开发(第 9～第 11 章)、Spring Boot 的数据访问能力整合(第 12 章、第 13 章),以及 Spring Boot 应用的生产与运维(第 14 章、第 15 章)。具体安排如下。

第 1 章从整体层面概述了 Spring Framework 以及它的发展历史、组成结构、生态核心成员等,总体内容以介绍为主。

第 2 章从原生 Servlet 的三层架构开始推演 IOC 思想,讲解不同 IOC 容器的特性及使用方式,以及 IOC 思想的两种实现方式:依赖查找与依赖注入。

第 3 章讲解 IOC 容器中的 Bean 组件,主要从 Bean 的类型、作用域、实例化方式和基本生命周期等方面展开介绍。

第 4 章重点讲解 IOC 容器的设计与机制,包括 BeanFactory、ApplicationContext、IOC 容器的事件驱动、装配机制、组件注册与扫描机制、PropertySource 等。

第 5 章开始讲解 Spring Boot,我们通过一个简单示例接触 Spring Boot,并简单分析 Spring Boot 应用构建的两大利器:依赖管理与自动装配。

第 6 章从多个方面讲解 Spring Boot 的最佳实践,包括属性配置、外部化配置、Banner 机制、日志的使用、异常分析等,还介绍了 Spring Boot 应用启动过程的简单扩展点和场景启动器。

第 7 章开始讲解 Spring Framework 的另一个核心特性:AOP。我们基于 IOC 思想的推演示例继续推演 AOP 思想,并介绍 AOP 中涉及的术语,演示基于 Spring Boot 和 Spring Framework

的 AOP 的使用方式。

第 8 章讲解 AOP 机制的更多细节，包括 AOP 联盟、通知方法参数、切面的执行顺序等。

第 9 章进入 Web 应用的开发，从 Java Web 应用逐步过渡到基于 Spring Boot 的 WebMvc 应用开发，并介绍和演示 WebMvc 中比较简单且常用的机制和使用方法。

第 10 章介绍 WebMvc 的更多进阶和高级机制，包括拦截器、国际化支持、跨域等，此外还针对 REST 服务的调用和 Servlet 原生组件进行演示。

第 11 章讲解 Spring Boot 运行 Web 应用背后的功臣——嵌入式容器，主要介绍和讲解 Spring Boot 整合嵌入式容器的使用、配置、替换等。

第 12 章开始接触 Dao 层开发，我们使用 Spring Boot 整合基础的 spring-jdbc，完成 Dao 层的简单开发和事务控制。

第 13 章介绍 Spring Boot 与 MyBatis、MyBatis Plus 框架的整合，以替代原生 JDBC 工具类操纵关系型数据库。

第 14 章开始进入生产与运维阶段，我们会了解开发完 Spring Boot 应用后如何打包和制作 Docker 镜像。

第 15 章重点讲解 Spring Boot 提供的生产级特性——监控，介绍 Spring Boot 原生提供的 Actuator、监控端点 Endpoints、监控指标 Metrics，还介绍接入可视化管理的 Prometheus+ Grafana 的成熟监控体系。

目标读者

本书是一本倾向于入门、熟悉和使用的图书，读者可以完全不了解 Spring Framework 和 Spring Boot，仅需要具备最简单的 Java Web 开发基础即可。因此本书更适合以下人群阅读：

- 完成 Java Web 基础阶段学习，想要接触框架学习的读者；
- 有 Spring Boot、Spring Framework 的使用基础，想要掌握更多核心特性的读者；
- 有实际的项目开发经验，想扩展 Spring 体系知识面的读者；
- 期望进阶到技术总监、架构师等高级技术岗位的开发者；
- 有意向深入探究 Spring 生态的研究者。

表达约定

本书中出现的部分名词受作者主观表述方式的影响，可能会出现多种不同的叫法，以下是部分专有名词的映射关系。

- Spring Framework：指 Spring 框架，简称 Spring。
- WebMvc：指 Spring MVC，Spring WebMvc 也是如此。
- Bean：Spring Framework 中管理的组件对象（概念）。
- bean：容器中真实存在的组件对象实例。
- IOC 容器：泛指 ApplicationContext，当上下文讲解 BeanFactory 时，则指代 BeanFactory。
- Web 容器：Servlet 容器与 NIO 容器的统称，不仅限于 Tomcat、Jetty 等 Servlet 容器。

在展示测试代码或框架源码的片段中，考虑到部分代码的篇幅和长度问题会受纸质图书的呈现方式影响，会对部分代码进行折叠或换行处理，对涉及源码的部分视情况进行省略或删减，读者在阅读时可适当结合 IDE 阅读，以达到最好的阅读效果。

框架版本

在编写本书期间 Spring Framework 的最新正式版本为 6.1.x，Spring Boot 的最新正式版本是 3.2.x。时至定稿日，Spring Framework 和 Spring Boot 的版本已分别更新到 6.2.x 与 3.3.x。考虑到 Spring Framework 6.2 与 Spring Boot 3.3 中更新的特性没有特别值得讲解的部分，最终本书定稿时所采用的 Spring Framework 基准版本为 6.1.2，Spring Boot 基准版本为 3.2.1，在没有特别说明版本时，本书中引用的源码均基于 Spring Framework 6.1.2 与 Spring Boot 3.2.1。

勘误、反馈和源码

Spring Boot 和 Spring Framework 在当下的应用范围甚广，升级到新版本后更是出现大量改动。虽然作者在编写本书时已经对每个知识点反复研究、测试和推敲，力求讲解得尽可能正确、精准、易懂，但作者本人的技术水平有限，还是不敢保证所有内容都没有错误。如果读者发现本书中有任何错误，或者想给本书及作者提供任何建议，欢迎通过以下方式与作者取得联系，以便及时修订本书。

- 邮箱：LinkedBear@163.com。
- 微信公众号：Spring 引路熊导师。
- 博客：http://site.linkedbear.top。

本书的勘误情况将发布在微信公众号与博客中，请各位读者及时关注，以便获取最新的信息。

致谢

创作本书是对自己的又一次挑战，与自己更擅长的原理分析不同，从零开始系列书更侧重于技术学习初期的"领进门"，讲会、讲懂、讲明白是第一要义。本书的体量更加庞大，创作本书的过程更是非常漫长。在此过程中，我的家人一直在背后默默地支持着我，使我得以全心投入于本书的编写，并最终促成其顺利出版。在此，我衷心祝愿他们健康、平安！

本书得以顺利出版，离不开人民邮电出版社编辑团队的鼎力相助，尤其是与我对接的傅道坤老师和单瑞婷老师，两位老师从专业图书编辑的角度，在本书撰写过程中给予了非常宝贵的建议、指点和支持。感谢编辑老师们的辛勤付出，谢谢你们！

还要感谢在本书撰写过程中帮助过我的读者朋友。本书脱胎于掘金小册，在整合、重写、升级，以及后续的宣传推广和阅读反馈环节，得到了众多小册读者的大力支持和宝贵意见。他们不仅是本书的坚实后盾，而且正是由于他们宝贵的反馈和建议，本书才能做到内容覆盖多样、讲解清晰透彻、内容主次分明。

最后要感谢的是正在阅读本书的你。感谢你选择本书作为陪伴你学习 Spring Framework 和 Spring Boot 的"好伙伴"，希望在本书的支持下，你能在学习 Spring Framework 和 Spring Boot 时汲取尽可能多的方法、思想。愿本书能给正在阅读的你带来帮助，祝你阅读愉快、学习顺利、前程似锦！

苏振志（LinkedBear）
2024 年 6 月

资源与支持

资源获取

本书提供如下资源：

- 本书配套PPT；
- 本书配套视频；
- 本书源代码；
- 本书思维导图；
- 异步社区7天会员。

要获得以上资源，您可以扫描下方二维码，根据指引领取。

与我们联系

我们的联系邮箱是 shanruiting@ptpress.com.cn。

如果您对本书有任何疑问、建议，或者发现本书中有任何错误，请您发邮件给我们，并请在邮件标题中注明本书书名，以便我们更高效地做出反馈。

如果您有兴趣出版图书、录制教学视频，或者参与图书翻译、技术审校等工作，可以发邮件给我们。

如果您所在的学校、培训机构或企业想批量购买本书或异步社区出版的其他图书，也可以发邮件给我们。

如果您在网上发现有针对异步社区出品图书的各种形式的盗版行为，包括对图书全部或部分内容的非授权传播，请您将怀疑有侵权行为的链接发邮件给我们。您的这一举动是对作者权益的保护，也是我们持续为您提供有价值的内容的动力之源。

关于异步社区和异步图书

"异步社区"（www.epubit.com）是由人民邮电出版社创办的IT专业图书社区，于2015年8月上线运营，致力于优质内容的出版和分享，为读者提供高品质的学习内容，为作译者提供专业的出版服务，实现作者与读者在线交流互动，以及传统出版与数字出版的融合发展。

"异步图书"是异步社区策划出版的精品IT图书的品牌，依托于人民邮电出版社在计算机图书领域多年的发展与积淀。异步图书面向IT行业以及各行业使用IT技术的用户。

目录

第一部分　Spring Framework 的 IOC 容器

第 1 章　Spring Framework 入门 ⋯⋯⋯⋯ 3
1.1　Spring Framework 概述 ⋯⋯⋯⋯⋯ 3
1.2　Spring Framework 的发展历史 ⋯⋯ 5
1.3　Spring Framework 的组成结构 ⋯⋯ 6
1.4　Spring 生态核心成员 ⋯⋯⋯⋯⋯⋯ 7
1.5　开发环境准备 ⋯⋯⋯⋯⋯⋯⋯⋯⋯ 7
　　1.5.1　安装 JDK ⋯⋯⋯⋯⋯⋯⋯⋯ 8
　　1.5.2　安装 Maven ⋯⋯⋯⋯⋯⋯⋯ 8
　　1.5.3　安装 IDEA ⋯⋯⋯⋯⋯⋯⋯⋯ 9
1.6　小结 ⋯⋯⋯⋯⋯⋯⋯⋯⋯⋯⋯⋯⋯ 9

第 2 章　IOC 思想与实现 ⋯⋯⋯⋯⋯⋯⋯ 10
2.1　IOC 是怎么来的 ⋯⋯⋯⋯⋯⋯⋯⋯ 10
　　2.1.1　原生 Servlet 时代的三层架构 ⋯ 10
　　2.1.2　需求变更 ⋯⋯⋯⋯⋯⋯⋯⋯ 16
　　2.1.3　源码丢失 ⋯⋯⋯⋯⋯⋯⋯⋯ 17
　　2.1.4　硬编码问题 ⋯⋯⋯⋯⋯⋯⋯ 18
　　2.1.5　多次实例化 ⋯⋯⋯⋯⋯⋯⋯ 20
　　2.1.6　IOC 思想的引入 ⋯⋯⋯⋯⋯ 21
2.2　IOC 的两种实现方式 ⋯⋯⋯⋯⋯⋯ 22
　　2.2.1　依赖查找 ⋯⋯⋯⋯⋯⋯⋯⋯ 22
　　2.2.2　依赖注入 ⋯⋯⋯⋯⋯⋯⋯⋯ 25
　　2.2.3　依赖查找与依赖注入的对比 ⋯ 27
2.3　BeanFactory 与
　　　ApplicationContext ⋯⋯⋯⋯⋯⋯⋯ 28
　　2.3.1　理解 IOC 容器 ⋯⋯⋯⋯⋯⋯ 28
　　2.3.2　对比 BeanFactory 与
　　　　　 ApplicationContext ⋯⋯⋯⋯ 28
　　2.3.3　理解 Context 与
　　　　　 ApplicationContext ⋯⋯⋯⋯ 29
2.4　注解驱动的 IOC ⋯⋯⋯⋯⋯⋯⋯⋯ 30
　　2.4.1　注解驱动 IOC 的依赖查找 ⋯ 30
　　2.4.2　注解驱动 IOC 的依赖注入 ⋯ 31
　　2.4.3　组件注册与扫描机制 ⋯⋯⋯ 31
　　2.4.4　注解驱动与 XML 驱动互通 ⋯ 34
2.5　依赖查找进阶与高级 ⋯⋯⋯⋯⋯⋯ 34
　　2.5.1　ofType ⋯⋯⋯⋯⋯⋯⋯⋯⋯ 34
　　2.5.2　withAnnotation ⋯⋯⋯⋯⋯⋯ 35
　　2.5.3　获取所有 Bean ⋯⋯⋯⋯⋯⋯ 36
　　2.5.4　延迟查找 ⋯⋯⋯⋯⋯⋯⋯⋯ 37
2.6　依赖注入的 6 种方式 ⋯⋯⋯⋯⋯⋯ 39
　　2.6.1　setter 方法与构造器注入 ⋯⋯ 39
　　2.6.2　注解属性注入 ⋯⋯⋯⋯⋯⋯ 40
　　2.6.3　组件自动注入 ⋯⋯⋯⋯⋯⋯ 43
　　2.6.4　复杂类型注入 ⋯⋯⋯⋯⋯⋯ 49
　　2.6.5　回调注入 ⋯⋯⋯⋯⋯⋯⋯⋯ 51
　　2.6.6　延迟注入 ⋯⋯⋯⋯⋯⋯⋯⋯ 53
2.7　小结 ⋯⋯⋯⋯⋯⋯⋯⋯⋯⋯⋯⋯⋯ 54

第 3 章　IOC 容器中的 Bean ⋯⋯⋯⋯⋯ 55
3.1　Bean 的类型 ⋯⋯⋯⋯⋯⋯⋯⋯⋯⋯ 55
　　3.1.1　普通 Bean ⋯⋯⋯⋯⋯⋯⋯⋯ 55
　　3.1.2　FactoryBean ⋯⋯⋯⋯⋯⋯⋯ 56
3.2　Bean 的作用域 ⋯⋯⋯⋯⋯⋯⋯⋯⋯ 60
　　3.2.1　理解作用域 ⋯⋯⋯⋯⋯⋯⋯ 61
　　3.2.2　内置的作用域 ⋯⋯⋯⋯⋯⋯ 61
　　3.2.3　单实例（singleton）⋯⋯⋯⋯ 62
　　3.2.4　原型（prototype）⋯⋯⋯⋯⋯ 63
　　3.2.5　Web 中的扩展作用域 ⋯⋯⋯ 65
3.3　Bean 的实例化方式 ⋯⋯⋯⋯⋯⋯⋯ 66
　　3.3.1　普通 Bean 实例化 ⋯⋯⋯⋯⋯ 66
　　3.3.2　借助 FactoryBean 创建 Bean ⋯ 66
　　3.3.3　借助静态工厂创建 Bean ⋯⋯ 66
　　3.3.4　借助实例工厂创建 Bean ⋯⋯ 68
3.4　Bean 的基本生命周期 ⋯⋯⋯⋯⋯⋯ 68
　　3.4.1　生命周期的阶段 ⋯⋯⋯⋯⋯ 69
　　3.4.2　init-method 和 destroy-method ⋯ 70
　　3.4.3　JSR-250 规范注解 ⋯⋯⋯⋯⋯ 72
　　3.4.4　InitializingBean 和
　　　　　 DisposableBean ⋯⋯⋯⋯⋯⋯ 74
　　3.4.5　原型 Bean 的生命周期 ⋯⋯⋯ 76
　　3.4.6　生命周期扩展点对比 ⋯⋯⋯ 78
　　3.4.7　补充：Lifecycle 接口 ⋯⋯⋯ 78

3.5 小结 ································· 80
第 4 章　IOC 容器的设计与机制 ····· 81
4.1 BeanFactory ······················ 81
　4.1.1 BeanFactory 接口系列 ········ 82
　4.1.2 BeanFactory 的实现类 ········ 83
4.2 ApplicationContext ················ 83
　4.2.1 ApplicationContext 接口系列 ·· 83
　4.2.2 ApplicationContext 的实现类 ·· 84
4.3 事件驱动与监听器 ··············· 85
　4.3.1 观察者模式 ··················· 85
　4.3.2 Spring 中的观察者模式 ······· 85
　4.3.3 事件与监听器实践 ············ 86
　4.3.4 Spring 的内置事件 ············ 88
　4.3.5 自定义事件开发 ··············· 89
4.4 模块装配 ························· 92
　4.4.1 前置概念解释 ················· 92
　4.4.2 手动装配与自动装配 ········· 92
　4.4.3 使用简单装配 ················· 93
　4.4.4 导入配置类 ··················· 95
　4.4.5 导入 ImportSelector ·········· 97
　4.4.6 导入 ImportBeanDefinition-
　　　　Registrar ····················· 99
　4.4.7 扩展：DeferredImport-
　　　　Selector ······················ 100
4.5 条件装配 ························ 102
　4.5.1 基于 @Profile 注解的装配 ··· 102
　4.5.2 基于 @Conditional 注解的
　　　　装配 ·························· 104
　4.5.3 扩展：@ConditionalOn×××
　　　　注解 ·························· 106
4.6 组件扫描机制 ···················· 106
　4.6.1 组件扫描的路径 ············· 106
　4.6.2 组件扫描的过滤 ············· 108
4.7 PropertySource ··················· 112
　4.7.1 资源管理 ···················· 112
　4.7.2 @PropertySource 注解 ······· 113
　4.7.3 引入 YML 文件 ·············· 114
4.8 小结 ······························ 117

第二部分　Spring Boot 应用构建与核心特性

第 5 章　使用 Spring Boot ··········· 121
5.1 Spring Boot 概述 ················· 122
　5.1.1 Spring Boot 的核心特性 ······ 122
　5.1.2 Spring Boot 的体系 ··········· 122
5.2 Spring Boot 快速使用 ············ 123
　5.2.1 创建项目 ···················· 123
　5.2.2 快速编写接口 ················ 128
　5.2.3 打包运行 ···················· 129
　5.2.4 修改配置 ···················· 130
5.3 Spring Boot 的依赖管理 ·········· 130
　5.3.1 场景启动器 ·················· 130
　5.3.2 版本管理 ···················· 131
5.4 Spring Boot 的自动装配 ·········· 132
　5.4.1 组件自动装配 ················ 132
　5.4.2 默认组件扫描 ················ 133
　5.4.3 配置属性和外部化配置 ······ 133
　5.4.4 自动配置类 ·················· 134
　5.4.5 自动配置报告 ················ 137
5.5 小结 ······························ 138
第 6 章　Spring Boot 的最佳实践 ··· 139
6.1 属性配置 ························ 139
　6.1.1 YML 格式语法 ··············· 139
　6.1.2 属性绑定 ···················· 142
6.2 外部化配置 ······················ 146
　6.2.1 Spring Boot 支持多种
　　　　配置源 ······················· 146
　6.2.2 多环境开发 ·················· 148
　6.2.3 多环境配置文件 ············· 151
　6.2.4 配置优先级 ·················· 152
6.3 Banner 机制 ····················· 153
　6.3.1 Banner 的变更 ··············· 153
　6.3.2 Banner 的输出模式 ·········· 154
6.4 日志的使用 ······················ 154
　6.4.1 日志门面与实现 ············· 155
　6.4.2 使用日志打印 ················ 155
　6.4.3 日志格式 ···················· 156
　6.4.4 日志级别 ···················· 157
　6.4.5 日志分组 ···················· 157
　6.4.6 日志输出与归档 ············· 158
　6.4.7 切换日志实现 ················ 159
6.5 启动过程的简单扩展点 ·········· 160
　6.5.1 启动过程简单概述 ··········· 160
　6.5.2 启动容器前的扩展 ··········· 160
　6.5.3 启动容器时的扩展 ··········· 160

		6.5.4 启动完成后的扩展……161			6.7.1 FailureAnalyzer……167

    6.5.4 启动完成后的扩展……161
 6.6 场景启动器与自动装配……161
    6.6.1 场景启动器的结构……162
    6.6.2 自定义场景启动器……162
 6.7 启动异常分析……166

    6.7.1 FailureAnalyzer……167
    6.7.2 重写内置的异常分析……168
    6.7.3 自定义异常分析……169
 6.8 小结……170

第三部分　Spring Framework 的 AOP

第 7 章　AOP 思想与实现……175
 7.1 AOP 是怎么来的……175
    7.1.1 日志记录……175
    7.1.2 添加积分变动逻辑……177
    7.1.3 引入设计模式……179
    7.1.4 使用动态代理……182
    7.1.5 代理对象的创建者……184
    7.1.6 引入 AOP 思想……188
 7.2 AOP 的基础——动态代理……188
    7.2.1 JDK 动态代理的使用……188
    7.2.2 Cglib 动态代理的使用……189
 7.3 AOP 概述与术语……190
    7.3.1 AOP 概述……190
    7.3.2 AOP 的演变历史……191
    7.3.3 AOP 的基本术语……192
    7.3.4 通知的类型……194
 7.4 Spring Boot 使用 AOP——基于 AspectJ……194
    7.4.1 搭建工程环境……195
    7.4.2 前置测试代码编写……195
    7.4.3 基于注解的 AOP 编写……196
    7.4.4 切入点表达式的编写方式……199
    7.4.5 使用环绕通知……203
 7.5 Spring 使用 AOP——基于 XML……204
    7.5.1 搭建工程环境……204
    7.5.2 编写配置文件……205
    7.5.3 测试效果……207
    7.5.4 其他注意事项……207
 7.6 小结……207

第 8 章　AOP 的进阶机制和应用……208
 8.1 AOP 联盟……208
 8.2 通知方法参数……209
    8.2.1 JoinPoint……209
    8.2.2 ProceedingJoinPoint 的扩展……212
    8.2.3 返回通知和异常通知的特殊参数……213
 8.3 切面的执行顺序……213
    8.3.1 多个切面的执行顺序……214
    8.3.2 同切面的多个通知执行顺序……216
 8.4 代理对象调用自身方法……217
 8.5 小结……219

第四部分　基于 WebMvc 的 Spring Boot Web 应用开发

第 9 章　使用 WebMvc 开发应用……223
 9.1 整合 Web 和 WebMvc……223
    9.1.1 MVC 三层架构……223
    9.1.2 基于 Servlet 3.0 规范整合 Web 开发……224
    9.1.3 Spring MVC 的历史……228
    9.1.4 基于 Servlet 3.0 规范整合 WebMvc……229
    9.1.5 Spring Boot 整合 WebMvc……233
 9.2 视图技术……234
    9.2.1 Thymeleaf 概述与整合……235
    9.2.2 Thymeleaf 快速上手……237
 9.3 热部署的使用……241
    9.3.1 使用 devtools……242
    9.3.2 配置自动热部署……242
 9.4 页面数据传递……243
    9.4.1 页面编写……243
    9.4.2 页面跳转……244
    9.4.3 数据传递的方式……245
 9.5 请求参数绑定……246

9.5.1	收集参数的方式	246
9.5.2	复杂类型参数收集	248
9.5.3	自定义参数类型转换	252

9.6 常用注解的使用 254
- 9.6.1 @RequestMapping 254
- 9.6.2 @DateTimeFormat 255
- 9.6.3 @RestController 256
- 9.6.4 RESTful 编码风格 256

9.7 JSON 支持 258
- 9.7.1 JSON 支持与配置 259
- 9.7.2 @ResponseBody 和 @RequestBody 259

9.8 静态资源配置 261
- 9.8.1 默认的静态资源位置 261
- 9.8.2 定制化静态资源配置 262

9.9 数据校验 262
- 9.9.1 页面的数据校验 263
- 9.9.2 后端的数据校验 263
- 9.9.3 分组校验 266
- 9.9.4 校验错误信息外部化 267

9.10 内容协商 268
- 9.10.1 内容协商机制 268
- 9.10.2 基于请求头的内容协商 269
- 9.10.3 基于请求参数的内容协商 270

9.11 异常处理 270
- 9.11.1 异常处理思路分析 270
- 9.11.2 @ExceptionHandler 注解 271
- 9.11.3 @ControllerAdvice 注解 272
- 9.11.4 多种异常处理共存 273
- 9.11.5 Spring Boot 的异常处理扩展 274

9.12 文件上传与下载 276
- 9.12.1 基于表单的文件上传 276
- 9.12.2 基于 Ajax 的文件上传 277
- 9.12.3 文件下载 278

9.13 小结 280

第 10 章 WebMvc 开发进阶 281

10.1 拦截器 281
- 10.1.1 区分拦截器与过滤器 281
- 10.1.2 拦截器的拦截时机 282
- 10.1.3 使用拦截器 283
- 10.1.4 多个拦截器的执行机制 284

10.2 国际化支持 286
- 10.2.1 约定的国际化 286
- 10.2.2 切换国际化语言 288
- 10.2.3 更改默认配置 289

10.3 原生 Servlet 支持与适配 290
- 10.3.1 全局获取 request 和 response 290
- 10.3.2 请求转发与重定向 291
- 10.3.3 操纵 request 域数据 292
- 10.3.4 操纵 session 域数据 295
- 10.3.5 获取请求头的数据 296
- 10.3.6 注册 Servlet 原生组件 297

10.4 跨域问题 299
- 10.4.1 同源策略与跨域问题 299
- 10.4.2 演示跨域现象 300
- 10.4.3 CORS 解决跨域问题 301
- 10.4.4 @CrossOrigin 注解的细节 302
- 10.4.5 全局设置跨域 303

10.5 REST 服务请求与调用 303
- 10.5.1 RestTemplate 303
- 10.5.2 RestClient 309
- 10.5.3 HTTP 声明式接口 310

10.6 Reactive 与 WebFlux 312

10.7 小结 312

第 11 章 嵌入式容器 313

11.1 Web 容器对比 313

11.2 使用嵌入式 Tomcat 314

11.3 定制嵌入式容器 315
- 11.3.1 修改配置属性 315
- 11.3.2 使用定制器 316

11.4 替换嵌入式容器 317

11.5 SSL 配置 317

11.6 小结 319

第五部分 Spring Boot 的数据访问能力整合

第 12 章 JDBC 与事务 323

12.1 整合 JDBC 323
- 12.1.1 数据库准备 323
- 12.1.2 导入依赖 324
- 12.1.3 快速使用 325

12.1.4　Spring Framework 整合
　　　　　JDBC ……………………328
　　12.1.5　Spring Boot 整合 JDBC ………329
12.2　使用 JdbcTemplate ……………………331
　　12.2.1　基本使用 ……………………331
　　12.2.2　JdbcTemplate 应用于
　　　　　Dao 层 …………………337
　　12.2.3　查询策略 ……………………339
12.3　JDBC 事务管理 ………………………340
　　12.3.1　事务回顾 ……………………340
　　12.3.2　原生 JDBC 事务 ……………341
12.4　Spring Framework 的事务
　　　管理 ………………………………343
　　12.4.1　代码准备 ……………………343
　　12.4.2　编程式事务控制 ……………344
　　12.4.3　声明式事务控制 ……………345
　　12.4.4　事务控制失效的场景 ………347
12.5　事务传播行为 …………………………347
　　12.5.1　理解事务传播行为 …………347
　　12.5.2　事务传播行为的 7 种策略 …349
　　12.5.3　使用事务传播行为 …………350
12.6　数据库初始化机制 ……………………351
　　12.6.1　DDL 语句发送 ………………351
　　12.6.2　DML 语句发送 ………………352
　　12.6.3　多平台兼容与初始化策略 …353
12.7　小结 ……………………………………353

第 13 章　整合 MyBatis ……………………354
13.1　MyBatis 概述 …………………………354

　　13.1.1　MyBatis 的历史 ………………354
　　13.1.2　MyBatis 的架构 ………………355
　　13.1.3　MyBatis 的配置 ………………356
13.2　整合 MyBatis …………………………356
　　13.2.1　导入依赖 ……………………356
　　13.2.2　准备基础代码 ………………357
　　13.2.3　测试效果 ……………………359
13.3　MyBatis 简单开发 ……………………360
　　13.3.1　常用的配置属性 ……………360
　　13.3.2　注解式 Mapper 接口 …………361
　　13.3.3　动态 SQL ……………………361
　　13.3.4　缓存机制 ……………………362
　　13.3.5　插件机制 ……………………363
13.4　效率提升：整合
　　　MyBatis-Plus ……………………364
　　13.4.1　MyBatis-Plus 概述 ……………364
　　13.4.2　Spring Boot 整合
　　　　　MyBatis-Plus …………………365
13.5　使用 MyBatis-Plus ……………………368
　　13.5.1　CRUD 基础接口 ………………368
　　13.5.2　Wrapper 机制 …………………369
　　13.5.3　主键策略与 ID 生成器 ………371
　　13.5.4　逻辑删除 ……………………371
　　13.5.5　乐观锁插件 …………………372
　　13.5.6　分页插件 ……………………373
　　13.5.7　代码生成器 …………………374
13.6　小结 ……………………………………375

第六部分　Spring Boot 应用的生产与运维

第 14 章　打包与部署 ………………………379
14.1　Spring Boot 应用打包 …………………379
　　14.1.1　制作简易工程 ………………379
　　14.1.2　使用 Maven 打包工程 ………380
　　14.1.3　运行工程与打包插件 ………381
14.2　使用外置 Servlet 容器运行 ……………383
　　14.2.1　war 包方式打包的准备 ………383
　　14.2.2　制作 war 包 …………………384
14.3　制作 Docker 镜像 ……………………385
　　14.3.1　Docker 基础 …………………385
　　14.3.2　Dockerfile 文件 ………………386
　　14.3.3　使用 Dockerfile 构建镜像 ……386
　　14.3.4　使用 Maven 插件构建镜像 …387

14.4　小结 ……………………………………389

第 15 章　生产级特性 ………………………390
15.1　Spring Boot Actuator …………………390
　　15.1.1　背景与方案 …………………390
　　15.1.2　整合使用 ……………………391
15.2　监控端点 Endpoints …………………391
　　15.2.1　health ………………………392
　　15.2.2　beans ………………………393
　　15.2.3　conditions …………………394
　　15.2.4　configprops 和 env …………396
　　15.2.5　mappings ……………………398
　　15.2.6　loggers ………………………399
　　15.2.7　info …………………………400

15.2.8	扩展 health	400
15.2.9	扩展监控端点	403
15.2.10	保护端点安全	404
15.2.11	使用 JMX 访问	404

15.3 监控指标 Metrics ………… 406
    15.3.1 内置指标 ………………… 406
    15.3.2 自定义指标 ……………… 407
    15.3.3 基于场景的指标 ………… 408
15.4 管理 Spring Boot 应用 ……… 410
    15.4.1 搭建 Admin Server ……… 411
    15.4.2 应用注册到 Admin Server …… 412
    15.4.3 查看应用实例信息 ……… 413
15.5 使用监控体系 ………………… 416
    15.5.1 监控系统 Prometheus …… 416
    15.5.2 Actuator 输出到 Prometheus …… 418
    15.5.3 可视化监控平台 Grafana …… 420
    15.5.4 利用 Grafana 实现监控告警 …… 422
15.6 小结 …………………………… 424

第一部分

Spring Framework 的 IOC 容器

- ▶ 第 1 章　Spring Framework 入门
- ▶ 第 2 章　IOC 思想与实现
- ▶ 第 3 章　IOC 容器中的 Bean
- ▶ 第 4 章　IOC 容器的设计与机制

第 1 章 Spring Framework 入门

本章主要内容：
◇ Spring Framework 概述；
◇ Spring Framework 的发展历史；
◇ Spring Framework 的组成结构；
◇ Spring 生态核心成员。

回顾 Spring Framework 的历史已经有二十余载，从最初既烦琐又复杂的 EJB 开发到如今使用 Spring Framework 和 Spring Boot 就能快速搭建和开发应用，Spring 家族可谓功不可没。如今的 Java EE 开发中掌握 Spring 已经成为一个开发者的必备技能，业界很有名的"Spring 全家桶"也是目前主流的技术体系之一。在笔者的另一本图书《Spring Boot 源码解读与原理分析》中也反复提到，Spring Boot 的成功依托于 Spring Framework 的优秀基础，所以在本书的起始我们需要先对 Spring Framework 有一个基本的认识和了解。

1.1 Spring Framework 概述

了解一门技术，首先要知道它是什么、都有什么、能做什么，而了解这些内容的最直接方式之一是借助官方网站和文档。从 Spring 的官方网站中找到 Spring Framework 的项目主页，可以发现如下描述。

> The Spring Framework provides a comprehensive programming and configuration model for modern Java-based enterprise applications on any kind of deployment platform.
>
> A key element of Spring is infrastructural support at the application level: Spring focuses on the "plumbing" of enterprise applications so that teams can focus on application-level business logic, without unnecessary ties to specific deployment environments.
>
> Spring Framework 为任何类型的部署平台上的基于 Java 的现代企业应用程序提供了全面的编程和配置模型。
>
> Spring 的一个关键要素是在应用程序级别提供基础架构支持：Spring 专注于企业应用程序的"脚手架"，以便团队可以专注于应用程序级别的业务逻辑，而不必与特定的部署环境建立不必要的关联。

上述描述的内容中包含诸多要素，下面对其中的一些关键词做基本解释，方便读者更好地理解这段话的含义。

- 任何类型的部署平台：无论是操作系统，还是 Web 容器（如 Tomcat 等），都可以部署基于 Spring Framework 的应用。

- 企业应用程序：包含 Java SE 和 Java EE 在内的一站式解决方案。
- 编程和配置模型：基于框架进行编程，以及通过框架完成功能和组件的配置。
- 基础架构支持：Spring Framework 不包含任何业务功能，它只是一个底层的应用抽象支撑。
- 脚手架：使用它可以更快速地构建应用。

另外，从网络上流传比较多的、认可度相对较高的概述中，我们也能发现一些新的关键词。

Spring Framework 是一个分层的、Java SE/Java EE 的一站式轻量级开源框架，以 IOC 和 AOP 为内核，提供表现层、持久层、业务层等领域的解决方案，同时还提供了整合第三方开源技术的能力。

Spring Framework 是一个 Java EE 编程领域的轻量级开源框架，它是为了解决企业级编程开发中的复杂性、实现敏捷开发的应用型框架。Spring Framework 是一个容器框架，它集成了各个类型的工具，通过核心的 IOC 容器实现了底层的组件实例化和生命周期管理。

Spring Framework 是一个开源的容器框架，核心是 IOC 和 AOP，它为简化企业级开发而生。Spring Framework 有诸多优良特性（非侵入、容器管理、组件化、轻量级、一站式等）。

观察、品味这些概述，并且与官方文档中的描述进行比对，可以提取如下几个关键词。

- 轻量级：相较于重量级框架，它的规模更小（可能只有几个 jar 包）、消耗的资源更少。
- IOC 和 AOP：这是 Spring Framework 的两大核心特性，即控制反转（Inverse of Control，IOC）和面向切面编程（Aspect Oriented Programming，AOP）。
- 整合第三方开源技术：Spring Framework 可以很方便地整合第三方技术（如持久层框架 MyBatis/Hibernate、表现层框架 Struts2、权限校验框架 Shiro 等）。
- 容器：Spring Framework 的底层有一个管理对象和组件的容器，由它来支撑基于 Spring Framework 构建的应用的运行。
- 一站式：覆盖企业级开发中的所有领域。

综合以上的官方权威概述和开发者的经验总结，本书也试着提取和总结一个尽可能表述完整且精简的概述：

Spring Framework 是一个开源的、松耦合的、分层的、可配置的一站式企业级 Java 开发框架，它的核心是 IOC 与 AOP，它可以更容易地构建企业级 Java 应用，并且可以根据应用开发的组件需要，整合对应的技术。

简单解释一下如此概括的要点。

- 加入"松耦合"的概念是为了强化 IOC 和 AOP 的描述（两者都是降低耦合的手段）。
- 加入"可配置"是为了给 Spring Boot 垫底（Spring Boot 非常重要的特性之一）。
- IOC 和 AOP 可提可不提，只要是对 Spring 有最基础了解的读者都应该知道。
- 没有提"轻量级"，是考虑到现在大环境的趋势已没有 EJB 的身影。
- 没有提"容器"的概念，是因为 Spring Framework 不仅仅是一个容器，如果只限定在容器层面，那相当于收窄含义。
- 注意对比"企业级 Java 开发"与"Java EE 开发"的区别：Spring Framework 不仅能构建 Web 项目，也可以构建和开发普通的 Java SE 项目、GUI 项目。

总的来看，Spring Framework 是一个功能极其强大的基础型框架，其设计考虑之周全，决定了几乎任何 Java 应用都可以从 Spring Framework 中受益。

1.2 Spring Framework 的发展历史

Spring Framework 的发展过程非常漫长,最早要回到 1997 年,美国著名的 IT 公司 IBM 面对企业应用的 J2EE(现在的 Java EE,2021 年更名为 Jakarta EE)开发时,制定出了一套技术思想,称为 EJB(Enterprise JavaBean),并且对外宣称企业级应用开发就应该按照 EJB 的思想来开发,使用 EJB 是一个标准的、规范的开发方式。

后来 EJB 思想被 Sun 公司(Java 的创始公司)相中,并在 1998 年以规范的形式整合进 Java 体系中,与当时 J2EE 的其他技术规范一起联合(包括 JMS、JNDI、JSP 等),合称为"J2EE 开发的核心技术"。随后,IBM 公司的开发者将 EJB 规范加以实现,并在 2002 年更新 2.0 版本,在当时的 J2EE 开发中可谓红极一时,各大公司团队都以 EJB 作为企业级开发的标准。

EJB 虽然很强大,但 EJB 的实现本身是个重量级框架,对应用业务的代码侵入度较高,并且伴随着高昂的学习成本和开发成本,这使得使用 EJB 的开发者经常叫苦不迭。不过即便如此,当时业界的开发者也没有更好的解决方案,所以只能一边叫苦,一边含泪使用。

整个僵局在 2002 年被打破,一位名叫 Rod Johnson 的开发者出版了一本图书:*Expert One-on-One J2EE design and development*,里面对当时现有的 J2EE 应用的架构和框架存在的臃肿、低效等问题提出了质疑,并且积极寻找和探索解决方案。两年后的 2004 年 3 月,Spring Framework 1.0.0 横空出世,随后的 2004 年 6 月,Rod Johnson 又写了一本书,在当时的 J2EE 开发界引起了巨大轰动,它就是著名的 *Expert one-on-one J2EE Development without EJB*,这本书中直接告诉开发者完全可以不使用 EJB 开发 J2EE 应用,而是换用一种更轻量级、更简单的框架,那就是 Spring Framework。

Spring Framework 在最初创立时就不是为了站在 J2EE 开发的对立面,而是借助 IOC 和 AOP 的思想,对 J2EE 的开发方式予以补充。除此以外,Spring Framework 提供的底层模块和特性都比 EJB 好。虽然 EJB 3.0 开始提出了更轻量化的方式(Entity Bean 和 Session Bean),但在当时 EJB 大势已去,基于 Spring Framework 的 J2EE 开发已经成为行业标准。

时至今日,Spring Framework 已经发展到 6.x 版本,按照时间排序,Spring Framework 的版本迭代如表 1-1 所示。

表 1-1 Spring Framework 的版本迭代

Spring Framework 版本	发行时间	对应 JDK 版本	重要特性
Spring Framework 1.x	2004 年 3 月	JDK 1.3	基于 XML 的配置
Spring Framework 2.x	2006 年 10 月	JDK 1.4	改良 XML 文件、初步支持注解式配置
Spring Framework 3.x	2009 年 12 月	Java 5	注解式配置,JavaConfig 编程式配置、Environment 抽象
Spring Framework 4.x	2013 年 12 月	Java 6	Spring Boot 1.x、核心容器增强、条件装配、WebMvc 基于 Servlet 3.0
Spring Framework 5.x	2017 年 9 月	Java 8	Spring Boot 2.x、响应式编程、Spring WebFlux、支持 Kotlin
Spring Framework 6.x	2022 年 11 月	Java 17	Spring Boot 3.x、AOT 编译、GraalVM 支持、Spring Native

> 小提示：Spring Framework 项目同时维护了最新的 6.x，以及较早的 5.x 甚至 4.x，其中当前主流的版本又包含不同类型的小版本，它们都代表着不同的含义，本节将予以补充。
> - GA：正式版本，代表正式发行的可用版本，在实际的项目开发中必须使用 GA 版本，从 Maven/Gradle 中获取的依赖也是 GA 版本。
> - CURRENT：最新版本，代表最新发行的正式版本，包含最新发布的特性、Bug 修复等，在实际项目开发中要避免使用。通常在项目开发中选择的版本都是有一定用户规模的稳定版本，避免使用太新的版本，防止可能存在的潜在漏洞导致出现意外。
> - SNAPSHOT：快照版本，代表团队迭代的还没有正式发布的版本，一般情况下快照版本中会存在一些可以被发现的 Bug，开发团队会在发布 SNAPSHOT 版本后的一段时间内收集 Bug 信息并予以修正，之后发布对应的正式版本。
> - M1、M2 等：里程碑版本，代表一个版本的预览版本，在此类版本中，会推出新特性、修改大量问题并进行性能优化等。
> - RC1、RC2 等：候选发行版本，同样是预览版本，但从生命周期角度来看要晚于里程碑版本。

1.3　Spring Framework 的组成结构

Spring Framework 是一个分层的架构，它包含一系列核心要素，并大体分为若干模块。以下简单描述这些核心模块的含义及作用。

（1）IOC 及 IOC 容器

Spring Framework 的底层核心是一个容器，由于其充分体现了 IOC 的特性，因此又被称为 IOC 容器。IOC 部分包含 Spring Framework 最基础的核心代码 core、与组件对象相关的 beans、与容器上下文相关的 context，以及支持 SpEL 表达式相关的 expression 模块。整个 IOC 模块是 Spring Framework 的基础，后续的所有模块都建立在此之上。

（2）AOP

AOP 是基于面向对象编程（OOP）的补充，它可以支持开发者定义一些方法的切入点和增强器，用于将一些通用逻辑代码与业务功能代码相分离，降低其耦合度。由于 AOP 建立在 IOC 模块的基础上，因此能够充分利用 IOC 容器和 Bean 组件的特性，使得容器中所管理的 bean 对象都可以支持 AOP。

（3）数据访问

对绝大部分的应用程序而言，主要关注的问题就是与数据库、数据存储的访问和操作。Spring Framework 没有局限于针对某一种数据存储类型的场景做文章，而是以一个更高的层次，通过抽取 jdbc、orm、tx 等模块，制作了一套访问关系型数据库的通用抽取模板，通过引入模板的设计和思想将数据访问变得非常简单。此外，借助 AOP 的思想，Spring Framework 还提供了声明式事务等功能。

（4）Web

Spring Framework 在整合 Web 环境中也有对应的 WebMvc 和 WebFlux 技术实现，通过引入不同的模块，可以实现基于传统 Servlet API 的 WebMvc 开发，或者完全不依赖 Servlet API 的 WebFlux 实现响应式 Web 开发；另外通过引入不同的页面和模板引擎，可以使得 Spring

Framework 支持多种视图层技术。此外，基于 HTML5 规范的 WebSocket 也在 Spring Framework 4.0 中予以支持。

（5）测试

测试是企业应用开发不可或缺的一部分，Spring Framework 通过整合不同的单元测试框架，可以实现简单高效的代码单元测试；借助 IOC 容器和 Web 相关特性支持，可以在开发 Web 项目中实现集成测试。

1.4 Spring 生态核心成员

打开 Spring 的官网项目列表页，可以看到 Spring 生态的众多项目成员，这些项目共同组成了一个非常健全且强大的企业级应用开发解决方案。除了本书重点讲解的 Spring Framework 和 Spring Boot，微服务解决方案 Spring Cloud、整合系生态成员 Spring Data、Spring Security 等都是非常优秀的单一领域解决方案。为了能让读者对 Spring 生态的核心成员有一个大体的了解，下面以表格形式对其中重要的项目进行简单介绍，如表 1-2 所示。

表 1-2 Spring 生态的核心成员简介

项目名称	简单介绍
Spring Boot	基于 Spring Framework 的应用快速开发工具，用来简化 Spring 应用的开发过程，核心特性包括场景启动器、自动装配、约定大于配置、嵌入式容器、生产级特性
Spring Cloud	微服务应用开发解决方案，提供服务注册、负载均衡、熔断限流、配置管理、链路追踪等能力。本身是一系列技术的组合，以整套方案的形式输出
Spring Data	简化不同种类数据存储的数据访问和交互，提供相对统一的编码方式和风格抽象，子模块包括 Spring Data JDBC、Spring Data JPA、Spring Data Redis、Spring Data Elasticsearch、Spring Data MongoDB 等
Spring Security	安全访问控制解决方案，提供了基于 Spring 应用的配置组件，实现声明式安全访问控制
Spring Session	提供基于外置独立于容器的 Session 管理，支持多种存储的 Session 存储和管理方式
Spring AMQP	基于 AMQP 的消息解决方案，提供模板化交互抽象层和消息驱动的模型

1.5 开发环境准备

为了读者能顺利地向下阅读，学习 Spring Framework 和相关技术的使用，需要先行准备 Java 开发环境和开发工具。本书使用的 Java 开发环境及工具介绍如表 1-3 所示。

表 1-3 本书使用的 Java 开发环境及工具介绍

工具名称	版本	简介
JDK	17.0.2	Java 开发工具集
Maven	3.6.3	项目管理和构建工具，用于管理项目依赖和构建
IntelliJ IDEA	2023.2.5 Ultimate	优秀的开发工具，学习时使用社区版即可，笔者使用的是付费订阅的专业版

下面逐个准备和安装。笔者在编写本书时使用的操作系统为 Windows 10，故如无特殊说明，本书中所有的操作均基于 Windows 10 演示。

1.5.1 安装 JDK

安装 JDK 时读者可以选择使用 Oracle 官方提供的 JDK，也可以选择 OpenJDK。由于 2019 年 Oracle JDK 调整了商业策略，不允许被用于商业用途，所以本书使用的是 OpenJDK。从 Oracle 官网就可以找到 OpenJDK 17 的下载安装包，按照以下步骤下载安装即可。

（1）下载 OpenJDK 压缩包，下载的位置如图 1-1 所示。

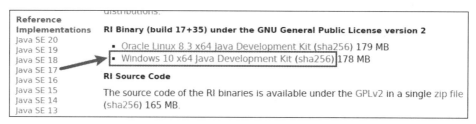

图 1-1　下载 OpenJDK 17 安装包

（2）将压缩包解压至一个没有中文名的目录中（笔者解压的位置可供参考，如图 1-2 所示）。

图 1-2　解压 JDK 压缩包至无中文名目录

（3）新建环境变量 `JAVA_HOME`，它的值为上一步解压的文件夹路径；修改环境变量 `PATH`，新建项并输入值"`%JAVA_HOME\bin`"。

如此操作后，JDK 即安装完毕，读者可打开 cmd，输入 `java -version` 检查安装是否正确，当正确输出 JDK 的版本时即代表安装成功。

1.5.2 安装 Maven

对于基于 Spring Framework 的项目，可以使用 Maven 或者 Gradle 构建，本书涉及的所有项目均使用 Maven 来构建。由于本书选择使用 IDEA 作为开发工具，而 IDEA 中已经集成了 Maven，因此可以不用安装 Maven（当然前提是不介意 IDEA 把项目依赖的 jar 包下载到 C 盘）。笔者在搭建开发环境时选择单独安装 Maven 3.6.3 作为外置 Maven 运行，这样做的目的是可以更方便地修改配置和全局使用。

> 💡 小提示：在安装和使用 Maven 之前，请务必完成 JDK 的安装和环境变量配置，否则会导致 Maven 无法正常工作。

从 Maven 的官方网站中找到 Maven 3.6.3 版本的 zip 包，下载并解压到没有中文名的目录下，之后将解压的目录全路径复制，并配置到环境变量的 PATH 中（操作方式与安装 JDK 类似）。

最后我们进入 Maven 的安装目录，找到 conf 文件夹下的 settings.xml 文件，这是 Maven 运行时会加载的配置文件，我们需要配置 Maven 的仓库位置（防止将所有依赖的 jar 包下载到 C 盘），以及指定使用阿里云的镜像仓库（官方的中央仓库加载速度较慢，国内使用阿里云的镜像仓库会快很多）。相关的配置如代码清单 1-1 所示。

代码清单 1-1　Maven 的 settings.xml 配置文件

```xml
<localRepository>E:/maven/repository</localRepository>
<mirrors>
    <mirror>
        <id>nexus-aliyun</id>
        <mirrorOf>*</mirrorOf>
        <name>Nexus aliyun</name>
        <url>https://maven.aliyun.com/repository/public/</url>
    </mirror>
</mirrors>
```

1.5.3　安装 IDEA

本书在编写时全程使用 IntelliJ IDEA 作为开发工具，读者可以直接从 JetBrains 的官方网站下载 IDEA 的安装包并安装即可。安装完毕后，建议安装以下几个插件，以便后续的开发。

- AspectJ：支持 AOP 开发。
- Lombok：简化代码。
- MyBatisX：辅助 MyBatis 整合开发。

1.6　小结

本章简单介绍了 Spring Framework 的概况、发展历史、核心模块以及生态体系的重要成员。Spring 体系中最核心的基础就是 Spring Framework，掌握它之后，在后续学习 Spring Boot 以及相关技术整合时都会变得更加轻松。

本章没有实际开始 Hello World 项目编写，因为第 2 章中需要用一个场景推演来让读者亲自体会 Spring Framework 的核心思想之一：控制反转。

第 2 章 IOC 思想与实现

本章主要内容：
- IOC 思想的演绎推导；
- IOC 的两种实现方式；
- IOC 容器的两种核心模型；
- 基于注解驱动的 IOC 容器使用；
- 依赖注入的 6 种方式。

控制反转（Inverse of Control，IOC）这个概念乍一看不是那么容易理解，尤其是对于刚开始接触和学习 Spring Framework 的读者。为了能让读者更容易理解 IOC 的思想，并且能尽可能一次性理解透彻，本章将会从一个场景演绎开始推导 IOC 思想的实现过程。

2.1 IOC 是怎么来的

下面我们来搭建一个基于原生 Servlet 时代的 MVC 三层架构工程，并以此作为基础。

> 小提示：本书的所有代码均放置在总体工程 spring6-boot3-projects-epudit 中。

2.1.1 原生 Servlet 时代的三层架构

1. 构建基于 Maven 的原生 Servlet 工程

我们采用 Maven 来完成工程构建，首先使用 IDEA 创建一个新的 Maven 模块，groupId 声明为 com.linkedbear.spring6，artifactId 声明为 **spring-00-introduction**，创建方式如图 2-1 所示。

随后在 pom.xml 文件中引入 jakarta.servlet-api 的坐标（注意此处引入的版本为 6.0，对应的 artifactId 已不再是 javax 开头，而是 jakarta 开头）；另外为了保证工程的编译级别为 Java 17，还需要引入 Maven 的编译插件 maven-compiler-plugin，并声明 source、target、encoding 属性；最后，将工程的打包方式改为 war 包，因为我们搭建的是一个 Web 工程。

2.1 IOC 是怎么来的

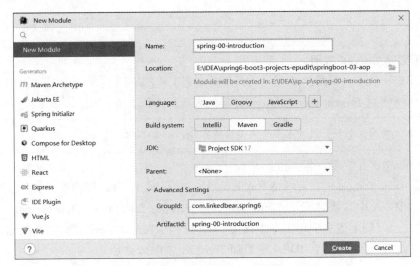

图 2-1 创建 spring-00-introduction 工程

该工程中的 pom.xml 配置文件内容如代码清单 2-1 所示。

代码清单 2-1 spring-00-introduction 工程中的 pom.xml 文件

```xml
<?xml version="1.0" encoding="UTF-8"?>
<project ......>
    <modelVersion>4.0.0</modelVersion>

    <groupId>com.linkedbear.spring6</groupId>
    <artifactId>spring-00-introduction</artifactId>
    <version>1.0-RELEASE</version>

    <packaging>war</packaging>

    <dependencies>
        <dependency>
            <groupId>jakarta.servlet</groupId>
            <artifactId>jakarta.servlet-api</artifactId>
            <version>6.0.0</version>
            <scope>provided</scope>
        </dependency>
    </dependencies>

    <build>
        <plugins>
            <plugin>
                <groupId>org.apache.maven.plugins</groupId>
                <artifactId>maven-compiler-plugin</artifactId>
                <version>3.8.1</version>
                <configuration>
                    <source>17</source>
                    <target>17</target>
                    <encoding>UTF-8</encoding>
                </configuration>
            </plugin>
        </plugins>
```

```
        </build>
</project>
```

2. 工程部署 Servlet 容器

工程创建完毕后，不要着急编写代码，而要先把工程部署到 Servlet 容器中，保证其能正常运行。本节选择使用 Tomcat 10 作为 Servlet 容器来运行工程。

> 💡 **小提示**：如无特殊说明和引用，本书所使用的所有 Servlet 容器均为 Tomcat 10。

安装 Tomcat 10 可参考如下步骤：

（1）从 Apache Tomcat 的官方网站下载最新版的 Tomcat 10，并解压到没有中文名的目录下；

（2）来到 IDEA 中，依次打开"File→Settings→Build, Execution, Deployment→Application Servers"，并在打开的配置页中单击左上角的+号，选择"Tomcat Server"，随后找到并选择上一步解压的 Tomcat 路径，即可在 IDEA 中添加 Tomcat，如图 2-2 所示。

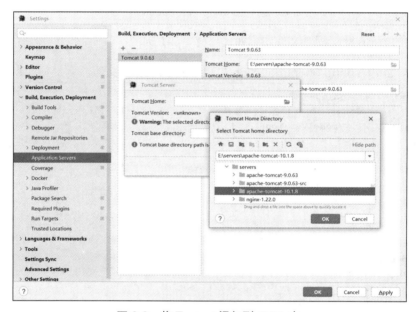

图 2-2　将 Tomcat 添加到 IDEA 中

将 Tomcat 配置到 IDEA 后，接下来继续在 IDEA 中依次打开"File→Project Structure"，选中 Artifacts 标签，确认 IDEA 是否自动生成了图 2-3 所示的归档，如果没有自动生成，则点击左上角+号，手动添加 Web Application:Exploded 的输出类型，配置好对应的路径与名称，即可设置好编译打包输出配置。

图 2-3　添加 Web Application 类型的归档

最后，在 IDEA 中依次打开"Run→Edit Configurations"，并在弹出的对话框中单击最上角的+号，选择"Tomcat Server→Local"，选择上一步添加的 Tomcat 10，随后选择 Tomcat 的"Deployment"选项卡，单击+号添加 Artifact，并选择带"exploded"后缀的归档，如图 2-4 所示。

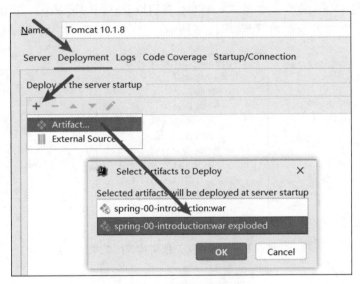

图 2-4　配置部署归档

上述操作完成后，即可完成工程的 Servlet 容器部署。

3. 编写 Servlet 测试用例

在 `src/main/java` 中新建一个 `DemoServlet1`，标注@WebServlet 注解，并继承 `HttpServlet`，重写它的 `doGet` 方法，如代码清单 2-2 所示。

代码清单 2-2　DemoServlet1

```java
import jakarta.servlet.annotation.WebServlet;
import jakarta.servlet.http.HttpServlet;
import jakarta.servlet.http.HttpServletRequest;
import jakarta.servlet.http.HttpServletResponse;

import java.io.IOException;

@WebServlet(urlPatterns = "/demo1")
public class DemoServlet1 extends HttpServlet {

    @Override
    protected void doGet(HttpServletRequest req, HttpServletResponse resp) throws Exception {
        response.getWriter().println("DemoServlet1 run ......");
    }
}
```

编写完毕后直接启动 Tomcat，IDEA 会自动编译工程并部署到 Tomcat 中。

打开浏览器，在地址栏输入 http://localhost:8080/spring_00_introduction_war_exploded/demo1（每位读者搭建的工程名可能不一致，记得修改 `context-path`），如果发现可以正常打印

DemoServlet1 run ......，证明工程搭建并配置成功。

4．编写 Service 层与 Dao 层

由于在代码清单 2-1 中只导入了 servlet-api 的依赖，因此关于数据库访问的部分本节暂不予实现，不进行 JDBC 相关操作。下面在工程中分别新建 servlet、service、dao 三个包，并分别创建 DemoService 和 DemoDao 接口以及它们的实现类，如图 2-5 所示，在对应的三层架构中，组件及依赖的模型如图 2-6 所示。

图 2-5　最简单的三层架构代码结构

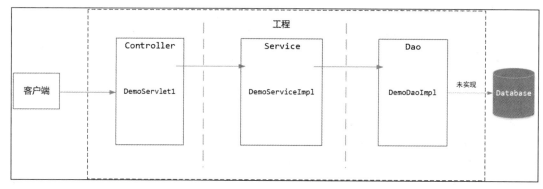

图 2-6　简单的三层架构示意

（1）Dao 与 DaoImpl

下面快速编写 Dao 层的代码，先定义一个简单的 DemoDao 接口，并声明一个 findAll 方法，模拟从数据库查询一组数据；之后编写它对应的实现类 DemoDaoImpl，由于没有引入数据库的相关驱动，因此采用硬编码的临时数据模拟 Dao 与数据库的交互，如代码清单 2-3 所示。

代码清单 2-3　Dao 层代码

```
public interface DemoDao {
    List<String> findAll();
}

public class DemoDaoImpl implements DemoDao {

    @Override
    public List<String> findAll() {
        // 此处应该是访问数据库的操作，用硬编码的临时数据代替
```

```
        return Arrays.asList("aaa", "bbb", "ccc");
    }
}
```

至此，Dao 层的接口与实现类定义完成。

（2）Service 与 ServiceImpl

再来编写 Service 层的代码，编写一个 DemoService 接口，并声明 findAll 方法；随后编写对应的实现类 DemoServiceImpl，并在内部依赖 DemoDao 接口，调用 DemoDao 的 findAll 方法从数据库中查询数据，如代码清单 2-4 所示。

代码清单 2-4　Service 层代码

```
public interface DemoService {
    List<String> findAll();
}

public class DemoServiceImpl implements DemoService {

    private DemoDao demoDao = new DemoDaoImpl();

    @Override
    public List<String> findAll() {
        return demoDao.findAll();
    }
}
```

至此，Service 层的接口与实现类定义完成。

5. 修改 DemoServlet

由于要模拟整体的三层架构，因此 DemoServlet1 要依赖 DemoService，并在 doGet 方法触发时，执行 DemoService 的 findAll 方法并输出，如代码清单 2-5 所示。

代码清单 2-5　DemoServlet1 触发 DemoService 的 findAll 方法

```
@WebServlet(urlPatterns = "/demo1")
public class DemoServlet1 extends HttpServlet {

    DemoService demoService = new DemoServiceImpl();

    @Override
    protected void doGet(HttpServletRequest req, HttpServletResponse resp) throws Exception {
        resp.getWriter().println(demoService.findAll().toString());
    }
}
```

6. 重新运行应用并测试效果

编码完毕后，我们将工程重新部署到 Tomcat 并运行，访问 /demo1 路径，浏览器中会输出 ['aaa', 'bbb', 'ccc']，说明代码编写正确且运行正常。

以上部分是读者在接触 Java Web 中最熟悉不过的基础内容。下面将模拟一个需求的变更，推演项目的变化。

2.1.2 需求变更

假设上述的项目由正在阅读的读者来负责,这个项目已经有一定规模,在数据库选型时使用了 MySQL。在项目临近交付时,甲方给你打电话,要求将数据库由 MySQL 切换为 Oracle,原因是 Oracle 的数据承载能力更强。

而挂断电话的你迫于甲方的要求,无奈只能将数据库实现改为 Oracle,但是由于 Dao 层代码已经使用 MySQL 的语法实现,读者都知道,不同的数据库在 SQL 语法层面有一些细微的差别(例如分页),因此修改数据库实现时不能只修改数据库驱动和连接池的配置,而要针对不同的 SQL 语法特性进行重新适配,又由于该项目已经有一定规模,改动量非常大。

1. 修改 DaoImpl

下面演示项目中某一个 DaoImpl 的改动,我们使用返回不同数据的方式模拟 SQL 语句的修改,如代码清单 2-6 所示。

代码清单 2-6　模拟 DaoImpl 的 SQL 语句修改

```java
public class DemoDaoImpl implements DemoDao {

    @Override
    public List<String> findAll() {
        // 模拟修改 SQL 的动作
        return Arrays.asList("oracle", "oracle", "oracle");
    }
}
```

2. 数据库再次变动

经过一星期的紧张修改,你终于完成了全部 Dao 层的 SQL 语句修改,马上就到项目交付的时候,甲方又因为一些"不可预见"的特殊原因,决定将数据库改回 MySQL。

甲方提需求固然轻松,你作为开发者却非常痛苦,本来好不容易改完的代码又要再改一遍。你实在受够了这种频繁改动,那么是否有解决方案能破局呢?

> 小提示:为了顺利演绎故事场景,推导出设计思想和原理,在没有特殊说明的前提下,本书的演绎推理场景均不考虑版本控制工具(如 Git、SVN 等)。

3. 引入静态工厂

苦思良久,你终于想到一个办法:如果在项目开发的初期就将适配不同数据库的 Dao 层实现全部制作完毕,在 Service 层引用时改为借助静态工厂创建特定的实现类。如此设计后当需求发生变更时,只需要改变一处代码,而不用修改所有的 Service 层代码。

(1)构造静态工厂

下面改造代码,我们来声明一个静态工厂类,并给这个类起一个比较别致的名字:BeanFactory(之所以会选择这个名,是因为这是一个伏笔),如代码清单 2-7 所示。

代码清单 2-7　最简单的 BeanFactory

```java
public class BeanFactory {
    public static DemoDao getDemoDao() {
        // return new DemoDaoImpl();
```

```
        return new DemoOracleDao();
    }
}
```

此处由 BeanFactory 负责实例化 DemoDao 的实现类，而为了区分基于 MySQL 和 Oracle 两个不同的数据库，DemoDaoImpl 类也要相应地复制出两份，分别命名为 DemoMySQLDao 和 DemoOracleDao，具体代码省略。

（2）改造 ServiceImpl

DemoServiceImpl 中引用的 DemoDao 实现类不再使用 new 关键字创建，而是由 BeanFactory 的静态方法 getDemoDao 返回而获得，如代码清单 2-8 所示。

代码清单 2-8　DemoServiceImpl 使用 BeanFactory 依赖 DemoDao 接口

```
public class DemoServiceImpl implements DemoService {

    DemoDao demoDao = BeanFactory.getDemoDao();

    @Override
    public List<String> findAll() {
        return demoDao.findAll();
    }
}
```

如此改造后，即便 Service 层的实现类再多，Dao 层的实现类再多，当发生需求更改时，只需要改动 BeanFactory 中静态方法的返回值。

问题解决了，皆大欢喜，甲方也很满意，项目顺利交付。

2.1.3　源码丢失

项目上线运行一段时间后，客户对系统中的一些功能提出了优化和扩展需求，自然而然又找到了你，毕竟你是这个项目的负责人。但是由于公司内项目众多，有一段时间你主要负责别的项目，维护工作改由你的同事负责。当你重新打开工程时，希望先在本地运行，以便确认要更新需求的功能位置，但是非常不幸，由于代码意外丢失，整个项目连编译都无法通过（为了演示无法编译的现象，我们手动删除 DemoMySQLDao.java）。

此时的你百思不得其解，之前运行正常的项目为何无法运行？问题出现在哪里？通过定位报错的具体位置，发现 BeanFactory 中存在编译错误！这般现状让你更加费解，之前封装好的 BeanFactory 就是为了"偷懒"而设计的，为什么反而会出现编译出错的问题？当你打开代码观察后才得知，代码工程中 DemoMySQLDao.java 源文件意外丢失，导致整个工程无法编译。

场景演绎到这里暂停，请读者体会上述场景中出现的问题。

1．类之间的依赖关系——紧耦合

代码清单 2-9　BeanFactory 创建 DemoMySQLDao

```
public class BeanFactory {
    public static DemoDao getDemoDao() {
        return new DemoMySQLDao();   // DemoMySQLDao.java 不存在导致编译失败
    }
}
```

在代码清单 2-9 中，因为工程代码中真的缺少这个 `DemoMySQLDao` 类（当然是我们刚才手动删除模拟的），导致程序编译无法通过，这种现象可以描述为"**BeanFactory 强依赖于 DemoMySQLDao**"，也就是读者可能在其他地方听到过，也可能常说的"紧耦合"。

2. 解决紧耦合

回到刚才的演绎场景中，因为工程中没有 `DemoMySQLDao.java` 文件，所以工程无法编译，工作无法正常进行。但是项目开发进度不能因为丢失一个类而被阻塞，请读者思考一下，根据现有的知识，有没有一种办法能解决这个无法编译的问题？

反射！反射可以通过声明一个类的全限定名，获取它的字节码描述，如此一来也能构造对象！

当引入反射机制后，`BeanFactory` 就可以改造为代码清单 2-10 的内容。

代码清单 2-10　引入反射机制的 BeanFactory

```java
public class BeanFactory {

    public static DemoDao getDemoDao() {
        try {
            return (DemoDao) Class.forName("com.linkedbear.spring00.c_reflect.dao.impl.DemoMySQLDao")
                    .getDeclaredConstructor().newInstance();
        } catch (Exception e) {
            e.printStackTrace();
            throw new RuntimeException("DemoDao instantiation error, cause: " + e.getMessage());
        }
    }
}
```

如此改造后，`BeanFactory` 便可以正常编译，尽管在 `DemoService` 的初始化时还是会出现问题，但是工程可以正常启动。

3. 弱依赖

使用反射机制之后，程序出现错误的现象不再是在编译时出现，而是在工程启动后，由于 `BeanFactory` 要构造 `DemoDaoImpl` 时确实还没有该类，因此抛出 `ClassNotFoundException` 异常。这样 **BeanFactory** 对 **DemoMySQLDao** 的依赖程度就降低了，这种情况可以被称作"**弱依赖**"（松耦合）。

2.1.4　硬编码问题

虽然利用反射机制暂时规避了工程无法正常启动的问题，但问题最终还是要解决。经过一番恢复工作，你终于把 `DemoMySQLDao.java` 找了回来，这样即便是程序运行时也不会抛出异常。但是在切换 MySQL 和 Oracle 数据库时还是会出现一个问题：由于类的全限定名被写死在 `BeanFactory` 的源码中，导致每次切换数据库后工程依然需要重新编译才可以正常运行，这种方式不是很理想，应该有更好的处理方案。

1. 引入外部化配置文件

根据已有的 Java SE 知识，我们不难想到，可以借助 I/O 机制实现文件存储配置，这样每次

BeanFactory 被初始化时，让它读取指定的配置文件，就不会出现硬编码的现象。基于这个设计，可有如下改造。

（1）加入 factory.properties 文件

在 src/main/resource 目录下新建 factory.properties 文件，并在其中进行声明，如代码清单 2-11 所示。

▍代码清单 2-11　factory.properties 文件

```
demoService=com.linkedbear.spring00.d_properties.service.impl.DemoServiceImpl
demoDao=com.linkedbear.spring00.d_properties.dao.impl.DemoDaoImpl
```

为了方便接下来取出这些类的全限定名，示例代码中给每一个类名都起一个"别名"，这样就可以根据别名来找到对应的全限定类名。

（2）改造 BeanFactory

既然配置文件是 properties 类型，在 JDK 中刚好也有一个 API 名为 `Properties`，它可以解析 properties 文件。于是可以在 `BeanFactory` 中加入一个静态变量，并借助静态代码块，在工程启动的时候就初始化 `Properties`。配置文件读取到之后，下面的 `getDemoDao` 和 `getDemoService` 方法也要一并修改，修改完成的代码如代码清单 2-12 所示。

▍代码清单 2-12　使用 Properties 改良 BeanFactory

```java
public class BeanFactory {
    
    private static Properties properties;
    
    // 使用静态代码块初始化 properties，加载 factory.properties 文件
    static {
        properties = new Properties();
        try {
            // 必须使用类加载器读取 resource 文件夹下的配置文件
            properties.load(BeanFactory.class.getClassLoader()
                    .getResourceAsStream("factory.properties"));
        } catch (IOException e) {
            // BeanFactory 类的静态初始化失败，后续代码也没有必要继续执行，抛出异常
            throw new ExceptionInInitializerError("BeanFactory initialize error, cause: " + e.getMessage());
        }
    }
    
    public static DemoDao getDemoDao() {
        try {
            Class<?> beanClazz = Class.forName(properties.getProperty("demoDao"));
            return beanClazz.getDeclaredConstructor().newInstance();
        } // catch throw ex ……
    }
}
```

代码改造到这里，读者朋友是否会感到有些"不适"？既然代码已经抽象化到这种地步，像 `getDemoService`、`getDemoDao` 等方法就没有必要重复编写，而是制作一个通用的方法，这个方法传入要获得对象的"别名"，由 **BeanFactory** 从配置文件中查找对应的全限定类名，

反射构造对象返回即可，所以我们可以将获取对象的方法继续抽象为 **getBean** 方法，即代码清单 2-13 的实现。

代码清单 2-13　getBean 方法获取任意对象

```java
public static Object getBean(String beanName) {
    try {
        // 从 properties 文件中读取指定 name 对应类的全限定名，并反射实例化
        Class<?> beanClazz = Class.forName(properties.getProperty(beanName));
        return beanClazz.getDeclaredConstructor().newInstance();
    } // catch throw ex ......
}
```

如此改造之后，`DemoServiceImpl` 中就不再调用 `getDemoDao` 方法，而是转用 `getBean` 方法，并指定需要获取的对象名称为 "demoDao"，即可获得想要的 `DemoDao` 实现类对象，对应的代码略。

2. 外部化配置

场景推演至此，读者朋友是否产生了一个大胆的想法：基于上述的设计，我们可以将**所有需要抽取出来的组件都做成外部化配置**！对于这种可能会变化的配置、属性等，通常不会直接硬编码在源码中，而是**抽取为一些配置文件的形式**（properties、XML、JSON、YML 等），配合程序对配置文件的加载和解析，从而达到动态配置、降低配置耦合度的目的。**这种抽取配置文件的思想，称为"外部化配置"；抽取配置文件的动作，则称为"配置的外部化"。**

2.1.5　多次实例化

`BeanFactory` 演变至此依然存在问题，我们可以在 `ServiceImpl` 的构造方法中连续多次获取 `DemoDao` 的实现类对象，并观察这些对象的内存地址，如代码清单 2-14 所示。

代码清单 2-14　重复获取 DemoDao 的实现类对象

```java
public class DemoServiceImpl implements DemoService {

    DemoDao demoDao = (DemoDao) BeanFactory.getBean("demoDao");

    public DemoServiceImpl() {
        for (int i = 0; i < 5; i++) {
            System.out.println(BeanFactory.getBean("demoDao"));
        }
    }
}
com.linkedbear.spring00.d_properties.dao.impl.DemoDaoImpl@44548059
com.linkedbear.spring00.d_properties.dao.impl.DemoDaoImpl@5cab632f
com.linkedbear.spring00.d_properties.dao.impl.DemoDaoImpl@24943e59
com.linkedbear.spring00.d_properties.dao.impl.DemoDaoImpl@3f66e016
com.linkedbear.spring00.d_properties.dao.impl.DemoDaoImpl@5f50e9eb
```

重新运行程序，可以发现连续 5 次获取 `DemoDao` 的实现类对象时，每个对象打印的内存地址都不相同，这证明创建了 5 个不同的 `DemoDaoImpl`！这样的设计并不合理，在一个工程中，具有功能的对象在没有特殊需求下，最好只存在一个（单实例）。

改良方法：引入缓存。

对于这些没有必要创建多个对象的组件，如果能有一种方法保证整个工程运行过程中只存在一个对象，就可以大大减少资源消耗。于是可以在 BeanFactory 中加入一个缓存区，并在 getBean 方法中设置缓存检查逻辑，如果缓存中存在指定对象，则直接返回；如果没有对象，则会先创建对象，并将创建好的对象放入缓存中，再返回。为了控制并发问题，需要引入双检锁保证对象只有一个（其思想参照懒汉单例模式），改造后的 BeanFactory 核心代码如代码清单 2-15 所示。

代码清单 2-15　引入缓存区后的 BeanFactory

```java
public class BeanFactory {
    // 缓存区，保存已经创建好的对象
    private static Map<String, Object> beanMap = new HashMap<>();

    public static Object getBean(String beanName) {
        // 双检锁保证 beanMap 中确实没有 beanName 对应的对象
        if (!beanMap.containsKey(beanName)) {
            synchronized (BeanFactory.class) {
                if (!beanMap.containsKey(beanName)) {
                    // 过了双检锁，证明确实没有，可以执行反射创建
                    try {
                        Class<?> beanClazz = Class.forName(properties.getProperty(beanName));
                        Object bean = beanClazz.getDeclaredConstructor().newInstance();
                        // 反射创建后放入缓存再返回
                        beanMap.put(beanName, bean);
                    } // catch throw ex ......
                }
            }
        }
        return beanMap.get(beanName);
    }
}
```

改造完成后，重启工程再次测试，观察这一次打印的结果，发现多次打印都指向同一个对象，说明改造已经完成，达到最终的目的。

```
com.linkedbear.spring00.e_cachedfactory.dao.impl.DemoDaoImpl@4a667700
com.linkedbear.spring00.e_cachedfactory.dao.impl.DemoDaoImpl@4a667700
com.linkedbear.spring00.e_cachedfactory.dao.impl.DemoDaoImpl@4a667700
......
```

2.1.6　IOC 思想的引入

到此为止，整个场景的演绎结束，下面总结整个过程中出现的几个关键点：
- 静态工厂可将多处依赖抽取分离；
- 外部化配置文件+反射可解决配置的硬编码问题；
- 缓存机制可以控制对象的实例数。

对比演绎推理中出现的两种代码编写方式（如代码清单 2-16 所示），可以发现上面的是强依赖/紧耦合，在编译时就必须保证 DemoDaoImpl 存在；下面的是弱依赖/松耦合，只有在运行时通过反射创建过程才能得知 DemoDaoImpl 是否存在。

代码清单 2-16　两种获取 DemoDao 的方式对比

```
private DemoDao dao = new DemoDaoImpl();

private DemoDao dao = (DemoDao) BeanFactory.getBean("demoDao");
```

再对比看，上面的写法是主动声明了 DemoDao 的实现类，只要代码可以编译通过，则运行正常；下面的写法没有指定实现类，而是由 BeanFactory 去帮我们查找一个名为 demoDao 的对象，倘若 factory.properties 文件中声明的全限定类名出现错误，则会抛出强制类型转换失败的异常 ClassCastException。

仔细体会下面这种对象获取的方式，本来开发者可以使用上面的方式，主动声明实现类，但如果选择下面的方式，那就不再是开发者主动声明，而是**将获取对象的方式交给了 BeanFactory**。这种将控制权交给别人的思想就是所谓的**控制反转**（Inverse of Control, IOC）。而 BeanFactory 根据指定的 beanName 去获取和创建对象的过程，可以称作**依赖查找**（Dependency Lookup, DL）。

2.2　IOC 的两种实现方式

了解 IOC 思想的由来之后，下面我们就要开始真正学习 Spring Framework 的 IOC 思想的具体实现。IOC 的实现方式包含两种，分别是**依赖查找**（Dependency Lookup）与**依赖注入**（Dependency Injection）。

2.2.1　依赖查找

依赖查找的含义是，根据指定的对象名称或对象的所属类型，主动从 IOC 容器中获取对应的具体对象（后续将这种对象称为 bean 对象）。下面通过几个具体的示例来快速上手。

1．根据名称查找（byName）

（1）创建工程，引入依赖

首先我们创建第一个学习 Spring Framework 的工程 **spring-01-ioc**，它基于 Java 17 编译，坐标依赖中只需要引入 spring-context（另外同样需要引入编译插件，代码略），如代码清单 2-17 所示。笔者在编写本书时经历了 Spring Framework 的两个版本 6.0.x 和 6.1.x，所以在本书中读者会看到两套不同的版本，对于绝大部分的功能它们是相同的，有新的变动或者特性出现时会相应地提醒和体现。

代码清单 2-17　spring-01-ioc 的坐标依赖

```xml
<dependencies>
    <dependency>
        <groupId>org.springframework</groupId>
        <artifactId>spring-context</artifactId>
        <version>6.0.9</version>
    </dependency>
</dependencies>
```

（2）编写配置文件

接下来需要创建一个基于 Spring Framework 的配置文件。通过 2.1 节的推演，想必读者也能理解，外部化配置可以更灵活地修改容器中 Bean 的配置，Spring Framework 使用 XML 配置文件的方式来描述类和对象的定义信息。在工程的 src/main/resources 目录下创建一个名为 "basic_dl" 的目录，并在其中创建 quickstart-byname.xml 文件，如图 2-7 所示。

图 2-7　创建 quickstart-byname.xml 配置文件

XML 配置文件的骨架内容由 Spring Framework 事先约定，从 Spring Framework 的官方文档中可以找到 XML 配置文件的骨架，如代码清单 2-18 所示，将这段代码粘贴到 quickstart-byname.xml 文件中即可。

▎代码清单 2-18　Spring Framework 中 XML 配置文件的骨架

```xml
<?xml version="1.0" encoding="UTF-8"?>
<beans xmlns="http://www.springframework.org/schema/beans"
    xmlns:xsi="http://www.w3.org/2001/XMLSchema-instance"
    xsi:schemaLocation="http://www.springframework.org/schema/beans
        https://www.springframework.org/schema/beans/spring-beans.xsd">

</beans>
```

> 小提示：细心的读者会注意到，使用 IDEA 开发时，在粘贴进配置文件的骨架后，IDEA 会弹出一行提示，如图 2-8 所示。由此可见 IDEA 的强大之处在于，它可以监测并意识到我们要在工程中添加 Spring Framework 的配置文件，进而提醒我们是否要将这个配置文件配置到 IDEA 的项目工作环境中。在配置之后，IDEA 可以自动提示我们编写的代码中注册了哪些 Bean，以及这些 Bean 的信息等，我们可以选择配置也可以忽略，读者可以根据自己的喜好自行选择。

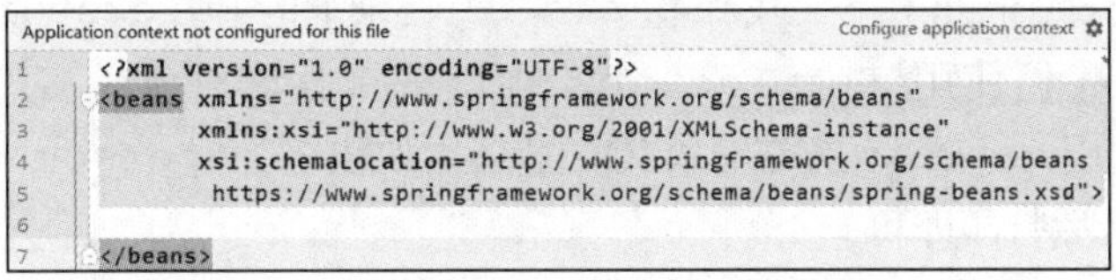

图 2-8　粘贴 XML 头后 IDEA 弹出提示

（3）声明普通类并注册

本书中编写的示例代码尽可能按照包结构划分，本节的代码将统一创建在 com.linkedbear.spring.basic_dl 包中。我们可以创建一个普通的 Person 类，其内部不需要编写任何代码。随后在 quickstart-byname.xml 文件中使用 Spring Framework 的定义规则，将 Person 声明到配置文件中，如代码清单 2-19 所示。

▎代码清单 2-19　声明的普通类 Person 与对应的 XML

```
public class Person {

}
<?xml version="1.0" encoding="UTF-8"?>
<beans......>
```

```xml
    <bean id="person" class="com.linkedbear.spring.basic_dl.a_quickstart_byname.bean.Person"></bean>
</beans>
```

配置文件的编写方式非常简单，大体与 2.1 节中制作 properties 文件的方式类似，使用 `<bean>` 标签来声明一个注册到 IOC 容器中的 Bean，它的 id（名称）为 "person"，对应的类型就是上面创建的 Person 类。

> 💡 小提示：按照代码清单 2-19 的方式编写完配置文件后，IDEA 会提示 XML 标签体为空，这是因为 XML 中没有标签体的情况下是可以省略闭合标签的（读者如果了解最基础的 HTML 语法就应该知道）。

（4）创建启动类并测试

按照 2.1 节演绎推理的步骤，有了配置文件后下一步就是要读取和解析配置文件，我们创建一个 QuickstartByNameApplication 类，并声明 main 方法编写启动逻辑。读取 quickstart-byname.xml 文件的方法有很多，因为是第一个示例，所以我们选择一种相对简单的方法，如代码清单 2-20 所示。

代码清单 2-20　QuickstartByNameApplication

```java
public class QuickstartByNameApplication {
    
    public static void main(String[] args) throws Exception {
        BeanFactory factory = new ClassPathXmlApplicationContext("basic_dl/quickstart-byname.xml");
        Person person = (Person) factory.getBean("person");
        System.out.println(person);
    }
}
```

简单解释代码清单 2-20 的含义。要想读取 quickstart-byname.xml 配置文件，需要一个载体来加载，示例代码中选择使用 ClassPathXmlApplicationContext 来加载，可以从当前项目的类路径（classpath）下，找到 basic_dl 目录下的 quickstart-byname.xml 文件。加载完成后，我们使用 BeanFactory 接口来接收该对象（多态的思想）。之后从 BeanFactory 中调用 getBean 方法，从 IOC 容器中取出名为 "person" 的对象，并强制转换为 Person 类型，最后打印即可。

> 💡 小提示：笔者在编写测试 main 方法时，习惯在方法签名上声明 throws Exception，如此编写后大部分场景下可以不用关心 try-catch 操作，读者在跟随本书练习时不必强行模仿笔者的风格，沿用自己的编码风格即可。

运行 QuickstartByNameApplication 的 main 方法，控制台可以成功打印出 Person 的全限定类名+内存地址，证明测试方法编写成功。

```
com.linkedbear.spring.basic_dl.a_quickstart_byname.bean.Person@6a4f787b
```

2. 根据类型查找（byType）

从上面的示例中可以发现一个问题：通过名称获取的 bean 对象类型只能是 Object，如果需要精准获取 IOC 容器中某一个类型的 bean 对象，则需要根据类型查找。为了与上面根据名称查找的内容做区分，我们不在原有代码的基础上修改，而是复制一份新的代码，并将配置文件更名为 quickstart-bytype.xml。

为了演示基于类型查找，这次使用<bean>标签声明时，我们不再指定 id 属性，相应地，启动类 QuickstartByTypeApplication 中调用 getBean 方法时不再传入字符串变量，而是直接传入希望获取的 Bean 的 class 类型，而且接收对象不再需要强制类型转换，如代码清单 2-21 所示。

代码清单 2-21　使用类型获取

```
<bean class="com.linkedbear.spring.basic_dl.b_bytype.bean.Person"></bean>
public class QuickstartByTypeApplication {

    public static void main(String[] args) {
        BeanFactory factory = new ClassPathXmlApplicationContext("basic_dl/quickstart-bytype.xml");
        Person person = factory.getBean(Person.class);
        System.out.println(person);
    }
}
```

要获得对应的测试效果，读者可以自行执行和验证，本书不再演示。

3．接口与实现类

基于类型查找时，还可以根据接口获取对应的实现类（当然这要求实现类已经注册到 IOC 容器中）。为了演示这一效果，我们将 2.1 节中的 DemoDao 与 DemoDaoImpl 复制到 basic_dl.b_bytype 目录中，并在 quickstart-bytype.xml 文件中加入 DemoDaoImpl 的声明定义。随后在启动类 QuickstartByTypeApplication 中使用 BeanFactory 取出 DemoDao，并打印 findAll 方法的返回数据，如代码清单 2-22 所示。

代码清单 2-22　根据接口获取对应实现类

```
<bean class="com.linkedbear.spring.basic_dl.b_bytype.dao.impl.DemoDaoImpl"/>
public class QuickstartByTypeApplication {

    public static void main(String[] args) throws Exception {
        BeanFactory factory = new ClassPathXmlApplicationContext("basic_dl/quickstart-bytype.xml");
        //……
        DemoDao demoDao = factory.getBean(DemoDao.class);
        System.out.println(demoDao.findAll());
    }
}
```

运行 main 方法，控制台可以打印出 [aaa, bbb, ccc] ，证明 DemoDaoImpl 也成功注入，并且 BeanFactory 可以根据接口类型找到对应的实现类。

2.2.2　依赖注入

由上面的三个示例中可以发现一个问题：以上创建的 bean 对象都是不带属性值的！如果我们要创建的 bean 对象需要一些预设的属性，那么就要涉及 IOC 的另一种实现——依赖注入。作为 IOC 思想的另一种实现，它的基本原则是一致的：如果某个 bean 对象需要属性依赖，请不要自行声明/定义，而是将 Bean 定义至 IOC 容器，由 IOC 容器负责加载属性值，并设置到相应的属性上。

下面通过两个简单示例，快速体会依赖注入的使用和含义。

> 小提示：本节的代码将统一创建在 com.linkedbear.spring.basic_di 包下。

1. 简单属性值注入

为了与依赖查找的对象进行区分，我们新创建一个 Person 类，并声明两个属性 name 和 age。随后编写 XML 配置文件 inject-set.xml，将 Person 类注册到 IOC 容器中，如代码清单 2-23 所示。

代码清单 2-23　声明带有属性的 Person 类和注册 Bean

```
public class Person {
    private String name;
    private Integer age;
    // getter and setter toString ......
}
```

```xml
<?xml version="1.0" encoding="UTF-8"?>
<beans ......>
    <bean id="person" class="com.linkedbear.spring.basic_di.a_quickstart_set.bean.Person"></bean>
</beans>
```

如果仅使用上述的代码驱动 IOC 容器初始化，那么从 IOC 容器中取出的 Person 对象中 name 与 age 的属性将全部为 null（读者可自行测试效果）。为了能给 Person 对象的属性赋值，需要在<bean>标签的内部指定一些内容。借助 IDE 可以发现，<bean>标签的内部可以声明的标签如图 2-9 所示。

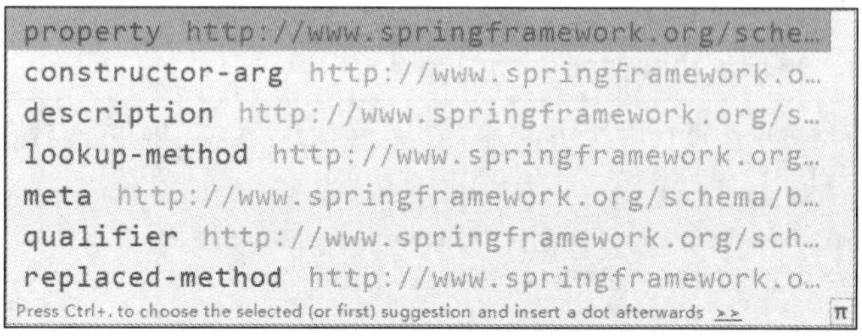

图 2-9　<bean>标签内部可以声明的标签

这些标签不需要读者一开始就全部记住，学到哪个就熟悉和掌握哪个。如果需要给 bean 对象的属性赋值，使用的标签是<property>，这个标签有两个属性可以供我们使用，分别是 name（属性名）和 value（属性值）。对于 Person 对象的属性赋值，可以采用代码清单 2-24 中的方式。

代码清单 2-24　使用<property>标签为 bean 对象的属性赋值

```xml
<bean id="person" class="com.linkedbear.spring.basic_di.a_quickstart_set.bean.Person">
    <property name="name" value="test-person-byset"/>
    <property name="age" value="18"/>
</bean>
```

声明之后，可以编写测试类以验证对象的属性，如代码清单 2-25 所示。运行 QuickstartInjectBySetXmlApplication 类的 main 方法，控制台可以打印 Person 对象的属性值，说明依赖注入属性成功。

代码清单 2-25　通过 QuickstartInjectBySetXmlApplication 测试依赖注入属性的效果

```java
public class QuickstartInjectBySetXmlApplication {
    
    public static void main(String[] args) throws Exception {
        BeanFactory beanFactory = new ClassPathXmlApplicationContext("basic_di/inject-set.xml");
        Person person = beanFactory.getBean(Person.class);
        System.out.println(person);
    }
}

// Person{name='test-person-byset', age=18}
```

2. 关联 bean 对象注入

对于 2.1 节中 DemoService 依赖 DemoDao 的场景，依赖注入同样可以实现。下面创建一个新的小猫类 Cat，并声明 name 和 master 属性，分别指代小猫的名字和主人。随后在 inject-set.xml 配置文件中定义一个新的 Bean，id 为 "cat"，并使用 <property> 标签的另一个属性 ref 引用 IOC 容器中的一个现有的 bean 对象，即 person，如代码清单 2-26 所示。

代码清单 2-26　新建 Cat 类并配置到 XML 中

```java
public class Cat {
    private String name;
    private Person master;
    // getter and setter toString ......
}
```

```xml
<?xml version="1.0" encoding="UTF-8"?>
<beans......>

    <bean id="person" class="com.linkedbear.spring.basic_di.a_quickstart_set.bean.Person">
        <property name="name" value="test-person-byset"/>
        <property name="age" value="18"/>
    </bean>
    
    <bean id="cat" class="com.linkedbear.spring.basic_di.a_quickstart_set.bean.Cat">
        <property name="name" value="test-cat"/>
        <!-- ref 引用上面的 person 对象 -->
        <property name="master" ref="person"/>
    </bean>
</beans>
```

编写完成后，在 QuickstartInjectBySetXmlApplication 类中获取 Cat 对象并打印，可以发现 Cat 对象中的 master 属性就是上面的 Person 对象，关联 bean 对象的依赖注入也实现完成（具体测试代码和结果略，读者可自行测试和验证）。

2.2.3　依赖查找与依赖注入的对比

根据本节内容进行简单总结和归纳，可以看出 IOC 的两种实现方式的区别。

（1）从作用目标来看：依赖注入的作用目标通常是类成员，依赖查找的作用目标可以是方法体内，也可以是方法体外。

（2）从实现方式来看：依赖注入通常借助一个上下文被动地接收，依赖查找通常主动使用上下文搜索。

2.3 BeanFactory 与 ApplicationContext

体会了 IOC 思想的两种具体实现方式后，下面需要解释几个概念并进行相关对比。

2.3.1 理解 IOC 容器

顾名思义，IOC 容器即实现了 IOC 思想的容器。容器可以理解为"**一个具备创建组件（对象）并管理组件能力的区域**"，而引入 IOC 思想的容器，其内部应当具备 IOC 思想的两种具体实现方式。通过 2.2 节的几个示例，读者是否有一种感觉：我们将需要创建的对象的信息，以配置文件的方式提供给 Spring Framework，在创建 `BeanFactory`（或 `ApplicationContext`）的时候它就会自动帮我们创建这些信息，并在我们使用依赖查找（调用 `getBean` 方法）时予以返回，这种从加载和解析配置文件到完成容器和内部组件（Bean）的过程，就是 IOC 容器的基本处理流程。

> 💡 小提示：当然，IOC 容器的内部设计远比上面描述的复杂，在后续章节的不断学习中，读者可以对 IOC 容器的设计、思想、实现和原理有更深入的了解。

2.3.2 对比 BeanFactory 与 ApplicationContext

Spring Framework 中的 `BeanFactory` 就是一个基本的 IOC 容器的实现，而 `ApplicationContext` 是基于 `BeanFactory` 的扩展，它拥有 `BeanFactory` 的所有功能，并且还扩展了很多特性。从 Spring Framework 的官方文档中可以找到如下一段描述，解释这两个接口之间的关系。

> 这段描述的大体意思是，`org.springframework.beans` 和 `org.springframework.context` 包是 Spring Framework 的 IOC 容器的基础。`BeanFactory` 接口提供了一种高级配置机制，能够管理任何类型的对象。`ApplicationContext` 是 `BeanFactory` 的子接口。它增加了：
> - 与 Spring Framework 的 AOP 特性轻松集成；
> - 消息资源处理（用于国际化）；
> - 事件发布；
> - 应用层特定的上下文，例如 Web 应用程序中使用的 `WebApplicationContext`。

此外，官方文档中还有一段内容，解释了开发者为什么要使用 `ApplicationContext` 而不是 `BeanFactory`，内容如下。

> You should use an `ApplicationContext` unless you have a good reason for not doing so, with `GenericApplicationContext` and its subclass `AnnotationConfigApplicationContext` as the common implementations for custom bootstrapping. These are the primary entry points to Spring's core container for all common purposes:loading of configuration files, triggering a classpath scan, programmatically registering bean definitions and annotated classes, and (as of 5.0) registering functional bean definitions.
>
> 你应该使用 `ApplicationContext`，除非有充分的理由不需要使用。在一般情况下，我们推荐

将 GenericApplicationContext 及其子类 AnnotationConfigApplicationContext 作为自定义引导的常见实现。这些实现类是用于所有常见目的的 Spring Framework 核心容器的主要入口点：加载配置文件，触发类路径（classpath）扫描，编程式注册 Bean 定义和带注解的类，以及（从 5.0 版本开始）注册功能性 Bean 的定义。

这段话的下面还给了一张表，如表 2-1 所示，对比了 BeanFactory 与 ApplicationContext 的不同特性。

表 2-1　BeanFactory 与 ApplicationContext 的特性对比

特性	BeanFactory	ApplicationContext
Bean Instantiation/Wiring——Bean 的实例化和属性注入	有	有
Integrated Lifecycle Management——生命周期管理	无	有
Automatic BeanPostProcessor Registration——Bean 后置处理器的支持	无	有
Automatic BeanFactoryPostProcessor Registration——BeanFactory 后置处理器的支持	无	有
Convenient MessageSource Access (for internalization)——消息转换服务（国际化）	无	有
Built-in ApplicationEvent Publication Mechanism——事件发布机制（事件驱动）	无	有

基于上述文档和观点的总结，我们来概括 BeanFactory 与 ApplicationContext 的区别。

BeanFactory 接口提供了一个**抽象的配置和对象的管理机制**，ApplicationContext 是 BeanFactory 的子接口，它简化了与 AOP 的整合、消息机制、事件机制，以及对 Web 环境的扩展（WebApplicationContext 等），BeanFactory 是没有这些扩展的。

ApplicationContext 主要扩展了以下功能：

- AOP 的支持（AnnotationAwareAspectJAutoProxyCreator 作用于 bean 对象的初始化之后）；
- 配置元信息（BeanDefinition、Environment、注解等）；
- 资源管理（Resource 抽象）；
- 事件驱动机制（ApplicationEvent、ApplicationListener）；
- 消息与国际化（LocaleResolver）；
- Environment 抽象（Spring Framework 3.1 以后）。

2.3.3　理解 Context 与 ApplicationContext

可能部分读者对 Context 这个概念比较模糊，抑或完全不理解 Context 这个概念和设计。Context 意为"上下文"，简单地说，Context 指的是**当程序运行到指定代码时，客观存在的额外数据和信息**。我们可以结合上学时的语文课来理解，在一篇文章中看到某个故事情节或者细节描述时，可能想要分析情节的作用或某个细节，这就需要**结合当前阅读的部分及其前后章节或段落来综合分析**，这里的"前后章节或段落"即上下文，也就是 Context。比如著名作家朱自清的散文《背影》中有一个经典场面："父亲往车外看了看说：'我买几个橘子去。你就在此地，不要走动。'"如果仅将这一句话截取出来，我们完全无法体会父亲说这句话的用意和后续作者的内心波动，需要结合前后段落阅读才可以体会。

在软件开发中 Context 通常可以理解为我们编写的代码执行时可以获取的额外信息，包括全局变量、类中的静态成员、ThreadLocal 中的值、配置属性等。在我们学习 Spring Framework 之后 ApplicationContext 也就成为运行 Spring Framework 应用时的上下文，我们可以借助 ApplicationContext 拿到 IOC 容器中的其他 Bean，无论我们在代码中是否获取和使用，这些 Bean 都是客观存在的。

2.4 注解驱动的 IOC

从 Spring Boot 发布以来，使用 XML 配置文件的场景越来越少，取而代之的是基于注解配置类来驱动 IOC 容器。从 Spring Framework 推出 3.0 版本后，支持的最低 Java 版本为 Java 5，我们都知道 Java 5 最有特点的新特性之一就是引入了**注解**，Spring Framework 3.0 开始也通过引入大量注解代替 XML 的方式进行声明式开发。本节会简单介绍和演示基于注解驱动的 IOC 容器使用方式，以及注解配置类的编写。

> 💡 小提示：本节的代码将统一创建在 com.linkedbear.spring.annotation 包下。

2.4.1 注解驱动 IOC 的依赖查找

相较于 XML 配置文件的驱动方式，基于注解驱动的配置会全部编写在**配置类**中，一个配置类可以理解为一个 XML 配置文件。对配置类没有特殊的限制，只需要在类上标注一个 @Configuration 注解。

与 XML 配置文件使用 <bean> 标签的方式类比，通过注解配置类注册 Bean 所使用的是 @Bean 注解。代码清单 2-27 展示了一个注解配置类 QuickstartConfiguration 中注册 Bean 的方式，这段代码的含义是 **QuickstartConfiguration** 向 IOC 容器注册一个类型为 **Person**、**id 为 "person"** 的 Bean，方法的返回值代表注册的类型，方法名代表 Bean 的 **id**。除了使用方法名作为 id 以外，也可以直接在 @Bean 注解中使用 name 属性显式地声明 Bean 的 id。

代码清单 2-27　使用注解配置类注册 Person 对象

```
@Configuration
public class QuickstartConfiguration {

    // 等同于 <bean id="person" class="c.l.s.b.a.bean.Person"/>
    @Bean(name = "person")
    public Person person() {
        return new Person();
    }
}
```

注解驱动的场景下，Spring Framework 为我们提供的是 **AnnotationConfigApplicationContext**，它可以用作最常用的注解驱动 IOC 容器。代码清单 2-28 展示了一个简单的注解驱动 IOC 容器，可以发现整体的编码方式非常简单，甚至与 XML 配置文件的方式没有什么区别。

代码清单 2-28　使用 AnnotationConfigApplicationContext 驱动并获取 Person 对象

```
public class AnnotationConfigApplication {
```

```java
public static void main(String[] args) throws Exception {
    ApplicationContext ctx = new AnnotationConfigApplicationContext(QuickstartConfiguration.class);
    Person person = ctx.getBean(Person.class);
    System.out.println(person);
}
}
```

2.4.2 注解驱动 IOC 的依赖注入

编写基于 @Bean 注解的依赖注入也非常简单，因为注册 Bean 时使用的是 Java 代码，所以注入哪些属性完全是在代码中编写的。代码清单 2-29 展示了注册 Person 和 Cat 对象的依赖注入方法，这种写法与 2.2.2 节中使用 XML 配置文件的方式完全等价。

代码清单 2-29　编程式注入属性和依赖对象引用

```java
@Configuration
public class AnnotationDIConfiguration {

    @Bean
    public Person person() {
        Person person = new Person();
        person.setName("person");
        person.setAge(123);
        return person;
    }

    @Bean
    public Cat cat() {
        Cat cat = new Cat();
        cat.setName("test-cat-anno");
        // 直接拿上面的 person()方法作为返回值即可，相当于 ref
        cat.setMaster(person());
        return cat;
    }
}
```

测试启动类的编写和运行与 2.2.2 节完全一致，不再展开，读者可自行验证。

2.4.3 组件注册与扫描机制

翻看 AnnotationConfigApplicationContext 的构造方法，可以发现它还有一个传入 basePackage 的构造方法，basePackage 译为"根包"，要想理解这个概念，就需要了解注解驱动中一个非常重要的机制：**组件注册与扫描**。

1. 组件注册的根源：@Component

Spring Framework 规定，当一个类上标注了 @Component 注解（并被组件扫描）时，即认定这个类将在 IOC 容器初始化时被创建，并注册到 IOC 容器中成为一个 Bean。代码清单 2-30 中的两种编写形式是等价的。

代码清单 2-30　使用 @Component 注解与 <bean> 标签

```java
@Component
```

```java
public class Person {

}
```

```xml
<bean id="person" class="com.linkedbear.spring.basic_dl.a_quickstart_byname.bean.Person"/>
```

默认情况下，组件生成的 beanName 为"首字母小写的类名"（例如 Person 的默认名称是 person，DemoServiceImpl 的默认名称是 demoServiceImpl）。如果需要指定 Bean 的名称，就在 @Component 注解中声明 value 属性。

> 小提示：注意一个细节，如果 `<bean>` 标签不声明 id 属性，默认生成的 Bean 的名称不是"首字母小写的类名"，这一点与注解扫描的规则不同！

2. 组件扫描

如果只是将 @Component 注解标注在类上而不进行扫描，那么 IOC 容器将无法感知到组件注册，当没有扫描组件时强行获取 Bean，一定会抛出 NoSuchBeanDefinitionException 异常，为此需要引入一个新的注解用于组件扫描：@ComponentScan。

@ComponentScan 注解通常标注在配置类上。在代码清单 2-31 中，我们在配置类 ComponentScanConfiguration 上额外标注一个 @ComponentScan 注解，并指定要扫描的包路径，它就可以扫描指定路径包及子包下的所有 @Component 组件。如果不指定扫描路径，就默认扫描本类所在包及子包下的所有 @Component 组件。注意，basePackages 是复数概念，这意味着它可以一次性声明多个扫描的包。

代码清单 2-31　使用 @ComponentScan 注解

```java
@Configuration
@ComponentScan("com.linkedbear.spring.annotation.c_scan.bean")
public class ComponentScanConfiguration {

}
```

声明了 @ComponentScan 之后，重新启动配置类，可以发现 Person 已经成功被注册，关于具体效果读者可自行测试验证。注意一点，如果 Spring Framework 的版本比较老，可能会看到如下的写法：@ComponentScan(basePackages="com.linkedbear.spring.annotation.c_scan.bean")，这两个写法实质上是一样的，写哪个都可以。

除了在配置类中使用 @ComponentScan 注解，Spring Framework 还给我们提供了第二种组件扫描的使用方式。在 AnnotationConfigApplicationContext 的构造方法中有一个类型为 String 可变参数的构造方法，当我们传入需要扫描的包之后，也可以直接扫描到那些标注了 @Component 的 Bean 并注册到 IOC 容器中。

```java
ApplicationContext ctx = new AnnotationConfigApplicationContext("com.linkedbear.spring.annotation.c_scan.bean");
```

组件扫描不是注解驱动 IOC 容器的专利，对于 XML 配置文件驱动的 IOC 容器同样可以启用组件扫描，只需要在 XML 配置文件中声明一个标签 `<context:component-scan>`，之后使用 ClassPathXmlApplicationContext 驱动 IOC 容器，同样可以获取 person 对象。

```xml
<context:component-scan base-package="com.linkedbear.spring.annotation.c_scan.bean"/>
```

3. 组件注册的其他注解

Spring Framework 为了迎合 Web 应用开发时所采用的经典三层架构，额外提供了三个注解：`@Controller`、`@Service`、`@Repository`，分别对应三层架构中的表现层、业务层、持久层。这三个注解的作用与 `@Component` 完全一致，其实它们的底层也都是 `@Component`，如代码清单 2-32 所示。

代码清单 2-32　派生注解的底层仍然是 @Component

```
@Target({ElementType.TYPE}) @Retention(RetentionPolicy.RUNTIME) @Documented
@Component
public @interface Controller { ... }
```

有了以上三个注解，在进行符合三层架构的应用开发时，对于那些业务逻辑层的类（如 `DemoServiceImpl`），就可以直接标注 `@Service` 注解，而不用一个个地写 `<bean>` 标签或者借助 `@Bean` 注解进行组件注册。

> 💡 小提示：其实 `@Repository` 注解在 Spring Framework 2.0 中就已经存在，只是到 Spring Framework 3.0 才开始全面支持注解驱动开发。

4. @Configuration 也是 @Component

如果在驱动注解 IOC 容器时，直接扫描包括配置类在内的整个根包，则在运行 `main` 方法时会看到配置类 `ComponentScanConfiguration` 也被注册到 IOC 容器中，如代码清单 2-33 所示（上面的一组 Spring 内置的组件可忽略，只留意最后 3 行代码即可）。

代码清单 2-33　扫描整个 c_scan 包

```
public static void main(String[] args) throws Exception {
    ApplicationContext ctx = new AnnotationConfigApplicationContext("com.linkedbear.spring.
annotation.c_scan");
    String[] beanNames = ctx.getBeanDefinitionNames();
    Stream.of(beanNames).forEach(System.out::println);
}

org.springframework.context.annotation.internalConfigurationAnnotationProcessor
org.springframework.context.annotation.internalAutowiredAnnotationProcessor
org.springframework.context.annotation.internalCommonAnnotationProcessor
org.springframework.context.event.internalEventListenerProcessor
org.springframework.context.event.internalEventListenerFactory
componentScanConfiguration
cat
person
```

可能有读者会产生疑惑，为什么配置类不像配置文件那样仅作为一个配置的载体出现，而是连同自己一并注册到 IOC 容器中？其实原因很简单，翻看 `@Configuration` 注解的源码，可以发现它也被标注了 `@Component` 注解，说明被标注 `@Configuration` 注解的类对于 IOC 容器而言同样也是一个 Bean。

代码清单 2-34　@Configuration 也是 @Component

```
@Target(ElementType.TYPE) @Retention(RetentionPolicy.RUNTIME) @Documented
```

```
@Component
public @interface Configuration { ... }
```

2.4.4 注解驱动与 XML 驱动互通

如果一个应用中既有注解驱动配置，又有 XML 配置文件，则可能出现由一方引入另一方配置的情况。下面分别演示互相引入的两种场景。

1．XML 配置文件引入注解驱动

在 XML 中要引入注解驱动，需要开启注解配置，同时注册对应的配置类，如代码清单 2-35 所示。

代码清单 2-35　XML 配置文件中引入注解驱动

```xml
<?xml version="1.0" encoding="UTF-8"?>
<beans......>
    <!-- 开启注解配置 -->
    <context:annotation-config />
    <bean class="c.l.s.annotation.d_importxml.config.AnnotationConfigConfiguration"/>
</beans>
```

2．注解配置类引入 XML 配置文件

在注解配置类中引入 XML 配置文件，需要在配置类上标注@ImportResource 注解，并声明配置文件的路径，如代码清单 2-36 所示。关于具体的组件注册和效果，读者可自行编写代码测试验证，本书不再赘述。

代码清单 2-36　注解配置类引入 XML 配置文件

```java
@Configuration
@ImportResource("classpath:annotation/beans.xml")
public class ImportXmlAnnotationConfiguration {
}
```

> 小提示：由于目前主流的项目开发都基于 Spring Boot，而 Spring Boot 推荐使用注解驱动配置，尽可能避免 XML 配置文件的引入，因此在没有特殊说明的前提下，本书后续的演示示例均基于注解驱动。

2.5　依赖查找进阶与高级

2.2.1 节中介绍了最基础的两种依赖查找方式：基于 beanName 或 Bean 的类型获取一个对象。下面继续介绍依赖查找的另外 4 种使用方式。

> 小提示：本节的代码将统一创建在 com.linkedbear.spring.basic_dl 包下。

2.5.1　ofType

试想一个场景，如果一个接口有多个实现，而我们又想一次性把这些 Bean 对象都获取出来，那么 getBean 方法就不足以满足需求，而需要使用额外的方式。ApplicationContext 在 BeanFactory 的基础上扩展了一些新的获取 Bean 的方法，其中有一个方法叫 getBeansOfType，

2.5 依赖查找进阶与高级

它可以一次性获取 IOC 容器中某一个类型的所有对象。

为了演示接口+实现类的场景，下面创建一个 `DemoDao` 接口和 3 个不同的实现类，并使用注解配置类将这 3 个类注册到 IOC 容器中，如代码清单 2-37 所示。

代码清单 2-37　声明 DemoDao 和 3 个实现类，并注册到 IOC 容器中

```java
public interface DemoDao {}
public class DemoMySQLDao implements DemoDao {}
public class DemoOracleDao implements DemoDao {}
public class DemoPostgresDao implements DemoDao {}

@Configuration
public class OfTypeConfiguration {
    @Bean
    public DemoDao demoMySQLDao() { return new DemoMySQLDao(); }
    @Bean
    public DemoDao demoOracleDao() { return new DemoOracleDao(); }
    @Bean
    public DemoDao demoPostgresDao() { return new DemoPostgresDao(); }
}
```

随后需要编写启动类来驱动 IOC 容器获取这些 `DemoDao` 的实现类，由于 2.3 节已经介绍了 BeanFactory 与 ApplicationContext 的区别，了解了 ApplicationContext 的功能更加强大，所以后续若没有特殊说明，所有的测试代码均使用 ApplicationContext 而不是 BeanFactory 作为父类型接收。在代码清单 2-38 中的 `OfTypeApplication` 类中，我们调用 ApplicationContext 的 `getBeansOfType` 方法，可以获得一个 Map，这个集合中的 key 就是每个 bean 对象的名称，value 则为这些 bean 对象本身。

代码清单 2-38　用 OfTypeApplication 测试一次性获取多个同类型的 Bean

```java
public class OfTypeApplication {

    public static void main(String[] args) throws Exception {
        ApplicationContext ctx = new AnnotationConfigApplicationContext(OfTypeConfiguration.class);
        Map<String, DemoDao> beans = ctx.getBeansOfType(DemoDao.class);
        beans.forEach((beanName, bean) -> {
            System.out.println(beanName + " : " + bean.toString());
        });
    }
}
```

运行 `main` 方法，控制台中成功打印了注解配置类中注册的 3 个对象，如此即实现了传入一个接口/抽象类，返回容器中所有的实现类/子类。

2.5.2　withAnnotation

IOC 容器除了可以根据一个父类/接口来找实现类，还可以根据类上标注的注解来查找对应的 Bean，它借助的方法是 `getBeansWithAnnotation`。

为了演示基于注解的获取，下面定义一个新的注解 `@Color`，并相应地创建几个与颜色相关的类 `Black`、`Red` 等；随后编写一个注解配置类 `WithAnnoConfiguration`，在其中注册 `Black`、`Red` 对象以及其他包中任意一个类（如 `Cat`），如代码清单 2-39 所示。

代码清单 2-39　@Color 注解与几个演示类

```java
@Documented
@Retention(RetentionPolicy.RUNTIME)
@Target(ElementType.TYPE)
public @interface Color { }

@Color
public class Black { }

@Color
public class Red { }

@Configuration
public class WithAnnoConfiguration {
    @Bean
    public Black black() { return new Black(); }
    @Bean
    public Red red() { return new Red(); }
    @Bean
    public Cat cat() { return new Cat(); }
}
```

紧接着编写一个启动类，驱动 IOC 容器后调用 getBeansWithAnnotation 方法获取所有标注了 @Color 注解的 bean 对象，如代码清单 2-40 所示。通过 getBeansWithAnnotation 方法获取的结果也是一个 Map，含义与 2.5.1 节相同。

代码清单 2-40　getBeansWithAnnotation 的使用

```java
public class WithAnnoApplication {

    public static void main(String[] args) throws Exception {
        ApplicationContext ctx = new AnnotationConfigApplicationContext(WithAnnoConfiguration.class);
        Map<String, Object> beans = ctx.getBeansWithAnnotation(Color.class);
        beans.forEach((beanName, bean) -> {
            System.out.println(beanName + " : " + bean.toString());
        });
    }
}
```

运行 main 方法，控制台中只打印了 black 和 red 两个 Bean，符合预期，证明成功获取 Bean 对象。

2.5.3　获取所有 Bean

在项目开发的封装阶段，可能会遇到一种比较少见的需求，需要取出 IOC 容器中的所有 Bean。要满足这种需求，使用上述学过的方法都无法实现，因为我们无法预知 IOC 容器中注册了哪些 Bean。在 ApplicationContext 的父接口，即 BeanFactory 的派生接口 ListableBeanFactory 中有一个 getBeanDefinitionNames 方法，这个方法可以将 IOC 容器中所有 Bean 的名称全部返回，获取所有 Bean 的名称后，就可以循环调用 getBean 方法来逐个获取 IOC 容器中的所有 bean 对象。

代码清单 2-41 展示了 getBeanDefinitionNames 方法的使用方式，我们使用 2.5.2 节的

WithAnnoConfiguration 配置类驱动 IOC 容器，并打印其中所有 Bean 的名称。运行 main 方法，控制台可以成功打印出 Spring Framework 内置的一些组件名称，以及包含配置类在内的所有注册进去的 bean 对象的名称。

代码清单 2-41　getBeanDefinitionNames 的使用

```
public class BeannamesApplication {

    public static void main(String[] args) throws Exception {
        ApplicationContext ctx = new AnnotationConfigApplicationContext(WithAnnoConfiguration.class);
        String[] beanNames = ctx.getBeanDefinitionNames();
        // 利用 JDK 8 的 Stream 快速编写打印方法
        Stream.of(beanNames).forEach(System.out::println);
    }
}

// 此处省略
withAnnoConfiguration
black
red
cat
```

2.5.4　延迟查找

对于一些特殊的场景，需要依赖容器中的某些特定的 Bean，但当它们不存在时也能使用默认策略来处理。这种场景下，使用上面已经学过的方式虽然可以实现，但编码方式可能会不太优雅。如果有一种机制，能够支持我们在获取一个 Bean 时，无论 Bean 是否存在都不会抛出异常，而是返回一个包装器，只有在我们真正打开包装器时，才能得知其内部的 Bean 是否真的存在，由此可以避免 IOC 容器在获取 Bean 时抛出异常。自 Spring Framework 4.3 版本开始引入了一个新的 API：`ObjectProvider`。基于这个 API 就可以实现 Bean 的**延迟查找**。

实际使用时，对于获取不确定是否存在的 Bean，我们不再使用 `getBean` 方法，而是改用 `getBeanProvider` 方法，这个方法会返回一个 `ObjectProvider`，其内部的泛型就是所要获取的 Bean 的类型。代码清单 2-42 展示了基于 `ObjectProvider` 获取 Dog 对象的方式，可以看出，使用 `ObjectProvider` 之后，运行 main 方法时程序并不会抛出异常，只有调用 `dogProvider` 的 `getObject` 方法，真正要取包装器中的 Dog 对象时才会抛出异常。总结下来，`ObjectProvider` 的作用相当于**延后了 Bean 的获取时机，也延后了异常可能出现的时机**。

代码清单 2-42　基于 ObjectProvider 的获取

```
public class LazyLookupApplication {

    public static void main(String[] args) throws Exception {
        ApplicationContext ctx = new ClassPathXmlApplicationContext("com.linkedbear.spring.basic_dl.f_lazylookup");
        // 运行下面的代码会抛出 Bean 没有定义的异常 NoSuchBeanDefinitionException
        // Dog dog = ctx.getBean(Dog.class);

        // 运行这一行代码不会抛出异常
        ObjectProvider<Dog> dogProvider = ctx.getBeanProvider(Dog.class);
    }
}
```

虽然 `ObjectProvider` 可以让 Bean 的获取时机延后，但是 Bean 不存在时调用 `getObject` 方法还是会抛出异常。`ObjectProvider` 中还有一个方法 `getIfAvailable`，它可以在找不到 Bean 时返回 `null` 而不抛出异常。使用了 `getIfAvailable` 方法后的代码如代码清单 2-43 所示。

代码清单 2-43　getIfAvailable 的使用

```java
public class LazyLookupApplication {

    public static void main(String[] args) throws Exception {
        ApplicationContext ctx = new ClassPathXmlApplicationContext("com.linkedbear.spring.basic_dl.f_lazylookup");
        ObjectProvider<Dog> dogProvider = ctx.getBeanProvider(Dog.class);
        Dog dog = dogProvider.getIfAvailable();
        if (dog == null) {
            dog = new Dog();
        }
        System.out.println(dog);
    }
}
```

随着 Spring Framework 5.0 基于 Java 8 的发布，函数式编程也被大量用于 Spring Framework 中，其中 `ObjectProvider` 中新增加了几个方法，可以使编码风格更加优雅。看到代码清单 2-43 中的 `if` 判断，读者是否联想到了 `Map` 中的 `getOrDefault` 方法？由此，Spring Framework 5.0 后给 `ObjectProvider` 重载了一个带 `Supplier` 参数的 `getIfAvailable` 方法，它可以在 IOC 容器中没有指定 Bean 时调用 `Supplier` 产生一个默认对象，简化后的代码如代码清单 2-44 所示。

代码清单 2-44　getIfAvailable 的简化使用

```java
public class LazyLookupApplication {

    public static void main(String[] args) throws Exception {
        ApplicationContext ctx = new ClassPathXmlApplicationContext("com.linkedbear.spring.basic_dl.f_lazylookup");
        ObjectProvider<Dog> dogProvider = ctx.getBeanProvider(Dog.class);
        Dog dog = dogProvider.getIfAvailable(() -> new Dog()); // 或使用更简单的 Dog::new
        System.out.println(dog);
    }
}
```

除了获取 bean 对象本身，还有一种实用的场景：当 Bean 存在时，执行一段代码，不存在时则不执行。Spring Framework 5.0 后给 `ObjectProvider` 扩展了一个带 `Consumer` 参数的 `ifAvailable` 方法，这个方法内的 `Consumer` 表达式只有在 Bean 存在时才会被回调。使用的方式也很简单，如代码清单 2-45 所示。

代码清单 2-45　使用重载的 ifAvailable 方法

```java
public class LazyLookupApplication {

    public static void main(String[] args) throws Exception {
        ApplicationContext ctx = new ClassPathXmlApplicationContext("com.linkedbear.spring.
```

```
basic_dl.f_lazylookup");
        ObjectProvider<Dog> dogProvider = ctx.getBeanProvider(Dog.class);
        dogProvider.ifAvailable(dog -> System.out.println(dog)); // 或者使用方法引用
    }
}
```

2.6 依赖注入的 6 种方式

在日常项目开发中，经常使用依赖注入（DI）来完成组件与组件之间的关联以及属性的填充。通常来讲，提到 IOC 的思想，大多会以 DI 作为其核心思想的实现，这足以证明 DI 的重要性。本节将会介绍 Spring Framework 中依赖注入的 6 种使用方式。

> 💡 小提示：本节的代码将统一创建在 com.linkedbear.spring.basic_di 包下。

2.6.1 setter 方法与构造器注入

setter 方法的属性注入在 2.2.2 节和 2.4.2 节中已经接触并演示过，这里不再赘述。构造器注入指的是在使用带参数的构造方法创建对象时，需要注入的所有参数。有一些类中本身就没有声明无参构造方法，这就使得我们必须调用带参数的构造方法来创建对象。一般来讲，构造器注入主要用于对象内的部分属性不可变（final 修饰）等场景。

为了演示构造器注入的效果，我们在定义 Person 类时添加一个全参数构造方法，如代码清单 2-46 所示。

代码清单 2-46　Person 类中声明全参数构造方法

```java
public Person(String name, Integer age) {
    this.name = name;
    this.age = age;
}
```

如果使用注解配置类注册 Person 对象，则在编译时 IDE 就会报错，提示 Person 没有默认的无参构造方法；而使用 XML 配置文件，通过<bean>标签注册 Person 对象时，会在运行时解析 XML 配置文件时抛出 NoSuchMethodException 异常，提示没有无参构造方法。为此我们就必须学习新的 bean 对象构造和属性注入方式。

基于注解驱动的 Person 对象在创建时，只需要在配置类中，编写 new Person() 时按照构造方法的参数列表设置属性值，毫无技术含量；而基于 XML 配置文件的 Person 对象在注册时，需要使用<constructor-arg>标签声明对象的构造方法参数。代码清单 2-47 中演示了注解配置类和 XML 配置文件中使用构造器注入的方式。

代码清单 2-47　使用构造器注入

```java
@Configuration
public class InjectByConstructorConfiguration {
    @Bean
    public Person person() {
        return new Person("test-person-anno-byconstructor", 18);
    }
}
```

```xml
}
<bean id="person" class="com.linkedbear.spring.basic_di.b_constructor.bean.Person">
    <constructor-arg index="0" value="test-person-byconstructor"/>
    <constructor-arg index="1" value="18"/>
</bean>
```

> 小提示：补充一个细碎知识点，基于 XML 配置文件使用构造器注入时，如果一个类中有多个不同的构造方法，除了使用上述的 index 索引指定参数位置，还可以使用 type 属性指定参数的类型。根据 Java 语言的重载特性，方法的参数类型和数量不同时可以重载，所以这种情况下即便不设置 index，IOC 容器也能正确识别调用的构造方法并创建对象。一个例外情况是，如果一个类中声明了一个(String, int)和一个(int, String)的构造方法，则 IOC 容器将无法正确识别（当参数类型相同、数量相同但顺序不同时，允许方法重载）。

2.6.2 注解属性注入

使用<bean>标签和@Bean 注解的方式都有对应的手段注入属性，那么基于模式注解 @Component+组件扫描的方式注册的 Bean 也应该有对应的属性注入方式。

1. @Value 注解的使用

对于使用@Component 及其派生注解注册的 Bean，使用的属性注入注解是@Value，这个注解可以直接声明注入属性的值，如代码清单 2-48 所示（本节使用一些模拟颜色类来演示）。

代码清单 2-48　@Value 注解的使用

```java
public class Black {

    @Value("black-value-anno")
    private String name;

    @Value("0")
    private Integer order;

    // getter setter toString
}
```

随后使用注解驱动 IOC 容器扫描 Black 所在的包，并将 Black 取出后打印，如代码清单 2-49 所示。main 方法运行后，控制台可以打印出 Black 的两个属性值，说明使用@Value 注解可以直接将明文注入 Bean 的属性上。

代码清单 2-49　InjectValueAnnoApplication

```java
public class InjectValueAnnoApplication {

    public static void main(String[] args) throws Exception {
        ApplicationContext ctx = new AnnotationConfigApplicationContext("com.linkedbear.spring.basic_di.c_value_spel.bean");
        Black black = ctx.getBean(Black.class);
        System.out.println("simple value : " + black);
```

```
    }
}
// simple value : Black{name='black-value-anno', order=0}
```

2. @PropertySource 注解

上述的属性注入方式显然不是最优解，因为属性值已经被写死在 Java 代码中，如果需要修改属性值就需要修改代码并重新编译。Spring Framework 允许我们将一些配置属性定义在 properties 文件中，通过加载 properties 文件到 IOC 容器中，就可以被其他的 Bean 引用。使用 properties 文件可以将配置信息外部化，减少维护的工作量，同时部署和更改也更简单。

如果是使用注解配置类引入 properties 文件，则需要利用 @PropertySource 注解，这个注解可以传入一个或多个 properties 文件的路径，进而将这些配置属性和值保存到 IOC 容器中。在使用 @Value 注解注入属性值时，需要使用 ${} 占位符来标识需要注入的属性名（类似于 JSP 中的 EL 表达式）；而在 XML 配置文件中引入 properties 文件，需要使用 `<context:property-placeholder>` 标签指定 properties 文件的路径，具体注册 Bean 时，`<property>` 标签的 value 属性同样使用 ${} 占位符标识配置属性名即可。具体的使用方式如代码清单 2-50 所示。

代码清单 2-50　使用 properties 文件

```
# red.properties
red.name=red-value-byproperties
red.order=1

@Component
public class Red {

    @Value("${red.name}")
    private String name;

    @Value("${red.order}")
    private Integer order;

    // getter setter toString ......
}

@Configuration
@ComponentScan("com.linkedbear.spring.basic_di.c_value_spel.bean")
@PropertySource("classpath:basic_di/value/red.properties")
public class InjectValueConfiguration {}

<context:property-placeholder location="classpath:basic_di/value/red.properties"/>

<bean class="com.linkedbear.spring.basic_di.c_value_spel.bean.Red">
    <property name="name" value="${red.name}"/>
    <property name="order" value="${red.order}"/>
</bean>
```

作为一个 properties 文件，它加载到 Spring Framework 的 IOC 容器后，会转换成 **Map** 的形式来保存这些配置属性键值对，而 Spring Framework 中本身在初始化时就有一些配置项，这些配置项也都放在这个 Map 中。**占位符的值就从这些配置项中获取。**

补充一点，如果占位符 ${} 中设置的配置属性项没有在加载的配置文件中出现，就可以使

用 **${prop:defaultvalue}** 的格式提供一个默认值，配置属性名和默认值之间以英文冒号分隔。如此编写之后在属性注入阶段会先解析配置属性名，如果的确没有取到对应的值，则将冒号后面的内容设置为默认值（如`${red.name:haha}`，代表配置属性 `red.name` 不存在时取默认值 `haha`）。

> 小提示：实际上这些配置属性名和值存放的真实位置是一个叫 Environment 的抽象中，在本书后续的高级篇将有专门的章节讲解 Environment 的设计，以及 properties 文件的加载原理，对深层设计与原理感兴趣的读者可以移步相应章节学习。

3. SpEL 表达式

如果在进行属性注入时使用了一些特殊的属性（如全局静态常量 Integer.MAX_VALUE，甚至某个对象的某个属性），则使用${}占位符的方式就无法满足（占位符只能加载配置属性项）。Spring Framework 提供了一种更强大的表达式语言：SpEL。

SpEL 的英文全称是 Spring Expression Language，从 Spring Framework 3.0 开始支持，它本身可以作为 Spring Framework 的组成部分，也可以独立使用。它支持调用属性值、属性参数以及方法调用、数组存储、逻辑计算等功能。

> 小提示：接触过 Struts2/FreeMarker 的读者应该了解 OGNL，它也是一种表达式语言，只不过 OGNL 是一个单独的开源项目，而 SpEL 是由 Spring 推出的表达式语言，且默认 SpEL 本身内嵌在 Spring Framework 中。

SpEL 表达式可以指定简单的字符串和数据类型值，也可以引用 IOC 容器中其他 Bean 的属性，除了引用属性外还能调用对象的方法和类的静态方法，代码清单 2-51 演示了 3 种常用的使用方式。注意一个细节，直接引用类中的静态常量和方法时，需要在类的全限定名外面使用"T()"。

代码清单 2-51　SpEL 的使用方式

```
@Component
public class Blue {
    @Value("#{'blue-value-byspel'}") // 字符串的字面量
    @Value("#{'copy of ' + blue.name}") // 引用 Bean 的属性
    @Value("#{blue.name.substring(0, 3)}") // 调用 Bean 的方法
    private String name;

    @Value("#{2}") // 固定数据值
    @Value("#{blue.order + 1}") // 引用 Bean 的属性并计算
    @Value("#{T(java.lang.Integer).MAX_VALUE}") // 引用静态常量
    private Integer order;
```

XML 配置文件的使用方式与@Value 注解完全一致，不再赘述。

> 小提示：读者不要把过多的精力放到 SpEL 表达式上，学会一些基础的使用方式即可，关于更多的 SpEL 表达式使用方式，可以参照官方文档中有关 expression 的章节。

2.6.3 组件自动注入

在 2.2.2 节中介绍了在 XML 配置文件中关联 Bean 的注入，基于注解驱动的关联 Bean 注入则需要用到另一个系列的注解，本节分情况展开讲解。

1. @Autowired 注解

Spring Framework 为我们提供的标准自动注入注解是 **@Autowired**，这个注解需要在注入 Bean 的属性或 setter 方法上标注。标注 @Autowired 注解并注册到 IOC 容器后，IOC 容器会按照属性对应的类型，从容器中找对应类型的 bean 对象赋值到对应的属性，实现自动注入。请注意，只标注注解是不够的，只有当组件注册到 IOC 容器后，才能触发自动注入。

（1）用于组件类

首先演示基于一个标注了 @Component 注解的组件类，如何使用 @Autowired 注解实现组件自动注入。为了演示效果，下面创建"人"和"狗"两个类，分别是 Person 和 Dog，形成"狗依赖人"的结构，如代码清单 2-52 所示。

代码清单 2-52　创建 Person 类与 Dog 类

```
@Component
public class Person {
    private String name = "administrator";
    // setter toString
}


@Component
public class Dog {

    @Value("dogdog")
    private String name;

    private Person person;
    // toString()
}
```

使用 @Autowired 注解时，代码清单 2-53 展示了 3 种方式，分别是属性注入、构造器注入、setter 方法注入。它们触发的时机有所不同，构造器注入的时机最早，后续是属性注入和 setter 方法注入。

代码清单 2-53　3 种注入方式

```
// 方法 1：属性注入
@Component
public class Dog {
    // 此处省略
    @Autowired
    private Person person;
}

// 方法 2：构造器注入
@Component
public class Dog {
    // 此处省略
```

```java
    private Person person;
    
    @Autowired
    public Dog(Person person) {
        this.person = person;
    }
}

// 方法3：setter方法注入
@Component
public class Dog {
    // 此处省略
    private Person person;
    
    @Autowired
    public void setPerson(Person person) {
        this.person = person;
    }
}
```

接下来编写测试启动类 `AutowiredApplication`，使用组件扫描驱动 IOC 容器，并从容器中取出 `Dog` 对象打印，具体代码略。运行 main 方法，控制台可以正确打印 Dog 中的 `person` 对象，证明 @Autowired 注解生效。

（2）Bean 不存在时的处理

如果使用 @Autowired 注解时被注入的对象不存在，则 IOC 容器会在初始化时监测到异常，并抛出 `NoSuchBeanDefinitionException`。譬如我们可以将 `Person` 类的 @Component 注解暂时注释掉，再次运行 `AutowiredApplication` 的 main 方法时，控制台就会抛出 `NoSuchBeanDefinitionException`，并提示 "No qualifying bean"，意为 IOC 容器中没有一个类型为 `Person` 的 Bean。

规避该问题的方法有两种，第一种是修改 @Autowired 注解中的 `required` 属性为 `false`，意为被标注的属性不是必须注入的；第二种是使用延迟注入，将在 2.6.6 节中讲解。

（3）用于配置类

@Autowired 注解不仅可以用在普通 Bean 的属性上，在注解配置类中使用 @Bean 注解注册组件时也可以标注，如代码清单 2-54 所示。由于配置类 `AutowiredConfiguration` 的上下文中没有 `Person` 对象的注册（使用了 @Component 模式注解），自然也就没有 `person()` 方法供内部调用，此时就可以使用 @Autowired 注解来进行自动注入了。

代码清单 2-54　注解配置类中使用 @Autowired 注解

```java
@Configuration
@ComponentScan("com.linkedbear.spring.basic_di.d_autowired.bean")
public class AutowiredConfiguration {
    
    @Bean
    @Autowired
    public Cat cat(Person person) {
        Cat cat = new Cat();
        cat.setName("mimi");
```

```
        cat.setPerson(person);
        return cat;
    }
}
```

> 💡 小提示：上述场景其实也可以不标注@Autowired 注解，Spring Framework 会自动识别@Bean 注解标注的方法参数，并尝试从 IOC 容器中获取。

将扫描包换为基于 `AutowiredConfiguration` 配置类驱动 IOC 容器，并获取 Cat 对象打印。运行 main 方法，可以发现 Cat 也可以被正确打印。具体测试代码略，读者可自行修改并测试。

2. 多个相同类型 Bean 的注入

上述的测试代码均为注入单个 bean 对象，但如果 IOC 容器中有同种类型的多个对象，则需要改变注入方式，下面分别演示 IOC 容器中存在多个相同类型 Bean 的精准注入和全部注入。

（1）精准注入

为了演示 IOC 容器中包含两个相同类型的 Bean，我们在 `AutowiredConfiguration` 中使用@Bean 注解再注册一个 `Person` 对象，如代码清单 2-55 所示。

代码清单 2-55　注册名为 master 的 Person 对象

```
@Bean
public Person master() {
    Person master = new Person();
    master.setName("master");
    return master;
}
```

随后再修改一个地方，找到 `Person` 类的@Component 注解，设置其 `value` 属性为 `administrator`，即@Component("administrator")。如此设置后，IOC 容器中的两个 `Person` 类型对象的名称分别为 `master` 和 `administrator`。

下面直接运行 `AutowiredApplication` 的 main 方法，此时控制台中打印出一个异常，大概的意思是 IOC 容器在创建 `Dog` 对象时检测到需要组件自动注入，而注入 person 属性时发现容器内部有两个类型相同的 `Person`，IOC 容器无法自主决定选择哪个 `Person` 进行注入，故抛出非唯一 bean 对象的异常。

```
Caused by: org.springframework.beans.factory.NoUniqueBeanDefinitionException: No
qualifying bean of type 'com.linkedbear.spring.basic_di.d_autowired.bean.Person' available:
expected single matching bean but found 2: administrator,master
```

解决该问题的方法有 3 种，下面逐一介绍。

第一种方法需要借助@Qualifier 注解，该注解需要配合@Autowired 注解使用，可以显式地指定需要注入哪个名称的 bean 对象。上述代码就可以改造为代码清单 2-56 所示。

代码清单 2-56　使用@Qualifier 注解

```
@Autowired
@Qualifier("administrator")
private Person person;
```

第二种方法需要借助@Primary注解,它需要配合@Component(或其派生注解)或@Bean注解使用,可以指定组件注入时默认的Bean。例如上述代码中,将AutowiredConfiguration中@Bean注解标注的master()方法上添加@Primary注解(如代码清单2-57所示),则Dog中将会被注入名为"master"的bean对象。

代码清单2-57　@Bean配合@Primary注解

```java
@Bean
@Primary
public Person master() {
    Person master = new Person();
    master.setName("master");
    return master;
}
```

第三种方法最简单,只需要修改Dog中被注入属性的属性名为bean对象的名称即可,如代码清单2-58所示,将Dog中的person属性名改为administrator,则可以在不借助任何额外注解的前提下,成功注入bean对象而不抛出异常。

代码清单2-58　修改属性名

```java
@Component
public class Dog {

    @Value("dogdog")
    private String name;

    @Autowired
    private Person administrator;
```

通过以上3种方式,均可以获得精准注入的效果。

简单总结一下@Autowired注解的自动注入逻辑。注入Bean时先根据被注入属性对应的类型,在IOC容器中找对应的bean对象,如果找到且只找到一个,则直接返回并注入。如果找到多个类型相同的bean对象,则会获取被注入的属性名,并与这些存在的bean对象的id逐个比对,如果匹配到相同的,则直接返回;如果没有任何相同的id与被注入的属性名相同,则会抛出NoUniqueBeanDefinitionException异常。

(2)全部注入

上面的示例均为注入单个bean对象,通过几种不同的办法来保证注入对象的唯一性。如果需要一次性将所有指定类型的bean对象都注入到指定位置,就需要使用新的方式:**使用集合接收**。例如在上述Dog中可以新增一个属性persons,其类型为List<Person>,并在该属性上标注@Autowired注解,如代码清单2-59所示。如此编写后,再次运行Autowired Application,获取Dog对象并打印,就可以在控制台上看到persons属性被全部注入。

代码清单2-59　使用集合接收一组bean对象

```java
@Component
public class Dog {
    // 此处省略
    @Autowired
```

```
private List<Person> persons;
```

3. JSR-250 注解@Resource

@Autowired 注解为 Spring Framework 内置的注解，但是在 Spring Framework 刚开始流行的那段时间，同期还有其他 IOC 框架。如果每种框架都声明一个独属于自己的注解，则开发者的学习成本会增加。有一个叫 JCP（Java Community Process）的组织参与制定了一组有关 Java 语言开发的规范，这些规范统称为 JSR 规范（Java Specification Requests）。

本节要讲解的是 JSR-250 规范中的一个注解：@Resource。**@Autowired 是按照类型注入**，**@Resource 则是直接按照属性名/Bean 的名称注入**，所以读者可以简单理解为，@Resource 注解相当于@Autowired 和@Qualifier 的组合体。实际开发中，有相当一部分开发者选择使用@Resource 注解，而实际使用哪种注解，取决于团队的编码规范或个人的编码风格。

要想使用JSR-250注解，需要在 pom.xml 文件中导入一个新的坐标：jakarta.annotation-api，如代码清单 2-60 所示。由于 Spring Framework 升级到 6.0 后，原有的 javax 开头的类被改为 jakarta 开头，导致只能通过导入新的 jakarta 开头的 jar 包依赖才能使用（Spring Framework 5 及以下的版本不需要该步骤）。

代码清单 2-60　导入 jakarta.annotation-api 依赖

```xml
<!-- jsr250 -->
<dependency>
    <groupId>jakarta.annotation</groupId>
    <artifactId>jakarta.annotation-api</artifactId>
    <version>2.1.1</version>
</dependency>
```

使用@Resource 注解的方式非常简单，它与@Autowired 注解的使用方式一样，都是在被注入的属性上标注。代码清单 2-61 提供了一个简单示例，为了不与前面的代码冲突，我们创建一个新的 Bird 类，并在其中使用@Resource 注解指定注入名为 "master" 的 Person 类型的对象。

代码清单 2-61　使用@Resource 注解

```java
@Component
public class Bird {

    @Resource(name = "master")
    private Person person;
```

关于具体的代码测试，读者可自行编写并验证。

4. JSR-330 注解@Inject

JSR-330 规范中也提出了跟@Autowired 一样的策略，它也是**按照类型注入**的。不过要想使用 JSR-330 规范，也需要额外导入一个依赖：jakarta.inject-api，如代码清单 2-62 所示（Spring Framework 5 及以下版本需要导入 javax.inject 依赖）。

代码清单 2-62　导入 jakarta.inject-api 依赖

```xml
<!-- jsr330 -->
<dependency>
    <groupId>jakarta.inject</groupId>
    <artifactId>jakarta.inject-api</artifactId>
    <version>2.0.0</version>
</dependency>
```

随后的使用方式与使用 @Autowired 注解完全一致，与 @Autowired 对应的注解为 @Inject，与 @Qualifier 对应的注解为 @Named。代码清单 2-63 展示了简单的使用方式。

代码清单 2-63　使用 @Inject 注解

```java
@Component
public class Cat {

    @Inject // 等同于@Autowired
    @Named("admin") // 等同于@Qualifier
    private Person master;
```

可能有读者会产生疑惑，既然 @Inject 注解与 @Autowired 的效果相同，Spring Framework 为何要多做一种适配？其实原因跟上面提到的是一样的，如果项目开发脱离了 Spring Framework，那么基于 JSR-330 规范的 @Inject 注解还能在其他 IOC 框架中使用，而使用 @Autowired 注解则会在编译时报错。使用 JSR 规范的注解，是为了规避框架的底层实现改变而造成编译时出错的问题。

5. 小结

本节的最后，总结一下上述讲解的几种注入方式，如表 2-2 所示。

表 2-2　依赖注入的注入方式对比

注入方式	被注入成员是否可变	是否依赖 IOC 框架的 API	使用场景
构造器注入	不可变	否（XML、编程式注入不依赖）	不可变的固定注入
参数注入	不可变	否（高版本中注解配置类中的 @Bean 注解标注的方法参数注入可不标注注解）	注解配置类中的 @Bean 注解标注的方法注册 bean 对象
属性注入	不可变	是（只能通过标注注解来侵入式注入）	通常用于不可变的固定注入
setter 方法注入	可变	否（XML、编程式注入不依赖）	可选属性的注入

用于自动注入的注解对比和附加说明，如表 2-3 所示。

表 2-3　自动注入的注解对比

注解	注入方式	是否支持 @Primary	来源	Bean 不存在时的处理
@Autowired	根据类型注入	是	Spring Framework 原生注解	可通过指定 required=false 避免注入失败
@Resource	根据名称注入	是	JSR-250 规范	容器中不存在指定 Bean 时会抛出异常
@Inject	根据类型注入	是	JSR-330 规范（需要导入 jar 包）	容器中不存在指定 Bean 时会抛出异常

`@Qualifier` 注解：如果被标注的成员/方法在根据类型注入时发现有多个相同类型的 Bean，则会根据该注解声明的名称寻找特定的 `bean` 对象；

`@Primary` 注解：如果有多个相同类型的 Bean 同时注册到 IOC 容器中，使用"根据类型注入"的注解时会注入标注了 `@Primary` 注解的 `bean` 对象。

2.6.4 复杂类型注入

实际项目开发中难免会遇到注入一些复杂类型的数据，诸如数组、`List`、`Set`、`Map`、`Properties` 等，这些注入通常是在 XML 配置文件中使用。基于注解驱动的复杂类型注入，通常会在配置类的 `@Bean` 注解标注的方法中通过编程式注入，所以关于这部分本书不做展开，本节只讲解基于 XML 配置文件的复杂类型注入。

为了演示复杂类型注入的效果，下面先创建一个涵盖多种复杂类型的 `Person` 类，如代码清单 2-64 所示。

代码清单 2-64　复杂类型的 Person 类

```
public class Person {
    private String[] names;
    private List<String> tels;
    private Set<Cat> cats;
    private Map<String, Object> events;
    private Properties props;
    // setter
}
```

1. 数组、List、Set 注入

基于 XML 配置文件注入属性时，2.2.2 节中介绍的`<property>`标签中都是编写标签的属性，但其实`<property>`标签中也可以编写标签体。借助 IDEA 可以发现`<property>`标签中可以编写的子标签非常多，如图 2-10 所示。

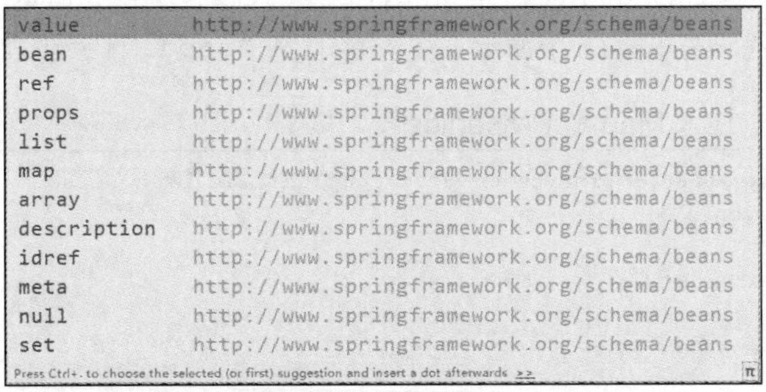

```
value        http://www.springframework.org/schema/beans
bean         http://www.springframework.org/schema/beans
ref          http://www.springframework.org/schema/beans
props        http://www.springframework.org/schema/beans
list         http://www.springframework.org/schema/beans
map          http://www.springframework.org/schema/beans
array        http://www.springframework.org/schema/beans
description  http://www.springframework.org/schema/beans
idref        http://www.springframework.org/schema/beans
meta         http://www.springframework.org/schema/beans
null         http://www.springframework.org/schema/beans
set          http://www.springframework.org/schema/beans
```

图 2-10　`<property>`标签中允许编写的子标签

数组、`List`、`Set` 本质都属于单列数据存储对象，它们的注入方式是相似的。代码清单 2-65 展示了这 3 种类型的注入方式，使用上几乎没有区别。

代码清单 2-65　数组、List、Set 的注入

```
<bean class="com.linkedbear.spring.basic_di.g_complexfield.bean.Person">
    <property name="names">
```

```xml
        <array>
            <value>张三</value>
            <value>三三来迟</value>
        </array>
    </property>
    
    <property name="tels">
        <list>
            <value>88881234</value>
            <value>12345678</value>
        </list>
    </property>
    
    <property name="cats">
        <set>
            <bean class="com.linkedbear.spring.basic_di.g_complexfield.bean.Cat"/>
            <ref bean="mimi"/>
        </set>
    </property>
</bean>

<bean id="mimi" class="com.linkedbear.spring.basic_di.g_complexfield.bean.Cat"/>
```

注意一个细节，当编写完<array>、<list>、<set>标签时，内部可以使用的标签还是图 2-10 中包含的那些，说明数组、集合的内部仍然可以继续嵌套；除此以外，由于内部可以直接嵌套<bean>标签，因此代码清单 2-65 的 Set 集合注入时，内部除了用<ref>标签引用了外部声明的 id 为 "mimi" 的 bean 对象，还直接使用<bean>标签创建了一个没有 id 的 "匿名 bean 对象"，这种写法与 Java 中的匿名内部类很相似，它们既没有名字，也不能被其他类和对象引用。

2. Map、Properties 注入

Map 和 Properties 的本质是双列集合，底层是以键值对的方式存储。Map 集合在迭代时使用 Entry 来获取键（key）和值（value），Properties 也类似（但是 key 和 value 只能是 String 类型）。代码清单 2-66 中演示了注入 Map 和 Properties 的方式。

代码清单 2-66　注入 Map 和 Properties

```xml
<bean class="com.linkedbear.spring.basic_di.g_complexfield.bean.Person">
    <property name="events">
        <map>
            <entry key="8:00" value="起床"/>
            <!-- 撸猫 -->
            <entry key="9:00" value-ref="mimi"/>
            <!-- 买猫 -->
            <entry key="14:00">
                <bean class="com.linkedbear.spring.basic_di.g_complexfield.bean.Cat"/>
            </entry>
            <entry key="18:00" value="睡觉"/>
        </map>
    </property>
    
    <property name="props">
        <props>
```

```xml
            <prop key="sex">男</prop>
            <prop key="age">18</prop>
        </props>
    </property>
</bean>

<bean id="mimi" class="com.linkedbear.spring.basic_di.g_complexfield.bean.Cat"/>
```

关于实际的注入效果和测试,读者可以自行编写测试代码,打印并检验注入效果。

2.6.5 回调注入

回调注入是一种比较特殊的注入方式,它由 Spring Framework 的扩展机制得来。在实际的项目开发中,如果我们遇到某些 Bean 需要注入 Spring Framework 的内置组件(如 ApplicationContext),则需要利用回调注入来实现。

> 小提示:在较高版本的 Spring Framework 中,使用 @Autowired 注解即可在大多数普通 Bean 中注入 Spring Framework 的内置组件,但还是有一小部分特殊的 Bean 中无法正常使用 @Autowired 注解注入,该部分内容会在本书后续的高级篇中讲解。

1. 回调的根源:Aware

回调注入机制源自 Spring Framework 3.1 版本,它的核心是一个接口:**Aware**。Aware 本身内部没有定义任何方法,只是一个类似于 Serializable 的标识性接口,但是其下有一系列子接口。借助 IDEA 观察继承关系,可以发现 Aware 接口的子接口非常多,如图 2-11 所示,而且从命名方式能非常清楚地得知这些接口分别是用来注入哪个组件的(如 ApplicationContextAware 支持注入的组件是 ApplicationContext)。上述相对常用的子接口介绍如表 2-4 所示。这些接口中绝大多数可以借助 @Autowired 注解注入,只有最后两个是因 Bean 而异的,所以这两个还是需要 Aware 接口来帮忙注入。

```
Aware (org.springframework.beans.factory)
  ApplicationEventPublisherAware (org.springframework.context)
  NotificationPublisherAware (org.springframework.jmx.export.notification)
  MessageSourceAware (org.springframework.context)
  BeanFactoryAware (org.springframework.beans.factory)
  EnvironmentAware (org.springframework.context)
  EmbeddedValueResolverAware (org.springframework.context)
  ResourceLoaderAware (org.springframework.context)
  ImportAware (org.springframework.context.annotation)
  LoadTimeWeaverAware (org.springframework.context.weaving)
  BeanNameAware (org.springframework.beans.factory)
  BeanClassLoaderAware (org.springframework.beans.factory)
  ApplicationContextAware (org.springframework.context)
```

图 2-11 Aware 接口的子接口

表 2-4 常用的子接口介绍

接口名	用途
BeanFactoryAware	回调注入 BeanFactory
ApplicationContextAware	回调注入 ApplicationContext

接口名	用途
EnvironmentAware	回调注入 Environment
ApplicationEventPublisherAware	回调注入事件发布器
ResourceLoaderAware	回调注入资源加载器（XML 驱动可用）
BeanClassLoaderAware	回调注入加载当前 Bean 的 ClassLoader
BeanNameAware	回调注入当前 Bean 的名称

下面分别介绍两个相对有代表性的 `Aware` 子接口的回调注入使用,对于其余的接口读者可以自行尝试编写体会。

2. ApplicationContextAware

`ApplicationContextAware` 的使用方式非常简单,只需要在需要注入的类中实现该接口,并重写 `setApplicationContext` 方法即可。代码清单 2-67 展示了一个简单示例,`AwaredTestBean` 中有一个 `ApplicationContext` 类型的变量 `ctx`,该变量在 `setApplicationContext` 方法被回调时赋值。随后使用组件扫描的方式驱动 IOC 容器,获取 `AwaredTestBean` 并调用 `printBeanNames` 方法检验效果。

代码清单 2-67　ApplicationContextAware 的使用

```java
@Component("abcdefg")
public class AwaredTestBean implements ApplicationContextAware {

    private ApplicationContext ctx;

    public void printBeanNames() {
        Stream.of(ctx.getBeanDefinitionNames()).forEach(System.out::println);
    }

    @Override
    public void setApplicationContext(ApplicationContext ctx) throws BeansException {
        this.ctx = ctx;
    }
}

public class AwareApplication {

    public static void main(String[] args) throws Exception {
        ApplicationContext ctx = new AnnotationConfigApplicationContext("com.linkedbear.spring.basic_di.h_aware.bean");
        AwaredTestBean bbb = ctx.getBean(AwaredTestBean.class);
        bbb.printBeanNames();
    }
}
```

运行 `AwareApplication` 的 `main` 方法,可以发现 IOC 容器中的组件名称被一一打印,证明 `ApplicationContext` 被成功注入。

3. BeanNameAware

如果当前的 `Bean` 需要依赖它本身的名称,那么使用注解`@Autowired` 和`@Value` 将无法注入，此时就需要使用 BeanNameAware 接口来辅助注入当前 Bean 的名称。代码清单 2-68 展示了 AwaredTestBean 实现 BeanNameAware 接口，并增加 getName 方法用于打印自身的 beanName。

代码清单 2-68　BeanNameAware 的使用

```java
public class AwaredTestBean implements ApplicationContextAware, BeanNameAware {

    private String beanName;
    private ApplicationContext ctx;

    public String getName() {
        return beanName;
    }

    public void printBeanNames() {
        Stream.of(ctx.getBeanDefinitionNames()).forEach(System.out::println);
    }

    @Override
    public void setApplicationContext(ApplicationContext ctx) throws BeansException {
        this.ctx = ctx;
    }

    @Override
    public void setBeanName(String name) {
        this.beanName = name;
    }
}
```

随后修改测试启动类 AwareApplication，添加 AwaredTestBean 的 getName 方法调用并打印。重新运行 main 方法，可以发现控制台正确打印 "abcdefg"，证明 BeanNameAware 接口也正常运行。

> 小提示：BeanNameAware 还有一个可选的搭配接口：NamedBean，它专门提供了一个 getBeanName 方法，用于获取 bean 对象的名称。如果给 AwaredTestBean 再实现 NamedBean 接口，就不需要自行定义 getName 或者 getBeanName 方法，直接实现 NamedBean 定义好的 getBeanName 方法即可。

2.6.6　延迟注入

延迟注入对应 2.5 节的延迟查找，它解决的是不确定被注入的 Bean 是否存在的问题。延迟注入所用到的核心 API 依然是 ObjectProvider。代码清单 2-69 演示了 3 种依赖注入的情况下 ObjectProvider 的使用方式，读者可自行编写代码测试效果，本节不再赘述。

代码清单 2-69　ObjectProvider 用于延迟注入

```java
// setter 方法延迟注入
private Person person;

@Autowired
public void setPerson(ObjectProvider<Person> person) {
```

```java
    // 有 Bean 才取出，注入
    this.person = person.getIfAvailable();
}


// 构造器延迟注入
private Person person;

@Autowired
public Dog(ObjectProvider<Person> person) {
    // 如果没有 Bean，就采用默认策略创建
    this.person = person.getIfAvailable(Person::new);
}


// 属性延迟注入
@Autowired
private ObjectProvider<Person> person;

@Override
public String toString() {
    // 每用一次都要调用一次 getIfAvailable 方法
    return "Dog{" + "person=" + person.getIfAvailable(Person::new) + '}';
}
```

2.7 小结

本章从原生 Servlet 的三层架构开始推演代码结构的演变，直至 IOC 思想的产生。IOC 的核心思想是将主动权交予 IOC 容器，而不是由代码自行掌控依赖关系。IOC 思想的核心实现方式有依赖查找和依赖注入，从行为动作上看，分别对应主动获取和被动接收。

Spring Framework 中 IOC 容器的底层实现包含 BeanFactory 与 ApplicationContext，其中 BeanFactory 实现了最基本的 Bean 容器，ApplicationContext 在此基础上添加了诸如 AOP、事件驱动、后置处理器等众多特性。

IOC 容器中管理和保存的绝大多数是 bean 对象，可以使用依赖查找主动获取 bean 对象，也可以在程序需要的位置使用多种方式完成组件和属性的依赖注入。依赖查找和依赖注入的使用方式很多，读者在初学时最好多加练习。

程序的正常运行离不开 IOC 容器中的一个个 bean 对象，第 3 章将会讲解与 Bean 有关的基础知识。

第 3 章 IOC 容器中的 Bean

本章主要内容：
◇ Bean 的类型；
◇ Bean 的作用域；
◇ Bean 的实例化方式；
◇ Bean 的基本生命周期。

IOC 容器中存放和管理的大多数是与程序运行相关的对象，在 Spring Framework 中这些对象被统称为 Bean（组件），即能被 Spring Framework 的 IOC 容器创建或管理的对象都可以称为 Bean（组件）。通过编写 XML 配置文件或注解配置类，将第三方框架的核心 API 以对象的形式注册到 IOC 容器中，这些核心 API 对象会在适当的位置发挥其作用，以支撑项目的正常运行。

一个 Bean 的定义中通常包含以下因素中的一到多个。
- Bean 的名称（也可能存在别名）。
- Bean 的所属类/接口信息（存在匿名内部类的可能）。
- Bean 的作用域，即在一个应用中只能存在一个（单实例）还是多个（原型）。
- Bean 内部的依赖关系，即 Bean 的内部注入了哪些属性和其他 Bean。
- Bean 的实例化方式，即由构造方法创建，还是由工厂方法创建。
- Bean 的生命周期，是否包含对象创建后的初始化动作和对象被回收前的销毁动作。

本章将会分别讲解上述因素中尚未提及的内容。

3.1 Bean 的类型

在 Spring Framework 中，Bean 有两种类型：**普通 Bean 和工厂 Bean（`FactoryBean`）**。以下分述这两种类型。

> 小提示：本节的代码将统一创建在 com.linkedbear.spring.bean.a_type 包下。

3.1.1 普通 Bean

普通 Bean 的定义非常好理解，第 2 章中接触到的所有 Bean 都是普通 Bean，包括使用 @Component 注解及其派生注解标注的 Bean，以及使用<bean>标签、@Bean 注解定义的 Bean。代码清单 3-1 中注册的均为普通 Bean。

代码清单 3-1　普通类型的 Bean

```
@Component
public class Child { }

@Bean
public Child child() {
    return new Child();
}

<bean class="com.linkedbear.spring.bean.a_type.bean.Child"/>
```

3.1.2 FactoryBean

除了普通类型的 Bean，Spring Framework 还考虑到一些特殊的情况：某些 Bean 的创建需要指定一些策略或者依赖特殊的场景来分别创建；另外还包括对象的创建过程比较复杂，使用 XML 配置文件或者注解声明也比较复杂。在这些情况下，如果使用普通 Bean 的创建方式，我们以目前所学知识较难甚至无法完成。Spring Framework 在创立之初就考虑到了这点，因而引入了 **FactoryBean** 机制，借助工厂方法也可以创建 Bean 对象。

1. 理解 FactoryBean

FactoryBean 是一个接口，它本身就是一个创建对象的工厂。如果某个类实现了 FactoryBean 接口，则它本身将不再是一个普通 Bean，不会在实际的业务逻辑中起作用，而是由它创建的对象来起作用。

FactoryBean 接口有 3 个方法，如代码清单 3-2 所示。

代码清单 3-2　FactoryBean

```
public interface FactoryBean<T> {
    // 返回创建的对象
    @Nullable
    T getObject() throws Exception;

    // 返回创建的对象的类型（泛型类型）
    @Nullable
    Class<?> getObjectType();

    // 创建的对象是单实例 Bean 还是原型 Bean，默认为单实例 Bean
    default boolean isSingleton() {
        return true;
    }
}
```

2. FactoryBean 的使用

下面通过一个简单示例来演示 FactoryBean 的使用。我们构造一个虚拟场景：小朋友要买玩具，由玩具工厂给小朋友制造玩具。

（1）声明小朋友+玩具

首先声明小朋友和玩具的模型类 Child，我们假设小朋友想买玩具时，他的内心事先确定了想买的玩具类别，所以我们在 Child 类中添加一个 wantToy 的属性，指代小朋友想买的玩具类别。之后我们再创建一个玩具的抽象类 Toy 和两个具体的玩具子类,包括球类 Ball 和玩具汽车类 Car。整体代码如代码清单 3-3 所示。

代码清单 3-3　小朋友 & 玩具

```java
public class Child {
    // 当前小朋友想玩球
    private String wantToy = "ball";
    public String getWantToy() {
        return wantToy;
    }
}

public abstract class Toy {
    private String name;
    public Toy(String name) {
        this.name = name;
    }
}

public class Ball extends Toy { // 球
    public Ball(String name) {
        super(name);
    }
}

public class Car extends Toy { // 玩具汽车
    public Car(String name) {
        super(name);
    }
}
```

(2)声明玩具工厂

接下来声明一个玩具工厂类 ToyFactoryBean,使其实现 FactoryBean 接口并指定泛型为 Toy。由上面分析的需求可知,玩具工厂只有知道小朋友想买什么玩具才能对应地生产,从代码逻辑上讲,玩具工厂应当依赖小朋友,由小朋友为它提供玩具类别,由此可知 ToyFactoryBean 中应当注入 Child 对象。代码清单 3-4 中提供了 ToyFactoryBean 的实现,可以发现 ToyFactoryBean 实现 FactoryBean 接口时需要至少实现两个方法,包含生产目标对象的类型,以及生产的逻辑。

代码清单 3-4　ToyFactoryBean

```java
public class ToyFactoryBean implements FactoryBean<Toy> {

    private Child child;

    @Override
    public Toy getObject() throws Exception {
        switch (child.getWantToy()) {
            case "ball":
                return new Ball("ball");
            case "car":
                return new Car("car");
```

```
            default:
                // Spring Framework 2.0开始允许返回null,之前的1.x版本不允许
                return null;
        }
    }

    @Override
    public Class<Toy> getObjectType() {
        return Toy.class;
    }

    public void setChild(Child child) {
        this.child = child;
    }
}
```

（3）注册玩具工厂

紧接着,使用注解配置类 BeanTypeConfiguration 将上述的 Child 和 ToyFactoryBean 注册到 IOC 容器中,编码非常简单,如代码清单 3-5 所示,不再赘述。

代码清单 3-5　BeanTypeConfiguration

```
@Configuration
public class BeanTypeConfiguration {

    @Bean
    public Child child() {
        return new Child();
    }

    @Bean
    public ToyFactoryBean toyFactory() {
        ToyFactoryBean toyFactory = new ToyFactoryBean();
        toyFactory.setChild(child());
        return toyFactory;
    }
}
```

（4）测试效果

最后编写测试启动类 BeanTypeAnnoApplication,使用 BeanTypeConfiguration 配置类驱动 IOC 容器,并直接从容器中获取 Toy 对象,如代码清单 3-6 所示。由于 ToyFactoryBean 实现了 FactoryBean 对象,在获取 Toy 对象时会触发 getObject 方法,进而生成一个真正的 Toy 对象。运行 main 方法之后,控制台可以正确打印出 "ball",证明 ToyFactoryBean 已经正确创建出了 Ball 对象。

代码清单 3-6　BeanTypeAnnoApplication

```
public class BeanTypeAnnoApplication {

    public static void main(String[] args) throws Exception {
        ApplicationContext ctx = new AnnotationConfigApplicationContext(BeanTypeConfiguration.class);
        Toy toy = ctx.getBean(Toy.class);
        System.out.println(toy);
    }
}
```

```
}
// Toy{name='ball'}
```

3. FactoryBean 与 Bean 同时存在

如果 IOC 容器中同时存在 `FactoryBean` 与对应目标类型的 Bean，则最终效果如何？为了验证该效果，我们在 `BeanTypeConfiguration` 中使用 `@Bean` 注解手动注册一个 `Ball` 对象。

接下来不修改 `BeanTypeAnnoApplication` 启动类，直接运行 `main` 方法，可以发现控制台打印出抛出的 `NoUniqueBeanDefinitionException` 异常，提示 IOC 容器中有两个 `Toy` 对象。由此可以得出一个结论：**FactoryBean** 创建的 bean 对象会直接放在 IOC 容器中。

如果修改一下 `BeanTypeAnnoApplication` 中 `main` 方法的代码，将获取单个 `Toy` 对象的动作改为获取全部 `Toy` 对象，如代码清单 3-7 所示。重新运行 `main` 方法，可以发现控制台打印了两个 `toy`，而且通过 `ToyFactoryBean` 创建出来的 `Ball` 对象的名称就叫 `toyFactory`，说明通过 `FactoryBean` 的名称获取的 bean 对象是生成后的真实对象，而不是 `FactoryBean` 对象。

代码清单 3-7　获取全部的 Toy 对象

```java
public static void main(String[] args) throws Exception {
    ApplicationContext ctx = new AnnotationConfigApplicationContext(BeanTypeConfiguration.class);
    Map<String, Toy> toys = ctx.getBeansOfType(Toy.class);
    toys.forEach((name, toy) -> {
        System.out.println("toy name : " + name + ", " + toy.toString());
    });
}
```

```
toy name : ball, Toy{name='ball'}
toy name : toyFactory, Toy{name='ball'}
```

4. 取出 FactoryBean 本体

取出 `FactoryBean` 本体有两种方式：第一种是使用 `FactoryBean` 的类型获取，即 `ctx.getBean(ToyFactoryBean.class)`；第二种是在 Bean 的 id 前面加一个 `&` 符号，即 `ctx.getBean("&toyFactory")`。要查看具体效果，读者可自行测试。

5. FactoryBean 创建 Bean 的实例数

`FactoryBean` 接口中有一个默认的方法 `isSingleton`，默认为 **true**，代表默认是单实例的。如果我们连续两次获取 `Toy` 对象并对比内存地址，可以发现它们是同一个对象。如果在 `ToyFactoryBean` 中重写 `isSingleton` 方法并返回 **false**，再连续两次获取 `Toy` 对象，内存地址则不相同。

6. FactoryBean 创建 Bean 的时机

通常情况下，IOC 容器中的普通 Bean 都是随 IOC 容器的初始化而一并创建的，那么 `FactoryBean` 与创建的目标对象是否同时创建？我们可以在 `Toy` 和 `ToyFactoryBean` 的内部声明无参构造方法，并添加控制台打印，如代码清单 3-8 所示。

代码清单 3-8　Toy 与 ToyFactoryBean 添加控制台打印

```java
public class Toy {
    public Toy(String name) {
        System.out.println("生产了一个" + name);
        this.name = name;
    }
}
public class ToyFactoryBean implements FactoryBean<Toy> {
    public ToyFactoryBean() {
        System.out.println("ToyFactoryBean 初始化了。。。");
    }
}
```

接下来修改 BeanTypeAnnoApplication 的 main 方法，只保留创建 ApplicationContext 的一行代码，删掉其余代码，如代码清单 3-9 所示。之后运行 main 方法，可以发现控制台只打印了 ToyFactoryBean 的初始化文字，而 Toy 的初始化文字并没有被打印，由此得出结论：**FactoryBean** 本身的加载是随 IOC 容器的初始化时机一并创建的。

代码清单 3-9　只初始化 IOC 容器

```java
public static void main(String[] args) throws Exception {
    ApplicationContext ctx = new AnnotationConfigApplicationContext(BeanTypeConfiguration.class);
}
```

ToyFactoryBean 初始化了。。。

与此同时，控制台并没有打印生产玩具的文字，说明 FactoryBean 中要创建的 Bean 还没有被加载，由此也就得出另一个结论：**FactoryBean** 生产 Bean 的机制是延迟生产。如果在初始化 ApplicationContext 后再获取 Toy 对象，此时会打印"生产了一个 ball"，也就印证了刚才的结论。

7. BeanFactory 与 FactoryBean 的区别

本节的最后解答一个非常经典的问题：BeanFactory 与 FactoryBean 的区别。

- BeanFactory：Spring Framework 中实现 IOC 的底层容器（从类的继承结构上看，它是顶级的接口，也就是顶层的容器实现；从类的组合结构上看，它则是最深层次的容器，ApplicationContext 在底层组合了 BeanFactory）。
- FactoryBean：创建对象的工厂 Bean，可以使用它来直接创建一些初始化流程比较复杂的对象。

3.2　Bean 的作用域

作用域是一个很关键的概念，理解这个概念对学习 Spring Framework 中 Bean 的作用域很有帮助。

> 💡 小提示：本节的代码将统一创建在 com.linkedbear.spring.bean.b_scope 包下。

3.2.1 理解作用域

在学习 Java 语言基础的时候，读者肯定了解过一些基础概念：成员变量、方法变量、局部变量。代码清单 3-10 中列举了一段简单代码，帮助读者回顾每一种变量的作用域。

代码清单 3-10　变量的作用域

```java
public class ScopeReviewDemo {
    // 类级别成员
    private static String classVariable = "";

    // 对象级别成员
    private String objectVariable = "";

    public static void main(String[] args) throws Exception {
        // 方法级别成员
        String methodVariable = "";
        for (int i = 0; i < args.length; i++) {
            // 循环体局部成员
            String partVariable = args[i];

            // 此处能访问哪些变量？
        }

        // 此处能访问哪些变量？
    }

    public void test() {
        // 此处能访问哪些变量？
    }

    public static void staticTest() {
        // 此处能访问哪些变量？
    }
}
```

对于基础扎实的读者，上述代码中的几个问题应该都很容易回答。四个问题中可访问的成员作用域级别依次提升，这也就说明了对于**不同的作用域，可访问的位置是不同的**。

请读者再思考两个问题：（1）为什么会出现多种不同的作用域？因为不同的作用域对应的可以被使用的范围不同；（2）为什么不都统一成相同的作用范围？说到底，因为资源是有限的，如果一个资源允许同时被多个位置访问（如全局常量），那么完全可以把作用域级别提升得很高；反之，如果一个资源伴随着一个时效性强的、带强状态的动作，这个作用域就应该局限于这一个动作内，不能被这个动作之外的其他动作所干扰。这段话理解起来可能有点困难，下面配合 Spring Framework 的作用域来学习，读者理解起来会更容易一些。

3.2.2 内置的作用域

Spring Framework 中内置了 6 种作用域（6.x 版本），如表 3-1 所示。结合 Java Web 的基础，想必读者理解上述的作用域也不会太难。下面介绍两种原生的作用域：**单实例（singleton）**和**原型（prototype）**。

表 3-1　Spring Framework 内置的作用域

作用域类型	概述
singleton	一个 IOC 容器中只有一个默认值
prototype	每次获取创建一个
request	一次请求创建一个（仅 Web 应用可用）
session	一个会话创建一个（仅 Web 应用可用）
application	一个 Web 应用创建一个（仅 Web 应用可用）
websocket	一个 WebSocket 会话创建一个（仅 Web 应用可用）

3.2.3　单实例（singleton）

在 Spring Framework 的官方文档，讲解 Bean Scope 的章节中有一张图，解释了单实例 Bean 的概念，如图 3-1 所示。左边的几个定义的 Bean 同时引用了右边的同一个 `accountDao`，这个 `accountDao` 就是单实例 Bean。Spring Framework 中默认所有的 Bean 都是单实例的，即一个 IOC 容器中只有一个。下面通过一个简单示例，演示单实例 Bean 的作用域效果。

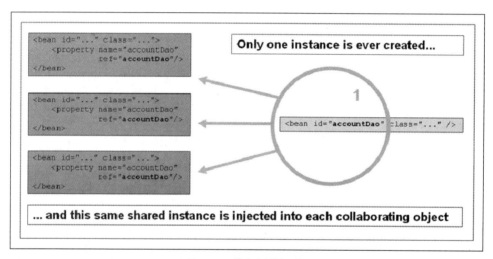

图 3-1　单实例的概念

1．创建 Bean+配置类

使用注解驱动方式，先创建两个简单类 Child 和 Toy，如代码清单 3-11 所示，请注意，在本示例中 Toy 不再是抽象类，直接定义为普通类即可。

代码清单 3-11　Child 和 Toy

```
public class Child {

    private Toy toy;

    public void setToy(Toy toy) {
        this.toy = toy;
    }
}
```

```
// Toy 类上标注@Component 注解
@Component
public class Toy { }
```

接下来,开始编写注解配置类,为了演示 Toy 在 IOC 容器中只产生了一个对象,我们在配置类 BeanScopeConfiguration 中注册两个 Child 对象,并注入 Toy 对象,如代码清单 3-12 所示。

代码清单 3-12　BeanScopeConfiguration

```
@Configuration
@ComponentScan("com.linkedbear.spring.bean.b_scope.bean")
public class BeanScopeConfiguration {

    @Bean
    public Child child1(Toy toy) {
        Child child = new Child();
        child.setToy(toy);
        return child;
    }

    @Bean
    public Child child2(Toy toy) {
        Child child = new Child();
        child.setToy(toy);
        return child;
    }
}
```

2. 测试运行

接下来是测试启动类 BeanScopeAnnoApplication,使用注解驱动 IOC 容器,并从容器中取出所有 Child 对象,打印其内部的 Toy 对象并观察,如代码清单 3-13 所示。运行 main 方法,控制台中打印的两个 Child 中持有的 Toy 是同一个,证明默认情况下 IOC 容器中的 Bean 作用域的确是单实例的。

代码清单 3-13　BeanScopeAnnoApplication

```
public class BeanScopeAnnoApplication {

    public static void main(String[] args) throws Exception {
        ApplicationContext ctx = new AnnotationConfigApplicationContext(BeanScopeConfiguration.class);
        ctx.getBeansOfType(Child.class).forEach((name, child) -> {
            System.out.println(name + " : " + child);
        });
    }
}
```

3.2.4　原型(prototype)

Spring 官方对于原型的定义是:每次对原型 Bean 提出获取请求时,都会创建一个新的 bean 对象。这里提到的"提出获取请求",包括任何的依赖查找、依赖注入动作。由此也可以总结出一点：如果连续两次调用 `getBean` 方法，那么应当创建两个不同的 bean 对象；向两个不同的 bean 对象中注入两次，也应当注入两个不同的 bean 对象。Spring Framework 的官方文档中也给出了图 3-2 的解释原型 Bean 的图，图中 3 个 `accountDao` 是 3 个不同的对象，由此可以体现出原型 Bean 的含义。

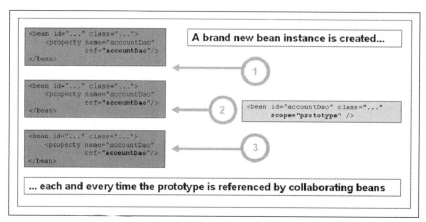

图 3-2　原型的概念

> 小提示：对于"原型"这个概念，在 GoF 23 设计模式中也有相应的原型模式。原型模式实质上是使用对象深克隆，这看似与 Spring Framework 的原型 Bean 没有区别，但是请读者仔细思考，每一次生成的原型 bean 对象本质上都还是一样的，只是每个对象的内部可能会携带一些特殊的状态等，所以也可以理解为另一种形式的"原型"。上述描述可能理解起来比较抽象，读者可以跟下面的 request 域结合理解。

下面实际测试一下效果，体会原型 Bean 的使用。

1. 原型 Bean 效果演示

找到 3.2.3 节的 `Toy` 类，在类上标注一个额外的注解 **@Scope**，并声明为原型类型，如代码清单 3-14 所示。

代码清单 3-14　修改 Toy 的作用域为 prototype

```
@Component
@Scope("prototype")
public class Toy {

}
```

注意，这个 **prototype** 不是随便写的字面量，而是在接口 ConfigurableBeanFactory 中定义好的常量。代码清单 3-15 是 Spring Framework 的源码 ConfigurableBeanFactory 中的片段。如果读者担心声明作用域时拼错单词，建议直接引用对应的常量。

代码清单 3-15　ConfigurableBeanFactory 中定义的常量

```
public interface ConfigurableBeanFactory extends HierarchicalBeanFactory, SingletonBeanRegistry {
```

```
String SCOPE_SINGLETON = "singleton";

String SCOPE_PROTOTYPE = "prototype";
```

其他代码不需要改变,直接运行 BeanScopeAnnoApplication 的 main 方法,发现控制台打印的两个 Toy 确实不同。

```
child1 : Child{toy=com.linkedbear.spring.bean.b_scope.bean.Toy@18a70f16}
child2 : Child{toy=com.linkedbear.spring.bean.b_scope.bean.Toy@62e136d3}
```

2. 原型 Bean 的创建时机

请读者思考一个问题,对于单实例 Bean 的创建时机我们已经了解,在 ApplicationContext 被初始化时就已经创建完毕,那么原型 Bean 的创建时机是什么?

其实这个问题不难回答,原型 Bean 都是在获取时创建的。为了验证这一猜想,可以给 Toy 类中添加一个无参构造方法,将构造方法被调用的信息打印到控制台,如代码清单 3-16 所示。修改启动类 BeanScopeAnnoApplication,如果只做组件扫描,不加载配置类,这样就相当于只有一个 Toy 类被扫描进去了,Child 不会注册到 IOC 容器中;而如果不修改启动类,以 BeanScopeConfiguration 配置类驱动 IOC 容器,则控制台中可以看到两次 Toy 构造方法的打印。要查看具体效果,读者可自行测试验证。

代码清单 3-16　Toy 中添加构造方法

```
@Component
@Scope("prototype")
public class Toy {
    public Toy() {
        System.out.println("Toy constructor run ...");
    }
}
```

3.2.5　Web 中的扩展作用域

表 3-1 中还涉及几个关于 Web 应用的作用域,它们都是在 Web 应用中才会有的,这部分内容简单了解即可。

- request:请求 Bean,每次客户端向 Web 应用服务器发起一次请求,Web 服务器接收到请求后由 Spring Framework 生成一个 Bean,直到请求结束。
- session:会话 Bean,每个客户端在与 Web 应用服务器发起会话后,Spring Framework 会为之生成一个 Bean,直到会话过期。
- application:应用 Bean,每个 Web 应用在启动时,Spring Framework 会生成一个 Bean,直到应用停止(有的也叫 global-session)。
- websocket:WebSocket Bean,每个客户端在与 Web 应用服务器建立 WebSocket 长连接时,Spring Framework 会为之生成一个 Bean,直到断开连接。

对于上面的 3 种作用域,读者可能会比较熟悉,也都相对容易理解。对于最后一种 WebSocket 可能部分读者没有听说过,不过不了解也没有关系,这种作用域使用的频率很低,读者在学习 WebSocket 之后自行测试即可,本书在此不展开。

3.3 Bean 的实例化方式

当我们使用 XML 配置文件，或者在注解配置类中使用@Bean 等注解注册 bean 对象，抑或使用模式注解+组件扫描的方式向 IOC 容器中注册 Bean，最终 IOC 容器会帮助我们创建 bean 对象，并完成属性赋值和依赖注入。本节将会讲解 Spring Framework 中实例化 bean 对象的方式，并且还会涉及一个很经典的设计模式：**工厂模式**。

> 小提示：为防止概念混淆，本书中提到的所有实例化均指调用构造方法，创建新的对象，而初始化指创建好新的对象后的属性赋值、组件注入等后续动作。
>
> 本节的代码将统一创建在 com.linkedbear.spring.bean.c_instantiate 包下。

3.3.1 普通 Bean 实例化

在本章以及第 2 章中接触的大多数场景，以<bean>标签、@Bean 注解、模式注解+组件扫描的方式，最终由 IOC 容器创建的对象都是普通 Bean 的对象，它们默认是单实例的，在 IOC 容器初始化时就已经被创建完毕。我们已经接触足够多，不再赘述。

3.3.2 借助 FactoryBean 创建 Bean

使用 FactoryBean 创建对象，是在本章 3.1.2 节中讲解的创建 bean 对象的方式。这种方式需要拥有创建对象能力的类实现 FactoryBean 接口，并在 getObject 方法中实现创建 bean 对象的逻辑。在依赖注入时，只需要注入 FactoryBean 创建的目标对象类型，IOC 容器会在第一次获取被创建对象时，回调 FactoryBean 的 getObject 方法创建 bean 对象，并将该 bean 对象放入 IOC 容器中（针对单实例 Bean）。

3.3.3 借助静态工厂创建 Bean

在第 2 章最开始的 IOC 思想推演中，我们曾经推演过一个简单的静态工厂，如代码清单 3-17 所示。该 BeanFactory 中包含一个 getDemoService 方法，它会返回一个 DemoService 接口的实现类对象。

代码清单 3-17　推演 IOC 思想时编写的简单 BeanFactory

```java
public class BeanFactory {
    public static DemoService getDemoService() {
        return new DemoServiceImpl();
    }
}
```

编写这种静态工厂，在 Spring Framework 中完全可以发挥作用。由于注解驱动的代码中我们完全可以在@Bean 注解标注的方法体中调用，实现起来非常简单，故本节主要介绍基于 XML 配置文件的静态工厂的使用。

1. 编写 Car+CarFactory

首先编写一个简单类 Car，为了能感知到它被实例化，我们可以添加一个构造方法，如代码清单 3-18 所示。

代码清单 3-18　简单类 Car

```java
public class Car {

    public Car() {
        System.out.println("Car constructor run ...");
    }
}
```

仿照 IOC 思想推演最初版 BeanFactory 的设计，我们可以仿写一个 CarStaticFactory 类，加上静态方法 getCar 返回 Car 即可，如代码清单 3-19 所示。

代码清单 3-19　CarStaticFactory

```java
public class CarStaticFactory {

    public static Car getCar() {
        return new Car();
    }
}
```

2. 测试效果

我们用 XML 配置文件演示静态工厂的使用。下面创建一个 bean-instantiate.xml 文件，在这里面编写关于静态工厂的使用方法，如代码清单 3-20 所示。为了分别演示基于普通的构造方法创建，以及基于静态工厂的方式创建，我们分别注册两个 Bean，其中下面的方式会直接引用静态工厂，并使用 factory-method 属性声明要创建对象的工厂方法。如此编写完毕后，Spring Framework 会依照这个 XML 配置文件的内容，解析出规则并调用静态工厂的方法来创建实际的 bean 对象。

代码清单 3-20　bean-instantiate.xml 文件

```xml
<bean id="car1" class="com.linkedbear.spring.bean.c_instantiate.bean.Car"/>

<bean id="car2" class="com.linkedbear.spring.bean.c_instantiate.bean.CarStaticFactory" factory-method="getCar"/>
```

最后编写测试启动类 BeanInstantiateXmlApplication，读取 XML 配置文件驱动 IOC 容器，随后直接取出容器中所有的 Car 对象并打印，如代码清单 3-21 所示。

代码清单 3-21　BeanInstantiateXmlApplication

```java
public class BeanInstantiateXmlApplication {

    public static void main(String[] args) throws Exception {
        ApplicationContext ctx = new ClassPathXmlApplicationContext("bean/bean-instantiate.xml");
        ctx.getBeansOfType(Car.class).forEach((beanName, car) -> {
            System.out.println(beanName + " : " + car);
        });
    }
}
```

运行 main 方法,发现控制台上打印了两次 Car 的构造方法运行,并且创建了两个 Car 对象。

```
Car constructor run ...
Car constructor run ...
car1 : com.linkedbear.spring.bean.c_instantiate.bean.Car@3c0ecd4b
car2 : com.linkedbear.spring.bean.c_instantiate.bean.Car@14bf9759
```

> 💡 小提示:使用注解驱动的方式更加简单,只需要在 @Bean 注解标注的方法中直接调用静态工厂,不再演示相关代码。

3. CarFactory 不在 IOC 容器中

请读者思考一个问题:既然 "car2" 被成功注册到 IOC 容器中,那么静态工厂本身是否也被注册到 IOC 容器中?

答案是否定的。如果从 ApplicationContext 中获取 CarInstanceFactory,会抛出 NoSuchBeanDefinitionException 异常,这也说明静态工厂本身不会被注册到 IOC 容器中。

3.3.4 借助实例工厂创建 Bean

与静态工厂类似,Spring Framework 也支持使用实例工厂来创建 bean 对象。对于实例工厂,要想调用对象的方法,自然需要先把对象工厂实例化才可以,所以代码编写顺序应当先在 XML 配置文件中注册实例工厂,随后才能创建真正的目标 bean 对象。

我们可以再编写一个对象实例工厂 CarInstanceFactory,它同样也有一个 getCar 方法,不同的是这个方法不再是静态的。注册到 XML 配置文件时,我们需要用到 <bean> 标签中的另一个属性 factory-bean,使用它引用 IOC 容器中的某一个 Bean,即 CarInstanceFactory。编写的整体内容如代码清单 3-22 所示。

代码清单 3-22 使用实例工厂

```java
public class CarInstanceFactory {
    
    public Car getCar() {
        return new Car();
    }
}
```
```xml
<bean id="carInstanceFactory" class="com.linkedbear.spring.bean.c_instantiate.bean.CarInstanceFactory"/>
<bean id="car3" factory-bean="carInstanceFactory" factory-method="getCar"/>
```

接下来测试效果,重新运行 BeanInstantiateXmlApplication 的 main 方法,这次控制台打印了 3 个 Car 对象,且各不相同,说明用实例工厂也成功创建了 bean 对象。

与静态工厂不同,由于实例工厂需要引用 IOC 容器中的某个具体的 bean 对象,因此工厂本身必须存在于 IOC 容器中。

3.4 Bean 的基本生命周期

一个普通的 bean 对象从被 IOC 容器实例化开始,就已经受 IOC 容器的生命周期管理,从对象创建到初始化，再到对象的销毁等，都属于 Bean 的生命周期阶段。本节会介绍 Bean 的基本生命周期，包括对象的初始化和销毁阶段。

3.4.1 生命周期的阶段

在 Java 中，一个对象从被创建到被垃圾回收，可以从宏观上划分为 5 个阶段。

- 创建/实例化阶段：此时会调用类的构造方法，产生一个新的对象。
- 初始化阶段：此时对象已经创建好，但尚未被正式使用，该环节可能执行一些额外的操作（如预初始化数据库连接池）。
- 运行使用期：此时对象已经初始化完毕，程序正常运行，对象被使用。
- 销毁阶段：此时对象准备被销毁，对象本身通常已不再被使用，需要预先将自身占用的资源等处理好（如关闭、释放数据库连接）。
- 回收阶段：此时对象已经完全没有被引用，将在合适的时机被垃圾回收器回收。

对应的流程如图 3-3 所示。由此可见，把控好生命周期的阶段，可以在恰当的时机处理和扩展逻辑。

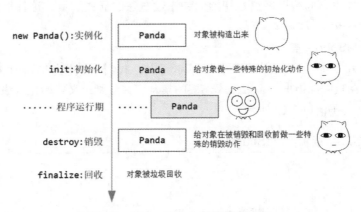

图 3-3　Bean 的生命周期简单流程

请读者仔细观察图 3-3 的 5 个阶段并思考一个问题：作为一个底层框架，通常来讲它能干预的是哪几个阶段？

很明显，只有对于对象的回收动作无法干预，其他阶段都可以介入干预。

再思考一个问题：当我们使用 Spring Framework 获取 bean 对象的前提下，又能干预哪几个阶段？

就目前学习的进度和深度而言，bean 对象的实例化是我们无法正常干预的，只有**初始化和销毁两个阶段**可以干预。

继续思考，Spring Framework 如何能让我们干预 Bean 的初始化和销毁？

要想思考明白这个问题，请读者回想一下原生 Servlet API，Servlet 中包含两个方法，分别是 `init` 和 `destroy`，最初读者学习 Java Web 使用 Servlet 开发时，通常都不会使用这两个方法，但不代表这两个方法没有作用。Servlet 的 `init` 和 `destroy` 方法都由 Web 容器（如 Tomcat 等）调用，分别用来初始化和销毁 Servlet 对象。这种方法的设计思想被称为"回调机制"，通常这些回调接口不由各个具体类自行设计，而是由父类/接口定义好，由第三者（框架、容器等）来调用。回调机制与第 2 章中学习的 Aware 系列接口的回调注入在核心思想上基本一致。

> 小提示：第一，本节开始学习的"回调机制"，在程序架构设计中对应一个专有名词"扩展点"，通常来讲一个底层框架提供的扩展点越多，那么在编程和工程建设中的可发挥空间就越大。在后续的学习中，我们还会接触到更多的扩展点。第二，生命周期的触发更适合被称为"回调"，因为生命周期方法由具体程序代码定义，但方法被调用由框架内部负责，即"回调"。

理解生命周期的阶段和回调机制后，下面就可以来学习 Spring Framework 中提供的初始化和销毁的 3 种常用的回调扩展点。

> 小提示：本节的代码将统一创建在 com.linkedbear.spring.lifecycle 包下。

3.4.2　init-method 和 destroy-method

学习的第一种生命周期扩展点是**初始化和销毁方法的显式配置**，这种扩展点的使用要在 XML 配置文件和 @Bean 注解中实现。

1．编写 DataSource 类

为了方便演示初始化和销毁的使用与实际应用，我们来模拟制作一个数据源连接池类 DataSource，在其内部维护一个数据库连接的集合，并分别定义初始化方法 init 和销毁方法 destroy，如代码清单 3-23 所示。

代码清单 3-23　模拟 DataSource

```java
public class DataSource {

    private String name;
    private List<String> connections;

    public void init() {
        this.connections = new ArrayList<>(10);
        System.out.println(name + "被初始化。。。");
    }

    public void destroy() {
        this.connections.clear();
        System.out.println(name + "被销毁。。。");
    }

    // getter setter ......
}
```

2．XML 和注解配置

下面分别演示使用 XML 配置文件和注解驱动的方式配置 DataSource 的初始化和销毁。在 XML 配置文件中使用 <bean> 标签时，可以使用 init-method 属性指定 DataSource 的 init 方法，使用 destroy-method 属性指定 DataSource 的 destroy 方法；相对应地，

在使用注解配置类时使用的则是@Bean 注解的 `initMethod` 和 `destroyMethod` 属性，如代码清单 3-24 所示。

代码清单 3-24　配置初始化和销毁方法

```xml
<bean class="com.linkedbear.spring.lifecycle.a_initmethod.bean.DataSource"
    init-method="init" destroy-method="destroy">
    <property name="name" value="xmlDataSource"/>
</bean>
```
```java
@Bean(initMethod = "init", destroyMethod = "destroy")
public DataSource annotationDataSource() {
    DataSource dataSource = new DataSource();
    dataSource.setName("annotationDataSource");
    return dataSource;
}
```

3．测试效果

接下来分别使用 XML 配置文件和注解配置类驱动 IOC 容器。需要注意的是，本次驱动 IOC 容器时不再使用 `ApplicationContext` 接收 IOC 容器的类型，而是直接用实现类本身，目的是调用 `close` 方法对容器进行关闭，以触发 bean 对象的销毁动作。至于为什么实现类会有 `close` 方法而 `ApplicationContext` 接口本身没有，第 4 章会讲解该问题。

先使用 XML 配置文件驱动 IOC 容器。为了可以判断出 Bean 的初始化和销毁方法被触发的时机，我们在 IOC 容器初始化和关闭的后面都加一句控制台打印，如代码清单 3-25 所示。运行 `main` 方法后控制台会打印如下内容，由此可以得出结论：在 IOC 容器初始化之前，默认情况下 bean 对象已经创建完毕，而且完成了初始化动作；IOC 容器调用销毁方法时，先销毁所有 bean 对象，最后 IOC 容器全部销毁完成。注解驱动效果与 XML 配置文件的方式几乎完全一致，读者可自行测试。

代码清单 3-25　使用 XML 配置文件驱动 IOC 容器

```java
public class InitMethodXmlApplication {

    public static void main(String[] args) throws Exception {
        System.out.println("准备初始化 IOC 容器。。。");
        ClassPathXmlApplicationContext ctx = new ClassPathXmlApplicationContext("lifecycle/bean-initmethod.xml");
        System.out.println("IOC 容器初始化完成。。。");

        System.out.println();

        System.out.println("准备销毁 IOC 容器。。。");
        ctx.close();
        System.out.println("IOC 容器销毁完成。。。");
    }
}

准备初始化 IOC 容器。。。
xmlDataSource 被初始化。。。
IOC 容器初始化完成。。。

准备销毁 IOC 容器。。。
```

```
xmlDataSource 被销毁。。。
IOC 容器销毁完成。。。
```

4. 初始化销毁方法的特征

注意,使用 `init-method` 或 `destroy-method` 配置的初始化和销毁方法必须具有以下特征:

- 对于方法访问权限无限制要求(IOC 容器的底层会反射调用);
- 方法无参数(如果真的设置了参数,IOC 容器也无法判断传入何值);
- 方法无返回值(返回给 IOC 容器也没有意义);
- 允许抛出异常(不自行处理异常,交予 Spring Framework 可以打断 Bean 的初始化/销毁步骤)。

5. Bean 的初始化流程探究

请读者留意一个细节,在上述编码中,只能识别出 Bean 在 IOC 容器初始化阶段就创建并初始化好,那么每个 Bean 的初始化动作又如何?为了探究这个问题,我们可以修改 `DataSource` 类,分别在构造方法和 `setName` 方法中加入控制台打印,如代码清单 3-26 所示,这样在触发上述方法时控制台中会相应地体现。

代码清单 3-26　DataSource 中添加控制台打印

```java
public class DataSource {
    // 此处省略
    public DataSource() {
        System.out.println("DataSource 构造方法执行了。。。");
    }

    public void setName(String name) {
        this.name = name;
        System.out.println("DataSource setName 方法执行了。。。");
    }
    // 此处省略
}
```

接着重新运行 `InitMethodXmlApplication` 的 `main` 方法,控制台会打印如下内容(省略销毁部分)。由此可以得出结论:Bean 的生命周期中会先对属性赋值,后执行 `init-method` 标记的方法。

```
准备初始化 IOC 容器。。。
DataSource 构造方法执行了。。。
DataSource setName 方法执行了。。。
xmlDataSource 被初始化了。。。
IOC 容器初始化完成。。。
```

3.4.3　JSR-250 规范注解

`init-method` 和 `destroy-method` 标注的方法都只能用于手动注册的 Bean(XML 配置文件和注解配置类),而对于使用模式注解标注的 Bean 中,由于 `@Component` 注解并没有提供类似的属性(只有一个 `value` 属性),因此这种方式无法使用。为此我们需要学习第二种方式,专门配合模式注解+组件扫描的方式注册 Bean,以完成全注解驱动开发,这种方式来自 JSR-250 规范。JSR-250 规范中除了有 `@Resource` 这样的自动注入注解,还有负责生命周期的注解，包括@**PostConstruct** 和@**PreDestroy**，分别对应 3.4.2 节的属性 init-method 和 destroy-method。

下面演示@PostConstruct 和@PreDestroy 两个注解的使用。由于该方式主要用于组件扫描的 Bean 注册，故本节只演示模式注解+组件扫描的方式。

1. 编写 Pen 类

本节中模拟另一种场景：钢笔与墨水，假设购买钢笔的动作代表实例化，加墨水的动作代表初始化，倒掉所有墨水的动作代表销毁，于是对应的 Pen 如代码清单 3-27 所示。对于 JSR-250 规范的@PostConstruct 和@PreDestroy 注解的使用，只需要将注解标注到对应的方法中。

代码清单 3-27　Pen

```
@Component
public class Pen {

    private Integer ink;
    // setter

    @PostConstruct
    public void addInk() {
        System.out.println("钢笔中已加满墨水。。。");
        this.ink = 100;
    }

    @PreDestroy
    public void outwellInk() {
        System.out.println("钢笔中的墨水释放完毕。。。");
        this.ink = 0;
    }
    // toString
}
```

> 小提示：被@PostConstruct 和@PreDestroy 注解标注的方法，与 init-method/destroy-method 标注的方法的声明要求是一样的，访问修饰符也可以是 private。

2. 测试效果

编写测试启动类 JSR250AnnoApplication，使用组件扫描的方式驱动 IOC 容器，不需要获取 Pen，只需要创建和销毁 IOC 容器，如代码清单 3-28 所示。

代码清单 3-28　JSR250AnnoApplication

```
public class JSR250AnnoApplication {

    public static void main(String[] args) throws Exception {
        System.out.println("准备初始化 IOC 容器。。。");
        AnnotationConfigApplicationContext ctx = new AnnotationConfigApplicationContext(
                "com.linkedbear.spring.lifecycle.b_jsr250.bean");
        System.out.println("IOC 容器初始化完成。。。");
        System.out.println();
        System.out.println("准备销毁 IOC 容器。。。");
        ctx.close();
```

```
            System.out.println("IOC 容器销毁完成。。。");
        }
    }
```

运行 main 方法，控制台中打印如下内容，可见 @PostConstruct 和 @PreDestroy 注解也完成了像 init-method 和 destroy-method 一样的效果。

准备初始化 IOC 容器。。。
钢笔中已加满墨水。。。
IOC 容器初始化完成。。。

准备销毁 IOC 容器。。。
钢笔中的墨水释放完毕。。。
IOC 容器销毁完成。。。

3.4.4 InitializingBean 和 DisposableBean

第三种方式 InitializingBean 与 DisposableBean 实际上是两个接口，而且是 Spring Framework 内部预先定义好的接口。它们的触发时机与上面的 init-method/destroy-method 以及 JSR-250 规范的两个注解一样，都是在 Bean 的初始化和销毁阶段回调的。

请读者注意一点，因为这种方式需要实现接口，所以它需要强依赖于 Spring Framework，当然也正是由于 Spring Framework 内置的接口，在底层针对所有实现该两接口的 Bean 都会触发回调执行，因此这种方式适合于所有场景；但也正因为使用的是 Spring Framework 内置的 API，所以使用该方式编写的代码可移植性差（如果换一种 IOC 容器框架，则使用该方式编写的代码会在编译时报错）。

1. 改造 Pen

下面我们改造 3.4.3 节的 Pen 类，添加 InitializingBean 和 DisposableBean 接口的实现，并重写对应的 afterPropertiesSet 和 destroy 方法，如代码清单 3-29 所示。

代码清单 3-29　Pen 实现 InitializingBean 和 DisposableBean 接口

```java
@Component
public class Pen implements InitializingBean, DisposableBean {

    private Integer ink;

    @Override
    public void afterPropertiesSet() throws Exception {
        System.out.println("钢笔中已加满墨水。。。");
        this.ink = 100;
    }

    @Override
    public void destroy() throws Exception {
        System.out.println("钢笔中的墨水释放完毕。。。");
        this.ink = 0;
    }
    // toString
}
```

2. 测试效果

测试的效果与 3.4.3 节一致，直接重新运行测试类的 main 方法即可（为了区分不同的方式，附书源码中使用了 InitializingDisposableAnnoApplication 类），控制台打印的内容与 3.4.3 节的内容完全一致。

3. 3 种生命周期扩展点并存

下面我们做一个测试，当一个 Bean 同时使用这 3 种生命周期扩展点时，最终的执行顺序是怎样的？下面我们继续改造 Pen 类，使其同时实现 3 种方式，并打印不同的内容加以区分，如代码清单 3-30 所示。

代码清单 3-30　同时实现 3 种扩展点

```java
public void open() {
    System.out.println("init-method - 打开钢笔。。。");
}

public void close() {
    System.out.println("destroy-method - 合上钢笔。。。");
}

@PostConstruct
public void addInk() {
    System.out.println("@PostConstruct - 钢笔中已加满墨水。。。");
    this.ink = 100;
}

@PreDestroy
public void outwellInk() {
    System.out.println("@PreDestroy - 钢笔中的墨水释放完毕。。。");
    this.ink = 0;
}

@Override
public void afterPropertiesSet() throws Exception {
    System.out.println("InitializingBean - 准备写字。。。");
}

@Override
public void destroy() throws Exception {
    System.out.println("DisposableBean - 书写完毕。。。");
}
```

之后使用注解驱动的方式注册 Pen，并声明 initMethod 和 destroyMethod。最后使用配置类驱动 IOC 容器，并完成容器的创建与销毁，如代码清单 3-31 所示。

代码清单 3-31　InitializingDisposableConfiguration 与 InitializingDisposableAnnoApplication

```java
@Configuration
public class InitializingDisposableConfiguration {

    @Bean(initMethod = "open", destroyMethod = "close")
    public Pen pen() {
        return new Pen();
```

        }
    }
}

public class InitializingDisposableAnnoApplication {

    public static void main(String[] args) throws Exception {
        System.out.println("准备初始化 IOC 容器。。。");
        AnnotationConfigApplicationContext ctx = new AnnotationConfigApplicationContext(
                InitializingDisposableConfiguration.class);
        System.out.println("IOC 容器初始化完成。。。");
        System.out.println();
        System.out.println("准备销毁 IOC 容器。。。");
        ctx.close();
        System.out.println("IOC 容器销毁完成。。。");
    }
}

运行 `InitializingDisposableAnnoApplication` 的 `main` 方法，打印出如下内容。

```
准备初始化 IOC 容器。。。
@PostConstruct - 钢笔中已加满墨水。。。
InitializingBean - 准备写字。。。
init-method - 打开钢笔。。。
IOC 容器初始化完成。。。

准备销毁 IOC 容器。。。
@PreDestroy - 钢笔中的墨水释放完毕。。。
DisposableBean - 书写完毕。。。
destroy-method - 合上钢笔。。。
IOC 容器销毁完成。。。
```

虽然打印的内容顺序看上去很奇怪，但是请读者仔细比对执行顺序，可以得出 3 种不同的机制执行的顺序：**@PostConstruct→InitializingBean→init-method**。

3.4.5　原型 Bean 的生命周期

对于原型 Bean 的生命周期，使用的方式跟上面完全一致，只是它的触发时机与单实例 Bean 有所不同。

单实例 Bean 的生命周期与 IOC 容器的生命周期紧密相关，IOC 容器初始化，单实例 Bean 也一并初始化（当然这不绝对）；IOC 容器销毁，单实例 Bean 也随之销毁。原型 Bean 由于每次都是在获取时才产生一个新对象，因此它的生命周期与 IOC 容器无关。

1．IOC 容器初始化时原型 Bean 不被初始化

为了验证原型 Bean 的生命周期与 IOC 容器无关，我们可以将 `InitializingDisposableConfiguration` 中注册 `Pen` 的方法上标注`@Scope("prototype")`注解，如此一来注册的 `Pen` 就变成了原型 Bean。此时如果驱动 IOC 容器，则控制台不会打印与 Pen 初始化相关的内容，如代码清单 3-32 所示。这个测试效果就足以证明**原型 Bean 不随 IOC 的初始化而创建**。

代码清单 3-32　原型 Pen 的效果测试

```
@Configuration
public class PrototypeLifecycleConfiguration {
```

```
    @Bean(initMethod = "open", destroyMethod = "close")
    @Scope("prototype")
    public Pen pen() {
        return new Pen();
    }
}

public class PrototypeLifecycleApplication {

    public static void main(String[] args) throws Exception {
        AnnotationConfigApplicationContext ctx = new AnnotationConfigApplicationContext(
                PrototypeLifecycleConfiguration.class);
        System.out.println("IOC 容器初始化完成。。。");
    }
}
```

2. 原型 Bean 的初始化动作与单实例 Bean 一致

如果在 `PrototypeLifecycleApplication` 中添加 `Pen` 的获取，则在运行 `main` 方法后可以看到控制台有初始化动作的打印，如代码清单 3-33 所示，这就证明原型 Bean 的初始化动作与单实例 Bean 完全一致。

▎代码清单 3-33　主动获取原型 Bean

```
public static void main(String[] args) throws Exception {
    AnnotationConfigApplicationContext ctx = new AnnotationConfigApplicationContext(
            PrototypeLifecycleConfiguration.class);
    System.out.println("准备获取一个 Pen。。。");
    Pen pen = ctx.getBean(Pen.class);
    System.out.println("已经取到了 Pen。。。");
}

准备获取一个 Pen。。。
@PostConstruct - 钢笔中已加满墨水。。。
InitializingBean - 准备写字。。。
init-method - 打开钢笔。。。
已经取到了 Pen。。。
```

3. 原型 Bean 的销毁不包括 destroy-method

如果使用 IOC 容器将获取的 `Pen` 对象销毁，可以使用 `AnnotationConfigApplicationContext` 获取 `BeanFactory`，并调用 `BeanFactory` 的 `destroyBean` 方法将 `Pen` 销毁，如代码清单 3-34 所示。如果此时再运行 `main` 方法，可以发现控制台中只打印了 `@PreDestroy` 注解和 `DisposableBean` 接口的执行，没有触发 `destroy-method` 的执行，由此得出结论：**原型 Bean 在销毁时不处理 `destroy-method` 标注的方法**。

▎代码清单 3-34　原型 Bean 的销毁

```
public static void main(String[] args) throws Exception {
    AnnotationConfigApplicationContext ctx = new AnnotationConfigApplicationContext(
            PrototypeLifecycleConfiguration.class);
    Pen pen = ctx.getBean(Pen.class);
    System.out.println("用完 Pen，准备销毁。。。");
    ctx.getBeanFactroy().destroyBean(pen);
```

```
        System.out.println("Pen 销毁完成。。。");
    }
```

用完 Pen,准备销毁。。。
`@PreDestroy` - 钢笔中的墨水释放完毕。。。
`DisposableBean` - 书写完毕。。。
Pen 销毁完成。。。

3.4.6 生命周期扩展点对比

根据对比的维度不同,对上述的 3 种生命周期扩展点加以对比,如表 3-2 所示。

表 3-2 3 种生命周期扩展点的对比

对比维度	init-method 和 destroy-method	@PostConstruct 和@PreDestroy	InitializingBean 和 DisposableBean
执行顺序	最后	最先	中间
组件耦合度	无侵入(只在<bean>和@Bean 中使用)	与 JSR 规范耦合	与 Spring Framework 耦合
容器支持	XML、注解原生支持	注解原生支持,XML 需开启注解驱动	XML、注解原生支持
单实例 Bean	√	√	√
原型 Bean	只支持 init-method	√	√

3.4.7 补充:Lifecycle 接口

从一个 Bean 的完整生命周期角度来看,前面讲解的 3 种基本生命周期扩展点本质上都属于同一个大环节。除了这 3 种基本生命周期扩展点,Spring Framework 还提供了另一个比较特殊的生命周期扩展:Lifecycle。它是一个接口,它扩展的生命周期与上述 3 种不在同一个环节中,下面通过一个简单示例说明。

1. 改造 Pen

为了对比 `InitializingBean`、`DisposableBean` 与 `Lifecycle` 的执行时机,我们将 `Pen` 的结构继续扩展,使其同时实现上述 3 个接口,并重写对应的方法实现,如代码清单 3-35 所示(为了精简代码,init-method 与 JSR-250 规范中的代码略)。Lifecycle 接口中有 3 个方法,分别是 `start`、`stop` 和 `isRunning`,这很明显代表的是类似于机器的启动、停止以及检查当前是否运转的操作。另外本次测试不再使用注解配置类,因此,在 `Pen` 上标注`@Component`注解即可。

代码清单 3-35 加入 Lifecycle 接口实现

```
@Component
public class Pen implements InitializingBean, DisposableBean, Lifecycle {

    private Integer ink;
    private boolean running = false;

    @Override
    public void afterPropertiesSet() throws Exception {
        System.out.println("InitializingBean - 准备写字。。。");
```

```java
    }

    @Override
    public void destroy() throws Exception {
        System.out.println("DisposableBean - 书写完毕。。。");
    }

    @Override
    public void start() {
        System.out.println("Lifecycle#start - 写了一行字。。。");
        this.running = true;
    }

    @Override
    public void stop() {
        System.out.println("Lifecycle#stop - 写到最后一个字。。。");
        this.running = false;
    }

    @Override
    public boolean isRunning() {
        return running;
    }
    // toString
}
```

2. 测试效果

如果测试代码选用之前的内容，仅执行初始化和关闭 ApplicationContext 的动作，则测试的效果会与读者的预想不同。事实上，当代码运行时，Pen 中的 start 和 stop 方法并不会执行，如代码清单 3-36 所示。

代码清单 3-36　仅初始化 ApplicationContext

```java
public class LifecycleApplication {
    
    public static void main(String[] args) throws Exception {
        System.out.println("准备初始化 IOC 容器。。。");
        AnnotationConfigApplicationContext ctx = new AnnotationConfigApplicationContext(
                "com.linkedbear.spring.lifecycle.e_lifecycle.bean");
        System.out.println("IOC 容器初始化完成。。。");
        
        System.out.println();
        
        System.out.println("准备销毁 IOC 容器。。。");
        ctx.close();
        System.out.println("IOC 容器销毁完成。。。");
    }
}
```

```
准备初始化 IOC 容器。。。
InitializingBean - 准备写字。。。
IOC 容器初始化完成。。。

准备销毁 IOC 容器。。。
DisposableBean - 书写完毕。。。
```

IOC 容器销毁完成。。。

要想触发 Lifecycle 接口的回调，需要显示调用 ApplicationContext 的 start 与 stop 方法，这是由于 ApplicationContext 的子接口 ConfigurableApplicationContext 继承了 Lifecycle 接口，Spring Framework 希望将所有实现了 Lifecycle 接口的 Bean 与 IOC 容器本身的生命周期关联到一起，所以对 Lifecycle 接口的回调引入了这样的机制。如果在初始化 ApplicationContext 后调用其 start 方法，重新运行 main 方法，控制台中就可以体现出 Pen 的 start 方法被执行。

与之相反的 stop 方法，从执行顺序上与 DisposableBean 也相反，二者中 Lifecycle 的 stop 方法先执行，之后才是上述 3 种销毁逻辑的回调。关于具体的测试代码和效果，读者可自行编写验证。

3. 扩展：SmartLifecycle 接口

如果存在一些 Bean，它们既需要 Lifecycle 接口的回调时机，但又不能强依赖于 ApplicationContext 的 start 与 stop 方法触发，Spring Framework 给这类 Bean 提供了一个扩展接口：SmartLifecycle。实现该接口的 Bean 注册到 IOC 容器后，无须在程序代码中调用 start 方法，即可触发这些 Bean 的 start 方法。

关于具体的程序运行效果，读者可自行测试验证，使用和验证方式都非常简单，本节不再详细讲解。

3.5 小结

本章从 Bean 的类型、作用域、实例化方式以及生命周期等方面，对 IOC 容器中的 Bean 进行了基础的讲解。

通常来讲，IOC 容器中的 Bean 包含普通 Bean 和 FactoryBean，FactoryBean 可以生成普通 Bean。实际上，IOC 容器中 Bean 的类型不止于此，在第 4 章以及本书后续的高级篇中会讲解更多的类型，届时读者要不断完善和加强练习。

IOC 容器中绝大多数 Bean 是单实例的，一个 IOC 容器中只会存在一个单实例 Bean，且随 IOC 容器的初始化而创建，而原型 Bean 则在每次获取时才被创建。另外，在 Web 应用场景中还有几种扩展的作用域。

Bean 的实例化可由 IOC 容器内部创建，也可以借助 FactoryBean 创建，此外它还支持静态工厂和实例工厂创建。

Bean 的基本生命周期由初始化和销毁组成，针对每个阶段 Spring Framework 分别提供了 4 种支持方式，在实际项目开发中使用的频率很高，它们的执行顺序各有不同，请读者注意区分。

Spring Framework 中核心容器的设计非常重要，基于核心容器又衍生出众多关键特性，第 4 章将详细讲解 IOC 容器。

第 4 章 IOC 容器的设计与机制

本章主要内容：
- ◇ BeanFactory 与 ApplicationContext 的详细讲解；
- ◇ IOC 容器的事件驱动与监听器；
- ◇ 模块装配与条件装配；
- ◇ 组件扫描机制；
- ◇ PropertySource 机制。

Spring Framework 中的 IOC 容器是一个内部设计极其精巧的核心容器，其提供的强大且实用的功能和机制，是通过内部非常完备、优秀、精密的设计实现的，通过加载、读取、解析 XML 配置文件、注解配置类，配合组件扫描就可以按照配置内容工作。本章将会介绍 IOC 容器的设计，以及 IOC 容器中设计的核心机制。

4.1 BeanFactory

> 💡 小提示：有关 BeanFactory 和 ApplicationContext 的详细介绍，在笔者的另一本书《Spring Boot 源码解读与原理分析》中有非常细致的剖析，如果需要深入了解 BeanFactory 与 ApplicationContext 的设计，可以移步该书阅读。本书更倾向于从简单易懂的角度讲解两者的设计，难度和深度都相对低。

在第 2 章中我们讲到，**BeanFactory** 是 IOC 容器的基础抽象，**ApplicationContext** 包含 **BeanFactory** 的所有功能，且扩展了更多实用特性。本节我们先讲 BeanFactory 的设计。BeanFactory 作为 Spring Framework 中的顶层容器，它的设计相对简单且纯粹，但也是最核心的。借助 IDEA，可以将 BeanFactory 接口的所有子接口一一列出，如图 4-1 所示。

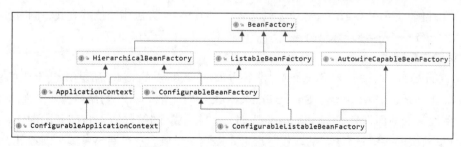

图 4-1 BeanFactory 和它的子接口

注意观察图 4-1 中的继承关系，BeanFactory 的扩展接口中有部分 ApplicationContext 相关的子接口，有关这部分内容放在 4.2 节讲解。为了能让读者更清楚地分辨和学习 BeanFactory 与 ApplicationContext 的体系，下面重点来看图 4-2，其中展示的只有与 BeanFactory 相关的接口与实现类。

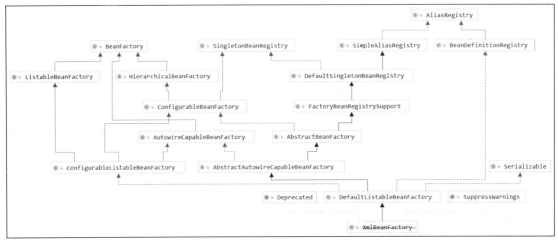

图 4-2　BeanFactory 的实现类

不同于高级与原理分析，在初次学习掌握核心知识时，希望读者了解相对实用的部分，所以下面的内容会尽可能简单直接。

4.1.1　BeanFactory 接口系列

作为 Spring Framework 中的顶级容器接口，BeanFactory 的设计是简单、纯粹的。下面将结合图 4-1，对 BeanFactory 的核心特性进行分析。

1. 核心特性

结合图 4-1 中 BeanFactory 接口直接扩展的 3 个子接口，可以总结出 BeanFactory 的特性：**层次性、可列举、支持自动注入**。

- **层次性**：BeanFactory 本身支持父子结构，如果在一个 BeanFactory 中没有找到想要的 Bean，则会向上查找父 BeanFactory。
- **可列举**：ListableBeanFactory 支持将容器中所有的 Bean 一一列举（相当于提供了类似于集合的可迭代特性）。
- **支持自动注入**：BeanFactory 中定义了 getBean 方法用于依赖查找，同时其子接口 AutowireCapableBeanFactory 中也对依赖注入予以支持。

2. 可读与可写

在 HierarchicalBeanFactory 的下方有一个重要的接口需要引起读者的注意：ConfigurableBeanFactory。Spring Framework 中对于核心 API 的命名有非常强的规律性，当我们看到类名的前面带有 "Configurable" 时，意味着这个接口的行为有"写"的动作，而去掉 Configurable 前缀的接口只有"读"的动作。这里要提到一对概念：**可写与可读**。读者可以回想在学习 Java SE 的面向对象编程中，一个类的属性设置为 private 后，提供 getter 方法则意味着该属性**可读**，提供 `setter` 方法则意味着该属性**可写**。同样，Spring Framework 中的这些 `BeanFactory`，包括后面的 `ApplicationContext` 中都会有这样的设计：普通的 `BeanFactory` 只有 `get` 相关的操作，而 "**Configurable**" 开头的 `BeanFactory` 或者 `ApplicationContext` 就具有了 set 的操作。

4.1.2 BeanFactory 的实现类

有关 `BeanFactory` 实现类的简单讲解，我们重点关注两个抽象子类和一个落地实现类。结合图 4-2 的继承结构，我们可以找到最基础的抽象实现 `AbstractBeanFactory`、一个底层实现 `DefaultListableBeanFactory` 以及介于两者之间的 `AbstractAutowireCapableBeanFactory`。

1. 核心特性

下面简单描述 `BeanFactory` 的实现类中设计的功能和机制。

- 加载 Bean 的注册信息：`BeanFactory` 利用不同的加载机制（XML 或注解配置类等）可以将 Bean 的注册信息加载到容器中。
- 作用域：`BeanFactory` 的内部能分辨 Bean 的作用域是单实例还是原型等。
- 创建 bean 对象：`BeanFactory` 具备创建对象的能力，以及部分属性赋值、依赖注入、生命周期回调。
- 生命周期统一管理：`BeanFactory` 负责控制 Bean 在创建阶段的生命周期与 bean 对象的统一管理。

2. BeanFactory 的约定

在 `BeanFactory` 的设计之初，它制定了 Bean 创建的两大环节和几个核心步骤。

（1）加载 Bean 的注册信息：从 XML 配置文件、注解配置类、模式注解+组件扫描等方式得知哪些 Bean 需要被装载到 IOC 容器。

（2）创建并初始化 Bean：该环节包含 3 个步骤，分别是 bean 对象的创建、属性赋值和依赖注入、Bean 的初始化逻辑执行。

IOC 容器中几乎所有的 bean 对象都通过上述步骤产生而来，读者先有一个大体印象即可。

4.2 ApplicationContext

`BeanFactory` 仅实现了 IOC 容器中最核心的容器部分，而 `ApplicationContext` 提供了更多可以用于实际应用开发的强大功能和特性。打一个不算恰当的比方，如果说 `BeanFactory` 是 IOC 容器的 "芯片"，那么 `ApplicationContext` 则是一台完整的主机，可见 `ApplicationContext` 之强大。

4.2.1 ApplicationContext 接口系列

借助 IDEA，可以展示 `ApplicationContext` 接口的父接口、扩展接口之间的关系，如图 4-3 所示。

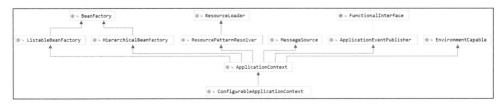

图 4-3　ApplicationContext 和它的子接口

从图 4-3 中可以清楚地看到，ApplicationContext 除了继承 BeanFactory 接口，还额外继承了几个功能性接口，这些接口共同组成了 ApplicationContext 扩展的几个核心特性。简单概括 ApplicationContext 的功能如下。

- 访问 Bean 的能力：ApplicationContext 继承自 BeanFactory，拥有 BeanFactory 的所有能力。
- 层级关系：ApplicationContext 与 BeanFactory 一样，也存在层级关系。
- 加载文件资源：ApplicationContext 可以从类路径（classpath）、文件系统等来源中加载文件。
- 事件发布与驱动机制：ApplicationContext 设计了基于观察者模式的事件驱动机制，可以实现事件的发布与广播。
- 国际化支持：ApplicationContext 可以针对不同国家/地区的访问，提供符合用户阅读习惯（语言）的页面和数据。
- 配置属性：ApplicationContext 内部有一块专有区域，用于管理和保存程序运行时所使用的配置属性。

此外，ApplicationContext 还有一个子接口 ConfigurableApplicationContext，它的设计与 ConfigurableBeanFactory 之于 BeanFactory 完全一致。ConfigurableApplicationContext 接口中有两个新增的重要方法，分别是 refresh 和 close，代表初始化（刷新）和关闭 IOC 容器。

4.2.2　ApplicationContext 的实现类

我们先将 Spring Framework 中 ApplicationContext 的重要实现类都罗列出来，如图 4-4 所示。

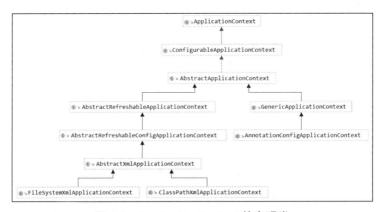

图 4-4　ApplicationContext 的实现类

根据加载配置源的不同，可以将 `ApplicationContext` 分为两个大类：基于 XML 配置文件驱动的实现（代表类 `ClassPathXmlApplicationContext`）和基于注解驱动的实现（代表类 `AnnotationConfigApplicationContext`）。无论是哪种实现，它们都来自同一个父类 `AbstractApplicationContext`。`AbstractApplicationContext` 中定义和实现了**绝大部分应用上下文的特性和功能**，包含生命周期实现、容器初始化和销毁的逻辑、特殊类型 Bean 的处理等。

当下 Spring Framework 的版本已发展至 6.0，Spring Boot 早已成为企业项目开发的必备基础框架，而 Spring Boot 推荐使用注解驱动配置的方式，相应地放弃了基于 XML 配置文件的实现方式，所以本书主要侧重注解驱动的 IOC 容器讲解。此外，`ApplicationContext` 在 Web 应用下还有对应的扩展，这部分内容会在 WebMvc 开发中讲解。

4.3 事件驱动与监听器

简单了解 `BeanFactory` 与 `ApplicationContext` 后，下面我们学习一些 IOC 容器支持的功能和特性，这些特性在平时的开发中不一定全部得到使用，但想熟练掌握 Spring Framework 的开发，了解并掌握这些知识点仍然非常重要。

4.3.1 观察者模式

本节讲解事件驱动机制。对于事件与监听器，可能读者会联想到观察者模式。首先我们回顾一下观察者模式的相关概念。

观察者模式，也被称为发布订阅模式，也有人叫它"监听器模式"，它是 GoF 23 设计模式中行为型模式之一。观察者模式关注的点是某一个对象被修改/做出某些反应/发布一个信息等，会自动通知依赖它的对象（订阅者）。

观察者模式的三大核心是：**观察者、被观察的主题、订阅者**。观察者（Observer）需要绑定要通知的订阅者（Subscriber），并且要观察指定的主题（Subject）。

4.3.2 Spring 中的观察者模式

Spring Framework 中能够体现观察者模式的特性就是事件驱动和监听器。在观察者模式中，**监听器充当订阅者**，监听特定的事件；**事件源充当被观察的主题**，用来发布事件；IOC 容器本身也是事件广播器，可以理解**为观察者**。

Spring Framework 中事件驱动的核心可以划分为 4 部分：**事件源、事件、广播器和监听器**。
（1）事件源：发布事件的对象。
（2）事件：事件源发布的信息/做出的动作。
（3）广播器：事件真正广播给监听器的对象（`ApplicationContext`）。

- `ApplicationContext` 接口中实现了 `ApplicationEventPublisher` 接口，具备事件广播器发布事件的能力。
- `ApplicationEventMulticaster` 组合了所有的监听器，具备事件广播器广播事件的能力。

（4）监听器：监听事件的对象。

图 4-5 以一个简单的图例演示了上述 4 个部分的地位。

图 4-5　事件与监听器中各个组件的地位

4.3.3　事件与监听器实践

下面通过一个最简单的示例，体会 Spring Framework 中事件与监听器的使用。

> 💡 小提示：本节的代码将统一创建在 com.linkedbear.spring.event 包下。

1．编写监听器

Spring Framework 中内置的监听器接口是 ApplicationListener，它附带了一个泛型，可以指定监听器"感兴趣"的具体事件（只有泛型指定类型的事件才会被监听响应）。如果我们要自定义监听器，则只需实现 ApplicationListener 接口，如代码清单 4-1 所示。

代码清单 4-1　Spring Framework 中的 ApplicationListener

```
@FunctionalInterface
public interface ApplicationListener<E extends ApplicationEvent> extends EventListener {
    void onApplicationEvent(E event);
}
```

为了快速体会事件和监听器的功能，本节先介绍两个事件：ContextRefreshedEvent 和 ContextClosedEvent，它们分别代表容器刷新（初始化）完毕和即将关闭。下面编写一个监听器 ContextRefreshedApplicationListener，并指定其监听 ContextRefreshedEvent 事件，如代码清单 4-2 所示。请读者注意，编写完毕的监听器需要注册到 IOC 容器才可以生效，在本示例中我们选择使用模式注解+组件扫描的方式加载监听器。

代码清单 4-2　ContextRefreshedApplicationListener

```
@Component
public class ContextRefreshedApplicationListener implements ApplicationListener<ContextRefreshedEvent> {
    @Override
    public void onApplicationEvent(ContextRefreshedEvent event) {
        System.out.println("ContextRefreshedApplicationListener 监听到 ContextRefreshedEvent 事件！");
    }
}
```

2. 编写启动类

随后编写一个测试启动类 QuickstartListenerApplication，使用组件扫描的方式驱动 IOC 容器，并在 IOC 容器初始化完毕后关闭 IOC 容器，如代码清单 4-3 所示。创建 IOC 容器和 close 方法调用这两个动作，可以在 IOC 容器的内部分别产生 ContextRefreshedEvent 和 ContextClosedEvent 事件，从而触发相应的监听器逻辑。运行 main 方法，控制台会根据流程依次打印如下信息，证明监听器已经成功执行。以上就是 Spring Framework 中事件与监听器的最简单使用。

代码清单 4-3　QuickstartListenerApplication

```java
public class QuickstartListenerApplication {

    public static void main(String[] args) throws Exception {
        System.out.println("准备初始化 IOC 容器。。。");
        AnnotationConfigApplicationContext ctx = new AnnotationConfigApplicationContext(
                "com.linkedbear.spring.event.a_quickstart");
        System.out.println("IOC 容器初始化完成。。。");
        ctx.close();
        System.out.println("IOC 容器关闭。。。");
    }
}
```

```
准备初始化 IOC 容器。。。
ContextRefreshedApplicationListener 监听到 ContextRefreshedEvent 事件！
IOC 容器初始化完成。。。
IOC 容器关闭。。。
```

3. 注解式监听器

编写监听器的方式，除了通过实现 ApplicationListener 接口，还可以使用 @EventListener 注解注册监听器。

使用注解式监听器时，定义监听器的类不再需要实现任何接口，而是直接在需要做出事件响应的方法上标注 @EventListener 注解即可，如代码清单 4-4 所示。

代码清单 4-4　使用 @EventListener

```java
@Component
public class ContextClosedApplicationListener {

    @EventListener
    public void onContextClosedEvent(ContextClosedEvent event) {
        System.out.println("ContextClosedApplicationListener 监听到 ContextClosedEvent 事件！");
    }
}
```

之后重新运行 QuickstartListenerApplication 的 main 方法，控制台可以打印出 ContextClosedApplicationListener 监听事件的响应，证明注解式监听器同样正确生效。

```
准备初始化 IOC 容器。。。
ContextRefreshedApplicationListener 监听到 ContextRefreshedEvent 事件！
IOC 容器初始化完成。。。
ContextClosedApplicationListener 监听到 ContextClosedEvent 事件！
IOC 容器关闭。。。
```

由以上两种监听器的代码示例，可以总结出以下几个结论。
- `ApplicationListener` 会在容器初始化阶段就准备就绪，在容器销毁时一同销毁。
- `ApplicationListener` 也是 IOC 容器中的普通 Bean。
- IOC 容器中有一些内置事件供我们监听。

4.3.4 Spring 的内置事件

4.3.3 节中提到，在 Spring Framework 中已经内置了一些事件，在纯 Spring Framework 环境下，它内部已经设计了事件抽象，并且提供了 4 个内置事件，下面逐一讲解。

1. ApplicationEvent

`ApplicationEvent` 是 Spring Framework 中事件模型的抽象，它本是一个抽象类，里面没有定义重要的内容，只有事件发生时的时间戳。值得关注的是，`ApplicationEvent` 继承自 JDK 中原生的观察者模式的事件模型，并且把它声明为抽象类。

```
public abstract class ApplicationEvent extends EventObject
```

关于这个设计，在文档注释中有以下相关说明。

Class to be extended by all application events. Abstract as it doesn't make sense for generic events to be published directly.
由所有应用程序事件扩展的类，它被设计为抽象的，因为直接发布一般事件没有意义。

如果整个事件抽象只是这一个派生，那么扩展的意义也不大，所以 Spring Framework 中在 `ApplicationEvent` 的基础上又进行了一次扩展。

2. ApplicationContextEvent

`ApplicationContextEvent` 继承自 `ApplicationEvent`，从类名上可知，`ApplicationContextEvent` 代表与 `ApplicationContext` 相关的事件。由 `ApplicationContextEvent` 的源码（见代码清单 4-5）可知，它在构造时会将 IOC 容器一并传入，这就意味着事件发生时，可以**通过监听器直接取到 `ApplicationContext`** 而不需要额外的操作，这才是 Spring Framework 中事件模型扩展最有价值的地方。

代码清单 4-5　ApplicationContextEvent

```
public abstract class ApplicationContextEvent extends ApplicationEvent {

    public ApplicationContextEvent(ApplicationContext source) {
        super(source);
    }

    public final ApplicationContext getApplicationContext() {
        return (ApplicationContext) getSource();
    }
}
```

下面列举的 4 个内置事件均基于 `ApplicationContextEvent` 扩展。

3. ContextRefreshedEvent 和 ContextClosedEvent

`ContextRefreshedEvent` 与 `ContextClosedEvent` 是成对的事件定义，分别对应 IOC 容器刷新完毕但尚未启动，以及 IOC 容器已经关闭但尚未销毁所有 Bean。IOC 容器刷新完毕代表着初始化环节结束，容器内部的单实例 Bean（非延迟加载）已经全部初始化完毕，而 IOC 容器的关闭通常意味着应用即将停止。

对于上述两个事件发生时机，可能读者在现阶段会比较难理解，随着后续学习的推进，相信读者会对 IOC 容器的生命周期有更全面的认识。

4. ContextStartedEvent 和 ContextStoppedEvent

`ContextStartedEvent` 与 `ContextStoppedEvent` 对应的事件发生时机与上面的两个不太一样。在第 3 章的最后讲解了一个 `Lifecycle` 接口，当时讲了一个要点：`Lifecycle` 的触发时机与 `InitializingBean` 等 3 种接口不同，`ContextRefreshedEvent` 事件的触发是对于所有单实例 Bean 刚创建完成后就发布的事件，此时 Bean 的 `InitializingBean` 接口回调均已完成，但是 IOC 容器内实现了 `Lifecycle` 接口的 Bean 还没有被回调 `start` 方法，当这些 `start` 方法被调用后，`ContextStartedEvent` 才会被触发；同样，`ContextStoppedEvent` 事件也是在 `ContextClosedEvent` 触发之后才会被触发，此时单实例 Bean 还没有被销毁，要先把它们都停掉才可以释放资源，进而回调 `DisposableBean` 等销毁逻辑来销毁 Bean。

4.3.5 自定义事件开发

了解完 Spring Framework 中的内置事件，下面请读者考虑一个实际的业务场景：论坛应用中，当新用户注册成功后，会同时发送短信、邮件、站内信，通知用户注册成功。在这个场景中，如果后续再添加一个"发放论坛积分"逻辑，如何实现才能保证代码编写得更优雅、更易维护？

毫无疑问，选择使用合适的设计模式有助于提高代码的可维护性。在这个场景中，当用户注册成功后广播一个"用户注册成功"事件，将用户信息随事件广播出去，发送短信、邮件、站内信的监听器监听到注册成功的事件后，会分别执行不同形式的通知动作；即便是后期再添加"发放论坛积分"逻辑，也只需要再注册一个对应的监听器到 IOC 容器，不会产生很强的代码耦合。

下面就来演示上述的场景的代码实现。

1. 自定义用户注册成功事件

Spring Framework 中的自定义事件的方式是通过继承抽象类 `ApplicationEvent` 实现的，代码清单 4-6 定义了一个简单的用户注册成功事件 `RegisterSuccessEvent`，所有自定义的事件类都需要显式声明一个带有一个参数的构造方法。

代码清单 4-6　RegisterSuccessEvent

```java
/**
 * 注册成功的事件
 */
public class RegisterSuccessEvent extends ApplicationEvent {

    public RegisterSuccessEvent(Object source) {
        super(source);
    }
}
```

2. 编写监听器

我们可以使用两种不同的方式编写三个监听器,分别代表短信推送、邮件推送、站内信推送,如代码清单4-7所示。注意一个细节,在一个类中可以同时出现多个被@EventListener注解标注的方法,即一个类中可以注册多个注解式事件监听器。

代码清单4-7 3种不同的监听器

```java
@Component
public class SmsSenderListener implements ApplicationListener<RegisterSuccessEvent> {

    @Override
    public void onApplicationEvent(RegisterSuccessEvent event) {
        System.out.println("监听到用户注册成功,发送短信。。。");
    }
}

@Component
public class SenderListener {

    @EventListener
    public void sendMessage(RegisterSuccessEvent event) {
        System.out.println("监听到用户注册成功,发送站内信。。。");
    }

    @EventListener
    public void sendEmail(RegisterSuccessEvent event) {
        System.out.println("监听到用户注册成功,发送邮件中。。。");
    }
}
```

3. 编写注册逻辑业务层

只有事件和监听器还不够,还需要有一个事件源来持有事件发布器,在应用上下文中发布事件。我们可以编写一个 `RegisterService` 类,并注入 Spring Framework 内置的事件发布器 `ApplicationEventPublisher`,注入的方式可以选用注解 `@Autowired` 自动注入,也可以借助 `ApplicationEventPublisherAware` 实现回调注入,如代码清单4-8所示。

代码清单4-8 RegisterService

```java
@Service
public class RegisterService implements ApplicationEventPublisherAware {

    ApplicationEventPublisher publisher;

    public void register(String username) {
        // 用户注册的动作。。。
        System.out.println(username + "注册成功。。。");
        // 发布事件
        publisher.publishEvent(new RegisterSuccessEvent(username));
    }

    @Override
```

```
public void setApplicationEventPublisher(ApplicationEventPublisher publisher) {
    this.publisher = publisher;
}
```

4. 编写测试启动类

接下来编写测试启动类 RegisterEventApplication，如代码清单 4-9 所示。IOC 容器初始化完毕后获取 RegisterService，随后调用 register 方法模拟一次用户注册的发生。

代码清单 4-9　RegisterEventApplication

```java
public class RegisterEventApplication {
    
    public static void main(String[] args) throws Exception {
        AnnotationConfigApplicationContext ctx = new AnnotationConfigApplicationContext(
                "com.linkedbear.spring.event.b_registerevent");
        RegisterService registerService = ctx.getBean(RegisterService.class);
        registerService.register("张三");
    }
}
```

运行 main 方法，控制台打印出注册动作以及监听器的触发反应。仔细观察监听逻辑的打印内容，可以得出另外一个结论：**注解式监听器的触发时机比接口式监听器早**。

```
张三注册成功。。。
监听到用户注册成功，发送邮件中。。。
监听到用户注册成功，发送站内信。。。
监听到用户注册成功，发送短信。。。
```

5. 调整监听器的触发顺序

如果业务需要调整为先发送站内信，后发送邮件，这就需要我们定制监听器的执行顺序。Spring Framework 提供了两种排序的定制方式：（1）实现 Ordered 接口，并重写 getOrder 方法传入排序值；（2）在需要排序的类/方法上标注 @Order 注解，并传入排序值（默认的排序值为 **Ordered.LOWEST_PRECEDENCE**，即 **Integer.MAX_VALUE**，代表最靠后）。

按照这个规则，我们可以在 SenderListener 的 sendMessage 方法上标注 @Order(0)，重新运行启动类 RegisterEventApplication 的 main 方法，观察控制台的打印内容，可以发现触发顺序被成功修改。

```
张大三注册成功。。。
监听到用户注册成功，发送站内信。。。
监听到用户注册成功，发送邮件中。。。
监听到用户注册成功，发送短信。。。
```

这个时候可能有读者会产生疑问：如果不标注 @Order 注解，默认的顺序是什么？为了探究这个问题，我们可以将 sendEmail 方法上也标注 @Order 注解，并指定 value 为 Integer.MAX_VALUE - 1，随后再次重新运行 RegisterEventApplication 的 main 方法，发现运行结果还是上面打印的内容，证明默认的排序值是 **Ordered.LOWEST_PRECEDENCE**，即 **Integer.MAX_VALUE**。

6. 最佳实践

实际项目开发中，自定义事件的使用场景恰恰就如本节演示的这样，针对一个基础业务逻辑牵动多个关联的子业务，可以在基础业务逻辑发生时，向 IOC 容器广播一个特定的事件，并将关联的核心业务数据放入事件中，随后负责监听该事件的监听器就可得以回调，从而从事件体中获取业务数据，进而执行相应的子业务逻辑。通过使用事件驱动机制，可以很好地解决单体应用中业务逻辑之间的解耦。

4.4 模块装配

在开始讲解模块装配之前，先就两个概念分别进行解释。

4.4.1 前置概念解释

1. 装配

在第 3 章的开头有这样一句话：通过编写 XML 配置文件或注解配置类，将第三方框架的核心 API 以对象的形式注册到 IOC 容器中，这些核心 API 对象会在适当的位置发挥其作用，以支撑项目的正常运行。请读者理解其中的两个概念：IOC 容器中的核心 API 对象本身，就是一个个的 Bean，即**组件**；将核心 API 配置到 XML 配置文件或注解配置类的动作，称为组件的**装配**。

2. 模块

模块可以理解成**一个个可以分解、组合、更换的独立单元**，模块与模块之间可能存在一定的依赖，模块的内部通常是高内聚的，一个模块通常能够解决一个独立的问题（比如在本书的第 12 章会讲解数据访问与事务，其中引入事务模块是为了解决数据库操作的 ACID 特性）。按照上述理解，在项目开发中编写的功能可以看作一个个模块，项目底层封装的一个个组件也可以看作模块。

简单总结，模块通常具有以下几个特征：**独立的**、**功能高内聚**、**可相互依赖**、**目标明确**。

4.4.2 手动装配与自动装配

Spring Framework 本身只有一种组件装配方式：**手动装配**。而 Spring Boot 基于原生的手动装配，通过**模块装配+条件装配+SPI** 机制可以近乎完美地实现组件的自动装配。本章只分别就手动装配和自动装配的概念简单展开解释，有关自动装配的机制在第 5 章中讲解，有关自动装配的原理部分可参考笔者另一本书《Spring Boot 源码解读与原理分析》的 2.6 节。

> 💡 小提示：本节的代码将统一创建在 com.linkedbear.spring.configuration.a_module 包下。

1. 手动装配

所谓手动装配，指的是开发者在项目中通过编写 XML 配置文件、注解配置类、配合特定注解等方式，将所需的组件注册到 IOC 容器（`ApplicationContext`）中，代码清单 4-10 中的几种方式都是手动装配的体现。

代码清单 4-10　3 种手动装配的方式

```
<!-- 基于 XML 的手动配置 -->
```

```xml
<bean id="person" class="com.linkedbear.spring.basic_dl.a_quickstart_byname.bean.Person" />
```
```java
// 基于注解配置类的手动装配
@Configuration
public class QuickstartConfiguration {
    
    @Bean(name = "person")
    public Person person() {
        return new Person();
    }
}
// 基于组件扫描的手动装配
@Component
public class Person { }

@Configuration
@ComponentScan("com.linkedbear.spring.annotation.c_scan.bean")
public class ComponentScanConfiguration { }
```

从上述代码中可以提取出一个共性：手动装配都需要开发者**亲自编写配置信息，将组件注册到 IOC 容器中**。

2．自动装配

自动装配是 Spring Boot 的核心特性之一。自动装配的核心是本该由开发者编写的配置，转为框架自动根据项目中整合的场景依赖，合理地做出判断并装配合适的 Bean 到 IOC 容器中。相较于手动装配而言，自动装配关注的重点是整合的场景，而不是每个具体的场景中所必需的组件。基于关注的重点和粒度，自动装配更应该考虑应用全局的组件配置。Spring Boot 利用模块装配+条件装配的机制，可以在开发者没有任何干预的情况下注册默认所需的组件，也可以基于开发者自定义注册的组件装配其他必要的组件，并合理地替换默认的组件注册（覆盖默认配置）。由此可以概括一点：Spring Boot 的自动装配具有非侵入性。

值得注意的是，Spring Boot 的自动装配所用的底层机制全部来自 Spring Framework。本章我们先学习基础知识，第 5 章再深入体会自动装配机制。

4.4.3 使用简单装配

理解模块的概念后，下面通过几个示例快速体会模块装配的设计。在开始之前，请读者记住使用模块装配的核心原则：**自定义注解+`@Import` 导入组件**。

1．模块装配场景

为了更好地让读者体会模块装配的设计，本节内容会基于一个虚拟场景：使用代码模拟构建一个**酒馆**，酒馆里有**吧台**、**调酒师**、**服务员**和**老板** 4 种不同的实体元素。在该场景中，酒馆可看作 `ApplicationContext`，酒馆里的吧台、调酒师、服务员、老板等元素可看作一个个组件。使用代码模拟实现的最终目的是，**通过一个注解，把以上元素全部填充到酒馆中**。目标明确后下面开始动手实操，本节先来实现一个最简单的装配方式：普通 Bean 的装配。

> 💡 小提示：虚拟的场景仅用于配合代码完成演示，对于其中具体的结构设计不过多深入，感兴趣的读者可以在练习时自行发挥。

2．声明自定义注解

示例场景的目标是构建一个酒馆，根据 Spring Framework 对于模块装配的注解命名风格，此处定义一个自定义注解`@EnableTavern`，如代码清单 4-11 所示。

代码清单 4-11　@EnableTavern 注解的声明

```java
@Documented
@Retention(RetentionPolicy.RUNTIME)
@Target(ElementType.TYPE) // 该注解只能标注在类上
public @interface EnableTavern {

}
```

> 💡 **小提示**：自定义注解上应标注必要的元注解，代表该注解在运行时起效，并且只能标注在类上。

要使`@EnableTavern`注解发挥作用，需要配合模块装配中最核心的注解`@Import`，该注解要标注在`@EnableTavern`上，且注解中需要传入 value 属性的值。借助 IDE 可以了解到`@Import`注解的使用方式，如代码清单 4-12 所示。value 属性的文档注释中已经写明，`@Import`注解可以导入**配置类**、**ImportSelector** 的实现类、**ImportBeanDefinitionRegistrar** 的实现类以及普通类。

代码清单 4-12　@Import 注解

```java
@Target(ElementType.TYPE)
@Retention(RetentionPolicy.RUNTIME)
@Documented
public @interface Import {
    Class<?>[] value();
}
```

3. 声明老板类

本节先演示普通类的导入。酒馆必须由老板经营，所以下面定义一个"老板"类 Boss，该类中不需要声明任何属性和方法，如代码清单 4-13 所示。请读者注意一个细节，Boss 类中不需要标注`@Component`注解，因为`@Component`需要配合`@ComponentScan`使用，而本节不涉及组件扫描机制的内容。

代码清单 4-13　Boss

```java
public class Boss { }
```

接下来在`@EnableTavern`的`@Import`注解中填入 Boss 类，如代码清单 4-14 所示。这就意味着如果一个配置类上标注了`@EnableTavern`注解，就会触发`@Import`的效果，向 IOC 容器中导入一个类型为 Boss 的 Bean。

代码清单 4-14　Boss 类标注到@EnableTavern 注解中

```java
@Documented
@Retention(RetentionPolicy.RUNTIME)
@Target(ElementType.TYPE)
@Import(Boss.class)
public @interface EnableTavern { }
```

4.4 模块装配

4．创建配置类

基于 `@Import` 注解的模块装配只能用于注解驱动，下面声明一个 `TavernConfiguration` 配置类并标注 `@Configuration` 和 `@EnableTavern` 注解。`TavernConfiguration` 类中不需要定义其他内容，也无须注册其他 bean 对象，如代码清单 4-15 所示。

代码清单 4-15　TavernConfiguration

```
@Configuration
@EnableTavern
public class TavernConfiguration { }
```

5．编写启动类测试

核心代码编写完毕，最后编写一个测试启动类 `TavernApplication` 以检验组件装配的效果。测试启动类如代码清单 4-16 所示，运行 `TavernApplication` 的 main 方法，可以发现使用 getBean 方法能够正常获取 Boss 对象，说明 Boss 类已经被注册到 IOC 容器并相应地创建了一个 Boss 对象，至此就完成了最简单的模块装配。

代码清单 4-16　TavernApplication

```
public class TavernApplication {

    public static void main(String[] args) {
        ApplicationContext ctx = new AnnotationConfigApplicationContext(TavernConfiguration.class);
        Boss boss = ctx.getBean(Boss.class);
        System.out.println(boss);
    }
}

// com.linkedbear.spring.configuration.a_module.component.Boss@b9afc07
```

4.4.4　导入配置类

看到这里可能会有读者产生疑问：原本通过 `@Configuration`+`@Bean` 注解就能完成的工作，换用 `@Import` 注解后编码量却有所增加，这样是否"徒增功耗"？如果读者也产生了与此相同或相似的疑问，不要着急，仔细观察 `@Import` 的 value 属性允许传入的类型，可以发现普通类是最简单的方式，而其余几种类型更为重要。

如果需要直接导入项目中现有的一些配置类，使用 `@Import` 也可以直接加载进来。本节会编写一个有关调酒师的独立配置类，并通过 `@Import` 注解导入。

1．声明调酒师类

考虑到现实场景中酒吧的调酒师通常不止一位，所以调酒师的模型类中需要定义一个 **name** 属性，对不同的调酒师加以区分，如代码清单 4-17 所示。

代码清单 4-17　调酒师类 Bartender

```
public class Bartender {

    private String name;

    public Bartender(String name) {
```

```
        this.name = name;
    }

    // getter
}
```

2. 注册调酒师的对象

通过注解配置类的方式,可以一次性注册多个相同类型的 bean 对象。下面编写一个配置类 `BartenderConfiguration`,并使用 `@Bean` 注册两个不同的 `Bartender` 类,如代码清单 4-18 所示。

代码清单 4-18　BartenderConfiguration

```
@Configuration
public class BartenderConfiguration {

    @Bean
    public Bartender zhangxiaosan() {
        return new Bartender("张小三");
    }

    @Bean
    public Bartender zhangdasan() {
        return new Bartender("张大三");
    }
}
```

此处注意一个细节,如果读者用 IDEA 开发,此时对于 `BartenderConfiguration` 类会有黄色警告,提示配置类 `BartenderConfiguration` 还没有被使用(事实也确实如此,目前的代码中并没有利用它)。想让 `BartenderConfiguration` 起作用,只需要在 `@EnableTavern` 的 `@Import` 注解中把 `BartenderConfiguration` 一并导入,如代码清单 4-19 所示。

代码清单 4-19　@EnableTavern 注解中添加 BartenderConfiguration 配置类

```
@Import({Boss.class, BartenderConfiguration.class})
public @interface EnableTavern {}
```

> 💡 **小提示**:注意此处的一个细节,如果读者自行练习,编写的启动类或者配置类上使用了组件扫描(包扫描),恰好将 `BartenderConfiguration` 类也一并扫描,就会导致即使没有使用 `@Import` 导入,`Bartender` 调酒师类也会被注册进 IOC 容器。这里一定要细心,组件扫描本身会扫描配置类并使其生效。如果既想使用组件扫描又不想扫描 `BartenderConfiguration`,只需将 `BartenderConfiguration` 移至其他包中,使组件扫描时找不到它。

3. 测试运行

修改启动类 `TavernApplication`,使用 `ApplicationContext` 的 `getBeansOfType` 方法可以一次性取出 IOC 容器中指定类型的所有 bean 对象,如代码清单 4-20 所示。运行 `main` 方法,可以发现控制台成功打印出两个调酒师对象,说明注解配置类的装配正确。

代码清单 4-20　测试装配配置类的运行代码

```java
public static void main(String[] args) {
    ApplicationContext ctx = new AnnotationConfigApplicationContext(TavernConfiguration.class);
    Stream.of(ctx.getBeanDefinitionNames()).forEach(System.out::println);
    System.out.println("-------------------------");
    Map<String, Bartender> bartenders = ctx.getBeansOfType(Bartender.class);
    bartenders.forEach((name, bartender) -> System.out.println(bartender));
}

// IOC 容器内部的组件已省略打印 ......
tavernConfiguration
com.linkedbear.springboot.assemble.a_module.component.Boss
com.linkedbear.springboot.assemble.a_module.config.BartenderConfiguration
zhangxiaosan
zhangdasan
-------------------------
com.linkedbear.springboot.assemble.a_module.component.Bartender@23bb8443
com.linkedbear.springboot.assemble.a_module.component.Bartender@1176dcec
```

> 💡 **小提示**：注意一个细节，BartenderConfiguration 配置类也被注册到 IOC 容器并成为一个 Bean。

4.4.5　导入 ImportSelector

借助 IDE 查看 `ImportSelector` 的源码，会发现它是一个**接口**，它的实现类可以根据指定的筛选标准（通常是一个或者多个注解）来决定导入哪些配置类。除了导入配置类，借助 `ImportSelector` 也可以导入普通类，被 `ImportSelector` 导入的类，最终会在 IOC 容器中以单实例 Bean 的形式创建并保存。下面演示 `ImportSelector` 的使用方法。

1. 声明吧台类+配置类

关于吧台的模型类设计，也定义一个最简单的类即可，无须过度设计，如代码清单 4-21 所示。另外为了说明 `ImportSelector` 不仅可以导入配置类，也可以导入普通类，代码清单 4-22 编写一个新的配置类 `BarConfiguration`，以此演示两种类型皆可的现象。

代码清单 4-21　吧台类 Bar

```java
public class Bar { }
```

代码清单 4-22　BarConfiguration

```java
@Configuration
public class BarConfiguration {
    
    @Bean
    public Bar bbbar() {
        return new Bar();
    }
}
```

2. 编写 ImportSelector 的实现类

接下来编写 `ImportSelector` 的实现类，新定义一个类 `BarImportSelector` 实现

ImportSelector 接口,并实现对应的 selectImports 方法,如代码清单 4-23 所示。注意,selectImports 方法的返回值是一个 String 类型的数组。

代码清单 4-23　BarImportSelector 类实现 ImportSelector 接口

```java
public class BarImportSelector implements ImportSelector {

    @Override
    public String[] selectImports(AnnotationMetadata importingClassMetadata) {
        return new String[] {Bar.class.getName(), BarConfiguration.class.getName()};
    }
}
```

数组的内容是**一组类名**(一定是**全限定类名**,因为如果没有全限定类名就无法定位具体的类),所以代码清单 4-23 中 selectImports 方法的返回值是 Bar 和 BarConfiguration 的全限定类名。

最后在 @EnableTavern 的 @Import 注解中将 BarImportSelector 导入即可,如代码清单 4-24 所示。

代码清单 4-24　@EnableTavern 注解中添加 BarImportSelector 导入

```java
@Import({Boss.class, BartenderConfiguration.class, BarImportSelector.class})
public @interface EnableTavern { }
```

3. 测试运行

修改启动类 TavernApplication 的 main 方法。为了更明显地体现出容器中 bean 对象的差异,本次测试只打印 IOC 容器中所有 bean 对象的名称。运行 main 方法,控制台会打印出两个 Bar(下列输出结果的倒数第一行和第三行),说明 ImportSelector 可以导入普通类和配置类。

```
// IOC 容器内部的组件已省略打印
tavernConfiguration
com.linkedbear.springboot.assemble.a_module.component.Boss
com.linkedbear.springboot.assemble.a_module.config.BartenderConfiguration
zhangxiaosan
zhangdasan
com.linkedbear.springboot.assemble.a_module.component.Bar
com.linkedbear.springboot.assemble.a_module.config.BarConfiguration
bbbar
```

> 💡 小提示:注意一个细节,BarImportSelector 本身没有注册到 IOC 容器。

4. ImportSelector 的灵活性

到这里读者可能会觉得很奇怪:上面示例中直接取现有类的全限定名,这种设计似乎使复杂度变高了!但是请读者明白一点:ImportSelector 的核心是可以让开发者**以更灵活的声明式向 IOC 容器注册 Bean**,其重点是可以灵活地指定要注册的 Bean 的类型。由于传入的是全限定名的字符串,因此如果这些全限定名以配置文件的方式存放在项目可以读取的位置,则可以**避免组件导入的硬编码问题**。所以 ImportSelector 的作用非常大,在 Spring Boot 的自动装配机制中,底层就是利用 `ImportSelector` 实现从 `spring.factories` 文件中读取自动装配类的,相关内容在第 5 章中会讲解。

4.4.6 导入 ImportBeanDefinitionRegistrar

如果说 `ImportSelector` 是以声明式导入组件,那么 `ImportBeanDefinitionRegistrar` 就可以解释为以编程式向 IOC 容器中注册 bean 对象。不过它实际导入的是 `BeanDefinition`(Bean 的定义信息),有关 `BeanDefinition` 的详细讲解会在本书后续的高级篇中讲解,理解难度较大,本书不进行深入讲解,读者在此只对 `ImportBeanDefinitionRegistrar` 有一些基本了解即可。此外有关 `ImportBeanDefinitionRegistrar` 的获取和引导回调的原理,在本书后续的高级篇中也会深入讲解。

1. 声明服务员类

离最后的酒馆建成只剩下一组服务员,同样以最简单的模型类定义即可,如代码清单 4-25 所示。

代码清单 4-25　服务员类 Waiter

```java
public class Waiter { }
```

> 💡 小提示:这里没有把服务员的模型类设计得很复杂,因为本节的目的是使读者了解和学会模块装配,而不是仔细研究 `BeanDefinition` 的复杂 Bean 定制。

2. 编写 ImportBeanDefinitionRegistrar 的实现类

接下来编写 `WaiterRegistrar` 类,使其实现 `ImportBeanDefinitionRegistrar` 接口,如代码清单 4-26 所示。对于这里的写法,读者先不必仔细研究,可以先跟着示例代码编写一遍。这里简单解释一下 `registerBeanDefinition` 方法传入的两个参数,第一个参数是 Bean 的名称(`id`),第二个参数中传入的 `RootBeanDefinition` 要指定 Bean 的字节码(`.class`),这种方式相当于向 IOC 容器注册了一个普通的单实例 bean 对象(最终效果与组件扫描、`@Bean` 注解注册 Bean 的效果相同)。

代码清单 4-26　WaiterRegistrar 实现 ImportBeanDefinitionRegistrar 接口

```java
public class WaiterRegistrar implements ImportBeanDefinitionRegistrar {
    @Override
    public void registerBeanDefinitions(AnnotationMetadata metadata, BeanDefinitionRegistry registry) {
        registry.registerBeanDefinition("waiter", new RootBeanDefinition(Waiter.class));
    }
}
```

最后把 `WaiterRegistrar` 标注在 `@EnableTavern` 的 `@Import` 注解中,即完成了 `ImportBeanDefinitionRegistrar` 的导入,如代码清单 4-27 所示。

代码清单 4-27　@EnableTavern 注解中添加 ImportBeanDefinitionRegistrar 导入

```java
@Import({Boss.class, BartenderConfiguration.class, BarImportSelector.class, WaiterRegistrar.class})
public @interface EnableTavern { }
```

3. 测试运行

重新运行 `main` 方法，控制台可以打印出服务员对象（下列输出结果的最后一行），证明使用 `ImportBeanDefinitionRegistrar` 的组件装配也已经成功。

```
// IOC 容器内部的组件已省略打印
tavernConfiguration
com.linkedbear.spring.configuration.a_module.component.Boss
com.linkedbear.spring.configuration.a_module.config.BartenderConfiguration
zhangxiaosan
zhangdasan
com.linkedbear.spring.configuration.a_module.component.Bar
com.linkedbear.spring.configuration.a_module.config.BarConfiguration
bbbar
waiter
```

> 小提示：注意一个细节，`WaiterRegistrar` 也没有注册到 IOC 容器中。

4.4.7 扩展：DeferredImportSelector

本节的最后扩展一个 `ImportSelector` 的子接口：`DeferredImportSelector`。这个接口来自 Spring Framework 4.0，它提供了类似于 `ImportSelector` 的组件装配机制，但执行时机比普通的 `ImportSelector` 晚。这里先解释一下执行时机，`ImportSelector` 接口的执行时机是在注解配置类的解析期间，此时配置类中被标注 `@Bean` 注解的方法等还没有被解析，而 `DeferredImportSelector` 的执行时机是注解配置类完全解析后，此时配置类的解析工作已全部完成，这样做的目的主要是**配合下面要提到的条件装配**（条件装配也来自 Spring Framework 4.0，所以可以理解为二者是配合工作的）。

下面通过一个简单的测试示例，体会 `DeferredImportSelector` 的执行时机。

1. DeferredImportSelector 的执行时机

在上述测试代码中编写一个新的 `WaiterDeferredImportSelector` 类，使其实现 `DeferredImportSelector` 接口，其作用是导入新的服务员 bean 对象，如代码清单 4-28 所示。

代码清单 4-28　新增 WaiterDeferredImportSelector 导入服务员对象

```java
public class WaiterDeferredImportSelector implements DeferredImportSelector {
    
    @Override
    public String[] selectImports(AnnotationMetadata importingClassMetadata) {
        System.out.println("WaiterDeferredImportSelector invoke ......");
        return new String[] {Waiter.class.getName()};
    }
}
```

> 小提示：注意代码中添加了一行控制台打印，这样可以便于观察到 `DeferredImportSelector` 的执行时机。

同样，为其余的两种组件 `ImportSelector` 和 `ImportBeanDefinitionRegistrar` 也添加上控制台打印，如代码清单 4-29 所示。在测试之前，不要忘记给 `@EnableTavern` 注解

的 @Import 上补充 WaiterDefferedImport Selector 类的导入。

代码清单 4-29　补充其他组件的控制台打印

```java
public class BarImportSelector implements ImportSelector {

    @Override
    public String[] selectImports(AnnotationMetadata importingClassMetadata) {
        System.out.println("BarImportSelector invoke ......");
        return new String[] {Bar.class.getName(), BarConfiguration.class.getName()};
    }
}

public class WaiterRegistrar implements ImportBeanDefinitionRegistrar {

    @Override
    public void registerBeanDefinitions(AnnotationMetadata metadata, BeanDefinitionRegistry registry) {
        System.out.println("WaiterRegistrar invoke ......");
        registry.registerBeanDefinition("waiter", new RootBeanDefinition(Waiter.class));
    }
}
```

编写完成后，重新运行 TavernApplication，观察控制台的打印内容，可以发现 **DeferredImportSelector** 的执行时机的确比 **ImportSelector** 晚，但比 **ImportBean DefinitionRegistrar** 早。至于为什么要这样设计，下面讲到基于 Conditional 的条件装配时再说明。

```
BarImportSelector invoke ......
WaiterDefferedImportSelector invoke ......
WaiterRegistrar invoke ......
```

2. 扩展：DeferredImportSelector 的分组概念

Spring Framework 5.0.5 中对 DeferredImportSelector 加入了新的概念：分组。简单地理解，引入分组的概念后可以对不同的 DeferredImportSelector 加以区分。上面在编写代码时读者可能没有感知到，实际上 DeferredImportSelector 有一个默认的 getImportGroup 方法，如代码清单 4-30 所示。这个 getImportGroup 方法可以指定一个实现了 DeferredImportSelector.Group 接口的类型，其可以对 DeferredImportSelector 加以区分。不过读者不必对它过于在意，在 Spring Framework 和 Spring Boot 中使用它的位置非常少，因此读者只需了解 DeferredImportSelector 可以分组。

代码清单 4-30　DeferredImportSelector 中添加了分组的概念

```java
default Class<? extends Group> getImportGroup() {
    return null;
}
```

> 小提示：Spring Boot 的自动装配部分有一个 DeferredImportSelector 分组特性，在第 5 章中会有所提及。

4.5 条件装配

模块装配可以一次性导入一个场景中所需的组件，但如果只靠模块装配的内容还不足以实现完整的组件装配。仍以酒馆为例，如果将这套代码模拟的环境放到**一片荒野**，此时吧台还在，老板还在，但是**调酒师**会因为环境恶劣而跑掉（荒郊野外不会有闲情雅致的人去喝酒），所以在这种假设的场景下，调酒师就不应注册到 IOC 容器中。在这种模拟的场景中，如果只使用模块装配是无法实现的，因为只要配置类中声明了 @Bean 注解的方法，这个方法的返回值就一定会被注册到 IOC 容器，并最终成为一个 bean 对象。

因此，为了解决在不同场景/条件下满足不同组件的装配，Spring Framework 提供了两种条件装配的方式：基于 Profile 的条件装配和基于 Conditional 的条件装配。

4.5.1 基于 @Profile 注解的装配

Spring Framework 3.1 中就已经引入了 Profile 的概念，下面先了解一下 Profile 的定义。

1. 理解 Profile

Spring Framework 的官方文档中并没有对 Profile 进行过多描述，而是借助一篇官网的博客来详细介绍 Profile 的使用，此外在 @Profile 注解的 javadoc 上也有一些简短的描述：@Profile 注解可以标注在组件上，当一个配置属性（并不是文件）激活时它才会起作用，而激活这个属性的方式有很多种，包括启动参数、环境变量、web.xml 配置文件等。

简单概括，Profile 提供了一种"基于环境的配置"：根据当前项目的不同运行时环境，可以动态地注册与当前运行时环境匹配的组件。

2. 使用 @Profile 注解

下面来实际使用一下 Profile 机制，以满足上面提到的新需求：城市与荒野。

> 💡 小提示：本节的代码将统一创建在 com.linkedbear.spring.configuration.b_profile 包下。

（1）为 Bartender 添加 @Profile

需求描述中提到，荒郊野外的环境中调酒师不会再工作，在这种假设下调酒师就不会在荒郊野外的环境中存在，只会存在于城市中。用代码来表达，就是在注册调酒师的配置类上标注 @Profile 注解，如代码清单 4-31 所示。

代码清单 4-31　注册调酒师的配置类上添加 @Profile 注解

```java
@Configuration
@Profile("city")
public class BartenderConfiguration {
    @Bean
    public Bartender zhangxiaosan() {
        return new Bartender("张小三");
    }
    
    @Bean
    public Bartender zhangdasan() {
        return new Bartender("张大三");
    }
}
```

> **小提示**：@Profile 注解也可以标注在被 @Bean 注解标注的方法上（代码清单 4-31 中的 zhangxiaosan() 和 zhangdasan() 方法）。

（2）编程式设置运行时环境

如果现在直接运行 TavernProfileApplication 的 main 方法，控制台中不会打印 zhangxiaosan 和 zhangdasan（已省略一些内部组件的打印）。

```
tavernConfiguration
com.linkedbear.spring.configuration.b_profile.component.Boss
com.linkedbear.spring.configuration.b_profile.component.Bar
com.linkedbear.spring.configuration.b_profile.config.BarConfiguration
bbbar
waiter
```

为什么会出现这种现象？在默认情况下，ApplicationContext 中的 profile 为 "default"，与上面 @Profile("city") 不匹配，BartenderConfiguration 不会生效，那么这两个调酒师对象也不会被注册到 IOC 容器中。要想让调酒师对象注册进 IOC 容器，就需要在 ApplicationContext 中设置激活的 profile，如代码清单 4-32 所示。

代码清单 4-32　给 ApplicationContext 设置 profile

```java
public static void main(String[] args) {
    AnnotationConfigApplicationContext ctx = new AnnotationConfigApplicationContext();
    // 给 ApplicationContext 的环境设置正在激活的 profile
    ctx.getEnvironment().setActiveProfiles("city");
    ctx.register(TavernConfiguration.class);
    ctx.refresh();
    Stream.of(ctx.getBeanDefinitionNames()).forEach(System.out::println);
}
```

注意，代码清单 4-32 中初始化 ApplicationContext 的逻辑与之前不同。AnnotationConfigApplicationContext 在创建对象时，如果直接传入了配置类，则会立即初始化 IOC 容器，而不传入配置类的情况下，内部不会执行初始化逻辑，而是要等到手动调用其 **refresh** 方法后才会初始化 IOC 容器，而初始化 IOC 容器的过程中会顺便将环境配置一并处理。所以为了避免不必要的麻烦，这里使用手动初始化 IOC 容器的方式。

修改完成后，重新运行 main 方法，控制台可以成功打印 zhangxiaosan 和 zhangdasan。

```
tavernConfiguration
com.linkedbear.spring.configuration.b_profile.component.Boss
com.linkedbear.spring.configuration.b_profile.config.BartenderConfiguration
zhangxiaosan
zhangdasan
com.linkedbear.spring.configuration.b_profile.component.Bar
com.linkedbear.spring.configuration.b_profile.config.BarConfiguration
bbbar
waiter
```

（3）命令行参数设置运行时环境

虽然上面编程式配置已经可以使用，但这种方式并不实用！将 profile 硬编码在 Java 代码中本身就是一种"坏味道"，如果需要切换 profile，就需要修改 Java 代码后重新编译。Spring

Framework 考虑到了这种情况，所以它提供了很多灵活的 `profile` 配置方式，下面演示最容易实现的一种：命令行参数设置。

测试命令行参数的环境变量，需要在 IDEA 中配置启动选项，如图 4-6 所示。

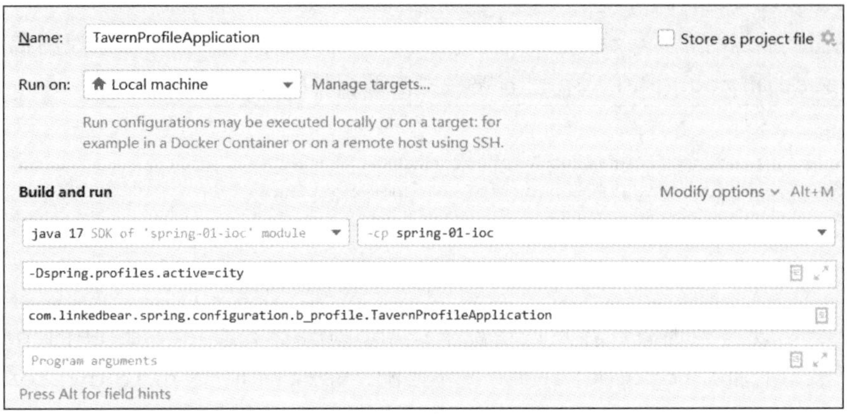

图 4-6　IDEA 中设置命令行启动参数

按照图 4-6 的方式配置好之后，在 `main` 方法中改回原来的构造方法传入配置类的形式并运行，控制台仍然会打印 `zhangxiaosan` 和 `zhangdasan`。

修改传入的 JVM 参数，将 `city` 改成 `wilderness`，重新运行 `main` 方法，发现控制台不再打印 `zhangxiaosan` 和 `zhangdasan`，说明使用 JVM 命令行参数也可以控制 `profile`。

3．@Profile 运用于实际开发

Profile 机制在 Spring Boot 中使用得非常经典，使用 `spring.profiles.active` 属性可以激活指定的环境配置，`application.properties` 文件都可以通过加 `profile` 后缀来区分不同环境下的配置文件（`application-dev.properties`、`application-prod.properties`），第 6 章中会详细讲解该特性。

4．Profile 的不足

Profile 固然强大，但它仍有一些无法控制的地方。下面将场景进一步复杂化：**吧台应由老板安置，如果酒馆中连老板都没有，那么吧台也不应该存在**。在这种情况下，只使用 Profile 机制便无法实现，因为 Profile 控制的是**整个项目的运行时环境**，无法根据单个 Bean 的因素决定是否装配。基于这种情况，Spring Framework 提供了第二种条件装配的方式：基于 `@Conditional` 注解的条件装配。

4.5.2　基于 @Conditional 注解的装配

Conditional 意为 "条件"，这个概念比 Profile 更直接明了。按照惯例，首先需要对 Conditional 有一个清晰的认识。

1．理解 Conditional

`@Conditional` 在 Spring Framework 4.0 版本被正式推出，它可以使 Bean 的装配基于一些指定的条件。换句话说，被标注 `@Conditional` 注解的 Bean 要注册到 IOC 容器时，必须满足 `@Conditional` 上指定的所有条件才允许注册。

在 Spring Framework 的官方文档中没有对 `@Conditional` 的介绍，而是引导读者直接参考

javadoc。javadoc 中描述的内容大致可以总结为：@Conditional 注解可以指定匹配条件，而被@Conditional 注解标注的 "组件类/配置类/组件工厂方法" 必须满足@Conditional 中指定的所有条件才会被创建/解析。

2. @Conditional 的使用

> 💡 **小提示**：本节的代码将统一创建在 com.linkedbear.spring.configuration.c_conditional 包下。

继续实现上面的需求：吧台依赖老板的存在。在 BarConfiguration 的 Bar 注册中，要指定 Bar 的创建就需要 Boss 的存在，反映到代码上就是在 bbbar 方法上标注@Conditional 注解，如代码清单 4-33 所示。

代码清单 4-33　BarConfiguration 中为 bbbar 方法添加装配条件

```java
@Bean
@Conditional(???)
public Bar bbbar() {
    return new Bar();
}
```

注意，@Conditional 注解中需要传入一个 Condition 接口的实现类数组，说明使用原生条件装配时还需要编写条件匹配类作为匹配依据。下面声明一个 ExistBossCondition 条件匹配类，用来判断 IOC 容器中是否存在 Boss 类型的对象，如代码清单 4-34 所示。编写完成后将该条件匹配类放入@Conditional 注解中。

代码清单 4-34　判断 Boss 是否存在的条件匹配类

```java
public class ExistBossCondition implements Condition {
    
    @Override
    public boolean matches(ConditionContext context, AnnotatedTypeMetadata metadata) {
        return context.getBeanFactory().containsBeanDefinition(Boss.class.getName());
    }
}
```

> 💡 **小提示**：注意，matches 方法中使用的是 BeanDefinition 而不是 Bean 作为判断依据，这是因为考虑的是当条件匹配时 Boss 对象可能还未创建，导致条件匹配时出现偏差。

下面重新运行测试启动类的 main 方法，发现吧台类被成功创建（如下列控制台输出所示）。为了检查上面的@Conditional 注解是否起作用，可以将@EnableTavern 注解中导入的 Boss 类去掉，重新运行测试启动类，发现 Boss 和 bbbar 均不会被打印，说明@Conditional 注解生效。

```
tavernConfiguration
com.linkedbear.spring.configuration.c_conditional.component.Boss
com.linkedbear.spring.configuration.c_conditional.component.Bar
com.linkedbear.spring.configuration.c_conditional.config.BarConfiguration
bbbar
waiter
```

4.5.3 扩展：@ConditionalOn×××注解

Spring Boot 中针对 `@Conditional` 注解扩展了一系列条件注解，下面是几个常用的条件装配注解。以上注解在第 5 章研究 Spring Boot 时还会有所提及，对于本节内容读者先了解即可。

- `@ConditionalOnClass` 和 `@ConditionalOnMissingClass`：检查当前工程的类路径下是否包含/缺少指定类。
- `@ConditionalOnBean` 和 `@ConditionalOnMissingBean`：检查当前容器中是否注册/缺少了指定 Bean。
- `@ConditionalOnProperty`：检查当前应用的属性配置。
- `@ConditionalOnWebApplication`&和 `ConditionalOnNotWebApplication`：检查当前应用是 Web 应用/不是 Web 应用。
- `@ConditionalOnExpression`：根据指定的 SpEL 表达式判断条件是否通过。

> 小提示：在 Spring Boot 的官方文档中，针对 `@ConditionalOnBean` 注解有特别说明，`@ConditionalOn×××`注解通常都是用在自动配置类中，普通的配置类中最好避免使用，以免出现判断误差。

4.6 组件扫描机制

在第 2 章中我们已经接触了组件扫描的基础使用，本节会继续补充有关组件扫描机制的相关知识。

4.6.1 组件扫描的路径

第 2 章的 2.4.3 节中讲解了基础的组件扫描方式，使用`@ComponentScan`注解可以指定组件扫描的路径（而且可以同时声明多个路径），它的使用方式是指定`@ComponentScan`注解的`value/basePackages`属性，如代码清单 4-35 所示。这种方式是最常用的，也是最推荐使用的。

代码清单 4-35　使用@ComponentScan 注解

```
@Configuration
@ComponentScan("com.linkedbear.spring.annotation.e_basepackageclass.bean")
public class BasePackageClassConfiguration {

}
```

除此之外还有一种声明方式，它使用的是类的`Class`字节码。在`@ComponentScan`注解中还有一个`basePackageClasses`属性，该属性可以传入一组`Class`，意为扫描传入的这些`Class`所在包及子包下的所有组件。下面通过一个简单示例演示。

> 小提示：本节的代码将统一创建在 com.linkedbear.spring.annotation.e_basepackageclass 包下。

继续沿用之前注解驱动 IOC 容器的包做演示，先创建一个 e_basepackageclass 包，并在其中声明几个简单的组件和一个配置类，最终创建的包结构如图 4-7 所示。在注解配置类

BasePackageClassConfiguration 中,使用@ComponentScan 注解指定扫描的根包路径类为 DemoService,如代码清单 4-36 所示。

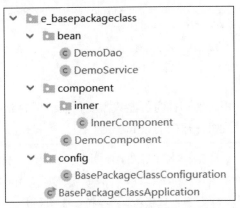

图 4-7 basePackagesClass 示例创建的组件和配置类

代码清单 4-36　BasePackageClassConfiguration

```
@Configuration
@ComponentScan(basePackageClasses = DemoService.class)
public class BasePackageClassConfiguration {

}
```

编写启动类 BasePackageClassApplication,使用注解驱动类 BasePackageClassConfiguration 驱动 IOC 容器,并打印容器中所有 Bean 的名称,如代码清单 4-37 所示。运行 main 方法,发现控制台中只打印了 DemoService 与 DemoDao,说明当前的组件扫描的确以 DemoService 所在的包为基准,同时没有扫描到 DemoComponent。

代码清单 4-37　BasePackageClassApplication

```
public class BasePackageClassApplication {

    public static void main(String[] args) throws Exception {
        ApplicationContext ctx = new AnnotationConfigApplicationContext(BasePackageClassConfiguration.class);
        String[] beanDefinitionNames = ctx.getBeanDefinitionNames();
        Stream.of(beanDefinitionNames).forEach(System.out::println);
    }
}

//IOC 容器内部的组件
basePackageClassConfiguration
demoDao
demoService
```

如果在@ComponentScan 中再加入 DemoComponent 的字节码,如代码清单 4-38 所示,之后重新运行 main 方法,会发现控制台的打印内容中多了 DemoComponent 与 InnerComponent,由此体现出 basePackageClasses 属性的作用。

代码清单 4-38　加入 DemoComponent 作为根包扫描

```
@Configuration
@ComponentScan(basePackageClasses = {DemoService.class, DemoComponent.class})
public class BasePackageClassConfiguration {
}
```

4.6.2 组件扫描的过滤

在实际项目开发中，使用组件扫描时可能只需要扫描结果的部分组件，或者排除某一部分的组件，这个时候就需要设置组件扫描的过滤规则。

> 💡 小提示：如果读者已经对 WebMvc 有所了解且实际做过项目开发，就应该对该特性有一定程度的了解。spring-mvc.xml 中配置只能扫描 @Controller 注解，而 applicationContext.xml 中又要设置不扫描 @Controller 注解，这就是组件扫描过滤的规则。

> 💡 提示格式：本节的代码将统一创建在 com.linkedbear.spring.annotation.f_typefilter 包下。

下面通过一组示例演示组件扫描的 4 种常见规则和自定义扩展规则。

1. 声明组件类+配置类

先创建一些组件类，由于组件扫描的规则很多，因此本节会着重讲解相对常见的扫描规则。为配合本节讲解内容，对应创建的组件类数量较多，具体的代码结构如图 4-8 所示。简单介绍这些组件的内容。

（1）@Animal 是一个普通的注解，它可以标注在类上。Cat、Dog、Pikachu 是三个最简单的类，其中 Cat 和 Dog 上除了标注 @Component 注解外，还额外标注 @Animal 注解。

（2）color 包下的 Color 是一个父类。下面的 Green、Red、Yellow 三个类均标注 @Component，不过只有 Red 和 Yellow 继承自 Color 类。

（3）bean 包的 DemoService 与 DemoDao 均是普通的类，且都没有标注任何注解。

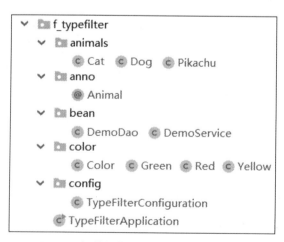

图 4-8　组件扫描过滤示例声明的组件类

2. 按注解过滤包含

先找到注解配置类 `TypeFilterConfiguration`，在其中声明 `@ComponentScan` 注解扫描整个 `f_typefilter` 包，并声明 `includeFilters` 属性，让它把含有 `@Animal` 注解的类带进来，如代码清单 4-39 所示。注意一个细节，`includeFilters` 属性中声明的 `@Filter` 注解是 `@ComponentScan` 注解的内部类。

代码清单 4-39　TypeFilterConfiguration

```
@Configuration
@ComponentScan(basePackages = "com.linkedbear.spring.annotation.f_typefilter",
        includeFilters = @ComponentScan.Filter(type = FilterType.ANNOTATION, value = Animal.class))
public class TypeFilterConfiguration {
}
```

随后编写启动类 `TypeFilterApplication`，使用配置类 `TypeFilterConfiguration` 驱动 IOC 容器，并打印容器中所有 Bean 的名称，如代码清单 4-40 所示。运行 `main` 方法后可以发现，所有标注了模式注解的类被加载至 IOC 容器。

这跟我们的预想不是很一致：预期的结果是只将标注了 `@Animal` 注解的类导入 IOC 容器，为什么实际注册到 IOC 容器的 Bean 会如此多？原因是 `@ComponentScan` 注解中还有一个属性：**useDefaultFilters**，它代表的是"**是否启用默认的过滤规则**"。前面讲过，组件扫描的默认规则是扫描以 `@Component` 注解为基准的模式注解，在 `useDefaultFilters` 属性的 javadoc 中有相关解释。

> Indicates whether automatic detection of classes annotated with @Component, @Repository, @Service, or @Controller should be enabled.
>
> 指示是否应启用对 `@Component`、`@Repository`、`@Service` 或 `@Controller` 注解的类的自动检测。

所以默认的扫描规则是 Spring Framework 既定的，与我们自定义声明的无关，相当于"各人自扫门前雪"。换句话说，**这些 include 的过滤规则之间互相不受影响，且不会互相排除**：如果规则 A 包含的组件在规则 B 中同样包含，则会一并加载；如果规则 A 包含的组件在规则 B 中不包含，那么最终也会将其加载，而不是 A 加载后 B 再予以排除。图 4-9 解释了默认情况的设计，归根到底，这是一个求并集的原则。

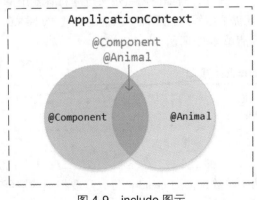

图 4-9　include 图示

3. 按注解排除

下面演示与上面相反的设计，换用 **exclude** 属性，将所有标注了 @Animal 注解的 Bean 予以排除，如代码清单 4-40 所示。重新运行 main 方法，可以发现 Cat 和 Dog 不再被注册到 IOC 容器中。

代码清单 4-40　使用 exclude 属性

```
@Configuration
@ComponentScan(basePackages = "com.linkedbear.spring.annotation.f_typefilter",
    excludeFilters = @ComponentScan.Filter(type = FilterType.ANNOTATION, value = Animal.class))
public class TypeFilterConfiguration { }

typeFilterConfiguration
pikachu
green
red
yellow
```

由此可以得出结论：排除型过滤器会排除掉按其他过滤规则已经包含进来的 Bean。跟上面对比，很明显这种情况下包含的组件会少一些（只要是带 @Animal 的都不会被匹配），如图 4-10 所示。

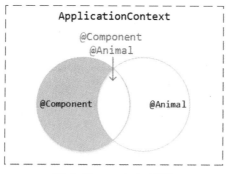

图 4-10　exclude 图示

4. 自定义过滤

如果预设的以上几种模式都不能满足要求，那就需要用编程式的过滤方式，也就是自定义过滤规则。我们可以预设一个目标，譬如使用自定义过滤将容器中的 green 也过滤掉。

使用编程式自定义过滤需要编写过滤策略，也就是实现 TypeFilter 接口，这个接口只有一个 match 方法，如代码清单 4-41 所示。

代码清单 4-41　TypeFilter 接口

```
@FunctionalInterface
public interface TypeFilter {
    boolean match(MetadataReader metadataReader, MetadataReaderFactory metadataReaderFactory)
            throws IOException;
}
```

这个 match 方法有两个参数，借助 javadoc 可以获取相关的解释。

- metadataReader：the metadata reader for the target class.

通过这个 Reader 可以读取正在扫描的类的信息（包括类的信息、类上标注的注解等）。
- metadataReaderFactory: a factory for obtaining metadata readers for other classes (such as superclasses and interfaces).

借助这个 Factory 可以获取其他类的 Reader，进而获取那些类的信息。

可以这样理解：借助 ReaderFactory 可以获取 Reader，借助 Reader 可以获取指定类的信息。

下面实现上述需求。在 `MetadataReader` 中有一个 `getClassMetadata` 方法，通过它可以获取正在扫描的类的基本信息，由此可以获取类的全限定名，进而与上述需求中的 Green 类进行匹配，如代码清单 4-42 所示。注意 match 方法的返回值，如果返回值为 true，就说明已经匹配成功。

代码清单 4-42　GreenTypeFilter

```java
public boolean match(MetadataReader metadataReader, MetadataReaderFactory metadataReaderFactory)
        throws IOException {
    ClassMetadata classMetadata = metadataReader.getClassMetadata();
    return classMetadata.getClassName().equals(Green.class.getName());
}
```

GreenTypeFilter 编写完毕，还需要标注在 @ComponentScan 注解上，如代码清单 4-43 所示。重新运行启动类的 main 方法，可以发现 green 也消失不见，说明自定义的 TypeFilter 接口生效。

代码清单 4-43　使用 GreenTypeFilter

```java
@Configuration
@ComponentScan(basePackages = "com.linkedbear.spring.annotation.f_typefilter",
        includeFilters = {
                @ComponentScan.Filter(type = FilterType.REGEX, pattern = "com.linkedbear.spring.annotation.f_typefilter.+Demo.+")
        },
        excludeFilters = {
                @ComponentScan.Filter(type = FilterType.ANNOTATION, value = Animal.class),
                @ComponentScan.Filter(type = FilterType.ASSIGNABLE_TYPE, value = Color.class),
                @ComponentScan.Filter(type = FilterType.CUSTOM, value = GreenTypeFilter.class)
        })
public class TypeFilterConfiguration { }
```

```
typeFilterConfiguration
pikachu
demoDao
demoService
```

有关 `MetadataReader` 和 `MetadataReaderFactory` 的更多使用方式，读者可以自行探索，本书不过多列举。

下面解释一下 metadata 的概念。回想 Java SE 的反射机制，它可以根据我们写好的类，获取类的全限定名、属性、方法等信息。那么现在建立一个概念：我们在程序中定义的类，有关它的名称、属性、方法的信息，统称为**元信息**，元信息能够描述它的目标的属性和特征。

在 Spring Framework 中，元信息大量出现在框架的底层设计中，不只是 metadata，前面我们屡次见到的 definition 也是元信息的体现。在本书后续的高级篇中，读者可以整体地学习 Spring Framework 中的元信息、元定义设计以及 BeanDefinition 的全解析。

4.7 PropertySource

最后，本节讲解的是与资源文件相关的 PropertySource 机制，这个机制要结合 Spring Framework 的资源管理来看。对 Spring Framework 而言，我们准备的所有外部化配置文件都需要作为一个个资源加载到 IOC 容器中，因此首先我们要对 Spring Framework 的资源管理机制有一个基本的了解。

4.7.1 资源管理

讲到资源管理，或许会有读者会想到 ClassLoader 的 getResource 和 getResourceAsStream 方法，它们本身就是 JDK 内置的加载资源文件的方式。然而 Spring Framework 中并没有直接采用拿来主义，而是自己重新制作了一套比原生 JDK 更强大的资源管理机制。既然是重新制作，那就肯定有背后的原因，有关原因可以翻看 Spring Framework 的官方文档。简单概括官方文档有关的内容：JDK 原生基于 URL 的资源加载方式，对于加载类路径（classpath）或者 ServletContext 中的资源来说没有标准的处理手段，而且即便是实现了也很麻烦，于是 Spring Framework 的开发者决定重写一套。如果对比原生 JDK 和 Spring Framework 中的资源管理，那么 Spring Framework 的资源管理机制会更强大。

下面了解一下 Spring Framework 中的落地实现。在了解实现之前先回顾一个知识点：Java 原生的资源加载方式。

1. Java 原生的资源加载方式

请读者回想，Java 原生能加载哪些地方的资源？可以粗略划分为如下 3 种。

- 借助 ClassLoader 加载类路径下的资源。
- 借助 File 加载文件系统中的资源。
- 借助 URL 和不同的协议加载本地/网络上的资源。

以上 3 种方式基本囊括了大部分的加载方式。之所以要补充这个知识点，是因为 Spring Framework 中的资源模型实现就是以上 3 种方式的体现。

2. Spring Framework 的实现

Spring Framework 分别对上面提到的 3 种方式提供了 3 种不同的实现。

- ClassLoader→ClassPathResource[classpath:/]。
- File→FileSystemResource[file:/]。
- URL→UrlResource[xxx:/]。

注意每一行最后的方括号，它代表的是资源路径的前缀：如果是 **classpath** 开头的资源路径，Spring Framework 解析后会自动去类路径下寻找；如果是 **file** 开头的资源路径，则会去文件系统中获取；如果是 URL 支持的协议开头，则底层会使用对应的协议，去尝试获取相应的资源文件。

除了以上 3 种具体的实现，还有对应 ContextResource 的实现：ServletContextResource，

它意味着资源是从 ServletContext 域中获取的。

有关 Spring Framework 的资源管理，在本书中不会展开太多，而且不会很深入。读者如果想更深入了解，可以移步本书后续的高级篇。

4.7.2 @PropertySource 注解

承接 4.7.1 节的内容，接下来要讲解的是一个资源加载注解：@PropertySource。在第 2 章的 2.6.2 节中讲解属性注入时已经接触过该注解，本节会深入探讨该注解的使用。使用 properties 文件作为配置属性文件的场景非常多，这也是使用@PropertySource 注解的最常规的方式。本节快速回顾@PropertySource 注解引入 properties 文件的使用方式。

> 💡 小提示：本节的代码将统一创建在 com.linkedbear.spring.annotation.g_propertysource 包下。

1. 声明 properties 文件

在 resources 目录下新建一个 propertysource 文件夹，此处存放本节声明的所有资源文件。随后新建一个 jdbc.properties 文件，用来声明一个 JDBC 的连接属性（这种写法在后续的 JDBC 整合时非常常见），如代码清单 4-44 所示。

代码清单 4-44　jdbc.properties 文件

```
jdbc.url=jdbc:mysql://localhost:3306/test
jdbc.driver-class-name=com.mysql.jdbc.Driver
jdbc.username=root
jdbc.password=123456
```

2. 编写配置模型类

为了方便观察资源文件是否注入到了 IOC 容器，我们可以编写一个模型类 JdbcProperties 来接收这些配置项，如代码清单 4-45 所示。属性注入时使用最常规的@Value 注解，配合占位符实现。

代码清单 4-45　JdbcProperties

```java
@Component
public class JdbcProperties {
    
    @Value("${jdbc.url}")
    private String url;
    
    @Value("${jdbc.driver-class-name}")
    private String driverClassName;
    
    @Value("${jdbc.username}")
    private String username;
    
    @Value("${jdbc.password}")
    private String password;
    
    // getter setter toString
}
```

3. 测试运行

新建一个注解配置类 JdbcPropertiesConfiguration，扫描配置模型类所在的包，并使用 @PropertySource 注解声明导入上面的 jdbc.properties 文件，如代码清单 4-46 所示。

代码清单 4-46　JdbcPropertiesConfiguration

```
@Configuration
@ComponentScan("com.linkedbear.spring.annotation.g_propertysource.bean")
@PropertySource("classpath:propertysource/jdbc.properties")
public class JdbcPropertiesConfiguration { }
```

最后编写启动类 PropertySourcePropertiesApplication，使用 JdbcPropertiesConfiguration 配置类驱动 IOC 容器，并尝试打印容器中配置模型类的属性，如代码清单 4-47 所示。运行 main 方法，控制台打印了 jdbc.properties 文件中的属性，证明 properties 文件导入成功。

代码清单 4-47　PropertySourcePropertiesApplication

```
public class PropertySourcePropertiesApplication {
    
    public static void main(String[] args) throws Exception {
        ApplicationContext ctx = new AnnotationConfigApplicationContext(JdbcPropertiesConfiguration.class);
        System.out.println(ctx.getBean(JdbcProperties.class).toString());
    }
}

JdbcProperties{url='jdbc:mysql://localhost:3306/test', driverClassName='com.mysql.jdbc.Driver', username='root', password='123456'}
```

4.7.3　引入 YML 文件

不同于 properties 格式复杂的表述，YML 格式相对比较清爽，但同时也能表达配置属性的层级关系，我们先对 YML 格式有一个简单了解。

> 小提示：本节的代码将统一创建在 com.linkedbear.spring.annotation.i_propertyyml 包下。

1. YML 的语法格式

YML 又称 YAML，它是可以代替 properties 同时又可以表达层级关系的标记语言，它的基本格式如代码清单 4-48 所示。这种写法既可以表达出 properties 的 key-value 形式，同时可以非常清晰地体现层级之间的关系（cat 在 person 中，person 与 dog 在同一个层级）。

代码清单 4-48　YML 的格式

```
person:
  name: zhangsan
  age: 18
  cat:
    name: mimi
    color: white
dog:
  name: wangwang
```

这种写法等同于代码清单 4-49 中的 properties 格式，可以发现两种写法各有优劣，properties 在配置篇幅很小时编写更容易，而当配置量大幅增长时，使用 YML 格式能更清楚直观地分辨出同领域下的配置。

代码清单 4-49　等同的 properties 格式

```
person.name=zhangsan
person.age=18
person.cat.name=mimi
person.cat.color=white
dog.name=wangwang
```

2. 使用 YML 文件

下面我们使用 YML 文件重构前面的配置属性文件，注意编写 YML 文件时一定要控制好每个层级的空格缩进，对于每个层级的空格缩进数量则不做限制，如代码清单 4-50 所示。

代码清单 4-50　jdbc.yml 文件

```
yml:
  jdbc:
    url: jdbc:mysql://localhost:3306/test
    driver-class-name: com.mysql.jdbc.Driver
    username: root
    password: 123456
```

对应的配置模型类写法与上面几乎完全一致，只是 @Value 属性注入时占位符要以 yml 开头，如代码清单 4-51 所示。

代码清单 4-51　JdbcYmlProperty

```java
@Component
public class JdbcYmlProperty {

    @Value("${yml.jdbc.url}")
    private String url;

    @Value("${yml.jdbc.driver-class-name}")
    private String driverClassName;

    @Value("${yml.jdbc.username}")
    private String username;

    @Value("${yml.jdbc.password}")
    private String password;

    // getter setter toString
}
```

同样，再编写一个新的配置类 `JdbcYmlConfiguration`，同样注意扫描包的位置要随之修改，如代码清单 4-52 所示。

代码清单 4-52　JdbcYmlConfiguration

```
@Configuration
@ComponentScan("com.linkedbear.spring.annotation.i_propertyyml.bean")
@PropertySource("classpath:propertysource/jdbc.yml")
public class JdbcYmlConfiguration { }
```

最后，编写启动类 PropertySourceYmlApplication，并使用配置类 JdbcYmlConfiguration 驱动 IOC 容器，并打印 IOC 容器中的 JdbcYmlProperty，如代码清单 4-53 所示。运行 main 方法，控制台中打印的属性中全部都是占位符，这意味着 Spring Framework 原生不支持 YML 格式的文件加载和属性注入。

代码清单 4-53　PropertySourceYmlApplication

```
public class PropertySourceYmlApplication {
    
    public static void main(String[] args) throws Exception {
        AnnotationConfigApplicationContext ctx = new AnnotationConfigApplicationContext(JdbcYmlConfiguration.class);
        System.out.println(ctx.getBean(JdbcYmlProperty.class).toString());
    }
}

JdbcYmlProperty{url='${yml.jdbc.url}', driverClassName='${yml.jdbc.driver-class-name}', username='${yml.jdbc.username}', password='${yml.jdbc.password}'}
```

无法解析的原因是默认的解析工厂 DefaultPropertySourceFactory 使用 Properties 类解析，而 Properties 仅支持解析 properties 和 XML 文件，不支持 YML 文件，因此在前面的示例中可以正常运行，而基于 YML 文件的示例运行时会失败。

3. 自定义 PropertySourceFactory 解析 YML

要想让 Spring Framework 支持 YML 格式文件的解析，就需要自定义 PropertySourceFactory 代替默认的 DefaultPropertySourceFactory。对于解析 YML 格式的方式我们选用 Spring Boot 底层依赖的 YML 解析器：**snake-yaml**，这是一个成熟的 YML 文件解析器。

（1）导入 snake-yaml 的 maven 坐标

2023 年 2 月，snake-yaml 更新了 2.0 版本，这是持续十几年 1.x 版本后的第一个大版本更新，之所以选择该版本，一是因为笔者编写当前章节时 snake-yaml 的最新版本是 2.0，二是因为所有 1.x 版本都有或多或少的高危漏洞，出于对安全防护的考虑，我们选择使用最新最安全的 2.0 版本，如代码清单 4-54 所示。

代码清单 4-54　导入 snake-yaml 的坐标

```xml
<dependency>
    <groupId>org.yaml</groupId>
    <artifactId>snakeyaml</artifactId>
    <version>2.0</version>
</dependency>
```

（2）自定义 PropertySourceFactory

为了代替原有的 DefaultPropertySourceFactory，我们可以自定义一个 Property

SourceFactory 的新实现类 YmlPropertySourceFactory，代表它是支持解析 YML 格式的工厂，如代码清单 4-55 所示。读者无须关心其中的实现，只需跟着本节内容编写一遍代码，实际开发中我们几乎接触不到底层的实现，况且 Spring Boot 本来就原生支持 YML 格式的配置文件解析。

代码清单 4-55　YmlPropertySourceFactory

```java
public class YmlPropertySourceFactory implements PropertySourceFactory {

    @Override
    public PropertySource<?> createPropertySource(String name, EncodedResource resource) throws IOException {
        YamlPropertiesFactoryBean yamlPropertiesFactoryBean = new YamlPropertiesFactoryBean();
        // 传入 resource 资源文件
        yamlPropertiesFactoryBean.setResources(resource.getResource());
        // 直接解析获得 Properties 对象
        Properties properties = yamlPropertiesFactoryBean.getObject();
        // 如果@PropertySource 没有指定 name，则使用资源文件的文件名
        return new PropertiesPropertySource((name != null ? name : resource.getResource().getFilename()), properties);
    }
}
```

之后将 `YmlPropertySourceFactory` 设置到 `JdbcYmlConfiguration` 配置类的 `@PropertySource` 注解中，如代码清单 4-56 所示。

代码清单 4-56　使用 YmlPropertySourceFactory

```java
@Configuration
@ComponentScan("com.linkedbear.spring.annotation.i_propertyyml.bean")
@PropertySource(value = "classpath:propertysource/jdbc.yml", factory = YmlPropertySourceFactory.class)
public class JdbcYmlConfiguration { }
```

（3）测试运行

代码编写完毕后，直接重新运行 `PropertySourceYmlApplication` 的 main 方法，控制台可以成功打印 YML 配置文件的内容，说明 YML 文件解析成功。

```
JdbcYmlProperty{url='jdbc:mysql://localhost:3306/test', driverClassName='com.mysql.jdbc.Driver', username='root', password='123456'}
```

4.8　小结

本章从 IOC 容器的模型、设计、内部机制、组件装配等方面，对 IOC 容器进行了讲解。

BeanFactory 作为 IOC 容器的顶层设计，仅用于管理容器中的 Bean，而 ApplicationContext 在此基础上扩展了诸多特性，包括事件驱动、组件装配、组件扫描、资源管理、配置属性加载等。

事件驱动机制源自 GoF 23 的观察者模式，并在此基础上对 ApplicationContext 的设计予以落地，我们可以使用接口实现和注解驱动的方式编写事件监听器，并可以通过自定义事件实现具体业务逻辑代码的解耦。

Spring Framework 3.1 后提供了组件装配的易用方式：模块装配，仅需通过标注一个注解就可以完成一个场景的组件装配。在 Spring Framework 4.0 后新增了条件装配，配合模块装配可以实现更加灵活的组件装配。

组件扫描是项目开发中装配 Bean 的常用手段，通过使用不同的组件扫描方式，声明包含和排除条件可以实现非常灵活多样的组件扫描。此外，还可以使用 `@ComponentScans` 一次性组合多个 `@ComponentScan` 注解。

截至本章，我们已经对 Spring Framework 有了一个基础的认识，当下实际的项目开发中几乎已经全部使用 Spring Boot 来构建项目，所以我们学习的重点也是基于 Spring Boot 的项目搭建和环境，第 5 章、第 6 章将讲解从 Spring Framework 走进 Spring Boot，并且使用 Spring Boot。

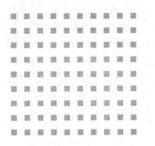

第二部分

Spring Boot 应用构建与核心特性

► 第 5 章 使用 Spring Boot

► 第 6 章 Spring Boot 的最佳实践

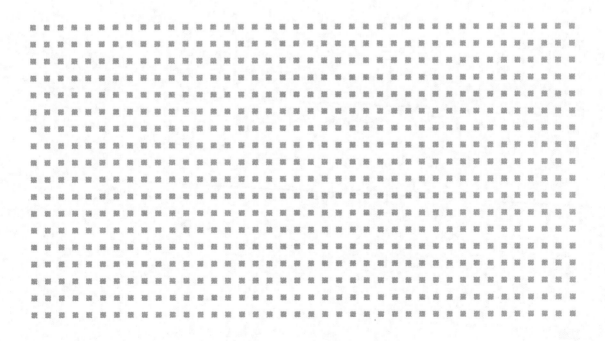

第 5 章 使用 Spring Boot

本章主要内容：
- Spring Boot 概述；
- Spring Boot 快速使用；
- Spring Boot 的依赖管理；
- Spring Boot 的自动装配。

通过第一部分的学习，相信读者已经对 Spring Framework 的基础有了足够的了解。在实际的项目开发中，使用原生 Spring Framework 的工程很容易出现以下问题。

- 工程搭建起来比较烦琐，需要自行梳理工程中的依赖关系，并管理和解决版本冲突。
- 项目中充斥着大量的 XML 配置文件、注解配置类等多种配置源，并分散在工程的不同位置。
- 如果需要搭建多个相似的工程，则其中很多配置内容是高度相似的，它们必须存在，但又消耗开发者的精力。
- 开发完毕的项目在部署时不够方便，可运维性不高。

……

针对这些问题，Spring 的官方团队在历经波折后，于 2014 年正式推出 Spring Boot，这意味着基于 Spring Framework 的 Web 应用开发进入了一个新的模式：**开发者不必再去纠结烦琐的配置、环境的部署等琐碎问题，而是专注于业务的开发**。就其本身而言，Spring Boot 不是一个全新的框架，而是基于 Spring Framework 的"二次封装"，所以一切底层都基于原生的 Spring Framework。

> 💡 **小提示**：读者可能会产生疑问，既然 Spring Boot 是当下开发的主流框架，为什么没有一开始就使用 Spring Boot 搭建工程？对于这个疑问，笔者的观点是，如果读者是一个完全没有 Spring Framework 基础的"小白"，那么在学习 Spring Boot 的过程中一定会出现或多或少的问题，出现问题时也会手足无措；另外，有一定 Spring Framework 的基础之后再学习 Spring Boot，在学习的过程中读者会感受到 Spring Boot 中大量使用了 Spring Framework 原生的组件和功能，并在此基础上进行扩展和增强，而不是强行改造 Spring Framework。基于这两点考虑，本书在规划章节时先铺垫了前四章 Spring Framework 的基础知识，再引入 Spring Boot 的讲解。

5.1 Spring Boot 概述

最初的 Spring Boot 要追溯到 2013 年，当时 Spring Framework 开发团队就在着手准备 Spring Boot 项目的开发，他们的想法是打造一个"支持不依赖外部容器的 Web 应用程序体系结构"。2014 年 3 月 28 日，Spring Boot 1.0.0 版本正式对外发布。时至今日，Spring Boot 已经迭代到 3.x 版本，Spring Boot 的社区活跃度极高，这充分证明了 Spring Boot 作为当下最主流开发框架之一的地位。Spring Boot 的出现被绝大多数开发者称为"构建基于 Spring Framework 应用中最强大的基础框架"。

可以这样理解，Spring Boot 是开发者与 Spring Framework 之间的一道中间层，它帮助开发者完成部分基于 Spring Framework 的项目配置、管理、部署等工作，目的是为开发者"减负"，让开发者关心项目中的业务开发，而不是把一部分精力浪费在项目环境搭建和琐碎的配置上。简单地说，Spring Boot 是一个可以轻松创建独立的、容易引入第三方技术的、生产级别的应用，并可以在项目构建完毕后"直接运行"。

5.1.1 Spring Boot 的核心特性

Spring Boot 设计之初的目的是简化基于 Spring Framework 的项目搭建和应用开发，而不是代替 Spring Framework，所以 Spring Boot 提供了以下几个核心特性来帮助开发者省略/简化配置，以及构建企业级应用。

- 约定大于配置（Convention Over Configuration）：Spring Boot 对日常开发中比较常见的场景都提供了约定的默认配置，并基于自动装配机制，将场景中通常必需的组件都注册好，以此来实现少配置甚至不配置就能正常启动项目的效果。
- 场景启动器（starter）：Spring Boot 对常用的场景都进行了整合，将这些场景中所需的依赖都收集并整理到一个依赖中，并在其中添加了默认的配置，使项目开发中只需导入一个依赖，即可实现场景技术的整合。
- 自动装配：Spring Boot 基于 Spring Framework 的模块装配+条件装配，可以在具体的场景下，自动引入所需的配置类并解析执行，并且可以根据项目代码中已经配置的内容，动态注册缺少/必要的组件，以实现约定大于配置的效果。
- 嵌入式 Web 容器：Spring Boot 在运行时可以不依赖外部的 Web 容器，而是使用内部嵌入式的 Web 容器来支撑应用的运行，也正因如此，基于 Spring Boot 的应用可以直接以一个单体应用的 jar/war 包的形式运行。
- 生产级别的特性：Spring Boot 提供了一些很有用的生产运维型的功能特性，比如健康检查、监控指标、外部化配置等。

5.1.2 Spring Boot 的体系

截至本书编写的时间，Spring Boot 已经发展到 3.1.x 到 3.3.x 版本，它已经整合了非常多的技术场景。以下内容列举了 Spring Boot 支持的常见场景。

- Spring WebMvc 和 Spring WebFlux——Web 应用开发。
- Thymeleaf 和 Freemarker——Web 视图渲染。

- Spring Security——安全控制。
- Spring Data Access——数据访问（SQL 和 NoSQL）。
- Spring Cache——缓存实现。
- Spring Message——消息中间件（JMS 和 AMQP）。
- Spring Quartz——定时任务。
- Spring Distribution Transaction——分布式事务（JTA）。
- Spring Session——分布式 Session。
- Container Images——容器镜像构建支持。

可以发现 Spring Boot 可以整合的技术场景非常多，项目需要用到特定的场景或技术时，只需导入对应的启动器依赖，之后编写少量配置甚至不编写配置，就可以实现场景整合的效果。另外基于场景启动器的整合不需要开发者考虑版本问题，因为 Spring Boot 早已帮助开发者考虑并适配好，开发者导入具体的场景启动器后即可使用。

> 小提示：本书使用 Spring WebMvc 指代基于 Servlet 的 Web 开发，读者可能对 Spring WebMvc 的更熟悉叫法是 Spring MVC，这两者指代的是同一项技术。为了更好、更清楚地区分 WebMvc 与 WebFlux，本书后续提到的所有 Spring MVC 简称为 WebMvc。

5.2 Spring Boot 快速使用

了解 Spring Boot 的理论基础知识后，下面通过一个简单工程体会 Spring Boot 的项目构建和快速开发。

> 小提示：本章的代码将统一创建在 `springboot-01-quickstart` 工程下。

5.2.1 创建项目

创建基于 Spring Boot 的项目方式有很多种，本节介绍两种常用的方式。

1. 基于 Spring Initializr

在 Spring Boot 的官方网站中，OVERVIEW 选项卡的底部有一个很醒目的板块（如图 5-1 所示），它告诉我们可以通过 Spring Initializr 来初始化基于 Spring Boot 的项目。

图 5-1 Spring Boot 的官方网站下方有跳转至 Spring Initializr 的入口

单击蓝色的"Spring Initializr"链接即可跳转到在线的 Spring 项目初始化向导网站（或者直接使用浏览器访问 https://start.spring.io/），网站的界面是一个类似图 5-2 的表单。笔者在编写本章时 Spring Boot 的最新版本是 3.1.0，随着笔者编写时间的推进，Spring Boot 的版本会逐步更新，读者不必太关心中小版本的更迭。

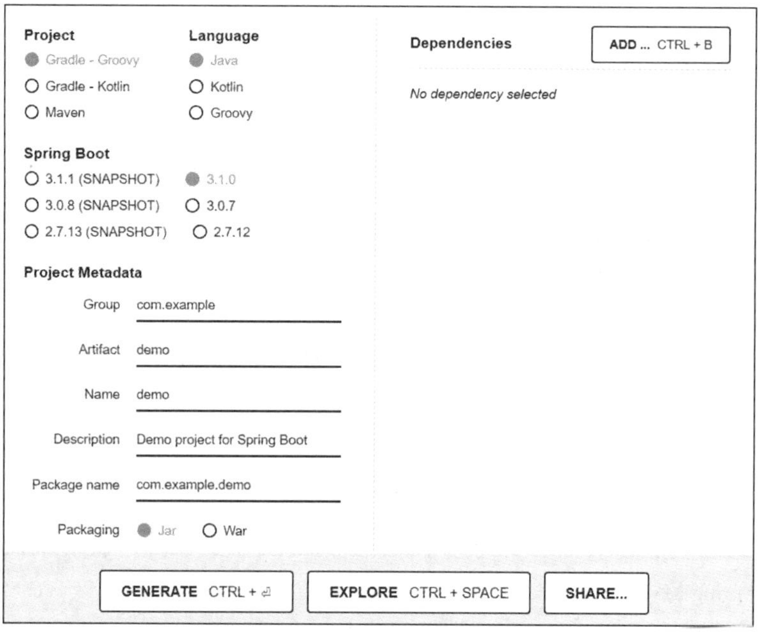

图 5-2　Spring Initializr 的初始界面

表单中的可选项较多，简单说明如下。

- Project：项目构建工具，可选 Maven 或 Gradle。
- Language：项目编程所使用的语言，可选 Java、Kotlin、Groovy。
- Spring Boot：选择所使用 Spring Boot 的版本（注意此处只能选择最新的 3 个大版本的最新 RELEASE 版和紧跟着要"转正"的 SNAPSHOT 版）。
- Project Metadata：项目的基本信息，包含 Group、Artifact 以及 Spring Boot 启动类所在的包、打包方式、Java 语言版本等。
- Dependencies：项目所使用的依赖，在这个位置可以搜索并选择 Spring Boot 预先准备好的一些场景启动器（如图 5-3 所示）。

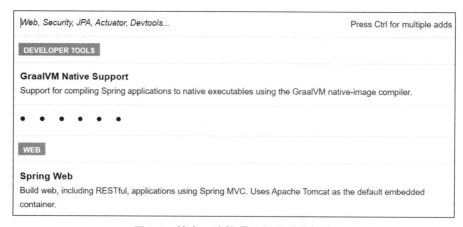

图 5-3　搜索、选择项目所用到的依赖

选择好需要的依赖，之后单击图 5-2 中最下方的 GENERATE 按钮，生成的代码会以 ［项目名.zip]的压缩包形式下载至本地,压缩包内的目录结构如图 5-4 所示。之后解压该压缩包,用 IDE(Eclipse 或者 IDEA 等)导入项目即可。

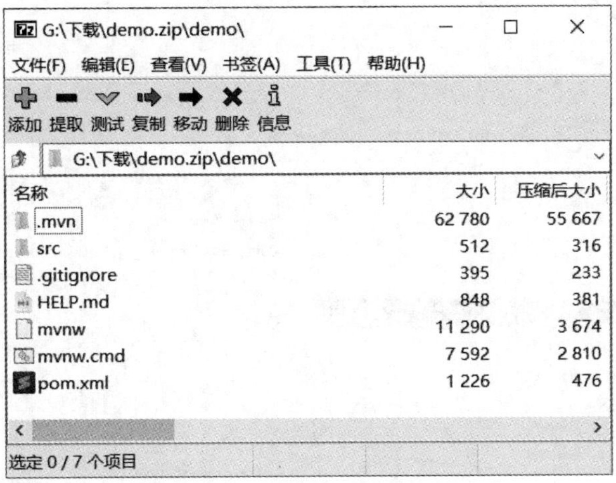

图 5-4 生成的代码目录结构

当然,使用在线初始化向导的方式未免有些麻烦,因此 Spring Boot 的开发团队给目前市场上主流的 IDE 都做了内置的插件,可以使用 Spring Initializr 插件来更方便地创建基于 Spring Boot 的项目。图 5-5 展示了基于 IDEA 的 Spring Initializr 项目创建入口。

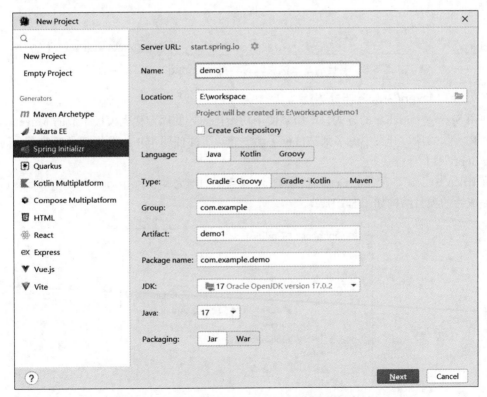

图 5-5 基于 IDEA 的 Spring Initializr 项目创建入口

后续的操作与在线 Spring Initializr 基本一致，填写的项目信息与依赖的选择也非常相似，在本节的演示中我们只选择 Web 目录下的"Spring Web"即可（如图 5-6 所示）。

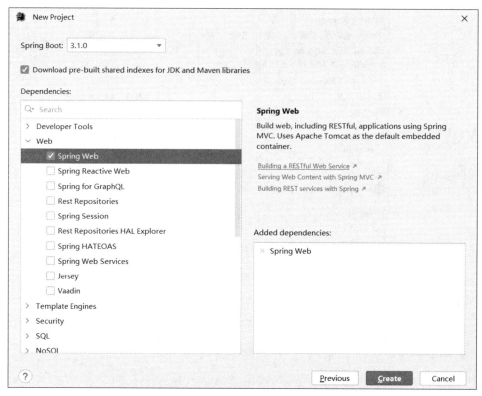

图 5-6　项目的基本信息填写与在线 Spring Initializr 一致

2．使用 Maven/Gradle 手动创建

使用 Spring Initializr 的方式，本质是使用初始化向导的固定代码模板生成的 Maven/Gradle 项目，在实际的项目开发中更多则是自行手动创建。下面使用 IDEA 开发工具新建一个简单的 Spring Boot 项目。

在 IDEA 中创建一个 Module 模块，设置 `artifactId` 为 `springboot-01-quickstart`，创建完成后的项目结构如图 5-7 所示。

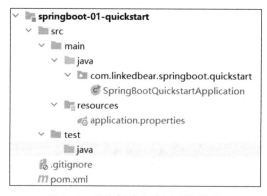

图 5-7　最终创建完成的项目结构

pom.xml 文件中需要继承父工程 `spring-boot-starter-parent`（所有基于 Spring Boot 的工程都必须继承该父工程），声明 Java 的版本，并添加 `spring-boot-starter-web` 依赖和 `spring-boot-maven-plugin` 插件，即可完成基于 WebMvc 的场景整合，如代码清单 5-1 所示。

代码清单 5-1　pom.xml 文件

```xml
<?xml version="1.0" encoding="UTF-8"?>
<project……>
    <modelVersion>4.0.0</modelVersion>
    <parent>
        <groupId>org.springframework.boot</groupId>
        <artifactId>spring-boot-starter-parent</artifactId>
        <version>3.1.0</version>
    </parent>
    <groupId>com.linkedbear.spring6</groupId>
    <artifactId>springboot-01-quickstart</artifactId>
    <version>1.0-SNAPSHOT</version>
    
    <properties>
        <java.version>17</java.version>
    </properties>
    
    <dependencies>
        <dependency>
            <groupId>org.springframework.boot</groupId>
            <artifactId>spring-boot-starter-web</artifactId>
        </dependency>
    </dependencies>
    
    <build>
        <plugins>
            <plugin>
                <groupId>org.springframework.boot</groupId>
                <artifactId>spring-boot-maven-plugin</artifactId>
            </plugin>
        </plugins>
    </build>
</project>
```

随后在工程的 `src/main/java` 目录下创建一个 `com.linkedbear.springboot.quickstart` 包，并在其中创建一个 Spring Boot 的主启动类 `SpringBootQuickstartApplication`。主启动类的编写方式是固定的，在类上标注 `@SpringBootApplication` 注解，并声明 main 方法使用 `SpringApplication` 驱动运行，如代码清单 5-2 所示。

代码清单 5-2　SpringBootQuickstartApplication

```java
@SpringBootApplication
public class SpringBootQuickstartApplication {
    
    public static void main(String[] args) {
        SpringApplication.run(SpringBootQuickstartApplication.class, args);
    }
}
```

如此编写完毕就可以运行 main 方法启动工程。当实际运行 main 方法后，控制台会打印很多信息，例如下方的控制台输出（为了便于阅读，将部分不重要内容予以精简）。

```
  .   ____          _            __ _ _
 /\\ / ___'_ __ _ _(_)_ __  __ _ \ \ \ \
( ( )\___ | '_ | '_| | '_ \/ _` | \ \ \ \
 \\/  ___)| |_)| | | | | || (_| |  ) ) ) )
  '  |____| .__|_| |_|_| |_\__, | / / / /
 =========|_|==============|___/=/_/_/_/
 :: Spring Boot ::                (v3.1.0)

INFO --- [ main] ...... : Starting SpringBootQuickstartApplication using Java 17.0.2 with PID 9
INFO --- [ main] ...... : No active profile set, falling back to 1 default profile: "default"
INFO --- [ main] ...... : Tomcat initialized with port(s): 8080 (http)
INFO --- [ main] ...... : Starting service [Tomcat]
INFO --- [ main] ...... : Starting Servlet engine: [Apache Tomcat/10.1.8]
INFO --- [ main] ...... : Initializing Spring embedded WebApplicationContext
INFO --- [ main] ...... : Root WebApplicationContext: initialization completed in 428 ms
INFO --- [ main] ...... : Tomcat started on port(s): 8080 (http) with context path ''
INFO --- [ main] ...... : Started SpringBootQuickstartApplication in 0.814 seconds
```

在输出的内容中包含以下几个重要信息。以下信息读者先了解即可，随着后续的不断学习，将一一掌握这些信息。

- 一个很大的 Spring 线条图，我们称之为"Banner"。
- `Tomcat initialized with port(s):8080 (http)`：工程中附带了一个 Tomcat，并将在 8080 端口初始化。
- `Starting Servlet engine: [Apache Tomcat/10.1.8]`：内置的 Tomcat 版本为 10.1.8。
- `Initializing Spring embedded WebApplicationContext`：内部有一个嵌入式的 `WebApplicationContext`，它是 `ApplicationContext` 的子实现。
- `Tomcat started on port(s):8080 (http) with context path"`：Tomcat 成功运行在 8080 端口，当前工程的 context-path 为空。
- `Started SpringBootQuickstartApplication in 0.814 seconds`：程序运行共耗时 0.814 秒。

5.2.2 快速编写接口

由于我们使用的是 WebMvc 环境，相当于底层基于 Servlet 开发，下面我们可以编写一个类似于 Servlet 的组件，快速体会一下 Spring Boot 的开发之迅速。

在 `com.linkedbear.springboot.quickstart` 包下新建一个 `controller` 包，并在其中创建 `HelloController` 类，定义一个 `hello` 方法用于接收请求并响应，如代码清单 5-3 所示。

代码清单 5-3　HelloController

```java
@RestController
public class HelloController {

    @GetMapping("/hello")
    public String hello() {
        return "hello SpringBoot";
    }
}
```

简单解释这段代码的含义。

- `@RestController`：模式注解`@Controller` 的派生注解，被`@RestController`注解标注后，当前类中所有标注了`@RequestMapping` 注解（或派生注解）的方法会将方法的返回值响应到客户端（浏览器），如果返回值是对象，还会被序列化为 JSON 格式的数据（默认情况下）。
- `@GetMapping("/hello")`：当前方法是一个支持 GET 方式请求的 HTTP 接口，请求路径为`/hello`。
- 方法定义中返回一个 `String` 类型，代表客户端（浏览器）上接收到的响应就是方法的返回值本身，即"hello SpringBoot"。

如此编写完成后，程序的运行预期是当项目启动后访问/hello 请求，可以响应"hello SpringBoot"的字符串内容。再次运行 SpringBootQuickstartApplication 主启动类，使用浏览器访问 http://localhost:8080/hello，可以看到浏览器成功接收到响应"hello Spring Boot"，这意味着基于 WebMvc 的接口开发可以快速完成。

5.2.3 打包运行

Spring Boot 的强大特性之一是"**直接运行**"。要理解"直接运行"这个概念，我们可以将当前的`springboot-01-quickstart` 工程打成一个 jar 包。找到当前工程的`pom.xml` 文件，在文件所属目录下使用命令行执行 `mvn clean package` 命令，可以在生成的 `target` 目录下找到一个`springboot-01-quickstart-1.0-SNAPSHOT.jar` 的 jar 包。使用命令行执行`java -jar springboot-01-quickstart-1.0-SNAPSHOT.jar`，可以发现这个 jar 包已被成功启动，并且内置的 Tomcat 也成功运行在 8080 端口，如图 5-8 所示。

图 5-8 使用 jar 包独立运行 Spring Boot 应用

此时如果再次访问 http://localhost:8080/hello，依然可以获得正确的响应，这就印证了"直接运行"的概念：Spring Boot 支持使用嵌入式 Web 容器，将工程制作成独立可运行的 jar 包，通过运行 jar 包就可以直接启动工程。

> 💡 小提示：支撑 Spring Boot 工程打包直接运行的依赖是 `pom.xml` 文件中的 `spring-boot-maven-plugin` 插件，如果将该插件去掉，则打包后无法通过 `java -jar` 命令启动，关于具体效果读者可自行测试。

5.2.4 修改配置

Spring Boot 中默认导入的 Tomcat 会在 8080 端口上运行。如果我们需要修改运行的端口号，对于传统的 Tomcat 需要找到 `server.xml` 文件并修改配置，而 Spring Boot 中只需要修改 `application.properties` 或 `application.yml` 文件中的内容。例如，我们可以在 `src/main/resources` 目录下新建一个 `application.properties` 文件，并在其中声明一个配置属性，如代码清单 5-4 所示。

代码清单 5-4　application.properties 文件中修改 Tomcat 端口号

```
server.port=8888
```

修改之后，重新运行主启动类 `SpringBootQuickstartApplication`，在控制台中可以发现 Tomcat 的运行端口已经改变，此时再访问 http://localhost:8080/hello 就会失效，需要改变访问路径为 http://localhost:8888/hello 才能生效。

5.3　Spring Boot 的依赖管理

通过 5.2 节的快速使用，我们可以很直观地感受到 Spring Boot 的功能之强大和使用之便利，而这背后的强大支撑源自两大特性，分别是本节要讲解的依赖管理和 5.4 节的自动装配。

我们在刚开始搭建基于 Spring Boot 的应用时，`pom.xml` 文件中只导入了一个 `spring-boot-starter-web` 依赖就完成了整个 WebMvc 场景的开发。如果观察 IDE 中的工程依赖，可以发现该模块中导入了包括 Spring 系列的 jar 包、与 JSON 处理相关的 Jackson 工具、Tomcat 服务器等依赖，而我们实际没有自己编写这些依赖，甚至连它们的版本号都没有声明，这背后的机制就源自 Spring Boot 强大而又周全的依赖管理机制。

5.3.1　场景启动器

Spring Boot 官方提供了一组事先制作好的 pom 依赖，这种依赖有一个专有名词叫"**场景启动器**"，它们都以相同的命名规范定义，所有 Spring Boot 内置的依赖都以"spring-boot-starter"开头，不同的后缀代表不同的依赖坐标，分别指代不同场景下的启动器，如 `spring-boot-starter-web` 代表基于 Servlet 的 WebMvc 开发场景启动器，`spring-boot-starter-aop` 代表支持和启用 AOP 特性的开发场景启动器，`spring-boot-starter-jdbc` 代表原生 JDBC 支持的开发场景启动器等。关于详细的依赖坐标列表，读者可以参考 GitHub 中 Spring Boot 工程的 `spring-boot-projects/spring-boot-starters` 子工程，或者直接从 Maven 的中央仓库中查看 `groupId` 为 "org.springframework.boot" 的发行版依赖即可。

此外，针对 Spring Boot 官方没有整合的技术，许多第三方框架也推出了自己整合 Spring Boot 的方案，此称之为"**第三方场景启动器**"，比如 MyBatis 中推出的 `mybatis-spring-boot-starter`。

具体来看，以 5.2 节的 `springboot-01-quickstart` 工程为例，我们导入的 `spring-boot-starter-web` 依赖中包含一系列依赖，如代码清单 5-5 所示，其中包含 WebMvc 系列的依赖、Tomcat 的依赖、Jackson 的依赖。

代码清单 5-5　spring-boot-starter-web 中包含的依赖

```xml
<dependency>
    <groupId>org.springframework.boot</groupId>
    <artifactId>spring-boot-starter</artifactId>
    <version>3.1.0</version>
    <scope>compile</scope>
</dependency>
<dependency>
    <groupId>org.springframework.boot</groupId>
    <artifactId>spring-boot-starter-json</artifactId>
    <version>3.1.0</version>
    <scope>compile</scope>
</dependency>
<dependency>
    <groupId>org.springframework.boot</groupId>
    <artifactId>spring-boot-starter-tomcat</artifactId>
    <version>3.1.0</version>
    <scope>compile</scope>
</dependency>
<dependency>
    <groupId>org.springframework</groupId>
    <artifactId>spring-web</artifactId>
    <version>6.0.9</version>
    <scope>compile</scope>
</dependency>
<dependency>
    <groupId>org.springframework</groupId>
    <artifactId>spring-webmvc</artifactId>
    <version>6.0.9</version>
    <scope>compile</scope>
</dependency>
```

由于我们使用 Maven 来构建项目,而 Maven 有一个依赖传递的机制(假设 A 依赖 B,而 B 又依赖 C,则 A 无须显式声明依赖 C,借助 B 即可拥有对 C 的依赖),通过这个机制就可以把一个场景中的所有依赖全部导入,即引入一个依赖坐标,底层由 Maven 帮我们导入了非常多的依赖。

5.3.2　版本管理

在编写上述示例时读者是否意识到一点:我们根本没有考虑导入依赖的版本问题!在第 2～4 章中,我们导入的所有依赖都有明确的版本号声明,而在 5.2 节中,我们导入的 `spring-boot-starter-web` 依赖并没有标注版本号,而这一切是由于我们在 `pom.xml` 文件中给当前 `springboot-01-quickstart` 工程指定了一个父工程 `spring-boot-starter-parent`,这里面暗藏玄机。

借助 IDE 打开 `spring-boot-starter-parent` 的 `pom.xml` 文件,可以发现它继承了另一个父工程 `spring-boot-dependencies`,而在这个父工程中,我们可以从 `<properties>` 标签中发现问题的奥秘:对于 Spring Boot 每一个版本中内部整合的所有技术,在 `spring-boot-dependencies` 中都已经声明了对应的版本,如代码清单 5-6 所示;另外,在 `<properties>` 标签的下方还有一个 `<dependencyManagement>` 标签,其中统一定义了所有

Spring Boot 内置支持的依赖信息和版本,这样做的效果是我们在搭建工程引入依赖时,只需要引入场景启动器,而无须关心内部整合了哪些组件和版本适配。

代码清单 5-6　spring-boot-dependencies 中 pom.xml 文件片段

```xml
<modelVersion>4.0.0</modelVersion>
<groupId>org.springframework.boot</groupId>
<artifactId>spring-boot-dependencies</artifactId>
<version>3.1.0</version>
<packaging>pom</packaging>
<name>spring-boot-dependencies</name>
......
<properties>
  <activemq.version>5.18.1</activemq.version>
  <angus-mail.version>1.1.0</angus-mail.version>
  <artemis.version>2.28.0</artemis.version>
  <aspectj.version>1.9.19</aspectj.version>
  <assertj.version>3.24.2</assertj.version>
  <awaitility.version>4.2.0</awaitility.version>
  ......
  <mysql.version>8.0.33</mysql.version>
  ......
  <spring-framework.version>6.0.9</spring-framework.version>
  ......
</properties>
```

5.4　Spring Boot 的自动装配

Spring Boot 的强大特性除了有依赖管理机制的支撑,自动装配是另一大支柱。Spring Boot 之所以能帮我们快速地搭建开发环境,内部设计了非常多的特性来简化搭建流程,下面一一解读。

5.4.1　组件自动装配

如果读者在阅读本书之前了解了有关传统的 SSM 甚至 SSH 框架的整合,应该了解整合的内容中包含很多组件配置(如组件扫描、`DispatcherServlet`、`DataSource`、`TransactionManager` 等)。即便没有了解框架整合的读者也应该知道,在原生 Servlet 开发中有一个经典的过滤器 `CharacterEncodingFilter`,它可以解决 Web 应用中文字符乱码的问题。关于这些组件的注册,在我们搭建基于 Spring Boot 的工程时都没有见到过,这是否意味着工程中没有注册组件?为了验证组件是否存在,我们可以尝试获取 IOC 容器并打印其中所有 Bean 的名称,如代码清单 5-7 所示。`SpringApplication` 类的 `run` 方法会返回一个 `ConfigurableApplicationContext`,关于这个接口在第 4 章中已经讲解过,它是"可写"的 IOC 容器模型,它拥有一个 `getBeanDefinitionNames` 方法,通过该方法可以获取 IOC 容器中所有 Bean 的名称。

代码清单 5-7　获取 IOC 容器并打印 Bean 的名称

```java
public static void main(String[] args) {
    ConfigurableApplicationContext ctx = SpringApplication.run(SpringBootQuickstartApplication.
```

```
class, args);
    Arrays.stream(ctx.getBeanDefinitionNames()).forEach(System.out::println);
}
```

执行 main 方法启动工程，观察控制台中的输出，可以发现有一个 `characterEncodingFilter`，同时还打印了诸如 `dispatcherServlet`、`mvcViewResolver` 等组件，说明默认情况下当我们导入一个场景启动器时，Spring Boot 会默认帮我们向 IOC 容器中注册非常多的组件。

5.4.2 默认组件扫描

上面编写的 springboot-01-quickstart 工程中定义了一个 HelloController，这个类放在 com.linkedbear.springboot.quickstart.controller 包中，而 Spring Boot 的主启动类放在父包 com.linkedbear.springboot.quickstart 中。如此编写之后 HelloController 也在工程启动后装载到了 IOC 容器中（从 5.4.1 节打印的 Bean 名称中可以找到），这就意味着 Spring Boot 有一个默认的组件扫描规则：**扫描主启动类所在包及子包下的所有组件**。

为了验证这一机制，我们可以将 HelloController 移至其他包中（如放在 com.linkedbear 下），此时如果再启动工程，则控制台中打印的 Bean 名称中不会再包含 helloController，而且我们再访问 /hello 请求时也会提示 404 错误，这就说明组件扫描的默认规则的确是以 Spring Boot 主启动类为基准。

如果需要修改组件扫描的路径，我们可以在 @SpringBootApplication 注解中修改 scanBasePackages 或 scanBasePackageClasses 属性，这两个属性分别对应 @ComponentScan 注解的 basePackages 和 basePackageClasses 属性，比如我们将 springboot-01-quickstart 工程的组件扫描根包改为 com.linkedbear，此时再重启工程，控制台中就会再次打印 helloController，访问 /hello 请求时也可以正常得到响应。

深究其原理，我们可以查看 @SpringBootApplication 注解的源码，如代码清单 5-8 所示，可以发现 @SpringBootApplication 是一个复合注解，它由 3 个注解组成，而其中我们熟悉的注解就是 @ComponentScan，这就印证了默认的组件扫描规则。

代码清单 5-8　@SpringBootApplication 注解

```
@SpringBootConfiguration
@EnableAutoConfiguration
@ComponentScan(excludeFilters = { @Filter(type = FilterType.CUSTOM, classes = TypeExcludeFilter.class),
        @Filter(type = FilterType.CUSTOM, classes = AutoConfigurationExcludeFilter.class) })
public @interface SpringBootApplication
```

5.4.3 配置属性和外部化配置

5.2.4 节中我们借助 application.properties 配置文件修改了 Spring Boot 中内置 Tomcat 的运行端口号。如果我们不改变 Tomcat 的端口号，则默认情况下 Tomcat 会运行在 8080 端口，这种非常重要的特殊机制被称为"约定大于配置"，即当工程中没有配置某些属性时，Spring Boot 会使用"事先约定好"的默认值驱动组件运行，而不会因缺少配置而无法正常启动；当工程中显式配置了属性值后，约定的"默认值"会被覆盖。约定大于配置可以极大地减少工程中的配置，以此来实现少配置甚至不配置也能正常启动项目的效果。

工程中的 `application.properties` 文件（包括第 6 章要讲的 `application.yml` 文件）就是所谓的外部化配置文件，而配置文件中默认可以编写的内容由 Spring Boot 内部规定，在 Spring Boot 的官网文档中有专门一个文档页，里面列举了 Spring Boot 内置可支持的配置属性，读者可以参考该文档的内容了解配置属性的含义及默认值；除此之外，我们还可以直接在 IDE 中通过阅读源码来了解，如果在 `application.properties` 文件中按住 Ctrl 键并单击某个配置属性，会发现 IDE 帮我们跳转到了一个类名类似于 `×××Properties` 的类中，这种类有一个专有名词叫"**配置属性类**"，一个配置属性类可以映射 `application.properties` 文件中的一部分配置属性（比如 `server.*` 会映射到 `ServerProperties` 中保存与内置 Web 容器相关的配置信息，`spring.datasource.*` 会映射到 `DataSourceProperties` 中保存数据源相关的配置信息等）。

> 💡 小提示：`application.properties` 中绝大多数的配置属性可以跳转到对应的`×××Properties` 类中，但也有少数跳转到其他类的，读者不必对此过于在意。

5.4.4 自动配置类

在 5.4.1 节中，当读者打印 IOC 容器中的 Bean 名称时可能会产生一个疑惑：默认情况下 Spring Boot 帮我们注册的组件非常多，这些组件都是如何被注册到 IOC 容器的？要解开这个疑惑，我们要从两方面出发。

1. pom.xml 文件

第一个出发点是 `pom.xml`，我们找到工程依赖的 `spring-boot-starter-web` 并单击进入，可以看到它依赖了一个 `spring-boot-starter`，再在其上单击则会看到一个 `spring-boot-autoconfigure` 依赖，这个依赖非常关键，从 `artifactId` 也能读出这个依赖与自动配置相关。Spring Boot 之所以能够在导入一个场景启动器时就自动装配相关的组件，底层驱动的配置离不开 `spring-boot-autoconfigure` 中的内容。借助 IDE 打开 `spring-boot-autoconfigure` 的 jar 包，可以发现里面包含非常多的场景，如图 5-9 所示，在每个不同的场景中还包含一组后缀为 **AutoConfiguration** 的自动配置类，这些配置类的编写方式与第 2 章中讲解的内容并无太大区别。通过这一系列的自动配置类，Spring Boot 就可以将场景所需的组件一一装载到 IOC 容器中。

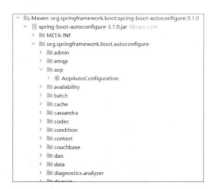

图 5-9　spring-boot-autoconfigure 的 jar 包中的内容

2. @SpringBootApplication 注解

要想让自动配置类生效，需要将这些配置类加载到 IOC 容器中，由 IOC 容器解析配置类并注册组件 Spring Boot 使用了一种非常特殊的机制来加载这些配置类，而这个机制在 Spring Boot 2.7 之前是来源于 Spring Framework 3.2 中的新特性：SPI 机制；而在 Spring Boot 2.7.0 及以后的特性是 Spring Boot 全新推出的 imports 文件机制。有关 SPI 机制和 imports 文件机制的详细内容会在本书后续的高级篇中展开，本节仅作简单介绍。

（1）SPI 机制

Spring Boot 2.7 之前的自动装配加载所使用的是 SPI 机制。简单地说，Spring Framework 中的 SPI 机制制定了一些规则，这些规则中定义了某一些接口/抽象类/注解对应所需加载的类，而定义这些类的位置由 Spring Framework 在 **META-INF/spring.factories** 这个文件中规定，以 properties 格式编写。定义好映射关系后，在程序代码中可以使用特定的方式加载某个接口/抽象类/注解对应的所有类。SPI 的最大特点是**将某一个接口/抽象类/注解的具体实现类/映射类的定义和声明权交给了外部化的配置文件。**

即使上面这段话不好理解也没关系，我们可以结合 Spring Boot 中的具体应用来理解。`@SpringBootApplication` 本身是一个复合注解，在代码清单 5-8 中我们可以看到其中组合了一个 **`@EnableAutoConfiguration`** 注解，这个注解从字面意思可以理解为 "启用自动装配"，Spring Boot 的自动配置类之所以能够在工程启动阶段被装载，背后的"功臣"就是这个 `@EnableAutoConfiguration` 注解。当 Spring Boot 主启动类中标注 `@EnableAutoConfiguration`（或`@SpringBootApplication`）注解后，底层会导入一个 `ImportSelector` 向 IOC 容器中装载自动配置类（有关 `ImportSelector` 在 4.4.5 节中已经讲解），而装载自动配置类的方式就是读取工程依赖的 jar 包中所有的 META-INF/spring.factories 文件，提取其中的自动配置类定义，并依据条件装配筛选出可以装载到 IOC 容器中的自动配置类，最终完成自动配置类的装载过程。

spring.factories 文件的一个片段如代码清单 5-9 所示，由于文件编写所用的格式为 properties，编写时需要注意每一行的逗号和换行符，相对来讲不是很方便。

代码清单 5-9　spring.factories 文件片段

```
# Auto Configure
org.springframework.boot.autoconfigure.EnableAutoConfiguration=\
org.springframework.boot.autoconfigure.admin.SpringApplicationAdminJmxAutoConfiguration,\
org.springframework.boot.autoconfigure.aop.AopAutoConfiguration,\
org.springframework.boot.autoconfigure.amqp.RabbitAutoConfiguration,\
org.springframework.boot.autoconfigure.batch.BatchAutoConfiguration,\
org.springframework.boot.autoconfigure.cache.CacheAutoConfiguration,\
......
```

自动装配的 SPI 机制在 Spring Boot 2.7 版本中被标记为过时，并在 Spring Boot 3.0.0 后被正式移除，3.0.0 版本之后的 Spring Boot 工程无法再使用 SPI 机制配置自动配置类（其他方面的机制不受影响）。

（2）imports 文件机制

Spring Boot 2.7.0 版本推出后，Spring Boot 推荐我们使用全新的 **imports 文件机制**定义和配置自动配置类，使用 imports 文件机制后，底层使用的 `ImportSelector` 将不再读取 `spring.`

factories 文件,而是加载一个名为 **META-INF/spring/org.springframework.boot.autoconfigure.AutoConfiguration.imports** 的特殊文件,该文件中定义了所有可以被 Spring Boot 加载的自动配置类,格式为普通的文本文件,每个自动配置类单独成行,没有额外的换行符和分隔符,编写起来相对简单,文件的片段如代码清单 5-10 所示。

代码清单 5-10　AutoConfiguration.imports 文件

```
org.springframework.boot.autoconfigure.admin.SpringApplicationAdminJmxAutoConfiguration
org.springframework.boot.autoconfigure.aop.AopAutoConfiguration
org.springframework.boot.autoconfigure.amqp.RabbitAutoConfiguration
org.springframework.boot.autoconfigure.batch.BatchAutoConfiguration
org.springframework.boot.autoconfigure.cache.CacheAutoConfiguration
......
```

与 SPI 机制不同的是,imports 文件机制仅用于加载**注解**的映射,传统的接口/抽象类映射仍使用 Spring Framework 提供的 SPI 机制。

（3）自动配置类的加载

简单了解以上两种加载方式后,下面结合 Spring Boot 的源码来理解自动配置类的加载规则。由于本书更注重基础核心知识与应用,故不会对源码的细节和底层执行流程过多深入,只关注最核心部分。

我们来看 `@EnableAutoConfiguration` 注解,该注解也是一个复合注解,如代码清单 5-11 所示,它使用 `@Import` 注解导入了一个 `AutoConfigurationImportSelector`,这就是上面提到的 `ImportSelector` 的实现类。

代码清单 5-11　@EnableAutoConfiguration 注解

```
@AutoConfigurationPackage
@Import(AutoConfigurationImportSelector.class)
public @interface EnableAutoConfiguration
```

在 `AutoConfigurationImportSelector` 中有对于自动配置类的加载实现,我们可以找到一个 `getAutoConfigurationEntry` 方法,在该方法的第二个核心步骤 `getCandidateConfigurations` 方法中有使用一个获取全限定类名的动作,相关源码如代码清单 5-12 所示。通过阅读源码可以发现,`getCandidateConfigurations` 方法会使用 `ImportCandidates.load` 方法从 META-INF/spring/*.imports 文件中读取内容,而从源码中可以看出,`@EnableAutoConfiguration` 引用的注解是 `AutoConfiguration.class`,所以最终加载的文件就是上面提到的 `AutoConfiguration.imports` 文件。注意,在一个工程中可能存在多个同名的 imports 文件,所以获取的结果是一个文件路径集合 urls,随后迭代该集合并将文件的内容存储到 `importCandidates` 中,以此完成自动配置类的加载。

代码清单 5-12　getCandidateConfigurations 获取自动配置类

```
protected List<String> getCandidateConfigurations(AnnotationMetadata metadata,
        AnnotationAttributes attributes) {
    List<String> configurations = ImportCandidates.load(AutoConfiguration.class,
            getBeanClassLoader()).getCandidates();
    // assert ......
    return configurations;
}
```

```java
private static final String LOCATION = "META-INF/spring/%s.imports";

public static ImportCandidates load(Class<?> annotation, ClassLoader classLoader) {
    Assert.notNull(annotation, "'annotation' must not be null");
    ClassLoader classLoaderToUse = decideClassloader(classLoader);
    // 将文件路径与注解全名拼接
    String location = String.format(LOCATION, annotation.getName());
    Enumeration<URL> urls = findUrlsInClasspath(classLoaderToUse, location);
    List<String> importCandidates = new ArrayList<>();
    while (urls.hasMoreElements()) {
        URL url = urls.nextElement();
        // 逐个读取文件,并将内容存储到 importCandidates 中
        importCandidates.addAll(readCandidateConfigurations(url));
    }
    return new ImportCandidates(importCandidates);
}
```

自动配置类全部加载完毕后,由条件装配负责匹配和筛选出当前工程可以装配的自动配置类,并完成后续的注册和解析工作,从而完成全部的自动配置类工作。

纵观整个 Spring Boot 的自动装配机制,可以发现底层支撑的机制多且强大。正是因为这些强大的机制强强联合,才有了 Spring Boot 的繁荣,从而被绝大多数开发者认可和广泛使用。

5.4.5 自动配置报告

本节补充一个开发中会用到的小技巧,如果我们需要查看当前 Spring Boot 应用中哪些自动配置类生效,哪些没有生效,可以在 `application.properties` 文件中添加一个配置项:`debug=true`,代表开启 Debug 模式。当开启 Debug 模式后,再启动工程时控制台输出的内容会多许多,其中很大一部分篇幅就是 Spring Boot 的自动配置报告,如代码清单 5-13 所示,其中列举了一个自动配置报告的片段。

代码清单 5-13　自动配置报告片段

```
=========================
CONDITIONS EVALUATION REPORT
=========================


Positive matches:
-----------------

   AopAutoConfiguration matched:
      - @ConditionalOnProperty (spring.aop.auto=true) matched (OnPropertyCondition)
   ......

Negative matches:
-----------------

   ActiveMQAutoConfiguration:
      Did not match:
         - @ConditionalOnClass did not find required class 'jakarta.jms.ConnectionFactory' (OnClassCondition)
   ......

Exclusions:
-----------

   None
```

```
Unconditional classes:
----------------------

   org.springframework.boot.autoconfigure.context.ConfigurationPropertiesAutoConfiguration
   org.springframework.boot.autoconfigure.ssl.SslAutoConfiguration
   ......
```

从上述片段可以发现，整个自动配置报告其实就是一个条件装配报告，它列举了哪些自动配置类是条件匹配成功的（Positive matches），哪些是匹配失败的（Negative matches），哪些自动配置类是被排除（禁用）的（Exclusions），哪些配置类不需要自动装配（Unconditional classes）。由此我们能够有针对性地分析工程中生效的配置以及内部导入的对应组件，这在实际的项目开发中有一定的帮助。

5.5 小结

本章我们完成了从 Spring Framework 到 Spring Boot 的转变，并以一个最简单的工程示例体会了 Spring Boot 的强大特性。

Spring Boot 是基于 Spring Framework 的扩展，提供了更多诸如"约定大于配置""嵌入式 Web 容器""生产级别监控"等强大可用特性，基于 Spring Boot 可以快速搭建各种 Web 应用。Spring Boot 的工程搭建速度之快，底层的两大核心支撑是依赖管理和自动装配，依赖管理使用场景启动器+版本统一管理的方式将一个具体开发场景的所有组件都组合起来，开发者只需要导入一个依赖即可拥有一个开发场景的所有依赖，且不需要关心依赖之间的版本冲突问题；自动装配机制使用组件扫描、组件装配、外部化配置、自动配置类的方式完成一个开发场景中引入的所有组件和配置。

掌握 Spring Boot 早已成为当下 Web 应用开发的必备技能，了解它的最佳实践有助于更快地掌握 Spring Boot 的项目开发。

第 6 章 Spring Boot 的最佳实践

本章主要内容：
- 属性配置与配置属性的绑定；
- 外部化配置的使用与多环境开发；
- Banner 机制；
- 日志的使用；
- Spring Boot 启动过程的简单扩展点；
- 场景启动器与自动装配；
- 启动异常分析。

Spring Boot 的强大特性为我们开发项目提供了有力的保障，第 5 章中的内容仅仅是小试牛刀。了解和掌握足够多的 Spring Boot 特性，有助于我们更灵活、更高效地开发项目，提升工作效率。本章内容会覆盖足够多的 Spring Boot 最佳实践场景，内容仅围绕 Spring Boot 本身展开，不会涉及后续 AOP、Web 等方面的技术，读者可放心大胆阅读。

> 小提示：本章所有代码均位于 `springboot-02-practice` 工程中，同样只导入 `spring-boot-starter-web` 依赖即可。

6.1 属性配置

Spring Boot 支持的属性配置文件除了第 5 章中使用的 `application.properties` 之外，还有第 4 章中讲到的 YML 格式（YAML 格式），并且 Spring Boot 推荐我们使用 YML 格式作为主配置文件。在第 4 章中我们已经对 YML 格式有了基本的了解，本节将进行一次详细讲解。

6.1.1 YML 格式语法

YML 格式可以理解为 properties 格式的替代格式，由于 YML 格式的层级特性，使得它非常适合承载配置文件，并且占用的空间更小。

YML 格式的语法很简单，只需要遵循以下的基本原则。
- YML 的配置内容仍然是 key-value 格式，基本的写法为 key: value（注意冒号和 value 之间有一个空格）。
- YML 格式对字母大小写敏感（abc 和 ABC 是两个不同的属性）。
- 由于 YML 格式有层级的概念，表达不同的层级时需要用空格缩进的方式（只能用空格，不允许用制表符）。

使用空格缩进时，对于每一个层级缩进的空格数量没有限制，但必须保证同层级下的空格数量保持一致。
- YML 语法同样使用 # 作为注释符。
- YML 配置的属性值可以用单引号/双引号包裹，含义不同。

乍一看 YML 语法格式的要求很多，但实际上手速度很快，下面一一解释上述原则。

1. key-value 格式

透过现象看本质，YML 是另一种表达键值对的格式，所以它仍然使用 key-value 的格式表达，具体的写法如代码清单 6-1 所示，需要重点关注的是，key 后面的冒号与 value 之间必须间隔一个空格。

代码清单 6-1　YML 基本格式

```
key: value
name: zhangsan
NAME: lisi
```

2. 字母大小写敏感和松散的语法

YML 格式对字母大小写敏感，代码清单 6-1 中 name 与 NAME 是两个不同的属性，如果使用 YML 解析器解析代码清单 6-1 的配置信息，则最终会提取出 3 个配置属性。

3. 层级关系

YML 格式可以表达层级关系，比如在第 5 章中使用到的配置项 server.port 等内容，使用 YML 格式则可以编写为代码清单 6-2 的样式。注意其中的内容，server 作为配置项的一段单独成行，代表它属于一个层级；下面的 port 和 servlet 都使用两个空格作为缩进，它们代表同一个层级；servlet 下面的 encoding 和 charset 分别为再往下的层级。

代码清单 6-2　YML 格式表达层级关系

```
server:
  port: 8080
  servlet:
    encoding:
      charset: UTF-8
```

另外对于 YML 中的层级，不强制要求使用 2 个空格或者 4 个空格缩进，只要保证同层级下的配置项都使用同样多的空格缩进即可，比如代码清单 6-3 中的 YML 配置依然可以被 Spring Boot 成功加载并解析，可以看到即便 spring.application.name 与 spring.cache.type 的缩进层级不同，但 spring.application 和 spring.cache 位于同一层级，这样编写的 YML 就没有问题。

代码清单 6-3　缩进风格迥异的 YML 配置

```
spring:
  application:
     name: halow
  cache:
   type: simple
  aop:
   auto: on
   proxy-target-class: true
```

4. 复杂类型编写

YML 配置文件可以像 Spring Framework 的 XML 配置文件那样，编写诸如数组、集合、Map 等复杂类型，代码清单 6-4 中提供了一个简单示例，读者可以仿照示例体会编写方式，很快就能掌握 YML 的各种数据类型的编写。

代码清单 6-4　YML 编写复杂类型数据

```yml
person:
  name: 小帅
  age: 20
  # 默认的日期格式为 yyyy/MM/dd HH:mm:ss
  birthday: 2000/01/01 10:00:00
  # 数组/集合，以下两种方式均可
  alias:
    - 张三
    - 三三来迟
  tels: [88881234, 12345678]
  # 对象数组/集合
  cats:
    - name: 咪咪
      age: 2
    - name: 喵喵
      age: 3
  # Map/嵌套对象
  events:
    eight: 起床
    nine: 撸猫
    twenty: 睡觉
  # Map<String, Object> 对象可以直接用 JSON 形式
  dogs:
    wang:
      name: 旺旺
      age: 4
    wuwu: {name: 呜呜, age: 5}
```

5. 单/双引号

通过以上的几个示例，相信读者已经发现，在 YML 中如果声明的属性值为 `String` 类型，则无须使用双引号或单引号标注（当然对于普通字符串文本使用引号也没有问题），但是对于一些特殊文本来讲，使用单引号或双引号引用时，最终产生的效果是不同的。

假定我们需要在 `person.name` 属性中给"小帅"两个字之间加入一个制表符，则对应的代码编写如代码清单 6-5 所示。为了能够输出 `person.name` 的值，我们可以使用 `@Value` 注解将该属性注入 Spring Boot 的主启动类中，在 Spring Boot 应用启动完成后得到 `ApplicationContext`，获取当前的 Spring Boot 主启动类之后打印 `name` 的值。

代码清单 6-5　普通字符串不会转义字符

```
person:
  name: 小\t 帅
        @Value("${person.name}")
private String name;

public static void main(String[] args) {
```

```
    var ctx = SpringApplication.run(SpringBootPracticeApplication.class, args);
    System.out.println(ctx.getBean(SpringBootPracticeApplication.class).name);
}
```

如果直接写\t，则运行main方法后控制台会原样打印"小\t帅"，不符合我们的预期。要想让字符串中的\t转义为制表符，就需要给这个属性值使用双引号引用，即代码清单6-6所示的编写方式。如此修改后再运行main方法，控制台即可打印出正确的"小　帅"。

代码清单6-6　双引号标注属性值

```
person:
  name: "小\t 帅"
```

单引号的效果与不加引号没有区别，读者可自行验证，这里不再展开演示。

6. 文本块

使用双引号配合\n换行符，我们就可以实现在YML中配置多行文本，但是这种写法会很麻烦而且不直观，为此在YML语法中提供了两个特殊符号，利用这两个特殊符号即可实现类似于Java 15的新特性——**文本块**。

YML中编写文本块所用的符号是短竖线（也就是boolean运算符中的"或"）和大于号（向左开口的尖括号），利用这两者都能实现在YML文件中编写文本块，不同的是使用短竖线时编写的文本内容会原样保留（包括换行），而使用大于号时换行符会被取消，改为一行显示。我们可以修改`person.name`属性，使用上述两种方式编写，如代码清单6-7所示。分别验证两种编写方式，使用短竖线时控制台会打印3行数据，而使用大于号时只会打印一行数据，每段字符串之间使用空格分隔。

代码清单6-7　文本块的编写

```
person:
  name:
    |
      123
      345
      567
#     >
#       abc
#       cde
#       efg
```

以上就是有关YML语法的内容，看上去篇幅不小，但总体难度较低，读者跟随本节内容练习一遍后很容易就可以掌握YML文件的编写。

6.1.2　属性绑定

YML文件中的属性编写完毕后，在实际使用时不可能像6.1.1节那样逐个使用@Value注解来进行属性注入，因为这种方式编码效率低且局限性很大。Spring Boot提供了一种基于配置文件到模型对象之间的映射机制，即本节要学习的**属性绑定**。

1. @ConfigurationProperties注解

在Spring Boot中实现模型对象与配置文件中某些属性的映射绑定的注解是**@Configuration**

Properties，它可以标注在类上并指定配置属性的前缀，即可将所有可以映射的配置属性一一绑定到模型对象中。例如代码清单6-4中编写的一段很长的YML配置，就可以对应创建一个`Person`类来接收这些配置属性，如代码清单6-8所示（注意`Person`中还组合了`Cat`和`Dog`）。

代码清单6-8　Person类映射属性绑定

```java
@ConfigurationProperties(prefix = "person")
public class Person {

    private String name;
    private Integer age;
    private Date birthday;
    private List<String> alias;
    private String[] tels;
    private List<Cat> cats;
    private Map<String, String> events;
    private Map<String, Dog> dogs;
    // getter setter toString ......
}
public class Cat {
    private String name;
    private Integer age;
    // getter setter toString ......
}
public class Dog {
    private String name;
    private Integer age;
    // getter setter toString ......
}
```

要想让`Person`能与配置文件实现映射效果，需要声明一个配置类并标注`@EnableConfigurationProperties(Person.class)`注解（或者到Spring Boot主配置类直接标注），如代码清单6-9所示。如此一来IOC容器中就会创建一个`Person`对象，并实现配置属性绑定。

代码清单6-9　使用@EnableConfigurationProperties注解

```java
@Configuration
@EnableConfigurationProperties(Person.class)
public class ConfigurationPropertiesConfiguration {
}
```

最后我们回到Spring Boot的主启动类中，使用IOC容器直接获取`Person`对象并打印，如代码清单6-10所示。运行`main`方法后可以发现`application.yml`文件中的属性全部正确映射到了`Person`对象中，`@ConfigurationProperties`注解使用成功。

代码清单6-10　打印Person对象

```java
public static void main(String[] args) {
    var ctx = SpringApplication.run(SpringBootPracticeApplication.class, args);
    System.out.println(ctx.getBean(Person.class));
}
```

```
Person{name='小\t 帅', age=20, birthday=Sat Jan 01 10:00:00 CST 2000, alias=[张三, 三三来迟],
tels=[88881234, 12345678], cats=[Cat{name=' 咪咪 ', age=2}, Cat{name=' 喵喵 ', age=3}],
events={eight=起床, nine=撸猫, twenty=睡觉}, dogs={wang=Dog{name='旺旺', age=4}, wuwu=Dog{name='
呜呜', age=5}}}
```

2. 基于 Bean 的绑定

`@ConfigurationProperties` 注解除了可以标注在普通的模型类上，还可以标注在注解配置类中被@Bean 标注的方法上，二者实现的效果相似，都是将配置文件中指定前缀的所有配置属性映射到对应的 Bean 中。不同的是这种方式无须再配合@EnableConfigurationProperties 注解使用。

我们可以去掉 Person 类上的 @ConfigurationProperties 注解，然后在配置类 ConfigurationPropertiesConfiguration 中将@EnableConfigurationProperties (Person.class)去掉，并使用@Bean 注解创建一个 Person 对象，标注@ConfigurationProperties 注解，如代码清单 6-11 所示。如此编写后，重新运行 Spring Boot 主启动类的 main 方法，控制台依然能正常打印，说明基于@Bean 的方式也可以实现属性绑定。

代码清单 6-11　@Bean 注解配合@ConfigurationProperties

```java
@Configuration
public class ConfigurationPropertiesConfiguration {

    @Bean
    @ConfigurationProperties(prefix = "person")
    public Person person() {
        return new Person();
    }
}
```

> 💡 **小提示**：@ConfigurationProperties 注解还可以直接标注在一个被@Component 注解（或其派生注解）标注的类上，这样即便不用@EnableConfigurationProperties 注解也可以实现属性绑定。所以读者应该能意识到，属性绑定一定是绑定到 IOC 容器中的某个 Bean 上。如果@ConfigurationProperties 注解标注的类没有被注册到 IOC 容器，那么@EnableConfigurationProperties 注解的作用就是将对应的类注册到 IOC 容器中，然后进行配置属性绑定。

3. 属性绑定校验

Spring Boot 提供的属性绑定机制还可以借助 JSR-303 规范中的校验注解实现注入属性的校验，并且 Spring Boot 还有相应的场景启动器。要想使用参数校验，我们可以在 pom.xml 文件中导入校验场景启动器的坐标 spring-boot-starter-validation，如代码清单 6-12 所示，这个依赖会默认导入一个 JSR-303 规范的实现 HibernateValidator。

代码清单 6-12　导入 spring-boot-starter-validation

```xml
<dependency>
    <groupId>org.springframework.boot</groupId>
    <artifactId>spring-boot-starter-validation</artifactId>
</dependency>
```

> **小提示**：可能有部分读者看到 Hibernate 后会感觉熟悉，但是请读者注意区分，可能读者熟悉的 Hibernate 是一个 ORM 框架，而我们要讲的 HibernateValidator 是 Hibernate 组织下的另一个产品，二者在功能和应用上没有瓜葛。

使用 JSR-303 规范的方式非常简单，在需要被校验的属性/参数上标注规范中的注解即可。比如我们希望给 `Person` 加以参数校验，则先在 `Person` 类上标注一个 `@Validated` 注解，代表当前类需要属性/参数校验；之后在 `Person` 类中给 `name` 属性加以限制，不允许这个属性为 `null`，则可以标注一个 `@NotNull` 注解；另外我们还希望 `age` 属性在 0～100 范围内，则可以使用 `@Max` 和 `@Min` 注解限定对应的数值范围，如代码清单 6-13 所示（注意使用 `jakarta.validation` 包中的注解）。

代码清单 6-13　使用 JSR-303 规范的注解

```
@Validated
public class Person {

    @NotNull
    private String name;

    @Min(0)
    @Max(100)
    private Integer age;
```

为了演示属性校验的效果，我们可以注释掉 `application.yml` 文件中的 `person.name` 属性，重新运行 Spring Boot 主启动类后会发现程序启动失败，控制台中打印了如下信息，说明参数校验已经生效。

```
Binding to target org.springframework.boot.context.properties.bind.BindException: Failed to bind properties under 'person' to com.linkedbear.springboot.practice.bean.Person failed:

    Property: person.name
    Value: "null"
    Reason: 不能为 null
```

> **小提示**：数据校验的规范在 2017 年 8 月更新到 Bean Validation 2.0 版本，对应的规范为 JSR-380，本书 9.9 节引用数据校验规范时，提及的 JSR-303 和 JSR-380 都是指同一套规范。

4．与 @Value 注解的区别

本节最后补充一个知识点，我们来简单对比 `@ConfigurationProperties` 与 `@Value` 注解的区别，这两者都可以实现属性注入和绑定，但两者的特征和支持的特性不同，表 6-1 中展示了两者的对比。

表 6-1　@ConfigurationProperties 与 @Value 注解的区别

对比维度	@ConfigurationProperties	@Value
松散语法（lastName=last-name）	√	×
SpEL 表达式	×	√
JSR-303 规范的校验	√	×

续表

对比维度	@ConfigurationProperties	@Value
复杂类型注入	√	×

6.2 外部化配置

在本书第 2 章的 IOC 思想推演过程中,我们曾经讲到过外部化配置的思想:将特定的属性配置项从 Java 代码中抽取出来,统一在一个/多个文件中维护,这种思想被称为**外部化配置**。外部化配置的思想非常重要,将可能发生改动的配置属性抽取为可以任意改动的配置文件,即可实现应用开发完毕后无须改动 Java 代码、无须重新编译就能改变应用的配置。

6.2.1 Spring Boot 支持多种配置源

外部化配置的产物是一组配置源,简单地理解,配置源即**配置的来源**,在前面几章内容中,原生 Spring Framework 应用主要使用 XML 配置文件与注解配置类作为应用的配置源驱动 IOC 容器;而到 Spring Boot 中不再推荐使用 XML 配置文件,因而在 Spring Boot 中的配置源主要就是 properties 文件、YML 文件以及注解配置类,又由于注解配置类本身是 Java 代码,因此 Spring Boot 的外部化配置源主要就是 properties 和 YML 文件。

当 Spring Boot 应用启动时,Spring Boot 会从当前应用中读取 `application.properties` 和 `application.yml` 等文件,解析其中的配置属性并装载到 IOC 容器中,配合模块装配、条件装配等特性完成组件的注册。其实外部化配置不仅以 properties 文件、YML 文件等形式体现,还可以由环境变量、命令行参数等承载,Spring Boot 对于上述外部化配置源均予以支持。

下面通过几个简单示例演示 Spring Boot 支持的配置源。

1. properties 与 YML

properties 和 YML 文件属于 Spring Boot 最推荐我们使用的方式,使用它们的好处是修改配置文件无须重新编译,前面我们编写的所有测试代码均使用 properties 和 YML 文件。

2. 主启动类

主启动类中也可以指定配置源,例如我们可以找到本章工程的 Spring Boot 主启动类 `SpringBootPracticeApplication`,并编写如下代码(如代码清单 6-14 所示)。Spring Boot 中引导应用启动的 `SpringApplication` 不仅有静态方法引导,还可以直接使用 new 创建 `SpringApplication` 并返回(此外还有使用 `SpringApplicationBuilder` 创建的方式,效果一致)。创建完毕的 `SpringApplication` 对象有一个 `setDefaultProperties` 方法,该方法可以接收一个 `Properties` 对象或 `Map` 集合,代表当前应用的默认配置。代码清单 6-14 中完成的工作相当于指定默认的嵌入式 Tomcat 的监听端口为 9999 而非 8080。

代码清单 6-14　使用主启动类指定配置属性

```
public static void main(String[] args) {
    SpringApplication springApplication = new SpringApplication(SpringBootPracticeApplication.class);
    // SpringApplication springApplication = new SpringApplicationBuilder(SpringBootPracticeApplication.class).build();
    Properties properties = new Properties();
```

```
properties.setProperty("server.port", "9999");
springApplication.setDefaultProperties(properties);
springApplication.run(args);
}
```

为了验证是否生效，我们可以注释掉之前在 application.yml 文件中配置的 server.port 属性，并随后运行 SpringBootPracticeApplication 的 main 方法，观察控制台打印的端口号果然为 9999，证明使用 Spring Boot 主启动类中 SpringApplication 的 setDefaultProperties 方法也可以指定配置属性，被输入的 Properties 对象或 Map 集合即配置源。

3. 命令行参数（临时属性）

另外一个常用的配置源是在启动 Java 应用时指定的命令行参数，我们可以在运行 Spring Boot 应用时使用 "--key=value" 的方式指定配置属性的值（例如 --server.port=8888），这种方式在 jar 包启动的场景中居多。

将当前工程 springboot-02-practice 打包成可执行 jar 包，并使用 java -jar 命令引导启动，在没有任何命令行参数传递时，Tomcat 的监听端口仍为上面的 9999，而当我们指定命令行参数启动时（java -jar springboot-02-practice-1.0-SNAPSHOT.jar --server.port=8888），应用启动后 Tomcat 会运行在 8888 端口，如图 6-1 所示。

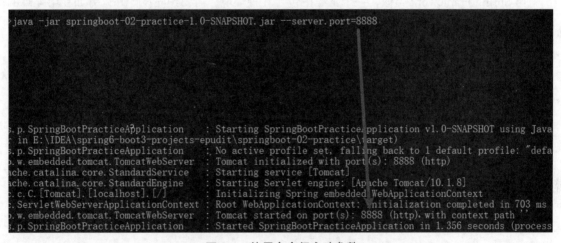

图 6-1 使用命令行启动参数

> 💡 **小提示**：如果需要同时配置多个临时属性，可以在 java -jar 命令的末尾无限追加，例如 java -jar demo.jar --server.port=8888 --spring.application.name=demo。

4. 引用其他外部化配置文件

Spring Boot 同样可以使用 @PropertySource 注解引用其他 properties 文件，具体的使用方式可参考 4.7 节的内容。此外 Spring Boot 还支持在 application.properties 中声明 spring.config.import 配置项，指定引用的其他 properties 文件的路径，这种方式与 @PropertySource 注解的最终效果相同。

5. 环境变量

最后介绍一种仅供了解的配置源：环境变量。所有可以运行 Java 应用的机器，其运行的操作系统通常都会有环境变量的配置，Spring Boot 也会将环境变量作为配置源中的一种装载到应用中。之所以是仅供了解，是因为大多数线上生产环境不会真的拿环境变量作为配置源的一部分，如果确需使用环境变量，会造成配置内容零散分布在多个位置，不利于后期运维；而特意提及它的原因，则是给读者提个醒，如果在本书后续的高级篇或者自行探究原理时看到了一组与当前操作系统相关的配置时，希望读者能够意识到这是 Spring Boot 采集的环境变量信息。

6.2.2　多环境开发

Spring Boot 依托 Spring Framework 搭建，同样支持 Profile 机制，即**基于环境的配置**。实际项目开发中通常会遇到一种场景：开发环境、测试环境、生产环境连接的数据库都不一样，这种情况下如果需要切换工程的运行环境，就可以利用 Spring Boot 的 Profile 机制，即多环境开发机制解决。

1. 基本使用

Spring Boot 使用多环境开发通常分为两个步骤：**定义环境**（指定哪些组件和配置属性在哪个环境中生效）、**激活环境**（指定一个或多个环境使其生效）。

（1）定义环境

与 Spring Framework 类似，一个工程中包含几种环境，需要预先设计好，譬如在第 4 章的 4.5.1 节中，我们就预先设定了 `city` 和 `wilderness` 两个环境，这两个环境下分别会注册不同的 Bean，或者是某些 Bean 只会在指定的环境下才会注册。此外，没有标注 `@Profile` 注解的 Bean 会在所有环境中生效。

具体定义环境的方式与 4.5.1 节的内容完全相同。为了方便接下来的演示，本节快速编写几个示例的环境和相应的 Bean，如代码清单 6-15 所示。代码中共涉及 3 个环境：陆地 `land`、海洋 `ocean`、天空 `sky`。

代码清单 6-15　定义多个环境

```
// 本代码演示陆地、海洋、天空三个环境及相应生存的动物
@Profile("land")
@Component // 兔子，只生存在陆地
public class Rabbit { }

@Profile({"land", "ocean"})
@Component // 乌龟，可生存在陆地和海洋
public class Turtle { }

@Profile("ocean")
@Component // 鱼，只生存在海洋
public class Fish { }

@Profile({"land", "sky"})
@Component // 小鸟，可生存在陆地和天空
public class Bird { }

@Profile("sky")
@Component // 蝙蝠，只生存在天空
public class Bat { }
```

（2）默认环境

定义好环境后，下面需要激活上述环境，如果不激活任何环境，则上面定义的 5 个 Bean 都不会注册到 IOC 容器中，我们可以在主启动类的 `main` 方法中获取 IOC 容器，并通过 `containsBeanDefinition` 方法检查容器中是否包含某个 Bean，如代码清单 6-16 所示。

代码清单 6-16　没有激活任何环境时检查 IOC 容器中的 Bean

```java
public static void main(String[] args) {
    var ctx = SpringApplication.run(SpringBootPracticeApplication.class, args);
    System.out.println("rabbit 是否存在: " + ctx.containsBeanDefinition("rabbit"));
    System.out.println("turtle 是否存在: " + ctx.containsBeanDefinition("turtle"));
    System.out.println("fish 是否存在: " + ctx.containsBeanDefinition("fish"));
    System.out.println("bird 是否存在: " + ctx.containsBeanDefinition("bird"));
    System.out.println("bat 是否存在: " + ctx.containsBeanDefinition("bat"));
}
```

如果此时直接运行 `main` 方法，则控制台中会打印 5 个 `false`，说明上述 Bean 均未注册到 IOC 容器中。出现这个现象的原因是，Spring Boot 承接自 Spring Framework，它在没有显式指定激活环境时有一个默认的环境：`default`。很明显，上面的 5 个 Bean 标注的 Profile 中均没有 `default`，所以它们都不会在 IOC 容器中存在。

（3）激活环境

为了让上述定义的 Bean 能够注册到 IOC 容器中，我们需要显式指定环境，Spring Boot 中指定环境的方式有 3 种，下面逐一介绍。

a. 通过配置文件指定

在 `application.properties` 或 `application.yml` 文件中，通过配置 `spring.profiles.active` 属性，可以指定当前 Spring Boot 应用激活的环境，如代码清单 6-17 所示。如此指定后，重新运行主启动类的 `main` 方法，可以发现 `rabbit`、`turtle`、`bird` 成功注册到 IOC 容器，控制台打印结果为 `true`。注意，`spring.profiles.active` 可以同时指定多个激活的环境，譬如我们同时指定 `ocean` 和 `sky`，则控制台中除了打印 `rabbit` 为 `false`，其余都为 `true`。

代码清单 6-17　配置文件激活环境

```
spring.profiles.active=land
rabbit 是否存在: true
turtle 是否存在: true
fish 是否存在: false
bird 是否存在: true
bat 是否存在: false
```

b. 通过命令行启动参数指定

除了在配置文件中指定激活的环境，在 4.5.1 节中还讲过使用命令行参数的方式。Spring Boot 支持图 6-2 中所示的两种方式指定激活的环境，①方式是使用 VM 参数指定，而②方式使用的是 Program Argument 的方式指定，两种指定的方式略有不同，读者可自行测试。需要注意的是，命令行参数指定的优先级比配置文件高，换句话说，命令行参数会覆盖配置文件中激活的环境。

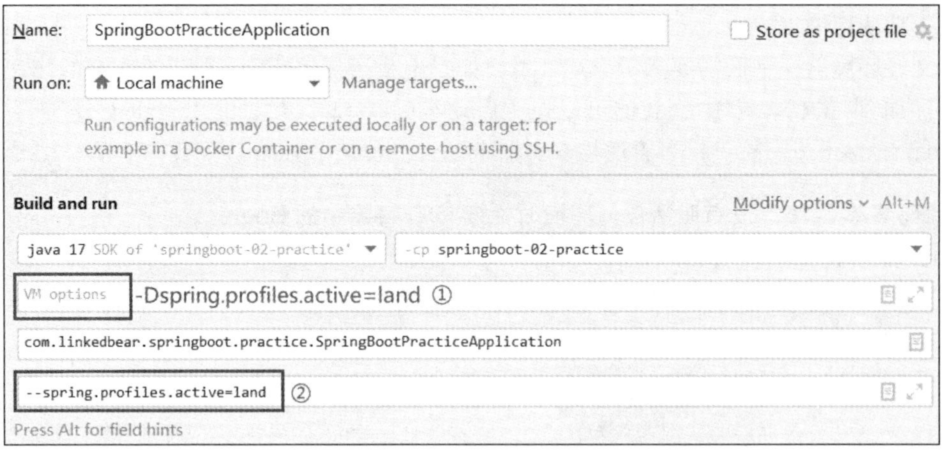

图 6-2 使用 IDEA 配置命令行启动参数的两种方式

c. 通过主启动类指定

与 Spring Framework 中编程式配置 `profile` 的方式类似，Spring Boot 也支持在主启动类中指定激活的环境，但不同的是 Spring Boot 只能在原有的基础上追加新的激活环境，而不能直接覆盖配置文件或命令行参数指定的激活环境。代码清单 6-18 中提供了两种方式追加新的 `profile`，分别是直接构造 `SpringApplication` 和借助 `SpringApplicationBuilder`。

代码清单 6-18　主启动类指定追加新的环境

```
SpringApplication springApplication = new SpringApplication(SpringBootPracticeApplication.class);
springApplication.setAdditionalProfiles("sky");
/* 等同于
SpringApplication springApplication = new SpringApplicationBuilder(
        SpringBootPracticeApplication.class).profiles("sky").build();
*/
springApplication.run(args);
```

由于是追加新的配置，因此在命令行参数中指定 `land` 之外，在主启动类中再追加 `sky` 后，运行的结果是除了 `fish` 之外没有注册，其余 Bean 都被注册到 IOC 容器。

```
rabbit 是否存在：true
turtle 是否存在：true
fish 是否存在：false
bird 是否存在：true
bat 是否存在：true
```

2. 修改默认环境

上面的 3 种方式都是显式指定激活的环境，Spring Boot 中的默认环境为 `default`，我们还可通过修改默认环境，使得一些 Bean 得以注册。譬如我们约定默认环境为 `land`，可以在配置文件中指定如下内容，如代码清单 6-19 所示。

代码清单 6-19　修改默认环境

```
spring.profiles.default=land
```

如果只配置了 `spring.profiles.default`，没有配置 `spring.profiles.active`，

那么在运行主启动类的 `main` 方法时，会有 3 个生存在陆地的动物注册到 IOC 容器；而追加指定当前激活的环境 `spring.profiles.active` 为 `sky` 时，重新启动后只会有 `bird` 和 `bat` 被注册到 IOC 容器，说明 `spring.profiles.active` 会覆盖 `spring.profiles.default` 的配置。

> 💡 小提示：通常在项目开发中不会直接修改默认环境，使用更多的方式是 `spring.profiles.active`。

3. 包含环境

Profile 机制中除了单纯地激活一或多个环境，还有一个环境的"包含"机制，即无论激活了哪些环境，被"包含"的环境永远会生效。例如上面的示例中，假设我们有代码清单 6-20 中的配置，则意味着无论使用 `spring.profiles.active` 指定激活了哪些环境，`sky` 环境永远会激活，倘若我们运行主启动类，则控制台中除了 `fish` 没有注册到 IOC 容器之外，其余 Bean 都会被注册。

代码清单 6-20　使用包含环境

```
spring.profiles.active=land
spring.profiles.include=sky
```

4. 环境分组

除了直接引用单个 Profile，Spring Boot 还支持让我们把不同的 Profile 进行分组，分组后激活环境时就不需要逐个罗列具体的 Profile，而是直接指定激活的环境组即可。代码清单 6-21 中列举了一个例子，在这个例子中我们定义了两个组，分别是非陆地组和全环境组，最终激活全环境时声明激活 `all` 组即可。

代码清单 6-21　使用环境分组

```
spring.profiles.active=all
spring.profiles.group.excludeland=ocean,sky
spring.profiles.group.all=land,ocean,sky
```

6.2.3　多环境配置文件

与 Profile 多环境开发对应，Spring Boot 支持使用 Profile 区分不同的 properties 或 YML 配置文件，即多环境配置文件，这个机制可以有效地区分开不同环境下的配置属性信息（如数据库连接信息等）。

Spring Boot 约定了一个多环境配置文件的命名方式，即使用 `application-{profile}.properties` 或 `application-{profile}.yml` 的文件名格式来定义 properties 或 YML 文件，即可区分配置文件的不同环境，例如 `application-dev.properties` 代表基于 `dev` 环境下的配置文件。

简单演示一下效果，比如我们创建两个文件 `application-dev.properties` 与 `application-prod.properties`，并分别声明两个不同的 Web 容器监听端口，如代码清单 6-22 所示。

代码清单 6-22　定义多环境配置文件

```
# application-dev.properties
server.port=8888

# application-prod.properties
server.port=9999
```

随后我们在 `application.properties` 中声明 `spring.profiles.active=dev`，指定当前环境为 `dev`，随后启动工程，可以发现当前工程的 Tomcat 会运行在 8888 端口，证明 `application-dev.properties` 文件已经生效。

> 💡 **小提示**：除了使用命名规范的方式定义多环境配置文件，Spring Boot 还基于 YML 语法的文本块特性提供了另一种区分多环境配置的方式，不过由于这种方式的维护灵活性相对差，且所有配置需要写到一个 YML 文件中，造成配置文件很庞大，主流的项目开发中不会使用该方式区分多环境，因此本书不再介绍该种方法，感兴趣的读者可以借助官方文档了解。

6.2.4　配置优先级

Spring Boot 中的配置形式非常多，不同的配置形式有不同的优先级，下面从多个维度进行对比。

1. 配置源类型优先级

上面几节内容中我们主要接触了 4 种不同类型的配置源，以及配置源的多环境隔离机制，它们之间的配置生效顺序是特定的，Spring Boot 默认支持的配置源及优先级规则由低到高如下：

- **`SpringApplication.setDefaultProperties` 中设置的 `Properties` 或 `Map`**；
- 使用`@PropertySource` 注解或 `spring.config.import` 属性引入的配置属性文件；
- **`application.properties` 和 `application.yml`（`properties>yml`）**；
- 随机数属性（`random.*`，仅供了解）；
- 操作系统环境变量；
- Java 系统属性（如 JDK 版本、Java 安装路径等）；
- JNDI 属性（仅供了解）；
- `ServletContext` 的初始化参数；
- `ServletConfig` 的初始化参数；
- 环境变量中 SPRING_APPLICATION_JSON 的属性值（以 JSON 对象形式封装）；
- **命令行启动参数**；
- 单元测试参数；
- 单元测试中使用`@TestPropertySource` 引入的配置；
- DevTools 中指定的参数（开发过程中使用，仅供了解）。

可以发现配置源的种类非常多，但是我们只需要关心上述加粗的 3 种配置源。

2. 多环境开发的配置文件优先级

针对多环境开发中的特性，Spring Boot 也有对应的配置文件优先级，以下列表中的优先级由低到高：

- jar 包内部的 application.properties 或 application.yml；
- jar 包内部的 application-{profile}.properties 或 application-{profile}.yml；
- jar 包外的 application.properties 或 application.yml；
- jar 包外的 application-{profile}.properties 或 application-{profile}.yml。

一句话总结：jar 包外的优先级高于 jar 包内的，区分环境的优先级高于通用的。

3．配置文件位置的优先级

此外，针对配置文件的存放位置，Spring Boot 也提供了一种规则和相应的优先级，以下列表的优先级由低到高：

- src/main/resources 目录下的 application.properties 或 application.yml；
- src/main/resources/config 目录下的 application.properties 或 application.yml。

4．小结

总结上述 3 种优先级规则的核心，可以得出如下结论，帮助读者理解和记忆（以下结论均基于最常见情况，不考虑冷门场景）：

- 命令行启动参数的优先级最高；
- jar 包外部的配置文件>jar 包内部的配置文件；
- 区分环境（带 profile 标识）的配置文件>通用配置文件；
- config 目录下的配置文件>根目录下的配置文件。

6.3　Banner 机制

在启动 Spring Boot 应用时，我们会在控制台中看到一个类似图 6-3 所示的图案，这种特殊的启动图案被称为"Banner"。Banner 这个知识点相对简单，其涉及的机制也容易理解，下面从几个方面简单讲解。

图 6-3　Banner 图案

6.3.1　Banner 的变更

默认情况下，Spring Boot 会自动加载 classpath 下的 banner.txt 文件，如果加载成功，则会将 banner.txt 中的内容打印在控制台上，用这种方式就可以覆盖 Spring Boot 原有的 Banner。另外，我们可以改变 spring.banner.location 的配置值来修改 Banner 文件的路径,如 `spring.banner.location=classpath:mybanner.txt` 代表加载 Banner 文件的规则是从 classpath 下加载 `mybanner.txt` 文件。

制作自己的 Banner 图案有 3 种方式,第一种是手工制作,不过这种方式比较耗时费神;第二种是从网络中下载别人制作的成品 Banner,这种 Banner 通常比较有趣;第三种比较常用的方式是借助一些 Banner 制作网站,图 6-4 是作者使用 small 字体样式制作的"LinkedBear"字样的 Banner 图案,用该图案内容导出 `banner.txt` 文件并放入 `src/main/resources` 目录中,重启 Spring Boot 应用即可看到效果。

图 6-4 使用网站工具制作 Banner 图案

> 小提示:在 Spring Boot 2.x 及之前版本,Spring Boot 还支持图片 Banner,但随着 Spring Boot 升级到 3.0 后该功能被移除。

6.3.2 Banner 的输出模式

默认情况下 Spring Boot 会将 Banner 打印到控制台中,我们可以编写配置 `spring.main.banner-mode=log` 将 Banner 打印到日志文件中,也可以声明 `spring.main.banner-mode=off` 关闭 Banner 的打印功能。除了使用配置文件指定的方式,我们还可以在主启动类的 `main` 方法中指定 Banner 的输出模式,如代码清单 6-23 所示。

代码清单 6-23　编程式设置 Banner 输出模式

```java
public static void main(String[] args) {
    SpringApplication springApplication = new SpringApplication(SpringBootPracticeApplication.class);
    springApplication.setAdditionalProfiles("sky");
    springApplication.setBannerMode(Banner.Mode.OFF);
    springApplication.run(args);
}
```

6.4　日志的使用

日志是每个企业级项目开发中必备的组件,即使我们不主动打印日志,仅由底层框架本身也会输出非常多的日志,前面我们使用 Spring Boot 运行的测试示例中就是如此。合理的日志输出可以辅助开发者有效地定位和排查问题,对开发和运维阶段而言是非常重要的。

6.4.1 日志门面与实现

在讲解 Spring Boot 内部的日志使用之前，请读者先了解一个概念：日志也有类似于规范和实现的区分。读者可能在初学 Java Web 时了解 Log4j 或 Logback 等日志框架，这些都属于具体的实现。设计模式的依赖倒转原则指出，我们应当使用抽象（规范）而不是具体的框架实现，以避免因切换底层框架实现而导致项目代码无法正确编译的问题（类似于 JDBC 规范与具体数据库的实现）。日志的顶层有一个"日志门面"Slf4j（Simple Logging Facade for Java），它就是日志的抽象层规范之一，也是 Spring Boot 默认依赖的日志抽象层门面。

具体到日志的实现中，Spring Boot 提供了 3 种整合的框架：JUL (Java Util Logging)、Logback、Log4j2，默认使用的是 Logback。Spring Boot 的底层是 Spring Framework，而 Spring Framework 使用的日志是 Apache 开源的 `commons-logging`，这个日志框架本身也是一个门面，底层会根据项目中引入的其他门面或具体实现来动态选择。

正如我们从前面的测试示例中所见，我们没有显式声明导入日志相关的依赖，Spring Boot 默认就会打印很多日志，这是因为日志的标准启动器 `spring-boot-starter-logging` 已经被整合在 `spring-boot-starter-web` 的父依赖 `spring-boot-starter` 中，根据传递依赖的原则，项目中自然也就有了日志相关的依赖。

> 小提示：`spring-boot-starter` 是 Spring Boot 绝大多数官方场景启动器的基础依赖，这就意味着几乎所有的场景启动器被引入项目中时底层会有一个 `spring-boot-starter` 依赖，而 `spring-boot-starter` 中又导入了 `spring-boot-starter-logging`，所以我们使用 Spring Boot 的官方场景启动器时，通常不需要再显式导入 `spring-boot-starter-logging`。

6.4.2 使用日志打印

使用日志打印的方式非常简单，通常情况下我们只需要按照一个标准编写，如代码清单 6-24 的第一行，这种写法适合所有可以创建对象的类，要用到哪个类，直接将其复制粘贴即可；如果是静态类或者工具类等无法创建对象的，则可以使用静态成员指定，如代码清单 6-24 的第二行。

代码清单 6-24　使用日志打印的写法

```
private Logger logger = LoggerFactory.getLogger(this.getClass());
private static final Logger LOGGER = LoggerFactory.getLogger(LoggingService.class);
```

注意，导入包的时候一定要选择 `org.slf4j` 包下的类，不要选 Logback 或其他包下的类（依赖门面而不是实现）。

实际使用时，我们可以调用 `Logger` 的方法来打印日志，如代码清单 6-25 所示。API 的使用非常简单，读者可自行编写代码并测试。

代码清单 6-25　使用 Logger 打印日志

```
@Service
public class LoggingService {
    private Logger logger = LoggerFactory.getLogger(this.getClass());

    public void printLog() {
```

```
        logger.debug("这是一条 debug 日志");
        logger.info("这是一条 info 带参数的日志：{}", "我是参数");
        logger.warn("这是一条 warn 日志");
        logger.error("这是一条 error 带异常信息的日志", new NullPointerException());
    }
}
```

编写完毕后，我们在主启动类获取 LoggingService 并执行 printLog 方法，控制台打印了 3 条日志，说明默认情况下 Spring Boot 打印的等级是 INFO 级。

6.4.3 日志格式

Spring Boot 默认输出的日志样例如代码清单 6-26 所示。

代码清单 6-26　Spring Boot 的默认日志输出样例

```
2000-01-01T08:00:00.000+08:00  INFO 11872 --- [           main] o.s.b.w.embedded.tomcat.TomcatWebServer  : Tomcat initialized with port(s): 8888 (http)
```

输出内容主要包含以下信息。
- 日志输出的时间和日期，精度为毫秒级。
- 日志级别，包含 ERROR、WARN、INFO、DEBUG、TRACE（Logback 中没有 FATAL）。
- 当前应用的进程 ID。
- ---（三条短横线），代表这是分隔符，分隔符后面的内容是日志的主体信息。
- 打印当前日志的线程名称，使用方括号括起来。
- 打印当前日志的所在类名/日志组件名（通常是一个全限定类名）。
- 日志的具体内容。

如果需要改变默认的日志格式，我们可以修改 application.properties 或 application.yml 文件的内容，比如代码清单 6-27 中就把日志的内容稍做精简，这样输出的日志时间里没有毫秒值，中间的三条短横线被替换为箭头。具体日志打印的效果示例也呈现在代码清单 6-27 中。

代码清单 6-27　修改日志格式

```
logging.pattern.console=%d{yyyy-MM-dd HH:mm:ss} %p [%t] ----> %c{50} %m%n
#2000-01-01 08:00:00 INFO [main] ----> o.s.boot.web.embedded.tomcat.TomcatWebServer Tomcat initialized with port(s): 8888 (http)
```

具体的可编写项如下，读者可根据自己的偏好定制自己的日志格式。
- %m：输出代码中指定的日志信息。
- %p：输出优先级。
- %n：换行符。
- %r：输出应用启动到产生该日志信息所耗费的毫秒数。
- %c：输出打印语句所属的类的全名。
- %t：输出产生该日志的线程全名。
- %d：输出服务器当前时间，默认遵循 ISO 8601 标准，也可以指定格式，如%d{yyyy-MM-ddHH:mm:ss.SSS}。

- %F：输出日志消息产生时所在的文件名称。
- %L：输出代码中的行号。
- %%：输出一个 % 符号。

6.4.4 日志级别

与传统的控制台打印不同，日志的打印可以根据日志内容划分重要性级别。Spring Boot 支持的所有日志级别如下。

- OFF：关闭日志，不打印。
- ALL：打印所有日志，只要代码中包含的都会打印。
- TRACE：追踪日志，可用于追踪底层框架的代码执行流程，几乎不使用。
- DEBUG：调试日志，打印调试细节相关的日志（调试时常用）。
- INFO：信息日志，打印关键的信息（Spring Boot 默认级别）。
- WARN：警告日志，打印一些警告但不至于产生错误的信息。
- ERROR：业务错误日志，打印此类信息时通常会伴随异常的产生和抛出。
- FATAL：致命日志，打印此类日志时通常伴随应用崩溃等问题（Logback 不支持，若配置 FATAL 会降级到 ERROR）。

注意一点，当指定日志级别后，最终打印的日志内容的级别包含当前级别及更高的级别（例如指定 INFO，会打印 INFO、WARN、ERROR 和 FATAL 级别的日志）。

指定应用全局日志级别的方式，可以在 application.properties 中配置 logging.level.root=debug，如此配置后当前应用的全部日志都会打印 DEBUG 及以上的日志。如果需要指定某一个类或者某一个包下所有类的日志级别，则可以直接声明对应的类名或包名，代码清单 6-28 中提供了 3 个配置示例。

代码清单 6-28　分包配置日志级别

```
logging.level.root=info
logging.level.org.springframework.boot=error
logging.level.org.springframework.boot.SpringApplication=debug
```

6.4.5 日志分组

如果像 6.4.4 节的方式逐个配置日志级别，当配置内容规模扩大后，万一需要批量修改，改动量会很大且费时费力。为此，Spring Boot 提供了日志分组功能，与 Profile 的环境分组类似，我们可以把相同类型的包或类配置成一个日志组，再通过指定日志组的方式设置日志级别。

例如，指定所有与 Tomcat 相关的日志都为 DEBUG 级别，则可以按代码清单 6-29 的配置方法分组。重启工程，可以发现控制台中多了很多 Tomcat 相关的 Debug 日志打印，证明日志分组的配置生效了。

代码清单 6-29　使用日志分组

```
logging.group.tomcat=org.apache.tomcat,org.apache.catalina,org.apache.coyote
logging.level.tomcat=debug
```

Spring Boot 默认提供了两个内置的分组，可以直接声明该内置分组的级别，相关内容如表 6-2 所示。除了使用这些内置分组，我们还可以自行定义日志分组并加以使用。

表 6-2　Spring Boot 内置的日志分组

日志分组名称	包含的包
web	org.springframework.core.codec org.springframework.http org.springframework.web org.springframework.boot.actuate.endpoint.web org.springframework.boot.web.servlet.ServletContextInitializerBeans
sql	org.springframework.jdbc.core org.hibernate.SQL org.jooq.tools.LoggerListener

6.4.6　日志输出与归档

Spring Boot 默认将日志打印到控制台，在项目生产环境中这种做法显然不合理，因为我们需要将日志输出到文件中，以便我们后续查看。Spring Boot 给我们提供了两个配置项 `logging.file.name` 和 `logging.file.path`，分别用于指定日志的输出名称与位置，如代码清单 6-30 所示。

代码清单 6-30　配置日志输出到文件

```
# 指定输出的日志文件名
logging.file.name=boot.log
# 指定输出的日志文件名及路径
logging.file.name=E:/boot.log
# 指定输出的日志文件名及路径
logging.file.path=E:/boot.log
# 只指定输出的日志文件路径，此时日志文件名为 spring.log
logging.file.path=E:/
```

`logging.file.name` 的优先级高于 `logging.file.path`（配置 `logging.file.name` 后 `logging.file.path` 会失效），实际项目开发中更推荐使用 `logging.file.name`。

日志全部输出到文件后，随着时间的推移，日志文件所占空间必定会逐渐庞大，到时如果想下载保存就会很麻烦。为此，Spring Boot 提供了日志的归档和切分功能，我们只需要指定一个日志文件的最大大小，Spring Boot 会帮我们把日志按日期切分（每天的日志保存在一起，而不存在一个文件中出现连续两天的日志内容）。另外，Spring Boot 默认按 10MB 切分日志，只要日志文件大小达到 10MB，Spring Boot 就会把之前的日志文件进行切分，后续产生的日志会输出到新的文件中。

Spring Boot 默认整合的日志框架实现是 Logback，如果需要变更这些配置，我们可以直接修改 `application.properties` 或 `application.yml` 配置文件；如果使用的是其他日志框架，则需要编写单独的配置文件（如 `log4j2.xml`）。

Spring Boot 支持的日志归档配置如表 6-3 所示。关于具体的配置读者可自行测试，本节不再赘述。

表 6-3 日志归档与滚动配置

配置项	描述	默认值
logging.logback.rollingpolicy.clean-history-on-start	应用启动时是否清除以前的日志文件	false
logging.logback.rollingpolicy.file-name-pattern	日志归档的文件名称格式	${LOG_FILE}.%d{yyyy-MM-dd}.%i.gz
logging.logback.rollingpolicy.max-history	日志保存的最多天数	7
logging.logback.rollingpolicy.max-file-size	单个日志文件的最大大小	10MB
logging.logback.rollingpolicy.total-size-cap	所有日志文件的总存储容量上限（超过该上限后就会删除旧文件）	0（不限制）

6.4.7 切换日志实现

Spring Boot 默认使用 Logback 作为日志框架的具体实现，如果需要切换到其他的日志框架（比如 Log4j2），则可以显式声明导入 `spring-boot-starter` 依赖，并将其中的 `spring-boot-starter-logging` 依赖去除，导入新的依赖 `spring-boot-starter-log4j2`，之后如果需要对 Log4j2 进行配置，则直接创建名为 `log4j2-spring.xml` 的配置文件，并在其中配置即可，如代码清单 6-31 所示。

代码清单 6-31　切换日志框架实现

```xml
<dependency>
    <groupId>org.springframework.boot</groupId>
    <artifactId>spring-boot-starter-web</artifactId>
</dependency>
<dependency>
    <groupId>org.springframework.boot</groupId>
    <artifactId>spring-boot-starter</artifactId>
    <exclusions>
        <exclusion>
            <groupId>org.springframework.boot</groupId>
            <artifactId>spring-boot-starter-logging</artifactId>
        </exclusion>
    </exclusions>
</dependency>
<dependency>
    <groupId>org.springframework.boot</groupId>
    <artifactId>spring-boot-starter-log4j2</artifactId>
</dependency>
```

> 小提示：可能有读者对上述的去除依赖做法感到疑惑，为什么要显式声明导入 `spring-boot-starter` 之后再去除？这是因为 `spring-boot-starter-logging` 依赖在 `spring-boot-starter` 中，我们完全可以直接在 `spring-boot-starter-web` 中去除，但这样做的前提是 `spring-boot-starter-web` 必须位于整个 `<dependencies>` 标签的第一个依赖，否则可能会出现去除失效的异常情况，为保证去除效果，笔者更推荐显式导入 `spring-boot-starter` 依赖，并在这个依赖中去除 `spring-boot-starter-logging` 坐标。

6.5 启动过程的简单扩展点

Spring Framework 和 Spring Boot 之所以能够"海纳百川",离不开其底层非常丰富且强大的可扩展性。Spring Boot 在 Spring Framework 原有的基础上新增了许多扩展点。由于本书更注重核心知识与应用实践,因此本节只会介绍实际的项目开发中接触比较多的简单扩展点,关于全部的扩展点,在笔者另一本书《Spring Boot 源码解读与原理分析》中有详细讲解。

6.5.1 启动过程简单概述

Spring Boot 应用的整体启动过程可以大致分为以下 3 个阶段。

- 准备 Spring Boot 应用,这个阶段主要完成的工作包含识别 Web 环境、设置一些内置的组件等。
- 初始化 IOC 容器并启动(刷新),这个阶段的核心工作是创建和刷新 `ApplicationContext`,即 IOC 容器,应用中绝大部分的组件在这个阶段被初始化。
- IOC 容器启动完毕后的处理,包括广播事件、回调扩展的组件等。

> 小提示:`ApplicationContext` 的主要生命周期中包含创建、刷新、关闭三个环节,注意创建环节中 IOC 容器中的组件大多没有被创建,而是在刷新环节才被创建,这就意味着 IOC 容器的刷新环节是应用启动的最重要环节之一。

由于整个启动过程非常复杂,涉及的内部组件和原理相当多,读者对本节内容无须有很大的压力,了解即可。

6.5.2 启动容器前的扩展

启动容器前,即准备 Spring Boot 应用的阶段,这个阶段中介绍一个重要的组件:**`ApplicationContextInitializer`**,这个组件可以在 IOC 容器创建后但尚未刷新的环节切入扩展逻辑。上面的小提示中已经提到,`ApplicationContext` 有一个刷新动作,在这个刷新动作之前是创建动作,那么这两个动作之间就可以插入新的扩展逻辑,其中的一个实现方式即本节介绍的 `ApplicationContextInitializer`,它可以操纵 `ApplicationContext` 对象并执行一些额外的逻辑,不过这个阶段中扩展的逻辑相对抽象,读者仅有一个初步印象即可。

6.5.3 启动容器时的扩展

在 4.3.4 节中提到了 `ApplicationContext` 的几个内置事件,其中在启动阶段触发的事件包含 `ContextRefreshedEvent` 和 `ContextStartedEvent`。如果我们在启动容器时扩展逻辑,一个经典的实现方式是编写一个监听器并监听 `ContextRefreshedEvent` 事件,只要 `ContextRefreshedEvent` 被广播,就意味着 IOC 容器已经刷新完毕,容器中绝大多数 bean 对象均已创建,此时切入扩展逻辑即可获取 `ApplicationContext` 本身,或者可以直接在监听器的内部使用@Autowired 等注解注入需要扩展逻辑来处理的 bean 对象,操纵这些对象完成后续的扩展逻辑。

相关的代码编写方式与 Spring Framework 的完全一致,在 4.3 节中已经讲解了相关内容,本节不再重复讲解。

6.5.4 启动完成后的扩展

当 IOC 容器彻底初始化完毕后，Spring Boot 还给我们扩展了两个新的接口，包括 `ApplicationRunner` 和 `CommandLineRunner`，用于扩展启动完成后的逻辑，这两个接口的使用方式相对简单，本节将讲解这两个接口的使用方式。

`ApplicationRunner` 与 `CommandLineRunner` 的具体使用方式都是编写接口的实现类（或匿名内部类），之后注册到 IOC 容器即可，由于是注册到 IOC 容器的 Bean，所以它们也支持使用 `@Autowired` 等注解注入其他 Bean。另外，`ApplicationRunner` 与 `CommandLineRunner` 的类上都被标注了 `@FunctionalInterface` 注解，我们可以使用 Lambda 表达式来快速编写匿名内部类，通过注解配置类+`@Bean` 注解的方式快速注册，如代码清单 6-32 所示。

代码清单 6-32　使用 ApplicationRunner 和 CommandLineRunner

```
@Component
public class TestApplicationRunner implements ApplicationRunner {

    @Autowired
    private Person person;

    @Override
    public void run(ApplicationArguments args) throws Exception {
        System.out.println("TestApplicationRunner run ......");
        System.out.println(person);
    }
}

@Configuration
public class RunnerConfiguration {

    @Bean
    public CommandLineRunner runner() {
        return args -> {
            System.out.println("CommandLineRunner run ......");
        };
    }
}
```

以两种不同的方式注册后，下面我们可以直接重新启动当前工程，观察控制台可以输出如下内容，证明运行器（`ApplicationRunner` 和 `CommandLineRunner`）已经正确运行。

```
TestApplicationRunner run ......
Person{name='小\t 帅', age=20, birthday=Sat Jan 01 10:00:00 CST 2000, alias=[张三, 三三来迟], tels=[88881234, 12345678], cats=[Cat{name='咪 咪', age=2}, Cat{name='喵 喵', age=3}], events={eight=起床, nine=撸猫, twenty=睡觉}, dogs={wang=Dog{name='旺旺', age=4}, wuwu=Dog{name='呜呜', age=5}}}
CommandLineRunner run ......
```

6.6　场景启动器与自动装配

Spring Boot 的强大，在底层离不开场景启动器（starter）和与之搭配的自动装配机制。Spring Boot 官方本身提供了很多封装好的场景启动器，但即便再多也很难覆盖所有的应用开发场景。

每个大型项目中通常会有一些通用抽取的组件和配置，其他模块都需要依赖这些组件和配置，这就需要制作自定义的场景启动器。本节简单解析场景启动器的结构，并讲解如何自定义一个简单的场景启动器。

6.6.1 场景启动器的结构

Spring Boot 官方提供的场景启动器大多遵循一个标准规范，即场景启动器本身没有代码，仅用来组织和维护该场景启动器所需导入的所有依赖，而这些依赖中会有一个名字包含 `autoconfigure` 的依赖，这个依赖中定义了与该场景启动器相关的所有自动配置；另外，针对不同的场景会导入与场景相关的核心包，有了这些核心包就相当于有了需要装配的组件。将二者结合起来，就大体形成了一个场景启动器。

如果将上述的结构进行简化，则可以将所有的职责都合并到一个 pom 依赖中，即场景启动器本身，此时场景启动器中需要导入相关场景的核心依赖，并且为它编写相应的自动配置和扩展代码。相较于 Spring Boot 的标准结构，简化后的结构编写起来速度更快，但是当一个工程中定义的场景启动器很多时，所有的自动装配都零散分布在各个场景启动器依赖中，维护起来会相对麻烦，实际开发中读者可根据工程的规模和自身偏好选择场景启动器的结构规范。

6.6.2 自定义场景启动器

本节的示例中选择使用简化结构制作场景启动器。先拟定一个简单需求：制作一个场景启动器，当其他项目依赖该场景启动器时，自动向 IOC 容器中注册一个 Cat 和一个 Dog 对象。

1. 搭建工程

场景启动器本身也是一个工程，所以我们再新建一个工程 `springboot-02-starter`，本节的所有代码均在该工程下编写。关于 `pom.xml` 文件中的依赖，我们只需要导入 `spring-boot-starter-web`，如代码清单 6-33 所示。

代码清单 6-33　创建场景启动器工程，配置 pom.xml 文件

```xml
<parent>
    <groupId>org.springframework.boot</groupId>
    <artifactId>spring-boot-starter-parent</artifactId>
    <version>3.1.0</version>
</parent>
<groupId>com.linkedbear.spring6</groupId>
<artifactId>springboot-02-starter</artifactId>
<version>1.0-SNAPSHOT</version>

<properties>
    <java.version>17</java.version>
</properties>

<dependencies>
    <dependency>
        <groupId>org.springframework.boot</groupId>
        <artifactId>spring-boot-starter-web</artifactId>
    </dependency>
</dependencies>
```

2. 编写组件

接下来我们简单编写两个组件,在具体的具有功能的场景启动器中,这些组件通常具备业务和功能上的含义,本节的组件仅用于演示。

分别创建一个 Cat 和 Dog 类,并指定 Cat 类绑定全局配置文件中"animal.cat"开头的配置属性,Dog 类则不予声明,如代码清单 6-34 所示。

代码清单 6-34　简单组件编写

```
@ConfigurationProperties(prefix = "animal.cat")
public class Cat {
    private String name;
    private Integer age;
    // getter setter toString ......
}

public class Dog {
    private String name;
    private Integer sex;
    // getter setter toString ......
}
```

3. 编写自动配置类

我们编写的 Cat 和 Dog 类上都没有标注模式注解,所以只能通过注解配置类+@Bean 注解的方式,将编写好的组件注册到 IOC 容器中。自动配置类在具体的代码编写上与常规的注解配置类大体没有区别,只是标注配置类的注解由 @Configuration 变为 @AutoConfiguration,并且可以在类上声明当前类生效的条件等,如代码清单 6-35 所示。

代码清单 6-35　自动配置类 AnimalAutoConfiguration

```
@AutoConfiguration
@ConditionalOnProperty(prefix = "animal", name = "enable", havingValue = "true", matchIfMissing
= true)
@EnableConfigurationProperties(Cat.class)
public class AnimalAutoConfiguration {

    @Bean
    @ConfigurationProperties(prefix = "animal.dog")
    public Dog dog() {
        return new Dog();
    }
}
```

整个 AnimalAutoConfiguration 中包含 3 个要素,一一说明如下。

(1)通过使用 @ConditionalOnProperty 注解,可以实现仅当配置属性中包含一个 animal.enable 属性且值为 true 时,配置类才会生效。此外,若声明 matchIfMissing=true,则当该配置属性没有配置时,认定该条件也生效。

(2)通过使用 @EnableConfigurationProperties 注解,可以直接向 IOC 容器中注册标注了 @ConfigurationProperties 注解的 Bean。

(3)通过使用 @Bean+@ConfigurationProperties 注解,可以实现与 @EnableConfigurationProperties 注解相似的效果。

4. 注册自动配置类

编写自动配置类后，要想让其发挥作用，就需要遵循 Spring Boot 的规范，将自动配置类注册到 Spring Boot 可以读取到的位置，也就是 5.4.4 节中提到的 **META-INF/spring/org.springframework.boot.autoconfigure.AutoConfiguration.imports** 文件中，所以接下来在 `resources` 目录中新建相应的文件，并将 `AnimalAutoConfiguration` 的全限定类名填写到文件中，如代码清单 6-36 所示。

代码清单 6-36　AutoConfiguration.imports 文件

```
com.linkedbear.springboot.starter.autoconfigure.AnimalAutoConfiguration
```

再次提醒读者，Spring Boot 3.0 以后只支持使用 imports 文件的方式注册自动配置类，而且这个文件的格式不是 properties，而是普通文本文档，只需要将所需注册的自动配置类每行一个罗列在文档中。

5. 使用 starter 测试效果

为了测试 starter 的效果，我们可以在 `springboot-02-practice` 工程中导入该场景启动器，并获取对应的 `Cat` 和 `Dog` 对象检验场景启动器是否生效，如代码清单 6-37 所示。

代码清单 6-37　导入场景启动器测试

```xml
<dependency>
    <groupId>com.linkedbear.spring6</groupId>
    <artifactId>springboot-02-starter</artifactId>
    <version>1.0-SNAPSHOT</version>
</dependency>
public static void main(String[] args) {
    var ctx = SpringApplication.run(SpringBootPracticeApplication.class, args);
    System.out.println(ctx.getBean(Cat.class));
    System.out.println(ctx.getBean(Dog.class));
}
```

重新运行 `SpringBootPracticeApplication` 的 `main` 方法，观察控制台中打印了 `Cat` 和 `Dog` 对象的信息，但是内部的所有属性都为 `null`。

```
Cat{name='null', age=null}
Dog{name='null', sex=null}
```

如果我们在 `application.properties` 文件中配置一些属性信息，则在重启应用后的控制台输出中可以看到相应的属性值，如代码清单 6-38 所示。

代码清单 6-38　添加配置属性信息

```
animal.cat.name=mimi
animal.cat.age=3
animal.dog.name=wangwang
Cat{name='mimi', age=3}
Dog{name='wangwang', sex=null}
```

6. 配置属性提示

读者在跟进练习中是否观察到一个问题：我们手动声明的配置属性，在 IDE 中只有 `animal.cat`

开头的属性有提示，animal.dog 开头的配置没有提示；另外，即便是 animal.cat 开头的配置属性有提示，也没有任何含义提示，只有 Spring Boot 内部相关的配置属性有完备的提示信息，如图 6-5 所示。

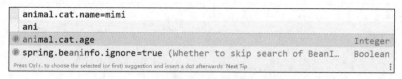

图 6-5 只有 Cat 相关的配置属性提示

想要让我们自定义的配置属性也能够有提示，需要我们在场景启动器的工程中再添加一个 spring-boot-configuration-processor 坐标，如代码清单 6-39 所示，通过这个坐标可以将我们编写的配置属性信息和注释，在编译时生成一个可以让 IDE 解析的提示文件。

代码清单 6-39　spring-boot-configuration-processor 依赖

```xml
<dependency>
    <groupId>org.springframework.boot</groupId>
    <artifactId>spring-boot-configuration-processor</artifactId>
    <optional>true</optional>
</dependency>
```

注意，只有类上标注了 @ConfigurationProperties 注解的类才能被 spring-boot-configuration-processor 处理，所以上面 animal.dog 开头的属性无法显示。对此，我们可以在 Dog 类上也标注 @ConfigurationProperties 注解，并取消 AnimalAutoConfiguration 中的 @Bean 注解标注，添加 @EnableConfigurationProperties 的 Dog 注册，如代码清单 6-40 所示。

代码清单 6-40　全部使用 @ConfigurationProperties 注解

```java
@AutoConfiguration
@ConditionalOnProperty(prefix = "animal", name = "enable", havingValue = "true", matchIfMissing = true)
@EnableConfigurationProperties({Cat.class, Dog.class})
public class AnimalAutoConfiguration { }

@ConfigurationProperties(prefix = "animal.dog")
public class Dog {
    // ......
}
```

如此改造之后，重新编译 springboot-02-starter 工程，再编写 application.properties 中的配置时就可以发现 animal.dog 开头的属性也得以显示，如图 6-6 所示。

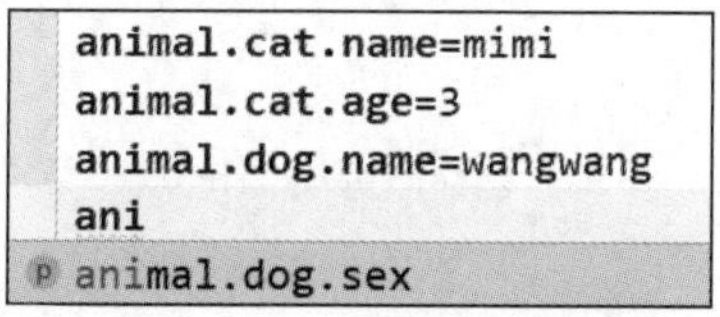

图 6-6 调整后 Dog 类的配置属性得以显示

虽然属性已经有提示，但这些属性的含义是什么？我们可以在这些属性上补充文档注释，比如在 Dog 类中补充如代码清单 6-41 所示的文档注释。

代码清单6-41 补充文档注释

```java
@ConfigurationProperties(prefix = "animal.dog")
public class Dog {

    /**
     * 狗狗的名字
     */
    private String name;

    /**
     * 狗狗的性别 1 雄性 0 雌性
     */
    private Integer sex;
    // ......
}
```

补充完文档注释后，再重新编译 springboot-02-starter 工程，此时再编写配置属性时就发现有了文档注释的提示，如图 6-7 所示。到此，与自定义场景启动器相关的基本编写知识讲解完毕。

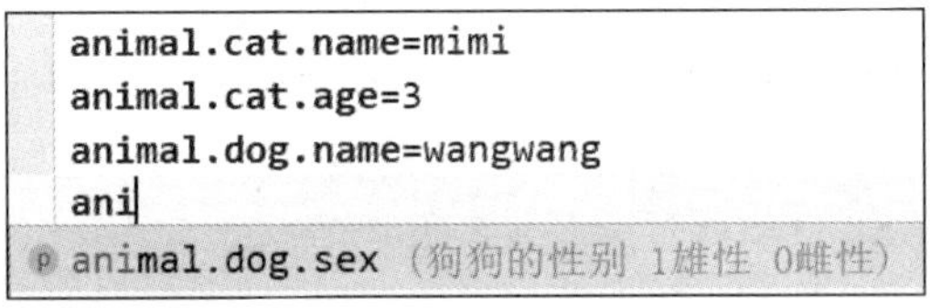

图 6-7 添加文档注释后的配置属性提示

6.7 启动异常分析

我们在开发应用的过程中几乎无法避免遇到各种错误和异常，小到端口冲突，大到内存泄漏等。比如我们将 springboot-02-practice 工程的 application-dev.properties 文件中的 server.port 改回 8080，之后同时启动 springboot-01-quickstart 和 springboot-02-practice 工程，由于两个工程都使用了 8080 端口，因此只有 springboot-01-quickstart 工程可以正确启动，而 springboot-02-practice 工程在启动时会提示端口被占用，下面是控制台输出：

```
***************************
APPLICATION FAILED TO START
***************************

Description:

Web server failed to start. Port 8080 was already in use.

Action:
```

```
Identify and stop the process that's listening on port 8080 or configure this application to
listen on another port.
```

本节内容从这段输出开始，讲解 Spring Boot 中的启动异常报告和分析机制。

6.7.1　FailureAnalyzer

正常情况下，当应用运行过程中出现异常时，由抛出方逐层向上传递，直至由 catch 块的捕获逻辑消化，或者在没有捕获时最终抛出并打印，Spring Boot 提供的异常分析机制相当于从 catch 层切入，它提供了一个核心组件 FailureAnalyzer 和一组实现，以拦截应用启动过程中抛出的异常并尝试处理。

FailureAnalyzer 本身是一个接口，它来自 Spring Boot 1.4，由于该接口中只有一个方法，因此在 Spring Boot 2.0 中被声明为函数式接口，如代码清单 6-42 所示。接口的设计非常简洁，它接收一个顶层的可抛出对象 Throwable，经过 analyze 方法处理后转换为一个 FailureAnalysis 对象，而这个 FailureAnalysis 的结构其实就是一个 Throwable 的包装，额外添加了可以自行填写内容的 description 和 action 属性，以便每个异常分析器（FailureAnalyzer）描述自己负责的异常，以及出现该异常时的检查和修复建议动作。

代码清单 6-42　FailureAnalyzer

```java
@FunctionalInterface
public interface FailureAnalyzer {

    FailureAnalysis analyze(Throwable failure);
}

public class FailureAnalysis {
    private final String description;
    private final String action;
    private final Throwable cause;
    // ......
}
```

Spring Boot 内置了很多 FailureAnalyzer 的实现，它们被定义在 META-INF/spring.factories 文件中，如代码清单 6-43 所示。当应用启动时，Spring Boot 会加载这个文件并将声明的所有 FailureAnalyzer 注册到 IOC 容器中，以备后续启动过程中出现异常时做出反应。

代码清单 6-43　spring.factories 文件中定义 FailureAnalyzer

```
# Failure Analyzers
org.springframework.boot.diagnostics.FailureAnalyzer=\
org.springframework.boot.context.config.ConfigDataNotFoundFailureAnalyzer,\
org.springframework.boot.context.properties.IncompatibleConfigurationFailureAnalyzer,\
org.springframework.boot.context.properties.NotConstructorBoundInjectionFailureAnalyzer,\
org.springframework.boot.diagnostics.analyzer.BeanCurrentlyInCreationFailureAnalyzer,\
org.springframework.boot.diagnostics.analyzer.BeanDefinitionOverrideFailureAnalyzer,\
org.springframework.boot.diagnostics.analyzer.BeanNotOfRequiredTypeFailureAnalyzer,\
......
```

以端口号被占用的异常为例,我们可以在 `spring.factories` 文件的 FailureAnalyzer 配置项中找到一个实现类 `PortInUseFailureAnalyzer`,它可以识别和分析端口号被占用的问题。经查看它的源码可以发现,它处理异常的方式非常简单,就是把被占用的端口号取出并封装为异常报告信息,生成 `FailureAnalysis` 对象,如代码清单 6-44 所示。这就意味着只要在启动过程中抛出了 `PortInUseException` 异常,`PortInUseFailure Analyzer` 就可以将其捕获并封装异常分析信息。

代码清单 6-44　PortInUseFailureAnalyzer 分析端口号被占用

```java
class PortInUseFailureAnalyzer extends AbstractFailureAnalyzer<PortInUseException> {

    @Override
    protected FailureAnalysis analyze(Throwable rootFailure, PortInUseException cause) {
        return new FailureAnalysis("Web server failed to start. Port " + cause.getPort() +
" was already in use.","Identify and stop the process that's listening on port " +
 cause.getPort() + " or configure this "+ "application to listen on another port.",cause);
    }
}
```

6.7.2　重写内置的异常分析

Spring Boot 提供的内置异常分析组件很多,开发人员通过读取异常分析信息可以相对简单地了解启动异常和定位,但如果交给对日志不很了解的运维人员,可能就不是很友好。为了解决该问题,我们可以针对内置组件中不易理解和获取错误定位的异常进行重写,通过重写异常分析信息提供更易理解的错误提示和修复指导。

以 6.7 节的端口号被占用为例,如果我们需要重写端口被占用时的异常提示信息,可以编写一个新的类 `ChinesePortInUseFailureAnalyzer`(基于中文的端口号被占用分析器),使其继承 FailureAnalyzer 的抽象父类 `AbstractFailureAnalyzer`,并指定捕获的异常类型为 `PortInUseException`,即可在 analyze 方法中获取该异常并自行封装 FailureAnalysis 信息,如代码清单 6-45 所示。

代码清单 6-45　ChinesePortInUseFailureAnalyzer

```java
public class ChinesePortInUseFailureAnalyzer extends AbstractFailureAnalyzer<PortInUseException> {

    @Override
    protected FailureAnalysis analyze(Throwable rootFailure, PortInUseException cause) {
        return new FailureAnalysis("当前端口" + cause.getPort() + "被占用!",
            "检查" + cause.getPort() + "为什么被占用,并停止占用的程序。", rootFailure);
    }
}
```

要想让我们自己编写的异常分析器生效,需要遵循 Spring Boot 的规则,将 `ChinesePortInUseFailureAnalyzer` 配置到 `spring.factories` 文件的 FailureAnalyzer 配置项中,所以我们接下来在 `resources/META-INF` 目录下创建 `spring.factories` 文件,并声明代码清单 6-46 所示的内容。

代码清单 6-46　配置 spring.factories 文件

```
org.springframework.boot.diagnostics.FailureAnalyzer=\
  com.linkedbear.springboot.practice.failure.ChinesePortInUseFailureAnalyzer
```

如此编写完毕后，下面重启应用测试效果。依然保证 `springboot-01-quickstart` 工程提前运行在 8080 端口，之后启动 `springboot-02-practice` 工程，和预期一致，工程启动失败，但是控制台中打印的异常分析信息变为我们编写的中文内容，说明自行编写的异常分析器可以覆盖 Spring Boot 内置的组件。

```
Description:
当前端口 8080 被占用！
Action:
检查 8080 为什么被占用，并停止占用的程序。
```

6.7.3　自定义异常分析

随着应用的不断开发，在应用启动阶段可能会添加新的扩展逻辑，伴随这些扩展逻辑的添加，可能会有一些校验逻辑附加到启动阶段。为了能在校验失败时提供更易读的错误报告和修改提示，我们可以自定义校验的异常，以及为这些异常制定异常分析规则。

为了演示方便，本节使用一个比较简单的场景作为示例，而不构造复杂的逻辑。自定义的异常场景是：当应用启动的端口号被设置为 5 位数时，抛出异常终止程序运行（听上去很离谱，请读者不要较真，该需求仅用于演示，切勿本末倒置）。

首先我们要定义一个新的运行时异常类 `IllegalPortException`，使其继承 `RuntimeException` 并在内部声明一个 `int` 类型的变量，用于接收不合法的端口号，如代码清单 6-47 所示。

代码清单 6-47　IllegalPortException

```java
/**
 * 不合法的端口异常
 */
public class IllegalPortException extends RuntimeException {

    private int port;

    public IllegalPortException(int port) {
        this.port = port;
    }

    //getter......
}
```

为了能在应用启动阶段将该异常抛出，我们可以借助 6.5.4 节中学习的 `CommandLineRunner` 接口来触发，声明一个 `IllegalPortChecker` 类，实现 `CommandLineRunner` 接口并标注 `@Component` 注解，随后实现端口检测逻辑，如代码清单 6-48 所示。注意，`@Value` 注解中使用的占位符考虑了未声明 `server.port` 的情况。

代码清单 6-48　IllegalPortChecker

```java
@Component
public class IllegalPortChecker implements CommandLineRunner {

    @Value("${server.port:8080}")
    private int port;

    @Override
    public void run(String... args) {
        if (port > 10000) {
            throw new IllegalPortException(port);
        }
    }
}
```

接下来是与 `IllegalPortException` 异常对应的异常分析器，仿照 Spring Boot 的编写风格，我们可以快速编写出相对应的 `IllegalPortFailureAnalyzer`，如代码清单 6-49 所示。

代码清单 6-49　IllegalPortFailureAnalyzer

```java
public class IllegalPortFailureAnalyzer extends AbstractFailureAnalyzer<IllegalPortException> {

    @Override
    protected FailureAnalysis analyze(Throwable rootFailure, IllegalPortException cause) {
        return new FailureAnalysis("检测到不合法的端口：" + cause.getPort(),
                "请使用 10000 以内的端口号", cause);
    }
}
```

最后将 `IllegalPortFailureAnalyzer` 配置到 `spring.factories` 文件中，即可完成全部工作，如代码清单 6-50 所示。

代码清单 6-50　IllegalPortFailureAnalyzer 配置到 spring.factories 文件

```
org.springframework.boot.diagnostics.FailureAnalyzer=\
  com.linkedbear.springboot.practice.failure.ChinesePortInUseFailureAnalyzer,\
  com.linkedbear.springboot.practice.failure.IllegalPortFailureAnalyzer
```

全部编码工作完成后，我们修改 `application-dev.properties` 文件中 `server.port` 的值为 `18080`，并重新运行工程，这次虽然不会提示端口冲突，但由于使用的端口号"不合法"，导致 `IllegalPortException` 异常被抛出，最终控制台会打印如下错误报告，证明自定义的异常报告组件已经生效。

```
Description:
检测到不合法的端口：18080
Action:
请使用 10000 以内的端口号
```

6.8　小结

本章我们从多个方面学习了 Spring Boot 开发中的最佳实践方式，通过多个场景和应用示例体会了 Spring Boot 的强大。

　　Spring Boot 之所以强大，其可配置性和配置高扩展性必定占有一席之地。通过使用 properties 或 YML 格式的文件声明配置，并辅以 Profile 特性的设置，可以轻松地定义多套不同运行环境下的配置；通过将不同的配置属性分散到不同的文件，并利用 Spring Boot 的配置文件加载规则，可以灵活地管理 Spring Boot 应用中的配置属性；结合属性绑定功能，将配置文件中的配置属性映射到特定的属性模型类中，可以方便地管理和使用这些配置属性。

　　Spring Boot 的日志体系天然集成在官方的场景启动器中，默认使用 Slf4j+Logback 的日志门面+实现组合，借助 Spring Boot 的整合能力，可以直接在全局配置文件中自定义日志的输出格式、日志载体、日志级别等。

　　Spring Boot 中可以切入的扩展点非常多，从启动容器前到容器初始化阶段，再到应用启动完成后的一系列过程都有非常多的切入点，现阶段读者只需要了解与事件监听相关的方式，以及 Spring Boot 提供的两种运行器。

　　Spring Boot 快速搭建工程的秘籍之一是场景启动器，场景启动器中包含一个应用开发场景中所需的全部依赖和相关的自动配置，我们自行制作场景启动器时也需要将这些因素全部考虑进去。

　　对于应用启动过程中出现异常的问题，Spring Boot 通过启动异常分析机制将异常捕获，并转换为可读的错误提示和修复建议，帮助开发者排查问题；针对应用中扩展的功能，也可以提前考虑潜在的问题，并编写相应的自定义异常和分析器，以提供更友好的提示信息。

　　通过近两章的内容学习，读者大体了解了 Spring Boot 的开发方式和规律，后续的项目中如果没有明确提示，将统一基于 Spring Boot 开发。

第三部分
Spring Framework 的 AOP

▶ 第 7 章　AOP 思想与实现

▶ 第 8 章　AOP 的进阶机制和应用

第 7 章 AOP 思想与实现

本章主要内容：
◇ AOP 思想的演绎推导；
◇ AOP 与动态代理；
◇ AOP 概述与术语；
◇ 使用 Spring Boot 整合 AOP 场景；
◇ 使用原生 Spring Framework 整合 AOP 场景。

在第 1 章中讲到过，Spring Framework 的两大核心是控制反转（IOC）与面向切面编程（AOP），第 2～4 章我们了解了 IOC 相关的知识，接下来的第 7～8 章则是 AOP 部分的讲解。AOP 同样重要，它支撑了 Spring Framework 中众多扩展功能的运行，如声明式事务、注解式缓存等。与 IOC 部分的讲解方式相同，我们先从 AOP 的思想演绎推理开始，了解 AOP 思想的由来。

7.1 AOP 是怎么来的

为了能让推演的过程延续下去，请读者找到第 2 章开始部分推演的 `spring-00-introduction` 工程，我们基于这个工程继续向下推演。

7.1.1 日志记录

继 BeanFactory 抽取完成之后，你负责的项目最终在客户的服务器上稳定运行，客户给予了高度评价，一期的项目告一段落。项目运行了大半年之后，有一天客户突然给你打来了电话，表示系统内出现大量异常数据，需要协助排查和处理。

考虑到你目前的工作压力不大且有空余时间，于是你打开远程连接软件，进入客户的服务器内查看，果不其然，在**这个系统的积分模块里，有几个用户的积分异常地多**。但是在开发阶段，积分模块的权重不是很高，对于积分的操作没有很细致的流水记录，也就没办法追溯这些积分的来源。

当你跟客户解释事情的前因后果之后，客户显得比较着急，并表示积分模块同样重要，**是否可以把积分的变动过程都记录下来，这样仅凭客户自己也能追溯**。起初你没有认为这件事情很麻烦，便一口答应。

代码预编写

为了迎合接下来的剧情变动，我们需要提前做一些准备工作。

首先找到 `spring-00-introduction` 工程的 `e_cachedfactory` 目录，将其完整复制

一份到 f_pointslog，如图 7-1 所示（其中的 Servlet 需要改名）。

图 7-1　复制工程代码后的结构

接下来找到 resources 目录，将 factory_e.properties 文件也复制一份，命名为 factory_f.properties，并将该文件内的类名同步改成 f_pointslog 包中的类；此外 BeanFactory 中的 properties 文件加载路径也需要同步替换，如代码清单 7-1 所示。

代码清单 7-1　复制 properties 配置文件 factory_f.properties

```
demoService=com.linkedbear.architecture.f_pointslog.service.impl.DemoServiceImpl
demoDao=com.linkedbear.architecture.f_pointslog.dao.impl.DemoDaoImpl

static {
    properties = new Properties();
    try {
        // 改动的位置在getResourceAsStream方法中
        properties.load(BeanFactory.class.getClassLoader().getResourceAsStream("factory_f.properties"));
    } catch (IOException e) {
        throw new ExceptionInInitializerError("BeanFactory initialize error, cause: " + e.getMessage());
    }
}
```

为了演示积分变动的逻辑，我们为 DemoService 添加几个方法，代表积分变动的逻辑；相应地，为 DemoServiceImpl 添加对应的实现，完善代码后再复制一个相同的 DemoServiceImpl 并命名为 DemoServiceImpl2，代码不需要更改，核心代码如代码清单 7-2 所示。为了快速演示，注重思想演绎推导而不是功能的真正实现，本节不再同步扩展 DemoDao 相关代码的逻辑。

代码清单 7-2　DemoService 与 DemoServiceImpl

```
public interface DemoService {
    List<String> findAll();
    
    int add(String userId, int points);
```

```java
    int subtract(String userId, int points);
    int multiply(String userId, int points);
    int divide(String userId, int points);
}

@Override
public int add(String userId, int points) {
    return points;
}

@Override
public int subtract(String userId, int points) {
    return points;
}

@Override
public int multiply(String userId, int points) {
    return points;
}

@Override
public int divide(String userId, int points) {
    return points;
}
```

最后，在 DemoServlet6 中添加对 DemoService 的 add 和 subtract 方法的调用，如代码清单 7-3 所示。

代码清单 7-3　DemoServlet6

```java
protected void doGet(HttpServletRequest req, HttpServletResponse resp) throws Exception {
    resp.getWriter().println(demoService.findAll().toString());
    demoService.add("bearbear", 666);
    demoService.subtract("bearbear", 666);
}
```

至此，代码的前期准备完毕，下面继续进行演绎推导。

7.1.2　添加积分变动逻辑

答应客户之后，身为项目骨干开发人员的你打开工程后，仔细核查了一遍与积分模块相关的代码，发现事情并不像想象中的那样简单：**涉及积分变动的逻辑非常多**。虽然改动难度不大，但是改动数量很多，修改过程费时费力！

1. 修改 DemoServiceImpl

既然是增加积分变动的日志记录，那么我们可以在每个方法执行开始时，将当前类的类名+执行的方法名以及参数都打印到控制台，如代码清单 7-4 所示。

代码清单 7-4　DemoServiceImpl 添加日志打印

```java
@Override
public int add(String userId, int points) {
    System.out.println("DemoServiceImpl add ...");
    System.out.println("user: " + userId + ", points: " + points);
```

```java
        return points;
    }

    @Override
    public int subtract(String userId, int points) {
        System.out.println("DemoServiceImpl subtract ...");
        System.out.println("user: " + userId + ", points: " + points);
        return points;
    }
    // 省略 multiply 与 divide......
```

虽然代码编写起来很简单，但由于每个方法都要覆盖到位，导致你在改动过程中异常痛苦，幸好要改的方法内容不算多，一旦改动量大起来，这次的改动规模堪比上次改动数据库驱动。在改代码的过程当中，聪明的你逐渐产生了一种想法：**这些日志打印的逻辑几乎是一样的**，无须对每个方法都用最原始的办法编写，最起码可以**封装一个工具类**，通过调用工具类的方法打印日志。

2．封装 LogUtils

有了想法之后，下一步就是工具类的简单设计，快速实现后形成了一个最基本的日志打印工具类 LogUtils，如代码清单 7-5 所示。

代码清单 7-5　具备固定参数列表的工具类 LogUtils

```java
public class LogUtils {
    public static void printLog(String className, String methodName, String userId, int points) {
        System.out.println(className + " " + methodName + " ...");
        System.out.println("user: " + userId + ", points: " + points);
    }
}
```

很明显，代码清单 7-5 的工具类不具备通用性，如果能让所有的业务逻辑都可以使用该工具类，则参数列表就不能如此固定，于是稍加改造后就有了代码清单 7-6 的通用工具类。

代码清单 7-6　通用工具类 LogUtils

```java
public class LogUtils {
    public static void printLog(String className, String methodName, Object... args) {
        System.out.println(className + " " + methodName + " ...");
        System.out.println("参数列表: " + Arrays.toString(args));
    }
}
```

有了 LogUtils 工具类后，DemoServiceImpl 中的代码就显得稍微精简一些，如代码清单 7-7 所示。

代码清单 7-7　DemoServiceImpl 代码片段

```java
@Override
public int add(String userId, int points) {
    LogUtils.printLog("DemoServiceImpl", "add", userId, points);
    return points;
}
```

```
@Override
public int subtract(String userId, int points) {
    LogUtils.printLog("DemoServiceImpl", "subtract", userId, points);
    return points;
}

// 省略 multiply 与 divide ......
```

虽然代码量变少了，但仅仅少了一点，对于每个方法还是要写 `LogUtils.printLog` 方法，相当于没改！如果将现在 `DemoServiceImpl` 类中的方法罗列开来，则此时 4 个方法的结构如图 7-2 所示。

```
public void add() {        public void subtract() {     public void multiply() {     public void divide() {
    log();                     log();                       log();                       log();
    // do add ......           // do subtract ......        // do multiply ......        // do divide ......
}                          }                            }                            }
```

图 7-2　业务方法结构概览

所以，有没有什么方法，能让这个日志打印的代码从核心 Service 层中移除，但同样实现打印日志的效果？毕竟业务层的代码一旦大量增加，核心业务逻辑就会跟这些附加的动作混合在一起，导致代码过于臃肿，从而变得很难维护。

7.1.3　引入设计模式

在 GoF 23 设计模式中，有一些设计模式能部分解决当前的问题。可能有了解的读者已经想到了代理模式，或者已经对 AOP 有一个基本的了解，笔者希望在此之前讲解一些推演过程，让读者能够了解更多的设计模式，以及它们的对比。

1．引入装饰者模式

在行为型模式中，装饰者模式可以基于原有的逻辑扩展额外的动作，从表面上看装饰者模式可以解决当前问题。所以我们可以尝试着这样改造一下原有的代码，如代码清单 7-8 所示。通过声明一个装饰者，使其实现与被装饰者同样的接口，并重写这些方法，从而达成方法增强的目的。

代码清单 7-8　装饰者 DemoServiceDecorator

```java
// 装饰者实现与被装饰者同样的接口
public class DemoServiceDecorator implements DemoService {

    private DemoService target;

    // 构造方法中需要传入被装饰的原对象
    public DemoServiceDecorator(DemoService target) {
        this.target = target;
    }

    @Override
    public List<String> findAll() {
        return target.findAll();
    }

    @Override
```

```java
public int add(String userId, int points) {
    // 在原对象执行方法之前打印日志，完成日志与业务逻辑的分离
    LogUtils.printLog("DemoService", "add", userId, points);
    return target.add(userId, points);
}

@Override
public int subtract(String userId, int points) {
    LogUtils.printLog("DemoService", "subtract", userId, points);
    return target.subtract(userId, points);
}

// 省略 multiply 与 divide……
}
```

经过如此包装后，DemoServlet 再获取 DemoService 的时候就可以利用 DemoServiceDecorator 包装，形成增强的装饰对象，如代码清单 7-9 所示。而且利用装饰者模式的特性，可以对原对象**反复装饰**。换言之，DemoService 可以增强的逻辑不仅仅是日志记录，如果有事务也可以加入事务控制，如果有其他校验等逻辑也可以编写装饰者来包装。

代码清单 7-9　获取 DemoService 的阶段使用装饰者增强

```java
@WebServlet(urlPatterns = "/demo8")
public class DemoServlet8 extends HttpServlet {

    DemoService demoService = new DemoServiceDecorator((DemoService) BeanFactory.getBean("demoService"));
```

看上去这个方案可行，实际使用的效果如何？当我们落实编码时，才发现装饰者的弊端：**对于每个业务层接口都要写一个装饰者！** 现在只有积分变动逻辑需要添加日志记录，如果后续用户修改密码也需要添加日志记录，那么 UserService 也需要编写装饰者；部门发生变动也需要添加日志记录，那么 DepartmentService 也需要编写装饰者，由此产生的编码量未免过大。

由上述推演可知，用装饰者模式解决这个问题不是上乘之选，那么是否还有更简单的方案？

2．引入模板方法模式

行为型模式中另一个可以抽取逻辑的模式是**模板方法模式**。在我们编写 Servlet 的，通过继承 HttpServlet 并重写 doGet、doPost 等方法时，其实就利用了模板方法模式，HttpServlet 在底层封装了数个模板方法，并预先定义了调用模板方法的逻辑来控制底层的代码走向。那么如果使用模板方法模式来改造代码，我们倒是可以增加一个 AbstractDemoService 类来抽取出日志的打印逻辑，如代码清单 7-10 所示。

代码清单 7-10　抽象父类 AbstractDemoService

```java
public abstract class AbstractDemoService implements DemoService {

    @Override
    public int add(String userId, int points) {
        // 父类执行额外的逻辑
        LogUtils.printLog("DemoService", "add", userId, points);
        return doAdd(userId, points);
```

```
    }

    // 子类负责业务功能实现
    protected abstract int doAdd(String userId, int points);

    // 省略其余方法......
}
```

如此抽取之后问题也可以被解决，`DemoServiceImpl` 就不再需要实现 `DemoService` 接口的 add 方法，而是只需要实现 `AbstractDemoService` 提供的 `doAdd` 方法。

然而到这里，读者是否意识到代码走向的问题，使用模板方法模式编写代码，总体的代码量比装饰者模式多，而且如此编码还有一个很棘手的点：由于模板方法模式使用了**继承**，一个 `DemoService` **只能扩展一个功能**，无法同时实现日志记录、事务等复合逻辑增强，因此这种方式的灵活性甚至不如装饰者模式。

由此可见，模板方法模式也解决不了这个问题，还有别的办法吗？

3. 引入责任链模式

行为型模式中还有一种可以抽取逻辑的模式，那就是**责任链模式**。责任链模式最大的特点是将一个动作的请求放在一条对象链上传播，直到责任链上的某个对象能处理该请求时为止。针对多种不同功能的扩展，这种设计模式似乎不像责任链，而更像装饰者，所以我们可以这样理解，对于功能的扩展，装饰者跟责任链能实现的最终效果几乎一致。

但是由前面的推演可知，用装饰者模式所要编写的代码已经多出很多，从代码规模上讲本身就不是一个好的方案，所以责任链模式也不适合。

> 💡 小提示：对于上述 3 个尝试过程相应的试验代码，读者均可从本书附带代码的 spring-00-introduction 工程中找到。

4. 代理模式

通过前面 3 个行为型模式的推演，下面引出真正的解决方案：**代理模式**。从代理的生成方式来看，代理分为静态代理和动态代理：静态代理需要自行编写代理类，组合原有的目标对象，并实现原有目标对象实现的接口，以此来完成对原有对象的方法功能的增强；动态代理只需要编写增强逻辑类，在运行时动态将增强逻辑类组合进原有的目标对象，即可生成代理对象，完成对目标对象的方法功能增强。

有关静态代理的内容，本书在此处不进行讲解，读者可结合资料动手编写并体会。

> 💡 小提示：在实际编写中，有读者可能会产生一种错觉：代理和装饰者的编写几乎一样，没有清晰地感受到二者的不同。对这个问题用一句话解释为，代理模式侧重的是对原有目标对象的访问权限控制，而装饰者模式是在原有对象之上增强功能。
>
> 这样看起来似乎用装饰者模式更适合完成这个功能，但这里面存在一个小问题：Java 语言中没有动态装饰者，所以我们使用动态代理来解决该问题。

5. OOP 的不足与横切的思想

从上面几个设计模式的尝试和分析中，我们发现了面向对象编程（OOP）的一个不足之处：诸如上述这种相同、重复的逻辑，OOP 没有办法将这些逻辑分离出去，OOP 只能尽可能地减少这些重复的代码,却无法避免重复代码的出现。

再观察一下上面的代码和图 7-2,很明显可以发现,四个方法中的起始动作都是日志打印的方法,它们可以用一个横截的矩形框起来,如图 7-3 所示。

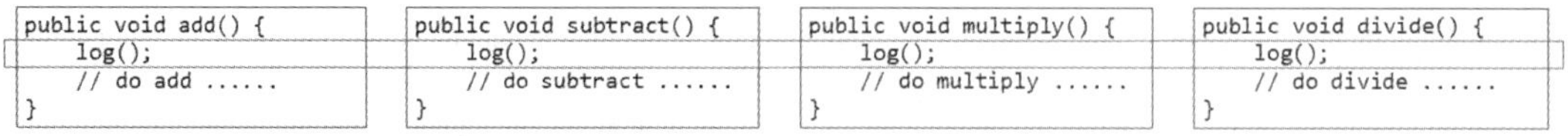

```
public void add() {         public void subtract() {    public void multiply() {    public void divide() {
    log();                      log();                      log();                      log();
    // do add ......            // do subtract ......       // do multiply ......       // do divide ......
}                           }                           }                           }
```

图 7-3 横切的思想体现

这种矩形框可以是一个类的几个方法,也可以是多个类的不同方法。只要这些方法的开始/结束都有相同的逻辑,我们就可以把这些逻辑都提取出来视为一体,这个思想就叫**横切**,提取出来的逻辑所组成的虚拟结构,我们可以称为**切面**(上图的矩形框就可以理解为一个切面)。

7.1.4 使用动态代理

下面我们回归到 `spring-00-introduction` 工程中,引入动态代理机制。Java 早在 JDK 1.3 中就引入了动态代理,具体的用法以及 Cglib 的动态代理,会在 7.2 节中进行复习和回顾,这里我们先实操并观察效果。

1. DemoServlet 中使用动态代理

既然是 Servlet 要依赖 DemoService,那么可以借助 Servlet 的生命周期,在 Servlet 初始化时从 BeanFactory 中获取 DemoService,然后借助 JDK 动态代理生成 DemoService 的代理对象,并给其中的方法进行增强,如代码清单 7-11 所示。编写完成后就可以重新部署应用,重启 Tomcat 测试。

代码清单 7-11　DemoServlet10 中使用动态代理

```java
@WebServlet(urlPatterns = "/demo10")
public class DemoServlet10 extends HttpServlet {

    DemoService demoService;

    @Override
    public void init() throws ServletException {
        DemoService demoService = (DemoService) BeanFactory.getBean("demoService");
        Class<? extends DemoService> clazz = demoService.getClass();
        // 使用 JDK 动态代理,生成代理对象
        this.demoService = (DemoService) Proxy
                .newProxyInstance(clazz.getClassLoader(),
                    clazz.getInterfaces(), (proxy, method, args) -> {
                        LogUtils.printLog("DemoService", method.getName(), args);
                        return method.invoke(demoService, args);
                });
    }
    // 此处省略
}
```

当 Tomcat 启动完成后,借助浏览器访问 /demo10,观察控制台的打印内容如下。可以发现 add 方法和 subtract 方法有打印日志,这个结果是正确的,但是 findAll 方法的调用也伴随着日志打印,这个结果不是我们预期的。出现该结果的原因很容易想到,因为 JDK 的动态

代理原本就是给原有对象的所有方法都进行增强，但是打印结果与我们一开始的需求不符，我们的预期是只给 add、subtract 等积分变动的方法增强，所以要对增强逻辑进行修改。

```
DemoService findAll ...
参数列表: null
DemoService add ...
参数列表: [bearbear, 666]
DemoService subtract ...
参数列表: [bearbear, 666]
```

2. 过滤方法

解决方案很简单，在 DemoService 的代理对象创建中，对构造的 InvocationHandler 内部逻辑添加方法名称的判断就可以实现，如代码清单 7-12 所示。

代码清单 7-12　InvocationHandler 添加方法名称过滤

```java
@Override
public void init() throws ServletException {
    DemoService demoService = (DemoService) BeanFactory.getBean("demoService");
    Class<? extends DemoService> clazz = demoService.getClass();
    this.demoService = (DemoService) Proxy.newProxyInstance(clazz.getClassLoader(),
            clazz.getInterfaces(), (proxy, method, args) -> {
        List<String> list = Arrays.asList("add", "subtract", "multiply", "divide");
        if (list.contains(method.getName())) {
            LogUtils.printLog("DemoService", method.getName(), args);
        }
        return method.invoke(demoService, args);
    });
}
```

注意，上述代码中又出现了软件开发中常见的"坏味道"：**硬编码**！很明显方法名称的过滤可以分离到外部化配置文件中！所以下面在 `src/main/resources` 目录下新建一个 `proxy.properties` 文件，在这个文件中定义日志打印的增强代理方法，如代码清单 7-13 所示。

代码清单 7-13　配置增强的方法

```
log.methods=add,subtract,multiply,divide
```

相应地，由 Servlet 负责加载该配置文件，并创建 DemoService 的代理对象，如代码清单 7-14 所示。

代码清单 7-14　DemoServlet11 负责加载外部化配置文件

```java
@Override
public void init() throws ServletException {
    // 读取 proxy.properties
    Properties proxyProp = new Properties();
    try {
        proxyProp.load(this.getClass().getClassLoader()
                .getResourceAsStream("proxy.properties"));
    } catch (IOException e) {
```

```
            throw new ExceptionInInitializerError("DemoServlet11 initialize error, cause: " +
e.getMessage());
        }
        
        DemoService demoService = (DemoService) BeanFactory.getBean("demoService");
        Class<? extends DemoService> clazz = demoService.getClass();
        this.demoService = (DemoService) Proxy.newProxyInstance(clazz.getClassLoader(),
clazz.getInterfaces(), (proxy, method, args) -> {
                // 从配置文件中取出要增强的方法名
                List<String> list = Arrays.asList(proxyProp.getProperty("log.methods").split(","));
                if (list.contains(method.getName())) {
                    LogUtils.printLog("DemoService", method.getName(), args);
                }
                return method.invoke(demoService, args);
            });
    }
```

重新启动 Tomcat，并访问 /demo11 路径，可以发现这次只有 `add` 和 `subtract` 方法的执行中打印了日志，符合我们对程序运行的预期。

```
DemoService add ...
参数列表：[bearbear, 666]
DemoService subtract ...
参数列表：[bearbear, 666]
```

到此，AOP 的概念呼之欲出，不过在此之前请读者先不要着急，我们继续往下推演。

7.1.5　代理对象的创建者

上面的代码编写中，读者是否会产生一个疑问：代理对象是否应当由 Servlet 创建？如果有很多 Servlet 依赖了相同的 `Service`，那岂不是要重复创建多次？由此可见，Servlet 要获取的 **Service** 应该是被代理过的对象，而不是原始的 `Service` 对象。所以上述的推演仍不是最佳方案。

要想改良上述方案，需要将代理对象的创建时机由 Servlet 转移到 `BeanFactory` 中，所有的代理对象都应当由 `BeanFactory` 帮忙创建。按道理讲，如果引入了代理机制，那么 **BeanFactory** 创建的对象就应当是被增强过的代理对象！明确了需求之后，下面我们来尝试改造原有的 `BeanFactory`。

1. 重新设计 properties 文件

之前的 `factory.properties` 中，我们只定义过 bean 对象的名称对应类的全限定名，如代码清单 7-15 所示。

代码清单 7-15　上一个版本的 factory.properties

```
demoService=com.linkedbear.spring00.1_proxyfactory.service.impl.DemoServiceImpl
demoDao=com.linkedbear.spring00.1_proxyfactory.dao.impl.DemoDaoImpl
```

这次加入代理的增强后，很明显现有的内容不足以支撑当前的设计，我们可以试着设计一下代理的声明，如代码清单 7-16 所示。在 properties 文件中额外定义了 `demoService` 的增强类的全限定名，也声明了这个增强类要增强的方法列表，这样 `BeanFactory` 加载到 properties

文件后就能取得这两个信息。

代码清单 7-16　扩展 properties 文件中的内容

```
demoService=com.linkedbear.spring00.1_proxyfactory.service.impl.DemoServiceImpl
demoService.proxy.class=com.linkedbear.spring00.1_proxyfactory.proxy.LogAdvisor
demoService.proxy.methods=add,subtract,multiply,divide

demoDao=com.linkedbear.spring00.1_proxyfactory.dao.impl.DemoDaoImpl
```

2. 编写 LogAdvisor

既然改造的方案是将增强的 InvocationHandler 提到外部单独实现,就必须定义一个新的类 LogAdvisor(注意这个类的命名也是一个伏笔),为此我们新建一个 proxy 包并将 LogAdvisor 放入其中。LogAdvisor 的 invoke 方法中需要取得被代理的原始对象,所以需要使用成员属性+构造方法的方式,传入原来的被代理对象;另外考虑到增强方法的过滤效果,所以相应地还要把 methods 也一并传入,最终形成的 LogAdvisor 设计如代码清单 7-17 所示。

代码清单 7-17　LogAdvisor 的简单编写

```java
public class LogAdvisor implements InvocationHandler {

    private Object target;

    private List<String> methods;

    public LogAdvisor(Object target, String[] methods) {
        this.target = target;
        this.methods = Arrays.asList(methods);
    }

    @Override
    public Object invoke(Object proxy, Method method, Object[] args) throws Throwable {
        if (this.methods.contains(method.getName())) {
            LogUtils.printLog(target.getClass().getName(), method.getName(), args);
        }
        return method.invoke(target, args);
    }
}
```

> 💡 小提示:为了保持风格统一,用本节内容来编写其他的 Advisor 时,其内部结构与上述代码相似,共性是声明一个两参数的构造方法。

3. 修改 BeanFactory

最后修改 BeanFactory,从需求描述中可以了解,要想在调用 getBean 方法时创建代理对象,就需要在 getBean 的内部进行一些逻辑扩展。代码清单 7-18 中展示的是第 2 章演绎推理的最后形成的 getBean 方法核心代码,即通过双检索后真正创建 bean 对象的逻辑,我们基于这段代码开始扩展。

代码清单 7-18 BeanFactory 中 getBean 方法的核心逻辑片段

```
Class<?> beanClazz = Class.forName(properties.getProperty(beanName));
Object bean = beanClazz.newInstance();
beanMap.put(beanName, bean);
```

要使用动态代理生成代理对象，那么在创建 bean 对象后，先不要着急放入 beanMap，而需要检索 factory.properties 文件中是否定义了 proxy 相关的属性。按照约定，我们可以通过获取当前 bean 对象的名称并添加后缀 ".proxy.class"，判断该属性是否有对应的值。如果获取的 proxyAdvisorClassName 不为空，则代表这个 bean 对象定义过代理增强，需要反射创建 InvocationHandler 的实现类，并从 properties 文件中获取该 bean 对象需要增强（被代理）的方法列表，即后缀为 ".proxy.methods" 的配置属性。此处实现的逻辑如代码清单 7-19 所示。

代码清单 7-19 检索代理对象的配置属性

```
Class<?> beanClazz = Class.forName(properties.getProperty(beanName));
 Object bean = beanClazz.newInstance();

// 检查 properties 中是否定义了代理增强
String proxyAdvisorClassName = properties.getProperty(beanName + ".proxy.class");
if (proxyAdvisorClassName != null && proxyAdvisorClassName.trim().length() > 0) {
    Class<?> proxyAdvisorClass = Class.forName(proxyAdvisorClassName);
    String[] methods = properties.getProperty(beanName + ".proxy.methods").split(",");

}

beanMap.put(beanName, bean);
```

有了 InvocationHandler 的实现类类型和增强方法，下面就可以创建代理对象。由于前面我们在代码清单 7-17 中定义过 LogAdvisor 的构造方法的编码风格，这里一定可以获取一个两参数的构造方法，因此在 BeanFactory 中就可以直接声明构造方法需要传入的参数列表，从而反射创建 LogAdvisor 的对象，如代码清单 7-20 所示。

代码清单 7-20 反射创建 LogAdvisor 的对象

```
Class<?> beanClazz = Class.forName(properties.getProperty(beanName));
Object bean = beanClazz.newInstance();

// 检查 properties 中是否定义了代理增强
String proxyAdvisorClassName = properties.getProperty(beanName + ".proxy.class");
if (proxyAdvisorClassName != null && proxyAdvisorClassName.trim().length() > 0) {
    Class<?> proxyAdvisorClass = Class.forName(proxyAdvisorClassName);
    String[] methods = properties.getProperty(beanName + ".proxy.methods").split(",");

    // 要求 InvocationHandler 的实现类必须声明两参数构造方法
    // 其中第一个参数是被代理的目标对象，第二个参数是要增强的方法列表
    InvocationHandler proxyHandler = (InvocationHandler) proxyAdvisorClass
            .getConstructors()[0].newInstance(bean, methods);
}

beanMap.put(beanName, bean);
```

如此创建后，原始对象、`InvocationHandler` 都已经准备就绪，接下来可以使用动态代理创建代理对象，完整的核心逻辑如代码清单 7-21 所示。

代码清单 7-21　经改造后 getBean 方法的核心逻辑

```java
Class<?> beanClazz = Class.forName(properties.getProperty(beanName));
Object bean = beanClazz.newInstance();

// 检查 properties 中是否定义了代理增强
String proxyAdvisorClassName = properties.getProperty(beanName + ".proxy.class");
if (proxyAdvisorClassName != null && proxyAdvisorClassName.trim().length() > 0) {
    // 定义了代理增强，需要反射创建 InvocationHandler 的实现类
    Class<?> proxyAdvisorClass = Class.forName(proxyAdvisorClassName);

    // 从 properties 中找出当前 bean 对象需要增强的方法列表
    String[] methods = properties.getProperty(beanName + ".proxy.methods").split(",");

    // 要求 InvocationHandler 的实现类必须声明两参数构造方法
    // 其中第一个参数是被代理的目标对象，第二个参数是要增强的方法列表
    InvocationHandler proxyHandler = (InvocationHandler) proxyAdvisorClass.getConstructors()[0]
            .newInstance(bean, methods);
    // 动态代理创建对象
    Object proxy = Proxy.newProxyInstance(bean.getClass().getClassLoader(),
            bean.getClass().getInterfaces(), proxyHandler);
    bean = proxy;
    // 经过该步骤后，放入 beanMap 的对象就是已经被增强过的代理对象
}

beanMap.put(beanName, bean);
```

4. 还原 Servlet

代理对象的创建由 `BeanFactory` 负责，Servlet 的创建逻辑就可以移除，恢复到之前的状态即可，如代码清单 7-22 所示。

代码清单 7-22　还原 Servlet 后的代码

```java
@WebServlet(urlPatterns = "/demo12")
public class DemoServlet12 extends HttpServlet {

    DemoService demoService = (DemoService) BeanFactory.getBean("demoService");

    @Override
    protected void doGet(HttpServletRequest req, HttpServletResponse resp) throws Exception {
        resp.getWriter().println(demoService.findAll().toString());
        demoService.add("bearbear", 666);
        demoService.subtract("bearbear", 666);
    }
}
```

5. 测试运行

重启 Tomcat，使用浏览器访问 Servlet 的匹配路径 /demo12，发现控制台依旧能正常打印日志，证明 Servlet 取得的 `DemoService` 是代理对象，演绎推理完毕。

```
com.linkedbear.architecture.1_proxyfactory.service.impl.DemoServiceImpl add ...
参数列表：[bearbear, 666]
com.linkedbear.architecture.1_proxyfactory.service.impl.DemoServiceImpl subtract ...
参数列表：[bearbear, 666]
```

6．小结

AOP 思想的场景演绎完毕，跟 IOC 思想的引入一样，我们先总结一下整个过程中出现的几个关键点。

- 使用传统的 GoF 23 设计模式可以在一定程度上解决重复代码的问题，但整体上编码量会激增。
- 使用动态代理可以在不改变原有逻辑的前提下，对已有方法进行增强。
- 创建代理对象应由 IOC 容器负责，而不是由使用者负责。

7.1.6　引入 AOP 思想

最后引出本节的主题。图 7-4 展示了 AOP 横切的思想，其中的矩形框被称为**切面**，英文表示为 Aspect，它表示的是**分布在一个/多个类的多个方法中的相同逻辑**。利用动态代理将这部分相同的逻辑抽取为一个独立的 Advisor 增强器，并在原始对象的初始化过程中动态组合原始对象并产生代理对象，同样能完成相同的增强功能。在此基础上，通过指定增强的类名、方法名（甚至方法参数、列表类型等），可以更细粒度地对方法进行增强。使用这种方式，可以在**不修改原始代码的前提下，对已有任意代码的功能进行增强**。而这种针对相同逻辑的扩展和抽取，就是所谓的**面向切面编程**（Aspect Oriented Programming，AOP）。

图 7-4　AOP 横切的思想

7.2　AOP 的基础——动态代理

通过 7.1 节的内容，从最原始的推演过程中，读者可以深刻理解 AOP 思想的底层实现基础就是**动态代理**。JDK 1.3 原生提供了动态代理机制，而 Cglib 也有一种动态代理。本节会简单回顾动态代理的内容。

7.2.1　JDK 动态代理的使用

JDK 动态代理要求被代理的对象所属类必须实现一个及以上的接口，创建代理对象时使用 `Proxy.newProxyInstance` 方法，该方法中有 3 个参数。

- `ClassLoader loader`：被代理的对象所属类的类加载器。
- `Class<?>[] interfaces`：被代理的对象所属类实现的接口。
- `InvocationHandler h`：代理的具体代码实现。

在这三个参数中，前面两个都容易理解，最后一个 `InvocationHandler` 是一个接口，它的核心方法 `invoke` 中也有 3 个参数。

- `Object proxy`：代理对象的引用（代理后的）。
- `Method method`：代理对象执行的方法。
- `Object[] args`：代理对象执行方法的参数列表。

具体的代理逻辑在 `InvocationHandler` 的 `invoke` 方法中编写，可根据方法名称等因素过滤需要增强的代码逻辑。代码清单 7-11 中使用的就是 JDK 动态代理。

7.2.2 Cglib 动态代理的使用

虽然基于 JDK 动态代理的场景不需要额外依赖，但是接口实现的限制使得 JDK 动态代理的使用场景受到一定限制，好在 Cglib 可以直接使用字节码增强技术同样实现动态代理。要想使用 Cglib，必须先引入 Cglib 的 jar 包，如代码清单 7-23 所示。使用 Cglib 时有两个小前提：被代理的类不能是 `final` 的（Cglib 动态代理会创建子类，`final` 类型的 `Class` 无法继承）；被代理的类必须有默认的/无参构造方法（底层反射创建对象时不能获取构造方法参数）。

代码清单 7-23　引入 Cglib 的坐标

```xml
<dependency>
    <groupId>cglib</groupId>
    <artifactId>cglib</artifactId>
    <version>3.1</version>
</dependency>
```

Cglib 动态代理的内容相对较少，它只需传入两个元素。

- `Class type`：被代理的对象所属类的类型。
- `Callback callback`：增强的代码实现。

由于一般情况下我们是对类中的方法增强，因此在传入 `Callback` 时通常选择这个接口的子接口 `MethodInterceptor`（所以也就有了代码清单 7-24 中创建 `MethodInterceptor` 的匿名内部类）。另外 `MethodInterceptor` 的 `intercept` 方法中的参数列表与 `InvocationHandler` 的 `invoke` 方法中的参数列表类似，唯独多了一个 `MethodProxy`，它是对参数列表中的 `Method` 又做了一层封装，利用它可以直接执行被代理对象的方法。代码清单 7-24 展示了一个简单的 Cglib 动态代理使用方式，使用 `Enhancer` 的 `create` 方法可以创建代理对象。

代码清单 7-24　使用 Cglib 动态代理

```java
public static Partner getPartner(int money) {
    Partner partner = partners.remove(0);
    return (Partner) Enhancer.create(partner.getClass(), new MethodInterceptor() {
        private int budget = money;
        private boolean status = false;

        @Override
        public Object intercept(Object proxy, Method method, Object[] args,
                MethodProxy methodProxy) throws Throwable {
            // 如果在付钱时没给够钱，则标记 budget 为异常值
            if (method.getName().equals("receiveMoney")) {
                int money = (int) args[0];
                this.status = money >= budget;
            }
            if (status) {
```

```
                return method.invoke(partner, args);
            }
            return null;
        }
    });
}
```

7.3 AOP 概述与术语

了解了 AOP 思想的由来及动态代理后，下面我们开始了解 AOP 的相关概念和对应的术语，理解相关的概念有助于进行后续的实操。

7.3.1 AOP 概述

在 Spring Framework 的官方文档中有专门的一个章节介绍 Spring 的 AOP。简单抽取文档中的关键要素，大致可以得到以下 3 点。

（1）AOP 是 OOP 的补充

- 7.1 节中通过介绍一些基于 OOP 的设计模式，发现这些设计模式并不能完全有效地解决分散的相同逻辑所造成的重复代码问题。
- 而 AOP 可以将这些重复代码的逻辑抽取为一个切面，在运行时通过动态代理织入原有的对象，依然能实现预期的效果。

（2）AOP 关注的是核心切面

- 7.1.6 节中可以看到，切面可以简单地理解为分散在不同类中的一组相同的逻辑。
- AOP 在对指定类的指定方法的逻辑进行增强时，需要直接编写这些增强的逻辑，并切入原有的代码中。

（3）AOP 也是 Spring IOC 的补充

- 如果没有 AOP，IOC 本身也是 Spring 非常强大的特性。
- 不过，AOP 可以在 IOC 容器中针对需要的 Bean 增强原有的功能（比如给普通 Service 层代码实现事务控制）。

根据上述内容进一步总结，AOP 要完成的核心工作依然是程序的**解耦**。借助 AOP 思想将分散在各个类中方法的重复逻辑抽取为一个切面，并在运行时生成代理对象，将这些重复逻辑组合进原有的对象，实际上就完成了原有业务与扩展逻辑之间的解耦。通过这种解耦，最大的好处显而易见：**业务逻辑只需要关注业务逻辑本身，每个扩展逻辑也都只关心自己的逻辑以及切入业务逻辑的位置即可，无须考虑前后的增强或控制性功能逻辑**。

最后，本节尝试总结一个尽可能表述完整的 AOP 概述。

面向切面编程（Aspect Oriented Programming，AOP）是 OOP 的补充。OOP 关注的核心是对象，AOP 的核心是切面（Aspect）。AOP 可以在不修改功能代码本身的前提下，使用运行时动态代理技术对已有代码逻辑进行增强。AOP 可以实现组件化、可插拔的功能扩展，通过简单配置即可将功能增强到指定的切入点。

> 💡 小提示：上述总结的内容中提到了诸如"组件化""可插拔"等概念，读者可能不太容易理解，但是不用担心，随着本书内容的深入，读者自然能理解这些概念。

7.3.2 AOP 的演变历史

AOP 的发展历程相当有年头，在 Spring Framework 还没有出现之前，开源界也有一些其他的 AOP 解决方案，下面简单列举 AOP 的演变历史以及过程中的关键节点。

1．AOP 理论的提出

早在 1990 年，有一个名为 Xerox Palo Alto Research Lab（PARC）的组织就对 OOP 的设计思想进行了分析，当时这个组织就已经分析出 OOP 在抽取重复逻辑时的局限性，于是这个组织的成员费尽心思研究出了一套理论，使用它就可以将这些通用的重复逻辑抽取出来，并在合适的时机把这些逻辑再组合进原始的业务类中，这就是 AOP 的早期设计思想。随着研究的不断深入，AOP 理论和思想也慢慢完善，逐渐形成了一套完整的设计思想。

2．第一代 AOP 的诞生

当 Xerox Palo Alto Research Lab 这个组织在研究 AOP 理论的同时，美国东北大学的一个博士生和他的团队也在研究如何解决 OOP 重复逻辑的抽取问题，后来这个团队研究并制定出一套 AOP 框架，它就是 AspectJ。随后到了 2002 年，AspectJ 转移到 Eclipse 开源基金会组织，并逐渐成为 Java 开源社区中非常流行的 AOP 框架。

AspectJ 被称为**第一代 AOP** 的代表，它采用**静态字节码编译**的方式，使用特殊的编译器，将事先写好的通知逻辑织入目标类中，这样产生的 .class 字节码文件就已经是带有增强通知的代理类。这种静态 AOP 的**最大好处是快**，因为 .class 文件本身就已经是被增强过的，接下来的动作跟普通的字节码没有任何区别；至于缺点也很明显，每次修改任何增强逻辑时都要**重新编译**所有要被增强的业务类，并重新打包工程，这个过程相对麻烦。

3．第二代 AOP 的诞生

在 AspectJ 成型之后的一段时间，开源界又出现了一个**动态 AOP**（第二代 AOP）框架，称为 AspectWerkz，它最初的设计就与 AspectJ 不一样，它的触发点就是动态 AOP，所以后来在 2005 年 AspectJ 跟 AspectWerkz 达成协议，将 AspectWerkz 的内容合并至 AspectJ 中。从那之后 AspectJ 成为独有的、同时支持静态 AOP 和动态 AOP 的强大 AOP 框架。此外，JBoss 也推出了它的 AOP 框架，但由于传统的重量级框架和组件已经被时代抛弃，我们已经很难接触到它们，仅供了解。

动态 AOP 的优点是**不再需要频繁地编译业务类**，切面修改完毕后只需要单独重新编译切面类，其余部分不太需要变化；缺点也就随之而来，由于不是在字节码的编译环节完成的通知织入，因此需要在类加载时/运行时动态织入增强逻辑，这会在一定程度上**对程序的运行性能有所影响**。

4．Spring Framework 与 AspectJ

AspectJ 已经非常强大，Spring Framework 对其产生了兴趣，所以后来的 Spring Framework 2.0 版本中直接声明了对 AspectJ 的支持，可以使用 AspectJ 的方式定义切面类、声明通知方法等。不过话又说回来，如果 Spring Framework 直接把 AspectJ 的核心全部纳入体系内似乎不太现实（因为当时的 AspectJ 在开源界已有一席之地），Spring Framework 的创始人在权衡之后做出决定：**整合 AspectJ 的方式只是使用了它的声明和定义方式，具体的底层实现还是采用 Spring Framework 原生底层支持**，这样做既兼容了主流技术，又不会影响 Spring Framework 本身的底层架构设计，可谓一举两得。

随着后续 Spring Framework 的地位逐渐强大，其他 AOP 框架慢慢销声匿迹，最终留下的就是 Spring Framework+AspectJ 的组合方式。

7.3.3 AOP 的基本术语

AOP 的重要基础知识就是 AOP **术语**。在 Spring Framework 的官方文档中，紧接着 AOP 的描述之后就是 Spring Framework 定义的 AOP 相关术语。文档的内容比较多且晦涩难懂，本书不再贴出原文内容，感兴趣的读者可以自行查看。

考虑到部分读者是刚接触 AOP，或者以前没有彻底理解 AOP 的这些基本术语，所以本节会使用一种不同的方式，用尽可能通俗易懂的现实场景举例，帮助读者理解 AOP 的基本术语。

预设场景如图 7-5 所示，在预设场景中，左边的主管视为"原始对象"，主管提供账户充值、账号解封等业务，意为一个 `Class` 中定义的几个方法；中间的业务经理视为"中间的代理层"，他平时招揽客人，并且将客人的需求传达给主管；右边开门办业务的视为"客户端"，发生业务办理的动作都是由他发起。业务经理错误传达客户需求的场景如图 7-5a 所示。业务经理正确传达客户需求的场景如图 7-5b 所示。

（a）业务经理错误传达客户需求的场景　　　　（b）业务经理正确传达客户需求的场景

图 7-5　预设场景

1. Target：目标对象

目标对象是第一个非常容易理解的概念，即**被代理的对象**。很明显，在上面的预设场景中，**左边的主管就是目标对象**。回到前面的动态代理的例子，代码清单 7-25 中的这个 `partner` 就可以被称为**目标对象**。

代码清单 7-25　目标对象

```
public static Partner getPartner(int money) {
    // partner 即目标对象
    Partner partner = partners.remove(0);
    return (Partner) Proxy.newProxyInstance(......);
}
```

2. Proxy：代理对象

代理对象也很容易理解，就是代码清单 7-25 中 `Proxy.newProxyInstance` 返回的结果。在上面的预设场景中，**中间的业务经理+左边的主管**组合起来形成一个代理对象（请读者注意一点，代理对象中还包含原始对象本身）。

3. JoinPoint：连接点

所谓连接点，可以简单地理解为**目标对象的所属类中定义的所有方法**。由于 Spring

Framework 支持的连接点只有方法，因此我们这样理解没有问题。在上面的预设场景中，很明显**主管提供的几项业务（账户充值、账号解封）就属于连接点**。回到动态代理的例子，`Partner` 接口中声明的两个方法就是连接点，如代码清单 7-26 中定义的 `receiveMoney` 与 `playWith` 方法。

代码清单 7-26　Partner 接口定义

```
public interface Partner {
    void receiveMoney(int money);
    void playWith(Player player);
}
```

4．Pointcut：切入点

切入点的含义是**那些被拦截/被增强的连接点**。这个概念似乎不是很好理解，我们继续看上面的场景。中间的业务经理在给主管传话的时候，**并不是每次都实话实说，但也不都是瞎说**，很明显他会**根据客人跟他说的话而决定如何转述**：对于充值这样涉及钱的业务就开始胡说八道，而不涉及钱的业务他就如实转述。因此我们可以这样理解：**代理层会选择目标对象的一部分连接点作为切入点，在执行目标对象的方法前/后做出额外的动作**。由这个解释不难得出，切入点与连接点的关系应该是包含关系：切入点可以是 0 个或多个（甚至全部）连接点的组合。

请注意：切入点一定是连接点，连接点不一定是切入点。

5．Advice：通知

Advice 直译为**通知**，但这个概念似乎很抽象，所以我们会换一个相对容易理解的词：**增强的逻辑**，也就是**增强的代码**。在上面的预设场景中，业务经理发现有人要充值的时候，并没有直接传话给主管，而是先执行了他自己的逻辑：胡说八道，而在传话之前的这个胡说八道，就是主管针对账户充值这个连接点的增强逻辑。由此可以得出一个这样的结论：代理对象=目标对象+通知。

到这里读者是否突然意识到一个问题：**切入点和通知要配合在一起使用**。有了切入点之后，需要搭配增强的逻辑，AOP 才能为目标对象创建具有增强功能的代理。

6．Aspect：切面

紧接着是切面，切面比较容易理解，**切面=切入点+通知**。前面我们编写的 `InvocationHandler` 的匿名内部类也好，`MethodInterceptor` 的匿名内部类也好，都可以看作**切面**。

> 💡 小提示：实际上切面不仅仅包含通知，还有一个不常见的部分是引介，下面将会提到。

7．Weaving：织入

从名字上听起来，织入更像一个动作，而且即便不理解概念，也能凭借大胆猜想得到差不多的结论：织入就是将通知应用到目标对象，进而生成代理对象的过程。

代理对象=目标对象+通知，这个算式中的加号就表示织入动作。请读者试想，目标对象和通知都准备就绪时，需要一个动作将它们绑定到一起，就好比在上面的预设场景中，主管找到合适的业务经理，也需要在签了劳动合同或者劳务协议后，业务经理才会着手工作。

8．Introduction：引介

引介/引入这个概念对标的是**通知**，通知是针对切入点提供增强的逻辑，而引介是针对 `Class` 类型，它可以在不修改原始类的代码的前提下，在运行时为原始类动态添加新的属性/

方法。引介在目前的企业应用、场景中已经很少出现，所以读者对它的重视程度一定要放低，当然感兴趣的读者学习一下也无可厚非。

7.3.4 通知的类型

Spring Framework 的官方文档中介绍了 AOP 术语，紧接着列举了 Spring Framework 中定义的通知的类型。Spring Framework 中支持的通知的类型包含以下 5 种，这些通知的类型是基于 AspectJ 的，在 7.4 节中将要用到。

- Before（前置通知）：目标对象的方法调用之前触发。
- After（后置通知）：目标对象的方法调用之后触发。
- AfterReturning（返回通知）：目标对象的方法调用完成，在返回结果值之后触发。
- AfterThrowing（异常通知）：目标对象的方法运行中抛出/触发异常后触发。

  请注意，AfterReturning 与 AfterThrowing 两者是互斥的！如果方法调用成功无异常，就会有返回值；如果方法抛出了异常，就不会有返回值。

- Around（环绕通知）：编程式控制目标对象的方法调用。环绕通知是所有通知类型中可操作范围最大的一种，因为它可以直接获取目标对象以及要执行的方法，所以环绕通知可以在任意目标对象的方法调用前/后扩展额外的逻辑，甚至不调用目标对象的方法。

对于以上 5 种通知，目前我们只编写过环绕通知，而这些环绕通知其实就是 `InvocationHandler` 或 `MethodInterceptor` 的匿名内部类，如图 7-6 中框选的上下两个大矩形所示。根据前面编写的代码，`method.invoke` 方法很明显是对目标方法的调用，再加上之前和之后的代码，就是环绕通知的内容。

```
new InvocationHandler() {
    private int budget = money;
    private boolean status = false;

    @Override
    public Object invoke(Object proxy, Method method, Object[] args) throws Throwable {
        // 如果在付钱时没给够，那么标记budget为异常值
        if (method.getName().equals("receiveMoney")) {
            int money = (int) args[0];
            this.status = money >= budget;
        }
        if (status) {
            return method.invoke(partner, args);  // 目标方法的调用
        }
        return null;
    }
});
```

图 7-6　理解环绕通知

7.4　Spring Boot 使用 AOP——基于 AspectJ

下面我们分别讲解使用 Spring Boot 和原生 Spring Framework 的方式整合使用 AOP。首先讲解 Spring Boot 的方式，由于 Spring Boot 更推荐我们使用注解驱动+JavaConfig 的方式编写代码，而这又是当下的主流方式，因此读者可以把更多精力放到这个环节中。

> 💡 小提示：本节的代码将统一创建在 `springboot-03-aop` 工程下。

7.4.1 搭建工程环境

使用 Spring Boot 的方式编写，首先创建一个新的工程模块 `springboot-03-aop`，并引入 `spring-boot-starter-web` 与 `spring-boot-starter-aop` 两个场景启动器的依赖，如代码清单 7-27 所示。此外，同样需要依赖 `spring-boot-maven-plugin` 作为项目启动和打包插件。引入依赖后，相应的 Spring Boot 主启动类和配置文件也一并创建，本节不再赘述。

代码清单 7-27　引入两个场景启动器的依赖

```xml
<dependency>
    <groupId>org.springframework.boot</groupId>
    <artifactId>spring-boot-starter-web</artifactId>
</dependency>
<dependency>
    <groupId>org.springframework.boot</groupId>
    <artifactId>spring-boot-starter-aop</artifactId>
</dependency>
```

7.4.2 前置测试代码编写

为了使接下来的演示代码更具有通用性，下面制作一个 Service 层的接口、一个接口的实现类、一个普通的 `Service` 类，以及一个切面类 `Logger`，如代码清单 7-28 所示。

代码清单 7-28　前置准备的测试代码

```java
public interface OrderService {
    void createOrder();
    void deleteOrderById(String id);
    String getOrderById(String id);
    List<String> findAll();
}
public class OrderServiceImpl implements OrderService {

    @Override
    public void createOrder() {
        System.out.println("OrderServiceImpl 创建订单。。。");
    }

    @Override
    public void deleteOrderById(String id) {
        System.out.println("OrderServiceImpl 删除订单, id 为" + id);
    }

    @Override
    public String getOrderById(String id) {
        System.out.println("OrderServiceImpl 查询订单, id 为" + id);
        return id;
    }

    @Override
    public List<String> findAll() {
        System.out.println("OrderServiceImpl 查询所有订单。。。");
        return Arrays.asList("111", "222", "333");
    }
```

```
}
public class FinanceService {

    public void addMoney(double money) {
        System.out.println("FinanceService 收钱 === " + money);
    }

    public double subtractMoney(double money) {
        System.out.println("FinanceService 付钱 === " + money);
        return money;
    }

    public double getMoneyById(String id) {
        System.out.println("FinanceService 查询账户, id 为" + id);
        return Math.random();
    }
}
public class Logger {

    public void beforePrint() {
        System.out.println("Logger beforePrint run ......");
    }

    public void afterPrint() {
        System.out.println("Logger afterPrint run ......");
    }
    //类似的 afterPrint，afterReturningPrint，afterThrowingPrint 方法......
}
```

7.4.3 基于注解的 AOP 编写

要使用注解式 AOP 需要经过以下几个步骤，每个步骤都相对简单，下面逐一讲解。

1. 开启注解式 AOP 支持

为了使用注解式 AOP，我们需要在配置类（或 Spring Boot 主启动类）上标注一个注解：**@EnableAspectJAutoProxy**，从注解名上读者是否很强烈地感受到它采用了模块装配的思想？**@EnableAspectJAutoProxy** 注解的使用如代码清单 7-29 所示，其作用就是让基于 Spring Framework/Spring Boot 的项目支持 AOP 特性，后续若想与 AOP 相关的所有代码生效，必须有该注解的支持。

代码清单 7-29　使用 @EnableAspectJAutoProxy 注解

```
@EnableAspectJAutoProxy
@SpringBootApplication
public class SpringBootAopApplication {

    public static void main(String[] args) {
        SpringApplication.run(SpringBootAopApplication.class, args);
    }
}
```

> 💡 小提示：即便我们不标注 @EnableAspectJAutoProxy 注解，Spring Boot 的自动装配机制也会在底层帮我们标注该注解，开启 AOP 支持。

7.4 Spring Boot 使用 AOP——基于 AspectJ

`@EnableAspectJAutoProxy` 注解有以下两个属性。

- `proxyTargetClass`：是否强制代理类，即是否强制使用 Cglib 动态代理的方式。
- `exposeProxy`：是否将代理对象暴露出来，供全局获取（将在第 8 章中讲解）。

2. 声明切面类

在代码清单 7-28 中，很明显 `Logger` 是具备功能增强逻辑的切面类，而 `OrderService` 和 `FinanceService` 则是具体的业务逻辑类。首先我们声明切面类，要想让 `Logger` 变成一个被 Spring Framework 管理的切面类，需要在类上标注两个注解：**`@Component`**、**`@Aspect`**，如代码清单 7-30 所示。

代码清单 7-30　将 Logger 变为切面类

```
@Component
@Aspect
public class Logger {
    public void beforePrint() {
        System.out.println("Logger beforePrint run ......");
    }
    // 其余 3 个方法......
}
```

> 💡 小提示：切面类必须同时声明@Component 和@Aspect 注解，如果仅声明@Aspect 注解，没有组件扫描或手动注册的动作，那么 IOC 容器不会将其注册为 IOC 容器中的 Bean。

3. 声明通知

我们在 `Logger` 类中定义了 4 个方法，分别对应 AspectJ 中规定的除环绕通知外的 4 种通知类型，相应地，在 Spring Framework 整合 AspectJ 的编码方式时，也提供了一一对应的注解，分别是@Before、@After、@AfterReturning、@AfterThrowing。本节先介绍前置通知对应的@Before 注解。

使用前置通知时，对应 `Logger` 类中的方法是 `beforePrint`，当我们把@Before 注解标注到方法上时，发现它需要我们提供一个 `value` 属性，这个属性值的编写方式不是任意的，而是有严格的格式，这套格式被称为"切入点表达式"。下面先演示一个简单的切入点表达式，如代码清单 7-31 所示。

代码清单 7-31　使用 @Before 注解编写切入点表达式

```
@Before("execution(public void com.linkedbear.springboot.aop.a_aspectj.service.
FinanceService.addMoney(double))")
public void beforePrint() {
    System.out.println("Logger beforePrint run ......");
}
```

如果读者是初次接触切入点表达式，可能会对这种格式感到很陌生，但从内部的描述中也能大概读懂一些要素，下面解释这个表达式的含义。

- `execution`：采用这种方法编写的切入点表达式，将通过方法定位的模式匹配连接点。换句话说，使用 `execution` 编写的表达式，会直接作用于类中相应的方法。
- `public`：限定只切入 `public` 类型的方法。

- void：限定只切入返回值类型为 void 的方法。
- com.linkedbear.springboot.aop.a_aspectj.service.FinanceService：限定只切入 FinanceService 这个类的方法。
- addMoney：限定只切入方法名为 addMoney 的方法。
- (double)：限定只切入方法的参数列表中只有一个参数且其类型为 double 的方法。

因此，使用上述的切入点表达式，就可以直接锁定到 FinanceService 的 addMoney 方法。

> 小提示：在编写完切入点表达式后，使用 IDEA 的读者可以发现在 @Before 注解的左边多了一个图标，单击该图标，就会跳转到 FinanceService 的 addMoney 方法，同时 addMoney 方法的左边有一个方向相反的图标，如图 7-7 所示。这就说明 IDEA 已经帮我们指出了切入点表达式的作用范围，即便接下来不运行工程代码，仅凭 IDEA 给出的标识也能了解切入点表达式的作用范围。

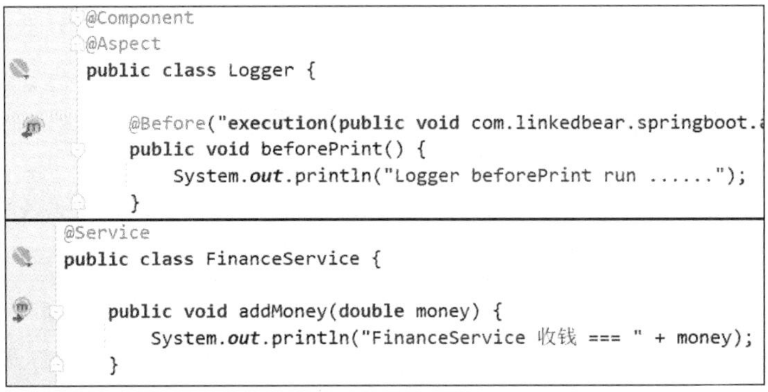

```
@Component
@Aspect
public class Logger {

    @Before("execution(public void com.linkedbear.springboot.
    public void beforePrint() {
        System.out.println("Logger beforePrint run ......");
    }
}
@Service
public class FinanceService {

    public void addMoney(double money) {
        System.out.println("FinanceService 收钱 === " + money);
    }
}
```

图 7-7　IDEA 给出的切入点表达式作用范围提示

4．测试效果

下面通过简单的运行代码检验 AOP 是否生效。因为 SpringApplication.run 方法的返回值就是 IOC 容器，所以可以在获得 IOC 容器后取出 FinanceService 并调用其方法，观察控制台的输出，检验 AOP 的效果，测试代码如代码清单 7-32 所示。

代码清单 7-32　获得 FinanceService 并调用方法

```
@EnableAspectJAutoProxy
@SpringBootApplication
public class SpringBootAopApplication {

    public static void main(String[] args) {
        ConfigurableApplicationContext ctx = SpringApplication.run(SpringBootAopApplication.class, args);
        FinanceService financeService = ctx.getBean(FinanceService.class);
        financeService.addMoney(123.45);
        financeService.subtractMoney(543.21);
        financeService.getMoneyById("abc");
    }
}
```

运行主启动类，控制台中打印了如下 4 行内容，证明 `Logger` 的前置通知方法 `beforePrint` 被触发，而其余两个方法没有增强逻辑，运行效果符合预期。

```
Logger beforePrint run ......
FinanceService 收钱 === 123.45
FinanceService 付钱 === 543.21
FinanceService 查询账户, id 为 abc
```

7.4.4 切入点表达式的编写方式

通过 7.4.3 节的内容，想必读者对 AOP 的使用有了基本的了解，AOP 的开发原则正如上述的步骤，即确定切面类和通知方法，随后给通知方法标注注解，声明切入点表达式。切入点表达式的写法比较多，下面基于 7.4.3 节的切入点表达式逐渐演变，讲解更多的切入点表达式编写方式。

1. 基本通配符

把代码清单 7-31 中的切入点表达式稍做修改，即可得到一个可以匹配更多方法的切入点表达式：`execution(public * com.linkedbear.springboot.aop.a_aspectj.service.FinanceService.*(double))`，这个表达式中有两个位置替换成了**通配符**`*`，它们的含义分别如下。

- `void` 的位置替换为`*`，代表不限制返回值类型，任意返回值类型都会被匹配。
- `FinanceService.*(double)` 这里的方法名替换为 `*`，代表不限制方法名，任意方法都可以切入。

由此可见，上述的切入点表达式可以切入的方法扩展到 2 个，除了 `addMoney` 方法，`subtractMoney` 也可以被切入。

匹配效果是否真的如此，我们可以再编写一个后置通知加以检验。找到 `Logger` 类的 `afterPrint` 方法，在该方法上标注 `@After` 注解，并声明切入点表达式，如代码清单 7-33 所示。

代码清单 7-33　加入后置通知

```
@After("execution(public * com.linkedbear.springboot.aop.a_aspectj.service.FinanceService.*
(double)))")
public void afterPrint() {
    System.out.println("Logger afterPrint run ......");
}
```

其他代码不需要做改动，重新运行主启动类，观察控制台的输出中包含两行 `Logger afterPrint run`，证明 `afterPrint` 方法被调用两次，后置通知也生效了。

```
Logger beforePrint run ......
FinanceService 收钱 === 123.45
Logger afterPrint run ......
FinanceService 付钱 === 543.21
Logger afterPrint run ......
FinanceService 查询账户, id 为 abc
```

> 💡 **小提示**：在切入点表达式的方法参数中，对于基本数据类型直接声明即可；对于引用数据类型则要写类的全限定名。

2. 方法参数通配符

如果继续修改上面的切入点表达式，将最后括号内的内容由 `double` 改为`*`，则意味着被切入的方法只需要一个入参，对于参数的类型则不作限制，如代码清单 7-34 所示。修改完成后，再次执行主启动类，可以发现控制台输出中有 3 行 `Logger afterPrint run ......`，说明 `getMoneyById` 方法也被增强。

代码清单 7-34　方法参数使用通配符

```
@After("execution(public * com.linkedbear.springboot.aop.a_aspectj.service.FinanceService.*(*)))")
public void afterPrint() {
    System.out.println("Logger afterPrint run ......");
}
Logger beforePrint run ......
FinanceService 收钱 === 123.45
Logger afterPrint run ......
FinanceService 付钱 === 543.21
Logger afterPrint run ......
FinanceService 查询账户, id 为 abc
Logger afterPrint run ......
```

3. 类名通配符

下面继续变换切入点表达式的内容，如果将 `FinanceService` 替换为`*`，则意味着 `OrderService` 接口的方法也会被切入。但是请注意一点，由于 `FinanceService` 与 `OrderService` 接口位于同一个包下，而 `OrderServiceImpl` 与 `FinanceService` 不在同一个包下，这是否意味着 `OrderServiceImpl` 的方法不会被增强呢？下面来回答该问题。

找到 `Logger` 的 `afterReturningPrint` 方法，并在方法上标注 `@AfterReturning` 注解，声明切入点表达式如代码清单 7-35 所示。这下无须运行程序来验证，仅凭单击 IDEA 提示的通知标识按钮就能得知，`OrderServiceImpl` 的两个方法 `deleteOrderById` 和 `getOrderById` 也被切入，这就意味着当切入点表达式覆盖到了接口，如果这个接口有实现类并且注册到 IOC 容器中成为 bean 对象，那么相应被切入的接口方法也会被增强。

代码清单 7-35　测试使用类名通配符

```
@AfterReturning("execution(public * com.linkedbear.springboot.aop.a_aspectj.service.*.*(*)))")
public void afterReturningPrint() {
    System.out.println("Logger afterReturningPrint run ......");
}
```

4. 方法参数任意通配符

回到 `FinanceService` 中，我们给 `subtractMoney` 重载一个两参数方法，如代码清单 7-36 所示。

代码清单 7-36　重载的两参数 subtractMoney 方法

```
public double subtractMoney(double money, String id) {
    System.out.println("FinanceService 付钱 === " + money);
    return money;
}
```

当代码编写完毕后，借助 IDEA 会发现左侧并没有切入点的图标，这就说明切入点表达式的(*)并不能切入两参数的方法,而如果想要切入任意个参数的方法,或者没有参数的方法,就要用到一个特殊符号:..,即双点号,使用方式如代码清单7-37所示。如此编写完毕后,包括 FinanceService 和 OrderService 的所有方法都会被切入,关于具体效果读者可自行验证。

代码清单7-37　使用双点号匹配任意个参数的方法

```
@AfterReturning("execution(public * com.linkedbear.springboot.aop.a_aspectj.service.*.*(..)))")
public void afterReturningPrint() {
    System.out.println("Logger afterReturningPrint run ......");
}
```

5. 包名通配符

与类名、方法名的通配符一样,一个*代表一个目录层级,比如下面的切入点表达式代表切入 com.linkedbear.springboot.aop.a_aspectj 包下的一级包下的任意类的任一方法,诸如 com.linkedbear.springboot.aop.a_aspectj.controller、com.linkedbear.springboot.aop.a_aspectj.service、com.linkedbear.springboot.aop.a_aspectj.dao 等包下的所有类都会被切入。

```
execution(public * com.linkedbear.springboot.aop.a_aspectj.*.*.*(..)))
```

如果需要切入多层级包,则同样可以使用双点号 .. 匹配任意层级的包,如下面的切入点表达式就可以切入 com.linkedbear.springboot 下的所有类的所有方法。

```
execution(public * com.linkedbear.springboot..*.*(..)))
```

另外,如果去掉 public 修饰符,则所有访问修饰符修饰的方法都会被切入,通常在编写切入点表达式时不会带有 public。

6. 抛出异常的切入

四大主要通知的最后一种是异常通知,如果需要切入有异常抛出的方法,需要在切入点表达式上声明抛出异常的类型,例如代码清单7-38中展示了一个切入 FinanceService 中抛出 Exception 的方法,相应地我们可以给 subtractMoney 方法添加一个 Exception 的显式异常抛出。借助 IDEA 可以看到,如此声明后 afterThrowingPrint 方法只会增强两参数的 subtractMoney 方法。

代码清单7-38　使用抛出异常的切入点表达式

```
@AfterThrowing("execution(* com.linkedbear.springboot.aop.a_aspectj.service.*.*(..) throws java.lang.Exception)")
public void afterThrowingPrint() {
    System.out.println("Logger afterThrowingPrint run ......");
}

public double subtractMoney(double money, String id) throws Exception {
    System.out.println("FinanceService 付钱 === " + money);
    return money;
}
```

7. 使用@annotation

除 execution 之外，还有一种切入点表达式也比较常用：@annotation()，这种切入点表达式的使用方式相对简单，只需要声明注解的全限定名。简单测试一下效果，切面类依然选择使用 Logger，之后声明一个@Log 注解，用于标注要打印日志的方法，如代码清单 7-39 所示。

代码清单 7-39　声明@Log 注解

```
@Documented
@Retention(RetentionPolicy.RUNTIME)
@Target(ElementType.METHOD)
public @interface Log {

}
```

相应的切入点表达式只需要声明@annotation(com.linkedbear.spring.aop.b_aspectj.component.Log)，采用该方法声明的切入点表达式会**搜索整个 IOC 容器中所有标注了@Log 注解的 bean 对象，并对其执行方法进行增强。**

要查看具体的使用效果，读者可以自行替换上述任意通知方法的切入点表达式，本节中替换的是@Before 注解的表达式，并在 FinanceService 的 addMoney 方法上标注@Log 注解，如代码清单 7-40 所示。运行主启动类，观察控制台可以发现，beforePrint 方法对应的前置通知只打印了一次，且的确位于 addMoney 方法调用之前，证明基于注解的切入点表达式生效。

代码清单 7-40　替换@Before 注解的切入点表达式

```
@Before("@annotation(com.linkedbear.springboot.aop.a_aspectj.annotation.Log)")
public void beforePrint() {
    System.out.println("Logger beforePrint run ......");
}

@Log
public void addMoney(double money) {
    System.out.println("FinanceService 收钱 === " + money);
}
```

8. 抽取通用切入点表达式

如果一个切面类中出现了两个通知方法，且其切入点表达式都是一样的，那么可以使用@Pointcut 注解抽取通用的切入点表达式。抽取的方式很简单，只需要将@Pointcut 注解声明在一个没有返回值且方法体为空的方法中，如代码清单 7-41 所示。其他通知要引用该通用切入点表达式时，只需要标注方法名，无须重复编写。

代码清单 7-41　使用@Pointcut 注解

```
@Pointcut("execution(* com.linkedbear.springboot.aop.a_aspectj.service.*.*(..))")
public void defaultPointcut() {

}
```

```java
@After("defaultPointcut()")
public void afterPrint() {
    System.out.println("Logger afterPrint run ......");
}

@AfterReturning("defaultPointcut()")
public void afterReturningPrint() {
    System.out.println("Logger afterReturningPrint run ......");
}
```

> 小提示：使用 IDEA 的读者在引用切入点表达式时会发现，IDEA 会自动识别当前类中定义的通用切入点表达式，这一点很方便。

7.4.5 使用环绕通知

环绕通知的本质与动态代理中的 `InvocationHandler` 并没有太大区别，下面讲解基于 AspectJ 的环绕通知编写。

1. 添加新的环绕通知方法

回到 `Logger` 类中定义一个新的方法 `aroundPrint`，并标注环绕通知的 `@Around` 注解，配置切入点表达式，如代码清单 7-42 所示。

代码清单 7-42　使用 @Around 注解

```java
@Around("execution(* com.linkedbear.springboot.aop.a_aspectj.service.FinanceService.addMoney (*))")
public void aroundPrint() {}
```

请读者先回想几个问题：`InvocationHandler` 的结构是什么？它的 `invoke` 方法中都有哪些参数？如何在环绕通知中获取这些参数？

要解决这些问题，需要了解环绕通知中的一个特殊参数：**ProceedingJoinPoint**。在 `aroundPrint` 方法的参数中添加 `ProceedingJoinPoint`，并把方法的返回值类型改为 `Object`，这样的结构基本上与 `InvocationHandler` 没有太大区别。如果不需要对方法进行增强，直接调用 `ProceedingJoinPoint` 的 `proceed` 方法就可以执行目标对象的目标方法，这行代码类似于原生动态代理中的方法调用 `method.invoke(target, args)`，如代码清单 7-43 所示。

代码清单 7-43　使用 ProceedingJoinPoint

```java
@Around("execution(* com.linkedbear.springboot.aop.a_aspectj.service.FinanceService.addMoney(*))")
public Object aroundPrint(ProceedingJoinPoint joinPoint) throws Throwable {
    return joinPoint.proceed(); // 此处会抛出 Throwable 异常
}
```

剩下的内容就是根据实际业务逻辑编写相应的代理增强逻辑，诸如记录日志、事务控制等，代码清单 7-44 中展示了一种简单的示例代码编写，很明显四行控制台输出刚好对应了四种通知类型。

代码清单 7-44　使用环绕通知扩展逻辑

```
@Around("execution(* 
com.linkedbear.springboot.aop.a_aspectj.service.FinanceService.addMoney(*))")
public Object aroundPrint(ProceedingJoinPoint joinPoint) throws Throwable {
    System.out.println("Logger aroundPrint before run ......");
    try {
        Object retVal = joinPoint.proceed();
        System.out.println("Logger aroundPrint afterReturning run ......");
        return retVal;
    } catch (Throwable e) {
        System.out.println("Logger aroundPrint afterThrowing run ......");
        throw e;
    } finally {
        System.out.println("Logger aroundPrint after run ......");
    }
}
```

2．测试效果

将 `Logger` 中除 `@Before` 注解之外的其他通知注解都暂时注释掉，之后重新运行主启动类，观察控制台的输出，可发现同时包含环绕通知和前置通知。

```
Logger aroundPrint before run ......
Logger beforePrint run ......
FinanceService 收钱 === 123.45
Logger aroundPrint afterReturning run ......
Logger aroundPrint after run ......
```

另外，根据打印的先后顺序可以得出一个结论：同一个切面类中，环绕通知的执行时机比单个通知要早。

以上就是基于 Spring Boot 的注解式 AOP 编写方式，这是当下的主流开发中最常使用的方式，读者一定要多加练习。

7.5　Spring 使用 AOP——基于 XML

使用 AOP 并不是 Spring Boot 的专利，Spring Framework 从最开始就设计了基于 XML 的 AOP。本节将快速讲解基于 XML 的 AOP 方式，由于当下主流开发 Spring Boot 的应用中已经很难见到 XML 配置文件，因此这部分内容不会作为重点讲解。

> 💡 小提示：本节的代码将统一创建在 `spring-02-aop` 工程下。

7.5.1　搭建工程环境

原生 Spring Framework 使用 AOP 时不需要额外导入其他的 Spring Framework 依赖坐标，仅需导入 `spring-context` 依赖，借助 IDEA 的 Maven 插件可以看到，`spring-context` 坐标中已经传递依赖了 `spring-aop` 的包，如图 7-8 所示。

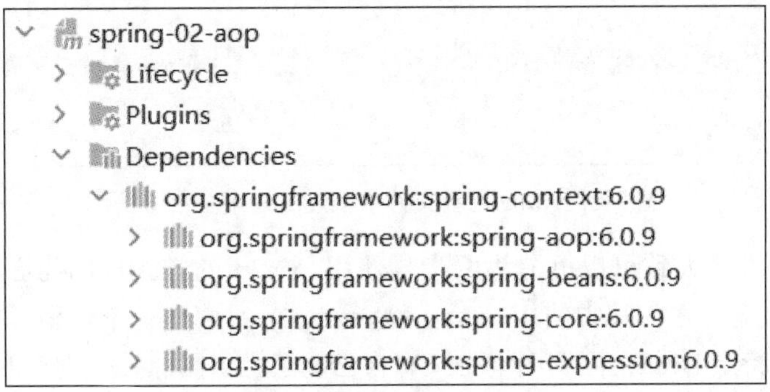

```
   spring-02-aop
   > Lifecycle
   > Plugins
   v  Dependencies
      v  org.springframework:spring-context:6.0.9
         > org.springframework:spring-aop:6.0.9
         > org.springframework:spring-beans:6.0.9
         > org.springframework:spring-core:6.0.9
         > org.springframework:spring-expression:6.0.9
```

图 7-8　spring-context 依赖已经整合 spring-aop

此外，还要手动导入两个依赖，分别是 Cglib 和 AspectJ 的坐标，如代码清单 7-45 所示。如果没有这两个依赖，后面的演示将无法正确进行。

代码清单 7-45　导入额外的依赖

```xml
<dependency>
    <groupId>cglib</groupId>
    <artifactId>cglib</artifactId>
    <version>3.3.0</version>
</dependency>
<dependency>
    <groupId>org.aspectj</groupId>
    <artifactId>aspectjweaver</artifactId>
    <version>1.9.19</version>
</dependency>
```

接下来准备基础代码，我们只需像 7.4.2 节的内容那样准备一份同样的基础代码，此处不再贴出。

7.5.2　编写配置文件

使用 XML 配置文件的方式使用 AOP 时，先要将原始类和切面类都注册到 IOC 容器，使其成为对应的 bean 对象，如代码清单 7-46 所示。请注意代码清单 7-46 中导入的命名空间，`<beans>` 标签中除了声明 beans 系列的标签作为默认命名空间，还导入了 aop 的命名空间，这样我们就可以在这个 XML 文件中使用 aop 的标签。

代码清单 7-46　XML 配置文件注册 Bean

```xml
<?xml version="1.0" encoding="UTF-8"?>
<beans ......>
    <bean id="financeService" class="com.linkedbear.spring.aop.xmlaspect.service.FinanceService"/>
    <bean id="orderService" class="com.linkedbear.spring.aop.xmlaspect.service.impl.OrderServiceImpl"/>
    <bean id="logger" class="com.linkedbear.spring.aop.xmlaspect.component.Logger"/>
</beans>
```

当导入命名空间后，在配置文件的空白位置输入 aop 前缀，会发现 IDEA 给予了 aop 命名空间中的 3 个根标签，如图 7-9 所示。本书重点讲解前两个标签，最后一个标签使用频率极低，感兴趣的读者可以自行查阅资料了解。

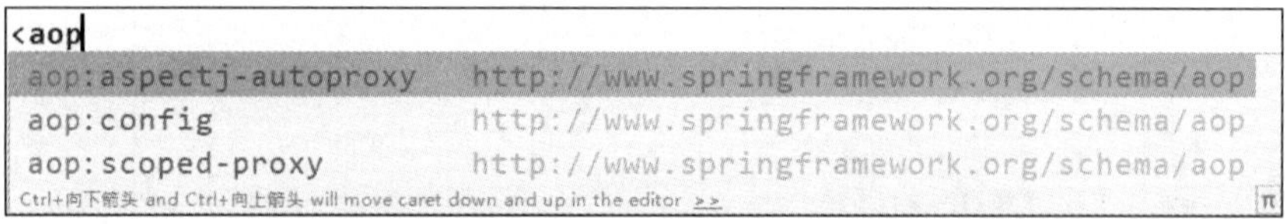

第 7 章　AOP 思想与实现

图 7-9　XML 配置文件中唤起 aop 标签的提示

配置 AOP 的方式大致可以拆分为两步，使用 XML 的方式声明切面时需要先声明一对 <aop:config> 标签，并在其中使用 <aop:aspect> 标签声明一个切面，由于切面需要基于 IOC 容器中的一个特定 Bean，而切面本身又有自己的名字，因此要分别声明 id 和 ref 属性；之后在 <aop:aspect> 标签中即可使用包括 <aop:before>、<aop:after> 等在内的几种通知标签，引用切面类中的方法并声明切入点表达式，还可以使用 <aop:pointcut> 标签声明通用的切入点表达式，整体上与使用注解式并无太大差别。代码清单 7-47 中展示了一个比较全面的 AOP 配置内容。

代码清单 7-47　包含常见通知类型的 AOP 配置内容

```xml
<aop:config>
    <aop:aspect id="loggerAspect" ref="logger">
        <aop:pointcut id="defaultPointcut" expression="execution(public * com.linkedbear.spring.aop.xmlaspect.service.*.*(..))"/>
        
        <aop:before method="beforePrint"
                pointcut="execution(public void com.linkedbear.spring.aop.xmlaspect.service.FinanceService.addMoney(double))"/>
        <aop:after method="afterPrint"
                pointcut="execution(public * com.linkedbear.spring.aop.xmlaspect.service.FinanceService.*(..))"/>
        <aop:after-returning method="afterReturningPrint"
                    pointcut-ref="defaultPointcut"/>
        <aop:after-throwing method="afterThrowingPrint"
                    pointcut="execution(public * com.linkedbear.spring.aop.xmlaspect.service.*.*(..) throws Exception)"/>
    </aop:aspect>
</aop:config>
```

> 小提示：与注解式切面类相似，当我们在 XML 配置文件中声明 AOP 切面后，IDEA 中配置文件的左侧也会出现可跳转的图标，单击图标也能跳转到相应可以切入的方法中，如图 7-10 所示。

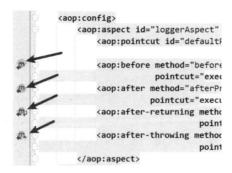

图 7-10　XML 配置文件的 AOP 切面也有跳转图标显示

7.5.3 测试效果

为检验 AOP 是否生效,下面编写一个具备 main 方法的测试启动类 XmlAspectApplication 检验效果。使用 XML 配置文件驱动 IOC 容器,并将 IOC 容器的 FinanceService 和 OrderService 都取出并调用其方法,观察控制台的输出,如代码清单 7-48 所示。

代码清单 7-48 XmlAspectApplication

```
public class XmlAspectApplication {

    public static void main(String[] args) throws Exception {
        ApplicationContext ctx = new ClassPathXmlApplicationContext("xmlaspect.xml");
        FinanceService financeService = ctx.getBean(FinanceService.class);
        financeService.addMoney(123.45);
        financeService.subtractMoney(543.21);
        financeService.getMoneyById("abc");

        OrderService orderService = ctx.getBean(OrderService.class);
        orderService.createOrder();
        orderService.getOrderById("abcde");
    }
}
```

运行 main 方法,控制台中打印的内容颇多,但经过简单分辨我们就能识别出来每个通知方法打印的依据,读者可以自行验证打印效果,本节不再贴出具体内容。

7.5.4 其他注意事项

除了使用配置式 AOP,我们可以在配置文件中声明 `<aop:aspectj-autoproxy/>` 标签来开启注解式 AOP,这个标签的作用与 @EnableAspectJAutoProxy 注解的作用相同,标签中也有与 @EnableAspectJAutoProxy 注解相同的两个属性,即 `proxy-target-class` 和 `expose-proxy`。此外,`<aop:config>` 标签中也有上述两个属性。

7.6 小结

本章接续第 2 章的 IOC 思想演变过程继续向下推演,从 GoF 23 设计模式出发逐步分析出 AOP 的核心机制——动态代理。作为 OOP 的补充,AOP 引入了切面的思想,将共用代码抽取为通用的切面,并通过增强逻辑与原始目标对象的织入动作构造出代理对象,实现动态增强原有逻辑的效果。

AOP 的底层支撑机制就是动态代理,Spring Framework 通过借助 JDK 原生的动态代理和 Cglib 字节码增强技术,并整合 AspectJ 的编码方式形成现有的 AOP 模式。

此外,本章通过 Spring Boot 和原生 Spring Framework 的工程环境使用 AOP 技术,并通过应用多种通知类型和切入点表达式帮助读者了解和上手 AOP 的核心编程内容,读者要熟练掌握本章中讲到的通知类型应用场景和切入点表达式的编写方式。

AOP 的技术不止表层的简单应用,了解更多更深入的相关知识将有助于读者更深刻地理解和使用 AOP。

第 8 章 AOP 的进阶机制和应用

本章主要内容：
◇ AOP 联盟与相关接口定义；
◇ 通知方法参数的使用；
◇ 多个切面的执行顺序；
◇ 代理对象调用自身方法。

Spring Boot 中使用 AOP 的方式相对简单，读者只需要掌握 5 种通知类型以及切入点表达式的编写方式，就可以熟练地完成 AOP 的核心开发。本章我们继续讲解一些 AOP 的进阶机制和应用。

8.1 AOP 联盟

Spring Framework 2.0 版本之前还没有整合 AspectJ，当时的 Spring Framework 有一套相对低层级的实现，它也是 Spring Framework 原生的实现，要了解它，需要先了解一个组织：**AOP 联盟**。

早在很久之前，AOP 的概念就已经被提出。同之前的 EJB 一样，一个概念和思想被提出后，总会有一批人来制定规范，于是就有了 AOP 联盟，这个联盟的成员将 AOP 的概念整理好，形成了一套规范 AOP 框架底层实现的 API，并最终总结出了 5 种 AOP 通知类型，而读者要了解的就是 AOP 联盟提出的这 5 种通知类型：前置通知、后置通知（返回通知）、异常通知、环绕通知、引介通知。注意，以上 5 种通知类型跟 7.3.4 节中 AspectJ 规定的 5 种通知类型有所区别：AOP 联盟提出的 5 种通知类型中**多了一个引介通知，少了一个真正的后置通知**。还有一点要注意，AOP 联盟定义的后置通知实际上是返回通知（after-returning），而 AspectJ 的后置通知是真正的后置通知，与返回通知是两码事。

AOP 联盟定义的 5 种通知类型在 Spring Framework 中都有对应的接口定义。
- 前置通知：`org.springframework.aop.MethodBeforeAdvice`。
- 返回通知：`org.springframework.aop.AfterReturningAdvice`。
- 异常通知：`org.springframework.aop.ThrowsAdvice`。
- 环绕通知：`org.aopalliance.intercept.MethodInterceptor`。
- 引介通知：`org.springframework.aop.IntroductionAdvisor`。

注意，**环绕通知的接口是 AOP 联盟原生定义的接口**（注意不是 Cglib 的 `MethodInterceptor`），读者可以先思考一下为什么会如此设计。

其实不难理解，由于 Spring Framework 基于 AOP 联盟制定的规范，因此自然会兼容原有的方案；又由于我们之前写过原生的动态代理，知道原生动态代理的 `InvocationHandler` 其实就是**环绕通知**的体现，因此 Spring Framework 要在环绕通知上拆解结构，自然就会保留原本环绕通知支持的接口。

了解这部分知识，有助于读者阅读本书后续的高级篇，在分析 AOP 底层的特殊 API 时不至于感觉奇怪或者陌生，现阶段读者有基本印象即可。

8.2 通知方法参数

在 7.4.5 节中编写环绕通知时，我们曾使用到一个特殊的接口 `ProceedingJoinPoint`，对于这个接口的具体使用以及切面类中的其他通知方法参数等内容，本节会重点展开讲解。

> 💡 小提示：本章涉及的代码仍然使用 springboot-03-aop 工程，将 a_aspectj 包中的代码复制一份到新的包 b_joinpoint 下。

8.2.1 JoinPoint

在第 7 章的代码编写过程中，读者是否会产生一个疑问：所有的日志打印都是一模一样的，如果被切入的方法没有控制台打印，如何更准确地区分每一行日志打印是由哪个方法触发的？实际项目开发中还有可能遇到这样的问题：某一个增强的逻辑需要同时切入多个方法，但又要根据不同的方法名区分不同的逻辑细节。由上述两个问题可知，我们应该想办法在切面类的通知方法中获取被增强的原始对象、被切入的方法信息等，毕竟原生动态代理可以直接通过 `InvocationHandler` 的 `invoke` 方法取得这些信息，那么 Spring Framework 的 AOP 也肯定能取得。

获取切入点相关信息的核心 API 就是本节的标题：JoinPoint，类名意为"连接点"，是所有通知方法都允许声明的参数类型。比如代码清单 8-1 中的 `beforePrint` 方法中增加 `JoinPoint` 类型的入参后，程序运行中不会报错，仍然可以正常运行完毕，说明这种编写方式被 Spring Framework 支持。

代码清单 8-1　通知方法的参数中声明 JoinPoint

```
@Before("execution(* com.linkedbear.springboot.aop.b_joinpoint..*.addMoney(*))")
public void beforePrint() {
    System.out.println("Logger beforePrint run ......");
}
```

借助 IDE 尝试调用 `JoinPoint` 的 `get` 系列方法，可以发现可获取的内容很多，如图 8-1 所示。下面就其中比较重要的几个元素展开讲解。

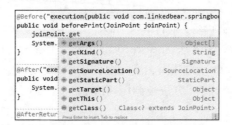

图 8-1　JoinPoint 中可以获取的内容

1. getTarget 与 getThis

getTarget 与 getThis 是一对相似的方法,分别代表获取目标对象(原始对象)和当前代理对象。我们可以简单测试一下效果,对应的测试代码如代码清单 8-2 所示。

代码清单 8-2　使用 getTarget 与 getThis 方法

```
@Before("execution(* com.linkedbear.springboot.aop.b_joinpoint..*.addMoney(*))")
public void beforePrint(JoinPoint joinPoint) {
    System.out.println(joinPoint.getTarget());
    System.out.println(joinPoint.getThis());
    System.out.println("Logger beforePrint run ......");
}
```

随后还要修改 SpringBootAopApplication 主启动类的代码,获取 b_joinpoint 包下的 FinanceService 并调用 addMoney 方法。修改完毕后运行主启动类,观察控制台中打印的如下内容,很明显当前被代理的类已经可以成功打印。

```
com.linkedbear.springboot.aop.b_joinpoint.service.FinanceService@7980cf2c
com.linkedbear.springboot.aop.b_joinpoint.service.FinanceService@7980cf2c
Logger beforePrint run ......
```

虽然可以正确获取目标对象和代理对象,但是两个对象的打印结果完全一致,它们两个是不是同一个对象?我们可以借助 Debug 来验证。在 beforePrint 方法的第一行打上断点,以 Debug 的形式运行主启动类,等到程序运行到断点时观察 joinPoint 中 proxy 和 target 对象的结构,如图 8-2 所示,很明显这两个对象不是同一个,proxy 是被 Cglib 增强的代理对象。

图 8-2　target 与 proxy 是两个不同的对象

既然对象不是同一个,为什么打印的结果一致?仔细观察 proxy 中的几个 CALLBACK,可以发现代理对象增强了 equals 方法、hashcode 方法,唯独没有增强 toString 方法,所以 proxy 代理对象执行 toString 方法时,实际上调用的是 target 目标对象的 toString 方法,相当于 target 的 toString 方法被调用两次。

2. getArgs

getArgs 方法非常容易理解,它可以获取被拦截方法的调用参数列表,它返回的是一个

Object 数组，简单测试代码如代码清单 8-3 所示。重新运行 Spring Boot 的主启动类，可以发现控制台成功打印了 addMoney 方法被调用时传入的参数。

代码清单 8-3　getArgs 的使用

```
@Before("execution(* com.linkedbear.springboot.aop.b_joinpoint..*.addMoney(*))")
public void beforePrint(JoinPoint joinPoint) {
    System.out.println(Arrays.toString(joinPoint.getArgs()));
    System.out.println("Logger beforePrint run ......");
}
[123.45]
Logger beforePrint run ......
FinanceService 收钱 === 123.45
```

3. getSignature

getSignature 从方法名上看是获取签名，但是签名这个概念该如何理解？我们不妨先直接打印 getSignature 方法返回的结果，如代码清单 8-4 所示。重新运行主启动类后，控制台打印的内容是被拦截方法的全限定名等信息。

代码清单 8-4　打印 getSignature 方法的内容

```
@Before("execution(* com.linkedbear.springboot.aop.b_joinpoint..*.addMoney(*))")
public void beforePrint(JoinPoint joinPoint) {
    System.out.println(joinPoint.getSignature());
    System.out.println("Logger beforePrint run ......");
}
void com.linkedbear.springboot.aop.b_joinpoint.service.FinanceService.addMoney(double)
Logger beforePrint run ......
FinanceService 收钱 === 123.45
```

由此我们可以得知一点：getSignature 可以得到当前被拦截方法的方法签名，包括方法名、方法的参数类型、方法的返回值等。但是当我们直接调用 getSignature 方法返回的 Signature 对象中的方法时，会发现其中只包含与类相关的信息，并没有包含与方法相关的信息，如图 8-3 所示。

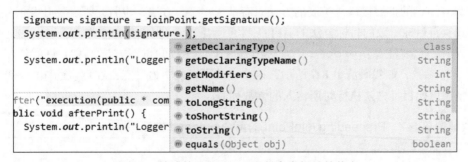

图 8-3　默认的 Signature 只包含类相关的信息

对此，读者是否产生了一些疑惑：既然基于 AspectJ 的 AOP 都是对方法的拦截，为什么获取的 Signature 对象中反而没有方法相关的信息？借助 IDE 可以得知，Signature 只是一个接口，其下有一个子接口 MethodSignature，这个子接口中刚好可以获取当前被拦截的方法和返回值等信息，由此我们就可以获取并打印更多的信息，如代码清单 8-5 所示。

代码清单 8-5　使用 MethodSignature 获得更多信息

```
@Before("execution(* com.linkedbear.springboot.aop.b_joinpoint..*.addMoney(*))")
public void beforePrint(JoinPoint joinPoint) {
    MethodSignature signature = (MethodSignature) joinPoint.getSignature();
    Method method = signature.getMethod();
    System.out.println(method.getName());
    System.out.println("Logger beforePrint run ......");
}
```

重新运行主启动类，控制台中可以打印当前被拦截的方法名，方法信息可以被成功获取。

> 小提示：其实 Signature 的 getName 方法相当于获取 Method 后再调用 getName 方法，感兴趣的读者可以自行测试。

4．改造示例

由上述 4 个关键因素，下面就可以实现具体逻辑来判断和处理。我们可以在通知方法中轻松获取被拦截的类、方法、参数等信息，最终改造后的效果如代码清单 8-6 所示。关于具体的运行结果读者可自行测试，本节不再贴出具体效果。

代码清单 8-6　综合改造效果

```
@Before("execution(* com.linkedbear.springboot.aop.b_joinpoint..*.addMoney(*))")
public void beforePrint(JoinPoint joinPoint) {
    System.out.println("Logger beforePrint run ......");
    System.out.println("被拦截的类：" + joinPoint.getTarget().getClass().getName());
    System.out.println("被拦截的方法：" + ((MethodSignature) joinPoint.getSignature()).getMethod().getName());
    System.out.println("被拦截的方法参数：" + Arrays.toString(joinPoint.getArgs()));
}
```

8.2.2　ProceedingJoinPoint 的扩展

第 7 章中讲解环绕通知时我们提前接触到了 ProceedingJoinPoint 这个接口，它本身是 JoinPoint 的扩展接口，扩展的方法只有 proceed 方法，也就是那个能让我们在环绕通知中显式执行目标对象的目标方法的 API。

另外有一点要注意：proceed 方法还有一个带参数的重载方法，它允许我们传入一个 Object[] 参数，如代码清单 8-7 所示，这个设计可以说明另一点：**在环绕通知中，我们可以自行替换掉原始目标方法执行时所传入的参数列表。**

代码清单 8-7　ProceedingJoinPoint 的两个 proceed 方法

```
Object proceed() throws Throwable;
Object proceed(Object[] args) throws Throwable;
```

这种设计其实并不奇怪，毕竟在原生动态代理中，我们可以在 InvocationHandler 或 MethodInterceptor 中反射执行目标方法，传入自己构造的 Object[] 作为更改后的参数，Spring Framework 中的 AOP 自然也要兼容原生的这种机制。

8.2.3 返回通知和异常通知的特殊参数

在第 7 章中讲解返回通知和异常通知时,还有一个小问题没有解决:返回通知中我们要获取方法的返回值,异常通知中我们要获取具体抛出的异常信息。这都非常容易实现,下面一一讲解。

在返回通知的方法中,我们可以在方法签名中声明一个 Object 类型的参数,并在 @AfterReturning 注解中声明这个参数就是接收目标方法执行完毕后的返回值,使用方式如代码清单 8-8 所示。

代码清单 8-8 使用返回通知接收参数

```
@AfterReturning(value = "execution(public * com..b_joinpoint.service.*.*(..)))", returning ="retval")
public void afterReturningPrint(Object retval) {
    System.out.println("Logger afterReturningPrint run ......");
    System.out.println("返回的数据: " + retval);
}
```

可以发现,Spring Framework 本身也不知道我们声明的哪个方法参数用于接收目标方法执行的返回结果,所以必须在注解中告诉它才可以。随后我们改造主启动类,调用 subtractMoney 方法触发返回通知,如代码清单 8-9 所示。重新运行主启动类,控制台成功打印返回值,证明返回通知已正确捕获目标方法的返回值。

代码清单 8-9 触发返回通知

```
@EnableAspectJAutoProxy
@SpringBootApplication(scanBasePackages = "com.linkedbear.springboot.aop.b_joinpoint")
public class SpringBootAopApplication {
    
    public static void main(String[] args) {
        ApplicationContext ctx = SpringApplication.run(SpringBootAopApplication.class, args);
        FinanceService financeService = ctx.getBean(FinanceService.class);
        financeService.subtractMoney(543.21);
    }
}
```

同理,异常通知的使用需要我们在方法签名中声明一个 Throwable 或具体异常类型的参数,并在 @AfterThrowing 注解中注明接收异常抛出的参数名,如代码清单 8-10 所示。关于具体运行效果读者可自行测试,本节不再展开。

代码清单 8-10 使用异常通知接收抛出的异常

```
@AfterThrowing(value = "execution(* com..b_joinpoint.service.*.*(..) throws java.lang.Exception)", throwing = "e")
public void afterThrowingPrint(Exception e) {
    System.out.println("Logger afterThrowingPrint run ......");
    System.out.println("抛出的异常: " + e.getMessage());
}
```

8.3 切面的执行顺序

日常开发中我们可能会碰到一种特殊的情况:一个方法被多个切面同时增强,这个时候需要控制好各个切面的执行顺序,以保证最终的运行结果能符合最初设计,因此有必要研究一下多个切面的执行顺序问题。

8.3.1 多个切面的执行顺序

首先我们来测试研究不同切面类的执行顺序，这种情况在项目开发中较为常见。

1. 代码准备

第一步要准备测试代码，本节的测试代码无须很复杂，只需要一个 Service 类和两个切面类，如代码清单 8-11 所示。

代码清单 8-11　前置测试代码

```
@Service
public class UserService {

    public void saveUser(String id) {
        System.out.println("UserService 保存用户" + id);
    }
}
@Component
@Aspect
public class LogAspect {

    @Before("execution(* com.linkedbear.springboot.aop.c_order.service.UserService.*(..))")
    public void printLog() {
        System.out.println("LogAspect 打印日志 ......");
    }
}
@Component
@Aspect
public class TransactionAspect {

    @Before("execution(* com.linkedbear.springboot.aop.c_order.service.UserService.*(..))")
    public void beginTransaction() {
        System.out.println("TransactionAspect 开启事务 ......");
    }
}
```

随后改造 Spring Boot 主启动类，改变组件扫描路径，并从 IOC 容器中取出 `UserService` 并执行方法，如代码清单 8-12 所示。

代码清单 8-12　主启动类执行 UserService 方法

```
@EnableAspectJAutoProxy
@SpringBootApplication(scanBasePackages = "com.linkedbear.springboot.aop.c_order")
public class SpringBootAopApplication {

    public static void main(String[] args) {
        ConfigurableApplicationContext ctx = SpringApplication.run(SpringBootAopApplication.class, args);
        UserService userService = ctx.getBean(UserService.class);
        userService.saveUser("abc");
    }
}
```

2. 预设的顺序

测试代码准备完毕后，我们可以先执行 Spring Boot 主启动类，观察控制台的打印结果。从结果上看，切面执行的顺序是日志在前，事务在后，这与哪个因素有关？读者可以先猜测一下。

```
LogAspect 打印日志 ......
TransactionAspect 开启事务 ......
UserService 保存用户 abc
```

如果读者没有头绪，那么我们可以尝试再添加一个切面类，如代码清单 8-13 所示。添加 AbcAspect 切面类后重新运行主启动类，可以发现 AbcAspect 的前置通知会更早被打印。

代码清单 8-13　添加新的切面类 AbcAspect

```
@Component
@Aspect
public class AbcAspect {
    
    @Before("execution(* com.linkedbear.springboot.aop.c_order.service.UserService.*(..))")
    public void abc() {
        System.out.println("abc abc abc");
    }
}
```

由此读者是否猜到了执行顺序的机制？**默认的切面执行顺序，是按照字母表的顺序排列**。如果表述得严谨一些，排序规则其实是**根据切面类的 Unicode，按照十六进制排序得来**，Unicode 靠前的切面类自然就会排在前面（按笔者个人习惯称其为字典表顺序）。

3. 显式声明执行顺序

按字典表排序显然不是解决问题的最佳方案，在 Spring Framework 中有一个很常用的排序模型机制，它的核心是一个名为 Ordered 的接口。Spring Framework 中有如下规定，实现了 Ordered 接口的组件具备"可排序性"，当获取组件的场景中需要对组件排序时，实现了 Ordered 接口的组件会根据内部提供的排序值大小按升序排序。结合上述场景，假设我们对 TransactionAspect 切面类添加 Ordered 接口的实现，并实现 getOrder 方法声明其返回值为 0，如代码清单 8-14 所示，则 Spring Framework 认为 TransactionAspect 的排序值为 0。

代码清单 8-14　TransactionAspect 实现 Ordered 接口

```
@Component
@Aspect
public class TransactionAspect implements Ordered {
    
    @Before("execution(* com.linkedbear.springboot.aop.c_order.service.UserService.*(..))")
    public void beginTransaction() {
        System.out.println("TransactionAspect 开启事务 ......");
    }
    
    @Override
    public int getOrder() {
        return 0;
    }
}
```

改造完毕后重新运行主启动类，控制台中打印的切面执行顺序如下所示：

```
TransactionAspect 开启事务 ......
abc abc abc
LogAspect 打印日志 ......
UserService 保存用户 abc
```

可以发现事务切面的前置通知已经提前执行，说明排序值 0 比默认的排序值高。

4．默认的排序值

既然 0 已经比默认的排序值高，那么默认的排序值是多少？借助 IDE 打开 Ordered 接口的源码，可以找到内部定义的两个常量，如代码清单 8-15 所示。如果我们将 TransactionAspect 中 getOrder 方法的返回值改为 LOWEST_PRECEDENCE，重新运行后的效果与不实现 Ordered 接口时一致，就说明默认的排序值就是 LOWEST_PRECEDENCE，即**最低优先级**。

代码清单 8-15　Ordered 源码片段

```java
public interface Ordered {
    int HIGHEST_PRECEDENCE = Integer.MIN_VALUE;
    int LOWEST_PRECEDENCE = Integer.MAX_VALUE;
    // 此处省略
}
```

5．另一种声明办法

除了给切面类实现 Ordered 接口，Spring Framework 还提供了注解式声明方式：**@Order**。我们可以将 @Order 注解标注在 LogAspect 类上，并声明排序值为 0，如代码清单 8-16 所示。重新运行主启动类后，控制台中最先打印日志的内容，证明使用 @Order 注解也生效了。

代码清单 8-16　使用 @Order 注解

```java
@Component
@Aspect
@Order(0)
public class LogAspect {
    
    @Before("execution(* com.linkedbear.springboot.aop.c_order.service.UserService.*(..))")
    public void printLog() {
        System.out.println("LogAspect 打印日志 ......");
    }
}
```

8.3.2　同切面的多个通知执行顺序

除了多个切面的执行顺序问题，如果同一个切面定义了多个相同类型的通知，执行顺序又是怎样的？下面也来简单测试验证。

相比较于 8.3.1 节，本节的代码很少，只需要在 AbcAspect 中添加一个新的方法 def 即可，如代码清单 8-17 所示。

代码清单 8-17　AbcAspect 中扩展新的方法

```java
@Before("execution(* com.linkedbear.springboot.aop.c_order.service.UserService.*(..))")
public void def() {
    System.out.println("def def def");
}
```

如果此时直接运行主启动类，控制台中打印的内容一定是 abc 方法在前，def 方法在后，原因也很简单，与 8.3.1 节的逻辑相同，默认情况下是以 Unicode 排序的（字典表顺序）。

此时可能有读者立马会想到给方法添加 @Order 注解（毕竟方法没有办法实现接口），但是当添加 @Order 注解后重新运行主启动类，发现运行结果并不像我们想的那样，def 方法仍然在 abc 方法之后打印。由此可见，同一个切面类下多个相同类型的通知方法，只能按方法名的顺序来执行。

```
LogAspect 打印日志 ......
TransactionAspect 开启事务 ......
abc abc abc
def def def
UserService 保存用户 abc
```

8.4 代理对象调用自身方法

在一些特殊场景下，我们需要在代理对象的内部调用其自身的其他方法，这个地方有一个很大的"坑"，需要读者理解并明白如何处理。为了演示代理对象调用自身方法的问题，我们可以编写一个包含两个方法的 `UserService` 类，并让 `update` 方法调用 `get` 方法，如代码清单 8-18 所示，这样就可以形成调用自身方法的效果。

代码清单 8-18　update 方法调用自身的其他方法

```java
@Service
public class UserService {

    public void update(String id, String name) {
        this.get(id);
        System.out.println("修改指定 id 的 name。。。");
    }

    public void get(String id) {
        System.out.println("获取指定 id 的 user。。。");
    }
}
```

之后是切面类 `LogAspect`，我们依然使用比较简单的前置通知，使用切入点表达式将 `UserService` 中的所有方法都予以增强，如代码清单 8-19 所示。

代码清单 8-19　LogAspect 增强 UserService 的所有方法

```java
@Component
@Aspect
public class LogAspect {

    @Before("execution(* com.linkedbear.springboot.aop.d_self.service.UserService.*(..))")
    public void beforePrint() {
        System.out.println("LogAspect 前置通知 ......");
    }
}
```

最后是主启动类，只需要指定扫描的包为 `d_self`，并在初始化 `SpringApplication` 之后得到 `UserService`，调用 `update` 方法触发内部自身方法的调用，如代码清单 8-20 所示。

按照我们的预期,从 main 方法运行后控制台的输出中,我们可以看到前置通知 beforePrint 两次的打印。

代码清单 8-20　SpringBootAopApplication

```
@EnableAspectJAutoProxy
@SpringBootApplication(scanBasePackages = "com.linkedbear.springboot.aop.d_self")
public class SpringBootAopApplication {

    public static void main(String[] args) {
        ConfigurableApplicationContext ctx = SpringApplication.run(SpringBootAopApplication.class, args);
        UserService userService = ctx.getBean(UserService.class);
        userService.update("abc", "def");
    }
}
```

运行主启动类后,观察控制台打印的效果,发现切面类中的前置通知只打印了一次,与我们的预期不符。造成这个现象的原因是 UserService 代理对象在调用自身方法时,使用 this 获取的是原始对象而不是代理对象,这就造成使用 this 调用方法时无法触发 AOP 的增强效果。

```
LogAspect 前置通知 ......
获取指定 id 的 user。。。
修改指定 id 的 name。。。
```

解决上述问题的办法有两种,第一种简单的方式是直接将自身注入成员属性中,之后不使用 this 调用方法,而是改用 userService.get 方法调用,如代码清单 8-21 所示。如此修改后重新运行 main 方法,控制台中可以看到前置通知的两次日志打印与预期一致。

代码清单 8-21　UserService 中注入自身

```
@Service
public class UserService {

    @Autowired
    private UserService userService;

    public void update(String id, String name) {
        // this.get(id);
        userService.get(id);
        System.out.println("修改指定 id 的 name。。。");
    }
```

```
LogAspect 前置通知 ......
LogAspect 前置通知 ......
获取指定 id 的 user。。。
修改指定 id 的 name。。。
```

虽然问题被成功解决,但这样编写代码未免有些不优雅,可以考虑改进。

Spring Framework 考虑到这种调用自身方法的问题,它提供了一个可以在全局任意位置获取代理对象的工具类:**AopContext**,使用这个类可以在代理对象中获取自身。在代码清单 8-22 中,我们使用 AopContext.currentProxy() 方法就可以得到当前代理对象本身(UserService),但这个方法得到的是 Object 类型,需要我们手动强制转换为 UserService,之后就可以完成自身 get 方法的调用。

代码清单 8-22   使用 AopContext.currentProxy() 得到当前代理对象本身

```
public void update(String id, String name) {
    ((UserService) AopContext.currentProxy()).get(id);
    System.out.println("修改指定 id 的 name。。。");
}
```

代码修改完毕后重新运行 main 方法，发现控制台的输出中抛出了 IllegalStateException 异常，这个异常的大致含义是：没有开启 exposeProxy 属性，导致无法暴露代理对象，从而无法获取。

```
Exception in thread "main" java.lang.IllegalStateException: Cannot find current proxy: Set
'exposeProxy' property on Advised to 'true' to make it available, and ensure that
AopContext.currentProxy() is invoked in the same thread as the AOP invocation context.
```

开启 exposeProxy 这个属性的位置就在主启动类的 @EnableAspectJAutoProxy 注解上，如代码清单 8-23 所示。默认情况下，@EnableAspectJAutoProxy 注解的 exposeProxy 属性值为 false，需要我们手动开启。

代码清单 8-23   使用 exposeProxy 属性开启代理对象暴露

```
@EnableAspectJAutoProxy(exposeProxy = true)
@SpringBootApplication(scanBasePackages = "com.linkedbear.springboot.aop.d_self")
public class SpringBootAopApplication
```

修改后再次运行 main 方法，发现控制台中成功打印了前置通知的两次日志，代码修改成功。

8.5 小结

本章介绍了 AOP 中更多的机制和细节，帮助读者从更深的层次了解 AOP 机制。

AOP 中切面类的通知方法可以获取目标对象、目标方法等相关信息，并可以通过这些信息进行通知逻辑的定制化，此外不同类型的通知还可以声明特殊的变量以获取相应的附加信息，如返回通知的方法返回值，以及异常通知中的异常信息。

AOP 中多个切面的执行有先后顺序之分，默认情况下会根据字母表顺序排序，可以使用 Ordered 接口和 @Order 注解对切面类声明排序值，而对于同一个切面类中多个通知方法，没有特殊的排序声明机制。

第四部分

基于 WebMvc 的 Spring Boot Web 应用开发

- ▶ 第 9 章　使用 WebMvc 开发应用
- ▶ 第 10 章　WebMvc 开发进阶
- ▶ 第 11 章　嵌入式容器

第 9 章 使用 WebMvc 开发应用

本章主要内容：
- Spring Framework 与 Spring Boot 整合 Web 应用；
- WebMvc 中使用视图技术 Thymeleaf 的方法；
- 热部署的使用与页面数据传递；
- 请求参数绑定与常用注解的使用；
- JSON 支持；
- 静态资源配置与数据校验；
- 内容协商与异常处理；
- 文件上传与下载。

Spring Framework 和 Spring Boot 的效用通常体现在基于 Web 的应用开发，无论是简单地搭建网站，抑或是构建大型分布式应用，最终呈现的形态通常是 Web 应用。本章开始讲解基于 Spring Boot 应用的 Web 开发场景使用，后续章节将继续讲解进阶 WebMvc 功能特性和 Web 容器。

Spring Framework 体系中用于开发 Web 应用的框架分为基于 Servlet 的 WebMvc 以及基于响应式编程的 WebFlux。在当前企业应用开发中，WebMvc 框架占据主流地位。自从 2017 年 Spring Framework 5.0 发布后，WebFlux 吸引了大批开发者，但最终大多数开发者仍然选择使用 WebMvc 作为 Web 应用开发的底层框架，所以本书着重讲解 WebMvc 框架。

9.1 整合 Web 和 WebMvc

在讲解 WebMvc 之前，我们先来回顾一下 MVC 三层架构的思想，以及传统 Web 应用的整合方式。

9.1.1 MVC 三层架构

MVC 与三层架构的推演属于基础内容，本书不进行展开，我们直接回顾 MVC 三层架构的最终形态。

MVC 架构是 Web 应用中常见的架构风格，MVC 的三个字母 M、V、C 分别代表 Model、View、Controller，它们在应用中的地位和职责如图 9-1 所示。在这个架构中，客户端与服务端应用的直接交互会通过 Controller（控制器），控制器接收客户端的请求并转发给后端的 Model 处理，后端业务逻辑执行完毕后将数据返回给控制器，随后控制器将数据转移给 View 令其渲染视图,并在最后响应视图内容,或者在没有渲染视图时直接返回数据。

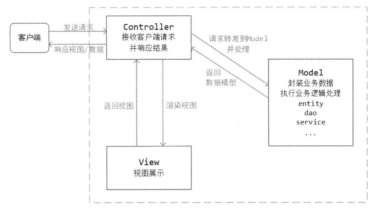

图 9-1　MVC 三层架构的思想

Java EE 中的三层架构是实现代码逻辑解耦的经典设计模式,三层架构分别为 **web 层(表现层)**、**service 层(业务层)**、**dao 层(持久层)**,它们的职责及调用逻辑如图 9-2 所示。仅从服务端的业务逻辑处理来看,客户端的请求到达服务端时,由表现层接收请求并获取请求中携带的数据,并在校验和整合后交给业务层,业务层负责处理复杂的业务逻辑,并在必要时与持久层交互,从而完成数据的读写操作,业务层处理完数据后,将数据返回给表现层,由表现层负责渲染视图或者响应数据。

图 9-2　Java EE 中三层架构的思想

9.1.2　基于 Servlet 3.0 规范整合 Web 开发

下面讲解的是原生 Spring Framework 整合 Web 应用的开发。前面几章中我们讲解的大多是基于普通应用,几乎没有涉及 Web 应用的开发,接下来的两节会先讲解 Spring Framework 原生整合 Web 的方式,了解和回顾原生的整合方式对于理解后面 WebMvc 的整合会有所帮助。

本节演示的是基于 Servlet 3.0 规范的 Web 整合开发,这是注解式整合 WebMvc 的基础。

> 💡 小提示:本节内容的所有代码均在 `spring-03-webmvc` 工程中。

1. 工程搭建

第一步搭建工程,这次我们要搭建的是一个 Web 应用,所以 pom.xml 文件中需要将打包方式改为 war 包,然后添加依赖的部分,我们需要导入 Spring Framework 的核心包 `spring-context` 和 Spring Framework 支持 Web 的模块 `spring-web`。此外,还要导入 Servlet 的 API,如代码清单 9-1 所示。

代码清单 9-1　spring-03-webmvc 工程的 pom.xml 文件

```xml
<groupId>com.linkedbear.spring6</groupId>
<artifactId>spring-03-webmvc</artifactId>
<version>1.0-SNAPSHOT</version>
<packaging>war</packaging>

<dependencies>
    <dependency>
        <groupId>org.springframework</groupId>
        <artifactId>spring-context</artifactId>
        <version>6.0.9</version>
    </dependency>

    <dependency>
        <groupId>org.springframework</groupId>
        <artifactId>spring-web</artifactId>
        <version>6.0.9</version>
    </dependency>

    <dependency>
        <groupId>jakarta.servlet</groupId>
        <artifactId>jakarta.servlet-api</artifactId>
        <version>6.0.0</version>
        <scope>provided</scope>
    </dependency>
</dependencies>
```

导入完毕后，我们需要将当前应用部署到 Tomcat 中，部署方式与第 2 章中部署 `spring-00-introduction` 工程类似，不再赘述。配置完成后启动 Tomcat，若无任何报错，则说明一切配置正确，可以继续向下进行。

2. 基础代码准备

接下来准备一些简单的基础代码，包括一个注解配置类和一个 `UserService` 类，并将 `UserService` 注册到 IOC 容器中，如代码清单 9-2 所示。

代码清单 9-2　基础代码准备

```java
public class UserService {
    public String get() {
        return "hahaha";
    }
}

@Configuration
public class UserConfiguration {
    @Bean
    public UserService userService() {
        return new UserService();
    }
}
```

3. Servlet 3.0 规范节选

从 JCP 的官网搜索 315，可以找到 JSR-315 规范，如图 9-3 所示，之后下载第一个 Maintenance Release 里面的 PDF 格式的文件，就可以得到 Servlet 3.0 的官方文档。如果读者能够找到中文版的文档，那么阅读障碍会更小。

JSRs: Java Specification Requests

JSR 315: Java™ Servlet 3.0 Specification

Stage	Access	Start
Maintenance Release	Download page	09 Mar, 2011
Maintenance Draft Review	Download page	07 Jan, 2011
Final Release	Download page	10 Dec, 2009
Final Approval Ballot	View results	17 Nov, 2009
Proposed Final Draft	Download page	07 May, 2009
Public Review Ballot	View results	06 Jan, 2009
Public Review	Download page	12 Dec, 2008
Early Draft Review	Download page	05 May, 2008
Expert Group Formation		03 Jul, 2007
JSR Review Ballot	View results	19 Jun, 2007

图 9-3　JSR-315 规范

在 Servlet 3.0 规范文档中找到 8.2.4 节，它介绍的是 Shared libraries/runtimes pluggability，即**“共享库/运行时的可插拔性”**，这里面讲了一个 `ServletContainerInitializer` 的 API，借助 Java 的 SPI 机制，可以从项目或者项目依赖的 jar 包中找到一个 `/META-INF/services/javax.servlet.ServletContainerInitializer` 文件，并加载项目中所有它的实现类。这个组件的出现就是**为了代替 `web.xml` 文件**，所以它的加载时机是在项目的初始化阶段。

> **小提示**：Servlet 5.0 及以上的规范中，该文件名被改为 `jakarta.servlet.ServletContainerInitializer`。

接着往下看，`ServletContainerInitializer` 这个接口通常会配合 `@HandlesTypes` 注解一起使用，这个注解中可以传入一些我们**需要的**（原文表达的意思是“感兴趣的”，笔者认为这个意思容易让读者产生疑惑，故此处对含义稍做调整）**接口/抽象类**，支持 Servlet 3.0 规范的 Web 容器会在容器启动项目初始化时，把这些接口/抽象类的实现类全部都找出来，整合为一个 `Set` 集合并传入 `ServletContainerInitializer` 的 `onStartup` 方法的参数中，这样我们就可以在 `onStartUp` 方法中获取这些实现类，随即反射创建调用。

Servlet 3.0 规范中设计该用法的一个目的是做到**组件的可插拔**，有了组件的可插拔就可以在导入一个带 `ServletContainerInitializer` 实现类的 jar 包时，自动加载对应的实现类。Spring Framework 也利用了这个机制，接下来我们来了解 Spring Framework 如何支持该规范。

4. Spring Framework 支持 Servlet 3.0 规范

Spring Framework 当然考虑到了这一点，所以我们翻开 `spring-web` 的 jar 包，可以很轻松地找到这个 `/META-INF/services/jakarta.servlet.ServletContainerInitializer` 文件，如图 9-4 所示。

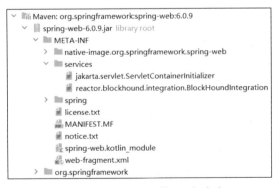

图 9-4　spring-web 的 jar 包内容

该文件内部定义好的那个类是一个名为 `SpringServletContainerInitializer` 的实现类，它使用 `@HandlesTypes` 注解指定了一个接口，其类型为 `WebApplicationInitializer`，如代码清单 9-3 所示。

代码清单 9-3　SpringServletContainerInitializer 与内部定义

```
org.springframework.web.SpringServletContainerInitializer

@HandlesTypes(WebApplicationInitializer.class)
public class SpringServletContainerInitializer implements ServletContainerInitializer
```

综上所述，我们只需要编写一个 `WebApplicationInitializer` 的实现类，根据 Servlet 3.0 规范的描述，当应用启动时就可以自动加载该实现类并解析。

不过先别着急，Spring Framework 考虑的内容可不止这些，它帮我们封装了一个 `AbstractContextLoaderInitializer` 的抽象类，这里面已经实现了大部分逻辑，我们要考虑的只是如何创建 IOC 容器、使用哪些注解配置类、扫描哪些组件包，仅此而已。

5. WebApplicationInitializer 的编写

了解整合方式和原理后，下面就来编写一个 `WebApplicationInitializer` 的实现类，实现类存放的位置没有特别讲究，放在 `src/main/java` 目录下即可。实现类中要实现的 `createRootApplicationContext` 方法中，我们要做的是编程式加载 XML 配置文件或者注解配置类，所以我们可以使用 `XmlWebApplicationContext` 初始化基于 XML 配置文件的 IOC 容器，也可以使用 `AnnotationConfigWebApplicationContext` 初始化基于注解驱动的 IOC 容器，本节选用的是注解驱动 IOC 容器，如代码清单 9-4 所示。如此编写后，不需要在 DemoWebApplicationInitializer 中再标注其他内容。

代码清单 9-4　DemoWebApplicationInitializer

```java
public class DemoWebApplicationInitializer extends AbstractContextLoaderInitializer {

    @Override
    protected WebApplicationContext createRootApplicationContext() {
        AnnotationConfigWebApplicationContext ctx = new AnnotationConfigWebApplicationContext();
        ctx.register(UserConfiguration.class);
        return ctx;
    }
}
```

为了测试配置类被正确加载并驱动 IOC 容器初始化，我们可以编写一个 `UserServlet` 并使其依赖 `UserService`，通过调用 `UserService` 的方法即可判断 IOC 容器是否正确初始化，如代码清单 9-5 所示。如果仅编写上述代码，那么当访问 /user 路径时一定会抛出空指针异常，因为 `userService` 仅在 `UserServlet` 中定义，没有创建对象也没有依赖注入，所以还需要在 `UserServlet` 初始化时将 `UserService` 注入进来。Spring Framework 给我们提供了一个工具类 `WebApplicationContextUtils`，使用它可以快速获取 `ApplicationContext` 的子接口 `WebApplicationContext`，这样就可以从 IOC 容器中获取 `UserService` 并赋值到 `userService` 中。

代码清单 9-5　UserServlet

```java
@WebServlet(urlPatterns = "/user")
public class UserServlet extends HttpServlet {

    private UserService userService;

    @Override
    protected void doGet(HttpServletRequest req, HttpServletResponse resp) throws Exception {
        String user = userService.get();
        resp.getWriter().println(user);
    }

    @Override
    public void init(ServletConfig config) throws ServletException {
        super.init(config);
        ServletContext sc = config.getServletContext();
        WebApplicationContext ctx = WebApplicationContextUtils.getWebApplicationContext(sc);
        this.userService = ctx.getBean(UserService.class);
    }
}
```

代码编写完毕后启动 Tomcat 并访问 /user 路径，发现浏览器中成功收到字符串响应 "hahaha"，证明 IOC 容器被正确初始化，从 ServletContext 中获取 IOC 容器也没有问题，基于 Servlet 3.0 规范的方法也整合成功。

9.1.3　Spring MVC 的历史

了解 Spring Framework 整合 Web 场景的开发后，下面正式开始 WebMvc 的学习。照例我们需要先对 WebMvc 有一个基本的认识。

> 小提示：笔者曾在某网站看到过一篇文章，该文章对 Spring Framework 的 Web 模块内容有很不错的介绍，不过笔者已经记不清文章出处，以下内容根据笔者的记忆和理解，阐述 Web 模块和 Web MVC 的演变和发展历程。

在 Spring Framework 最初发布正式版本时，Spring MVC 也在同期发布，在那个年代 Spring MVC 的出现是为了给 J2EE 体系的解决方案（EJB 全家桶）提供轻量级替代方案。当时的 Spring Framework 对市面上流行的重量级 Web 框架持不同观点，团队成员认为可以制作轻量级的 Web 框架，于是在 Spring Framework 发行时同步推出了 Spring MVC 框架（在那个年代就已经命名为 Spring WebMvc，读者可从 Spring Framework 1.2 版本的官方文档中找到当时很早期的名称）。WebMvc 基于 Servlet 规范实现，所以运行基于 WebMvc 的项目需要 Servlet 容器（Tomcat、Jetty 等）服务器支撑。

除 WebMvc 之外，同期还有一个比较流行的 Web 框架是 Struts2，这两个框架共同占据了表现层框架的绝大部分份额。这两个框架最大的区别是，WebMvc 的核心是 Servlet，而 Struts2 的核心是 Filter（过滤器）。随着 WebMvc 愈发强大，以及 Struts2 被连续多次曝出有高危漏洞，在 2012 年 WebMvc 已经全面超越了 Struts2，成为非常流行的 Java EE 表现层框架。

到了 2017 年，微服务、响应式的概念开始流行，加上互联网应用的并发量要求越来越高，Spring 家族的开发者自然能看清局势，于是在 Spring Framework 5.0 中正式推出了 WebMvc 的兄弟 WebFlux。不同于 WebMvc，WebFlux 不基于 Servlet 规范设计，而是基于响应式、异步非阻塞等理念。响应式、非阻塞代表着承载更高的并发量，所以基于 WebFlux 的项目可以承载单位时间内更多的请求。因为 WebFlux 不基于 Servlet 规范，所以 WebFlux 也就不再强依赖于 Servlet 环境，而是必须运行在非阻塞环境的 Web 容器（如 Netty、Undertow 等）。另外 WebFlux 基于响应式设计，所以它也需要有一套响应式框架作为支撑。在 Reactor 和 RxJava 中，Spring Framework 最终选择了 Reactor，这就意味着使用 WebFlux 之前还要先了解和熟悉响应式编程、Reactor 编程。

> 💡 小提示：以笔者的观点，正是因为 WebFlux 基于响应式设计，这些思想对于不熟悉的开发者而言意味着一定的学习成本，加之目前 WebFlux 的实践不多，所以本书不会展开讲解 WebFlux 的内容，而是把重点放在使用率更高的经典 WebMvc 框架。

9.1.4 基于 Servlet 3.0 规范整合 WebMvc

下面我们先来介绍原生 WebMvc 的整合方式，接下来的两节内容仅作整合演示，如无特殊说明，后续的所有章节均基于 Spring Boot 的整合环境演示。

1. 导入依赖

整合 WebMvc 需要先导入依赖，我们引入 `spring-webmvc`，以及 Servlet 和 JSP 的 API，如代码清单 9-6 所示。

代码清单 9-6　引入 webmvc 坐标

```xml
<dependency>
    <groupId>org.springframework</groupId>
    <artifactId>spring-webmvc</artifactId>
    <version>6.0.9</version>
</dependency>

<dependency>
    <groupId>jakarta.servlet</groupId>
    <artifactId>jakarta.servlet-api</artifactId>
    <version>6.0.0</version>
    <scope>provided</scope>
</dependency>
<dependency>
    <groupId>javax.servlet.jsp</groupId>
    <artifactId>javax.servlet.jsp-api</artifactId>
    <version>2.3.3</version>
    <scope>provided</scope>
</dependency>
<dependency>
    <groupId>javax.servlet</groupId>
    <artifactId>jstl</artifactId>
    <version>1.2</version>
</dependency>
```

2. 基础代码准备

下面准备一些基础代码。对 WebMvc 而言，它认为只要标注了 `@Controller` 注解的类，扫描到后都算作 Controller（类似于 Servlet 的概念），所以我们可以编写一个 DemoController 类，并为其标注 @Controller 注解，如代码清单 9-7 所示。

代码清单 9-7　DemoController

```
@Controller
public class DemoController {

}
```

既然是 Controller，那么其中必定有控制相关的逻辑。我们可以设定一个功能：当浏览器访问 /demo 请求时，能跳转到 demo.jsp 页面。按照 WebMvc 的编写方式，如代码清单 9-8 所示。

代码清单 9-8　声明 demo 方法

```
@RequestMapping("/demo")
public String demo() {
    return "demo";
}
```

解释一下这段代码的含义：**@RequestMapping** 注解表示它要监听的请求 URI，方法的返回值是一个字符串，代表要跳转的页面，返回值就是页面的相对路径（无须加 .jsp 后缀）。整个 demo 方法在 WebMvc 中有一个特殊的名称：**Handler** 方法。一个 Handler 方法通常负责一个页面跳转或一个请求响应的处理。

3. 编写 WebApplicationInitializer 的实现

通过 9.1.2 节的内容我们已经了解到，要借助 Servlet 3.0 规范实现 Spring Framework 与 Web 整合的效果，需要编写 WebApplicationInitializer 的实现类，9.1.3 节中我们使用的是 spring-web 已经提供的名为 AbstractContextLoaderInitializer 的抽象类，在引入 WebMvc 后，我们可以利用 WebMvc 提供的新 API。在整合 WebMvc 实现注解驱动开发时，我们通常使用 AbstractAnnotationConfigDispatcherServletInitializer 来实现 WebMvc 的整合。如果要实现 XML 配置文件与注解驱动的混合使用，使用 AbstractDispatcherServletInitializer 即可，下面先介绍这两个类的设计。

（1）AbstractDispatcherServletInitializer

在 AbstractDispatcherServletInitializer 类中，保留了一个用来创建 WebApplicationContext 的模板方法，如代码清单 9-9 所示。从方法的设计上也能看出，具体应用中如何创建 IOC 容器，由开发者自行决定，所以这种方式适用于 XML 配置文件驱动或者混合驱动 IOC 容器搭建工程。

代码清单 9-9　createServletApplicationContext

```
protected abstract WebApplicationContext createServletApplicationContext();
```

注意一个细节，createServletApplicationContext 这个方法与 9.1.2 节中提到的 createRootApplicationContext 不是同一个方法，所以请读者注意，在引入 WebMvc 之后，需要分别创建两个不同的 ApplicationContext，至于为什么这么设计，下面会简单解释。此外，AbstractDispatcherServletInitializer 中还有一个 getServletMappings 方法，如

代码清单 9-10 所示。这个方法可以用来声明 `DispatcherServlet` 拦截的路径，它可以类比 web.xml 文件中配置 Servlet 的 `url-pattern`。通常情况下，将该方法的返回值设置为 `/`。

代码清单 9-10　getServletMappings

```
protected abstract String[] getServletMappings();
```

（2）AbstractAnnotationConfigDispatcherServletInitializer

从类名中可以看出，继承 `AbstractAnnotationConfigDispatcherServletInitializer` 后，就意味着整合方式必定为注解驱动，也正因为整合方式被固定，所以 `AbstractDispatcherServletInitializer` 中的 `createServletApplicationContext` 方法就由扩展类实现。不过具体的配置类还需要我们自行指定，扩展类中保留的两个用于获取配置类的模板方法如代码清单 9-11 所示。实现两个模板方法并指定不同的配置类，意味着 `AbstractAnnotationConfigDispatcherServletInitializer` 可以将这些配置类分别注册到两个 IOC 容器并初始化。

代码清单 9-11　指定注解配置类的模板方法

```
protected abstract Class<?>[] getRootConfigClasses();
protected abstract Class<?>[] getServletConfigClasses();
```

由此可见，使用 `AbstractAnnotationConfigDispatcherServletInitializer` 完成注解驱动的 WebMvc 整合会更加容易，所以我们选用它来实现。

4．编写配置类

首先我们准备两个不同的配置类，用于驱动 Root Config 和 Servlet Config 两个 IOC 容器，如代码清单 9-12 所示。注意 `RootConfiguration` 配置类对应的是初始化根容器，我们目前还不清楚根容器是什么，也不知道它的作用，所以暂时置空即可。下面的 `WebMvcConfiguration` 中配置了一个新的组件：视图解析器，它的作用就是将上面 `DemoController` 中返回的字符串解析为 JSP 页面。建议初学 WebMvc 的读者直接照抄该部分，不需要过度关心这些组件的编写方式和内容。

代码清单 9-12　驱动 IOC 容器的配置类

```java
@Configuration
public class RootConfiguration { }

@Configuration
@ComponentScan("com.linkedbear.spring.b_anno.controller")
public class WebMvcConfiguration {
    @Bean
    public ViewResolver viewResolver() {
        InternalResourceViewResolver viewResolver = new InternalResourceViewResolver();
        viewResolver.setPrefix("/WEB-INF/pages/");
        viewResolver.setSuffix(".jsp");
        return viewResolver;
    }
}
```

5. 编写 Initializer

最后需要编写一个 `AbstractAnnotationConfigDispatcherServletInitializer` 的实现类，并指定对应的配置类、`url-pattern` 属性，如代码清单 9-13 所示。指定的方式非常简单，不再展开解释。

代码清单 9-13　WebMvcInitializer

```java
public class WebMvcInitializer extends AbstractAnnotationConfigDispatcherServletInitializer {

    @Override
    protected Class<?>[] getRootConfigClasses() {
        return new Class[] {RootConfiguration.class};
    }

    @Override
    protected Class<?>[] getServletConfigClasses() {
        return new Class[] {WebMvcConfiguration.class};
    }

    @Override
    protected String[] getServletMappings() {
        return new String[] {"/"};
    }
}
```

6. 设计 jsp 页面与测试

既然设计的需求是跳转页面，而 `DemoController` 中 `demo` 方法的返回值声明了 JSP 文件路径，那么接下来就在 `WEB-INF` 目录下新建一个 `pages` 包，并在其中创建一个 `demo.jsp`，页面的内容不需要设计过多内容，只声明一个 `<h1>` 标签即可，如代码清单 9-14 所示。全部代码编写完毕，我们重新启动 Tomcat，之后在浏览器访问 `/demo` 请求，浏览器可以成功跳转到 `demo.jsp` 页面，如图 9-5 所示，证明基于 Servlet 3.0 规范的 WebMvc 整合成功。

代码清单 9-14　demo.jsp

```jsp
<%@ page contentType="text/html;charset=UTF-8" language="java" %>
<html>
<head>
    <title>demo</title>
</head>
<body>
    <h1>这里是 demo 页面</h1>
</body>
</html>
```

> 这里是demo页面

图 9-5　访问 demo 可以成功跳转

7. 分辨根容器和 Servlet 的子容器

本节的最后解释一个问题：为什么 WebMvc 会设计一个根容器和一个 Servlet 的子容器，对于这种具有父子关系的层次性容器，设计之初的目的是什么？有关这个问题，我们可以从 WebMvc 的官方文档中找到一些解释。在官方文档的 Web on Servlet Stack 模块的 Context Hierarchy 小节中有一张图，如图 9-6 所示。

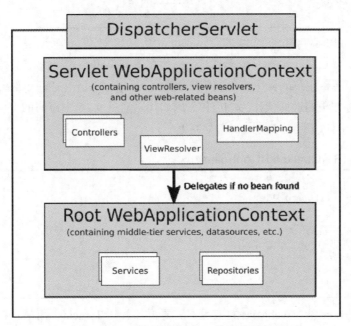

图 9-6　ApplicationContext 的层次性结构

从图 9-6 中可以很明显地看出 **ApplicationContext 的层次性特征**。对于一个基于 WebMvc 的应用，它希望把 Service、Dao 等组件都放到根容器，把表现层的 Controller 及相关的组件都放到 Servlet 的子容器中，以此形成层级关系。其实在上面的整合示例中，使用 web.xml 的方式整合 WebMvc 时也可以形成父子容器，只需要把之前写的 ContextLoaderListener 也配置上，即可形成父子容器。

这种父子容器的设计有两个好处：（1）形成层级关系后，Controller 可以获取 Service，而 Service 不能获取 Controller，可以以此隔离；（2）如果真的出现特殊情况，需要不得不注册多个 DispatcherServlet 的时候，也不必注册多套 Service 和 Dao，每个 Servlet 子容器都从根容器中获取 Service 和 Dao 即可。

设计层次性结构的同时会伴随一个需要注意的点：在进行组件扫描的时候，Servlet 子容器只能扫描 @Controller 注解，而不能扫描 @Service、@Repository 等注解，否则会导致子容器中存在 Service 而不会去父容器中寻找，从而引发一些问题（如事务失效、AOP 增强失效等）。

9.1.5　Spring Boot 整合 WebMvc

相较于手动整合而言，Spring Boot 整合 WebMvc 的方式显得异常简单，只需要在 pom.xml 文件中引入 spring-boot-starter-web 依赖，即可将 WebMvc 场景的所有依赖都导入进来，如代码清单 9-15 所示（此时使用的工程是 **springboot-04-webmvc**）。spring-boot-starter-web 依赖中整合了 WebMvc 的核心，以及必备的依赖包（如处理 JSON 的库 Jackson、支持独立运行应用的嵌入式 Web 容器等）。注意，此时我们并没有导入 JSP 的相关依赖。

代码清单 9-15　引入 webmvc 的坐标

```xml
<dependency>
    <groupId>org.springframework.boot</groupId>
    <artifactId>spring-boot-starter-web</artifactId>
</dependency>
```

下面我们也可以编写一个简单的 Controller 以检验效果，在 webmvc 包下新建一个 a_quickstart.QuickstartController，并在类上声明@RestController 注解，这个注解是@Controller 注解的派生注解，代表当前 Controller 下所有标注了@RequestMapping 注解的方法都会将方法的返回值作为响应体，例如代码清单 9-16 中声明的 test 方法就会把返回值"test"字符串作为响应体显示在浏览器上。

代码清单 9-16　QuickstartController

```java
@RestController
public class QuickstartController {

    @RequestMapping("/test")
    public String demo() {
        return "test";
    }
}
```

使用 Spring Boot 整合 WebMvc 的工程不需要再部署到 Tomcat，而是直接运行主启动类即可，Spring Boot 整合 WebMvc 时默认引入了嵌入式 Tomcat 作为 Web 容器，这也是 Spring Boot 应用可独立运行的体现。启动完成后，通过浏览器访问 /demo 请求，可以发现浏览器中收到了"demo"字符串的响应，证明 Spring Boot 的 WebMvc 场景整合成功。若没有特别说明，后续的所有内容均基于 Spring Boot 工程的 WebMvc 开发。

9.2　视图技术

由于 Spring Boot 默认使用 jar 包的形式运行工程，并且使用内置 Web 容器后默认不支持 JSP 开发，因此我们必须考虑其他视图层技术。Spring Boot 给我们的选择之一是使用**模板引擎**。说起模板引擎，其实 JSP 本身就是一个模板引擎，包括早期的 FreeMarker、Velocity 以及后起之秀 Thymeleaf、Mustache 等，都是 Spring Boot 当下或者之前支持的模板引擎。模板引擎的本质是将一个页面模板和动态数据组装起来，渲染为一个带有动态数据的页面，如图 9-7 所示。

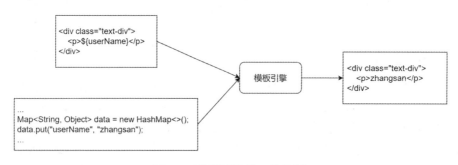

图 9-7　模板引擎的工作机制

当使用模板引擎时，Web 应用通常是一体式应用，即一个工程中同时包含后端代码和前端页面、JS 等，此时后端应用需要同时负责请求响应、业务逻辑执行以及页面间跳转，此时模板引擎就作为静态模板页面和动态数据的组装器，将二者结合并渲染出真正的动态页面并响应给客户端；除了使用模板引擎之外，另一种 Web 应用开发的方式是**前后端分离开发**，这种方式下前端与后端通常分属两个不同的工程，前端工程编写的页面向后端发送请求，后端服务器只负责响应数据和执行业务逻辑，不负责页面跳转。相应的简单架构如图 9-8 所示。

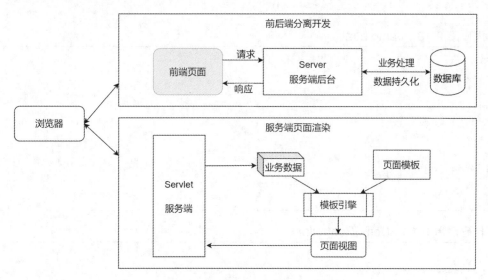

图 9-8 两种架构的风格对比

目前 Spring Boot 推荐我们使用的模板引擎是 Thymeleaf，本节主要讲解 Spring Boot 整合 Thymeleaf 后的简单页面开发和相关语法，前后端分离开发的内容会后续讲解。

9.2.1 Thymeleaf 概述与整合

Thymeleaf 之所以能被 Spring Boot 选中，成为服务端页面渲染的模板引擎首选，是因为 Thymeleaf 的语法简单、功能强大，而且使用 Thymeleaf 时直接面向 HTML 文件，不需要先转换页面为 JSP 或其他格式，仅在 HTML 页面上做二次开发即可完成动态渲染。我们可以从 Thymeleaf 的官网中找到相关的在线文档。

Spring Boot 官方已经提供了 Thymeleaf 的场景启动器，只需要在 `pom.xml` 文件中引入坐标，如代码清单 9-17 所示。

代码清单 9-17　引入 Thymeleaf 的场景启动器

```
<dependency>
    <groupId>org.springframework.boot</groupId>
    <artifactId>spring-boot-starter-thymeleaf</artifactId>
</dependency>
```

当引入场景启动器后，与 Thymeleaf 相关的自动配置将会生效，包括自动配置视图解析器、核心引擎等。在 Spring Boot 的 Web 应用中，默认情况下我们需要把 HTML 文件放在 `src/main/`

resources/templates 目录下，相关的静态文件则放在 src/main/resources/static 目录下，这样做的目的是迎合 Spring Boot 约定大于配置中的"约定项"，当我们按照约定的方式完成操作后，便可自动得到预期的效果。

为了验证整合是否正确，我们可以在 resources/templates 目录下新建一个 demo.html 页面，并简单声明一些结构，如代码清单 9-18 所示。相应地还需要编写一个 DemoController 用于页面跳转，如代码清单 9-19 所示，注意 DemoController 类上声明的注解是@Controller 而不是@RestController。

代码清 9-18　demo.html

```
<!DOCTYPE html>
<html lang="zh">
<head>
    <meta charset="UTF-8">
    <title>demo</title>
</head>
<body>
<h1>这里是 demo 页面</h1>
</body>
</html>
```

代码清单 9-19　DemoController

```
@Controller
public class DemoController {

    @GetMapping("/demo")
    public String demo() {
        return "demo";
    }
}
```

编写完毕后，我们可以运行主启动类 SpringBootWebMvcApplication，随后在浏览器中访问/demo 路径，可以发现 demo.html 的内容被成功响应在浏览器上，如图 9-9 所示，证明整合 Thymeleaf 成功。

图 9-9　成功响应 demo 页面

之所以将 HTML 文件放在 resources/templates 路径下能正常被访问，是因为 Spring Boot 整合 Thymeleaf 时默认给了两个配置，这些配置项都被封装在 ThymeleafProperties 类中，如代码清单 9-20 所示。从源码中可以很清楚地看到，默认的页面会从类路径下的/templates 中寻找，而且要以.html 结尾（HTML 类型的文件）。

代码清单 9-20　ThymeleafProperties 节选

```
@ConfigurationProperties(prefix = "spring.thymeleaf")
public class ThymeleafProperties {

    private static final Charset DEFAULT_ENCODING = StandardCharsets.UTF_8;

    public static final String DEFAULT_PREFIX = "classpath:/templates/";

    public static final String DEFAULT_SUFFIX = ".html";

    // 此处省略
```

> 小提示：静态页面的开发过程中，浏览器可能会对静态页面进行缓存，这样会影响前端页面的开发效率，我们可以通过声明 `spring.thymeleaf.cache=false` 使 Thymeleaf 禁用页面缓存，从而避免一些不必要的麻烦。

9.2.2　Thymeleaf 快速上手

下面介绍一些 Thymeleaf 的简单语法，了解模板引擎的简单语法后，便可设计一些简单的动态页面。

1．th 指令

Thymeleaf 之所以能够兼顾静态页面呈现和动态渲染数据，得益于它的核心动态指令 **th** 系列，以 **th:** 开头的属性代表在页面经过 Thymeleaf 渲染时动态渲染，而不带 th 开头的属性就是 html 的原生属性，这样做可以保证两个属性共存不冲突，当我们直接打开 html 文件时，原生属性生效，而经过 Thymeleaf 渲染后原生属性会被 th 开头的指令动态属性覆盖，达到动态渲染的效果。要想使用 Thymeleaf 的语法和指令，需要在 `<html>` 标签上引入 Thymeleaf 的名称空间，如代码清单 9-21 所示。引入名称空间后，编写代码时 IDE 也会有相应的语法提示。

代码清单 9-21　引入 Thymeleaf 的名称空间

```
<!DOCTYPE html>
<html lang="zh" xmlns:th="http://www.thymeleaf.org">
......
</html>
```

首先介绍与数据渲染相关的指令，`th:text` 的作用是给标签体内渲染文本值，比如给 `<span>` 标签、`<div>` 标签、`<h1>` 标题标签等，它的使用方式非常简单，只需要在标签上声明该属性，并使用 `${}` 表达式声明需要取出的属性名即可（有关表达式的使用会在下个小节讲解），如代码清单 9-22 所示。对应的，我们需要在 Controller 的代码中设置 `h1content` 的值，以确保 Thymeleaf 取到值。注意在 Controller 中我们使用到了一个特殊的 API：`Model`，这是 WebMvc 中用来封装数据的模型，现阶段我们只需要知道可以向 `Model` 中设置属性值即可，其他作用会在 9.4 节和 9.5 节中讲解。

代码清单 9-22　使用 th:text

```
<body>
    <h1>使用 th:text 标签动态渲染文本</h1>
```

```
    <h1 th:text=""${h1content}">静态文本</h1>
</body>
```

```
@GetMapping("/basic")
public String basic(Model model) {
    model.addAttribute("h1content", "动态 h1 标签内容");
    return "demo-basic";
}
```

使用 th:text 可以渲染标签体内的文本，而渲染标签的属性就需要用到 Thymeleaf 的另一套指令，它们都以 th 开头，需要渲染哪个属性就对应哪个指令，例如我们引用一下 Spring 官网的 logo 到我们的页面中，并指定一个静态的尺寸，如代码清单 9-23 所示。如果我们需要动态指定图片的 width 和 height，就可以使用 th:width 和 th:height 指令来设置，设置的属性值同样可以从 Controller 中放入，并在 html 中使用$\{\}表达式取值。

代码清单 9-23　引用 Spring 官网的 logo 并指定尺寸属性

```
<img
src="https://docs.spring.io/spring-boot/docs/current/reference/html/img/banner-logo.svg"
    width="300" height="84" th:width="${springWidth}" th:height="${springHeight}"/>
```

```
@GetMapping("/basic")
public String basic(Model model) {
    // 此处省略
    model.addAttribute("springWidth", 200);
    model.addAttribute("springHeight", 100);
    return "demo-basic";
}
```

编写完毕后重启应用，刷新页面可以发现图片相对小，而直接双击 html 打开，图片尺寸就相对大一点，通过打开浏览器的控制台也可以呈现出效果，如图 9-10 所示。

图 9-10　使用属性名指令设置图片尺寸

2. 表达式

在上一小节中，我们大量使用了$\{\}表达式从后端取值，Thymeleaf 支持的表达式有 5 种，下面介绍几种相对常用的表达式，全部的表达式使用方式读者可以参考 Thymeleaf 的官方文档。

$\{\}是最常使用的表达式写法，它的作用是从上下文中取值，读者也可以简单理解为从后端设置的值中获取，上面我们写的所有示例均使用了$\{\}表达式，不再赘述。

@\{\}又称链接表达式，它专门用来封装和制作与工程路径相关的表达式，为了演示@\{\}的效果，下面我们制作一个简单的场景。我们将上一小节中引用的 singleton 单实例图示下载到本地，并重命名为 singleton.png，放在工程的 src/main/resources/static/images 目录下，代表它是一个本地的图片资源。如果需要将该图引用在 html 中，声明路径时就需要考虑相对路径的写法，如代码清单 9-24 所示。请注意，src 中没有以/static 目录开头，这是因为 Spring Boot 已经帮我们把 static 目录装载到根路径，引用 static 目录下的资源只需要声明内部的路径即可。

代码清单 9-24　使用相对路径引用静态资源

```
<img src="/images/singleton.png" width="300" height="84" alt="/">
```

虽然这样写可以将图片正常呈现在浏览器上，但前提是当前工程的 server.servlet.context-path 必须设置为"/"，即标准访问路径为根路径，倘若设置了 context-path 后，代码清单 9-24 的写法就会失效，读者可自行测试效果。context-path 在 Java Web 中多见于外置 Web 容器部署 war 包的场景，当 war 包被解压后，对应的文件夹名称即是 context-path，只有将 war 包的资源解压到 ROOT 目录时，访问资源时才不需要追加 context-path 的前缀。

如何应对不确定的 context-path 给引用静态资源时带来的不稳定性，这就需要使用@{}表达式来让 Thymeleaf 帮助我们计算正确的可访问资源路径。我们可以给上面的<img>标签添加动态属性指令 th:src，并使用@{}表达式将原来的路径包裹，如代码清单 9-25 所示。如此编写后，即便我们配置 server.servlet.context-path 后，<img>标签的 src 属性仍然可以正确拼接 context-path，使图片正常显示，如图 9-11 所示。

代码清单 9-25　使用@{}表达式

```
<img src="/images/singleton.png"
 th:src="@{/static/images/singleton.png}"
    width="300" height="84" alt="/">
server.servlet.context-path=/webmvc
```

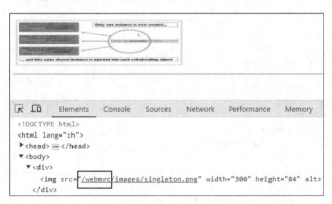

图 9-11　使用@{}表达式动态计算静态资源路径

3．内置对象应用

与 JSP 中内置的九大对象类似，Thymeleaf 的上下文中也内置了一些常用的对象供我们使用，下面简单举几个例子，完整的内置对象和相应提供的方法，读者可以参照 Thymeleaf 官方文档的第 19 章进行了解。测试数据准备如代码清单 9-26 所示。

代码清单 9-26　测试数据准备

```
@GetMapping("/basic")
public String basic(Model model) {
    // 此处省略
    model.addAttribute("price", 12345.678);
    model.addAttribute("lowertext", "thymeleaf nice");
    model.addAttribute("nowTime", new Date());
    model.addAttribute("list", List.of("aaa", "bbb", "ddd", "ccc"));
    return "demo-basic";
}
```

代码清单 9-26 中准备了 4 种常见的数据类型，包含数值、字符串、日期、集合，对应的在 Thymeleaf 中有相应的内置对象，代码清单 9-27 中针对上述几个测试数据进行了简单操作和转换，根据对象名称和调用的方法，读者可以很快理解对应的操作。内置对象方法使用都比较简单，输出的结果也都很好理解，读者可以结合测试代码和官方文档简单练习。

代码清单 9-27　使用内置对象对数据进行操作

```
<div>
    <p th:text="${price}"></p>
    <p>对 price 进行 2 位小数保留：<span th:text="${#numbers.formatDecimal(price, 0, 2)}"> </span></p>
    <p>对 price 进行 6 位整数补全，并保留 3 位小数：<span th:text="${#numbers.formatDecimal(price, 6, 3)}"></span></p>
    <p>对 price 进行 2 位小数保留，并格式化为金额：<span th:text="${#numbers.formatCurrency(#numbers. formatDecimal(price, 0, 2))}"></span></p>
    <p th:text="${lowertext}"></p>
    <p>对 lowertext 进行转大写：<span th:text="${#strings.toUpperCase(lowertext)}"></span></p>
    <p>对 lowertext 进行截取：<span th:text="${#strings.substring(lowertext, 0, 5)}"></span></p>
    <p>对 lowertext 进行长度计算：<span th:text="${#strings.length(lowertext)}"></span></p>
    <p th:text="${nowTime}"></p>
    <p>对 nowTime 进行默认格式的格式化：<span th:text="${#dates.format(nowTime)}"></span></p>
    <p>对 nowTime 进行指定格式的格式化：<span th:text="${#dates.format(nowTime, 'yyyy-MM-dd HH:mm:ss')}"></span></p>
    <p>取出 nowTime 的所属年份：<span th:text="${#dates.year(nowTime)}"></span></p>
    <p>生成一个特定的日期：<span th:text="${#dates.format(#dates.create('2023', '02', '13'), 'yyyy-MM-dd')}"></span></p>
    <p th:text="${list}"></p>
    <p>对 list 进行长度计算：<span th:text="${#lists.size(list)}"></span></p>
    <p>对 list 进行 contains 运算：<span th:text="${#lists.contains(list, 'aaa')}"></span></p>
    <p>对 list 进行排序：
    <span th:text="${#lists.sort(list)}"></span></p>
</div>
```

4．判断与遍历

与 jsp 中的<c>标签类似，Thymeleaf 也给我们提供了判断和遍历的指令，我们可以利用这些指令完成一些简单的判断和循环逻辑处理。我们最常使用 th:if 完成判断。接着用上一个小节的数据进行场景模拟，我们希望当 price 的数值大于 10000 时，展示 lowertext 的内容，当 price 大于 15000 时展示 list 的值，于是就可以有代码清单 9-28 的写法。重新运行应用并刷新浏览器，可以发现 lowertext 的内容被正常显示，而 list 没有出现在页面上，与预期运行效果一致。

代码清单 9-28　使用 th:if 完成条件显示

```
<div>
    <p>使用 th:if</p>
    <p th:if="${price} > 10000">[[${lowertext}]]</p>
    <p th:if="${price} > 15000">[[${list}]]</p>
</div>
```

th:each 指令与 jstl 中的 `<c:foreach>` 标签很相似，它可以遍历循环数组、集合等。现在，我们准备了一个简单集合 list 来演示 th:each 指令的使用。如果只是循环数组或集合的元素本身，那么循环指令的语法与增强 for 循环非常类似，如代码清单 9-29 所示，这段代码经过渲染后，浏览器中会正确地渲染一个无序列表。

代码清单 9-29　使用 th:each 指令完成集合循环

```
<div>
    <p>使用 th:each</p>
    <ul>
        <li th:each="item : ${list}">[[${item}]]</li>
    </ul>
</div>
```

如果在循环的过程中要同时了解当前的索引下标，或者当前是否为第一个/最后一个，就可以在循环指令中额外声明一个"循环状态"的变量，利用它就可以得到一些额外的信息（循环状态的变量名没有硬性要求）。代码清单 9-30 中展示了循环状态的使用方式，示例中将每一条循环的结果索引下标都进行了打印。循环状态可以获取当前循环的元素索引 index、集合元素个数 size，以及判断当前元素是否为第一个/最后一个/奇数行偶数行等信息。

代码清单 9-30　使用 th:each 的循环状态

```
<p>使用 th:each 的循环状态</p>
<ul>
    <li th:each="item,itemstatus : ${list}">
        当前是第[[${itemstatus.index}]]个元素，内容：[[${item}]]
    </li>
</ul>
```

以上就是 Thymeleaf 中常用的语法和指令介绍，更多使用方式与语法规则，读者可以参照 Thymeleaf 的官方文档，在遇到对应的需求场景时查阅文档即可。

9.3　热部署的使用

通过 9.2 节的历练，读者可能会产生一点抵触情绪：每次 HTML 页面变动时都需要重启应用。在实际的项目开发过程中，也会出现应用开发的代码需要频繁修改和调试，默认情况下当代码变动时，Spring Boot 应用不会立即重新加载变更后的代码，而是需要重启 Spring Boot 应用才会重新加载，这样的开发效率相对较低。为此，Spring Boot 提供了一套用于开发阶段的开发者工具，它可以实现程序的热部署（热加载）、自动禁用缓存等功能，使用开发者工具可以在一定程度上提高开发效率。

9.3.1 使用 devtools

使用开发者工具的方式很简单，在 `pom.xml` 中引入新的坐标 `spring-boot-devtools` 即可，如代码清单 9-31 所示。请读者注意引入坐标中的 `<optional>` 标签，该标签设置为 `true` 代表该依赖只能在当前项目及子项目中传递，而不会发生引用项目的依赖传递，换言之，引用当前项目的新项目中不会包含 `spring-boot-devtools` 依赖，如果需要使用，就要显式导入。

代码清单 9-31　引入 devtools 依赖

```xml
<dependency>
    <groupId>org.springframework.boot</groupId>
    <artifactId>spring-boot-devtools</artifactId>
    <optional>true</optional>
</dependency>
```

导入后，在实际的项目编写过程中，如果修改了 HTML 代码、静态资源等，可以单击 IDEA 工具栏中的"构建项目"按钮（"锤子"按钮，如图 9-12 所示）或使用快捷键 Ctrl+F9 重新编译项目，编译项目后 devtools 会感知到项目文件发生变动，从而重新初始化项目，使修改的代码生效。关于具体的作用效果，读者可自行测试。

图 9-12　使用快捷键 Ctrl+F9 重新编译项目

以个人使用经验来看，笔者更推荐读者仅在修改前端资源时使用 devtools 热更新，而修改配置项、后端代码等场景中最好直接重启工程，避免因 devtools 某些功能的局限性导致工程出现意料之外的异常。

9.3.2 配置自动热部署

如果读者对每次手动编译项目仍有抵触，可以借助 IDEA 的自动构建项目特性来代替手动构建。具体的配置位置在 IDEA 的 Settings→Build, Execution, Deployment→Compiler→Build project automatically，将该复选框勾选即可（如图 9-13 所示）；之后需要再找到 Advanced Settings→Allow auto-make to start even if developed application is currently running 选项，将该复选框也勾选（如图 9-14 所示）。

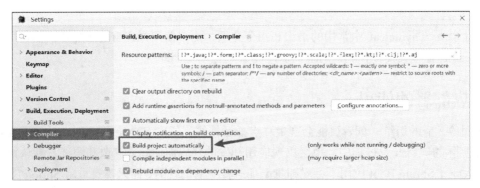

图 9-13　IDEA 中启用自动编译(1)

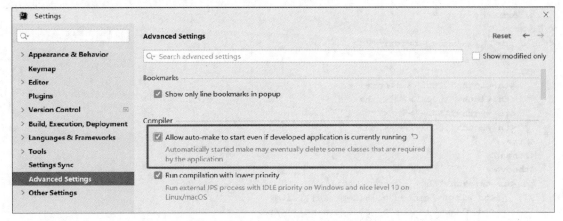

图 9-14　IDEA 中启用自动编译(2)

将上述两个配置项启用后，当我们每次修改代码后，IDEA 都会自动识别这些改动的代码并热更新代码，不需要执行任何编译和构建的动作，刷新浏览器之后就能看到修改之后的效果。

9.4　页面数据传递

了解 Thymeleaf 的基础语法和指令后，下面我们就可以使用 Thymeleaf 完成一个简单的页面开发。本节的需求是完成一个部门列表的加载和展示，以及能按照部门名称进行条件查询。

> 💡 小提示：9.4 节和 9.5 节的 Java 代码将统一创建在 com.linkedbear.springboot.webmvc.c_requestparam 包下。

9.4.1　页面编写

本书的附带源码中，读者可以在 **springboot-04-webmvc** 工程的 src/resources/templates/source 目录下找到一个 deptList.html 的页面，它就是用来展示部门列表的基础页面，将该页面复制到自己练习的工程中即可。

我们可以简单阅读 deptList.html 中的内容，如代码清单 9-32 所示，页面的主体包含一个查询表单和一个数据表格，其中对于数据表格中的数据，使用 th:each 指令循环一个名为 deptList 的集合，并在循环体内部取出相应的属性进行展示。对页面中用到的链接均使用 @{} 表达式配合 th 指令完成动态计算，编辑和删除按钮中使用了 Thymeleaf 中的字符串拼接机制，在指令内部的前后各加一条竖线，整个字符串将会变为类似模板字符串的性质，Thymeleaf 会将其中的 ${} 表达式解析后替换到指令内的字符串中。

代码清单 9-32　deptList.html

```html
<body>
<h3>部门列表</h3>
<div>
    <form id="query-form" method="get" th:action="@{/department95/list}">
        <label>部门名称：</label>
        <input type="text" name="name" value="">
        <input type="submit" value="查询">
```

```html
        </form>
    </div>
    <table id="dept-table" border="1">
        <thead>
            <tr>
                <th width="320px">id</th>
                <th width="150px">名称</th>
                <th width="150px">电话</th>
                <th width="100px">操作</th>
            </tr>
        </thead>
        <tbody>
            <tr th:each="dept : ${deptList}">
                <td align="center">[[${dept.id}]]</td>
                <td align="center">[[${dept.name}]]</td>
                <td align="center">[[${dept.tel}]]</td>
                <td align="center">
                    <a th:href="@{|/department/edit?id=${dept.id}|}">编辑</a>
                    <a th:href="|javascript:del('${dept.id}')|">删除</a>
                </td>
            </tr>
        </tbody>
    </table>
</body>
```

对于本节内容我们关注的是下方的数据表格。

9.4.2 页面跳转

要想跳转到 deptList.html 页面，就需要编写一个 Controller 的 Handler 方法来实现页面跳转，基本的页面跳转非常简单，我们在 9.1 节中已经学习过，这里快速编写即可，如代码清单 9-33 所示。注意，DepartmentController94 类的命名中添加了后缀 94，代表这个 Controller 对应 9.4 节的内容，以便读者翻阅源码时快速定位。

代码清单 9-33　DepartmentController94

```java
@Controller
public class DepartmentController94 {

    @RequestMapping("/department/list")
    public String list(HttpServletRequest request) {
        return "dept/deptList";
    }
}
```

如此编写之后，我们就可以启动 Spring Boot 工程，随后在浏览器访问 http://localhost:8080/department/list 即可看到页面的全貌，如图 9-15 所示。

图 9-15　部门列表页的基本全貌

> **小提示**：可能部分读者会吐槽页面的样式过于潦草，这是笔者权衡之后做出的决定。由于本书不止会面向有一定经验的开发者，也要照顾刚学完 Java 基础和 Web 基础的读者，因此当示例代码引入一些样式文件或 UI 框架时，会在一定程度上分散读者的注意力。与其让读者在不必要的地方浪费时间，倒不如把这些时间都放在要学习的重点上，等读者掌握 WebMvc 的使用后，便可利用自己学习过的 UI 框架对现有的代码进行改造。

9.4.3 数据传递的方式

deptList.html 已被正确跳转和渲染，下一步是将数据传递到页面中。在 9.2 节的 Thymeleaf 语法介绍中我们已经了解了一种数据传递的方式，那就是利用 WebMvc 中的 Model 对象传递数据，如代码清单 9-34 所示。由于到现在为止我们还没有接触与数据库有关的模块，因此这里的数据都是基于内存的临时构造数据。

代码清单 9-34　使用 Model 传递数据

```java
public class Department {

    private String id;
    private String name;
    private String tel;

    public Department(String id, String name, String tel) {
        this.id = id;
        this.name = name;
        this.tel = tel;
    }

    // getter、setter、toString ......
}

    private List<Department> departmentList = new ArrayList<>();

    @PostConstruct
    public void init() {
        Department dept1 = new Department(UUID.randomUUID().toString().replaceAll("-", ""), "测试部门1", "123321");
        departmentList.add(dept1);
        Department dept2 = new Department(UUID.randomUUID().toString().replaceAll("-", ""), "测试部门2", "1234567");
        departmentList.add(dept2);
    }

    @RequestMapping("/department/list")
    public String list(Model model) {
        model.addAttribute("deptList", this.departmentList);
        return "dept/deptList";
    }
```

使用 Model 传递数据的方式非常简单，只需要执行 addAttribute 方法，指定数据的名称和数据本身。编写完代码后可以重启应用，刷新浏览器后可以看到两条部门数据被成功加载，如图 9-16 所示。

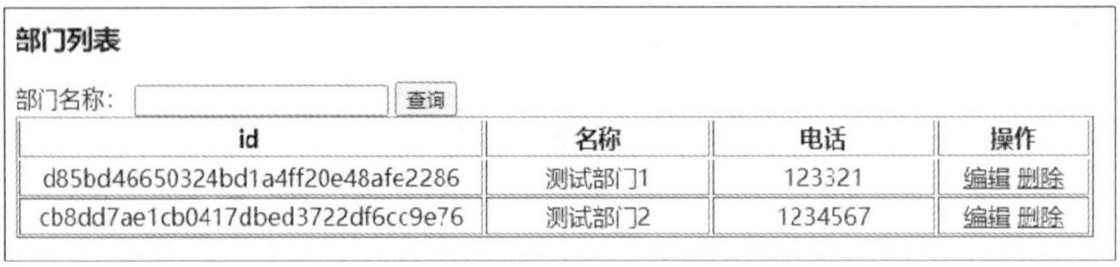

部门列表

部门名称：[ ] 查询

id	名称	电话	操作
d85bd46650324bd1a4ff20e48afe2286	测试部门1	123321	编辑 删除
cb8dd7ae1cb0417dbed3722df6cc9e76	测试部门2	1234567	编辑 删除

图 9-16 使用 Model 传递数据

除了 `Model`，WebMvc 还给我们提供了几种存储数据的方式，我们可以选择使用 `ModelMap` 或者 WebMvc 比较原始的 `ModelAndView`，它们同样可以作为 Handler 方法的入参，封装数据并传递到页面中。此外，我们还可以借助 Servlet 的原生 API，即 `HttpServletRequest` 存储数据，代码清单 9-35 展示了上述 3 种 API 的使用方式。

代码清单 9-35 使用多种方式传递数据

```
@RequestMapping("/department/list2")
public String list2(ModelMap modelMap) {
    modelMap.put("deptList", this.departmentList);
    return "dept/deptList";
}

@RequestMapping("/department/list3")
public ModelAndView list3(ModelAndView mav) {
    mav.addObject("deptList", this.departmentList);
    mav.setViewName("dept/deptList");
    return mav;
}

@RequestMapping("/department/list4")
public String list4(HttpServletRequest request) {
    request.setAttribute("deptList", this.departmentList);
    return "dept/deptList";
}
```

9.5 请求参数绑定

承接 9.4 节的内容，部门数据展示完毕后，下面要实现另一个需求：部门名称的模糊搜索。在页面的上方有一个搜索表单，输入部门名称即可实现模糊搜索。为了与 9.4 节的内容进行区分，此处的表单 `action` 路径改为`/department95/list`。

9.5.1 收集参数的方式

对于 Controller 而言，收集请求参数有多种方式，即便我们没有学习 WebMvc 的内容，在原生的 Servlet 环境开发时也知道，使用 `HttpServletRequest` 的 `getParameter` 方法就可以获取请求参数。本节先讲解 WebMvc 中常用的 2 种方式，分别是基于原生数据类型的收集和模型类的参数收集。

1. 基于原生数据类型的参数收集

基于原生数据类型的收集方式，我们只需要在 Handler 方法参数上声明参数名称和需要收集的类型，参数类型的转换完全由 WebMvc 负责。基于这个方法我们可以将代码改造为代码清单 9-36 所示的形式。

代码清单 9-36　原生数据类型的简单收集

```java
@RequestMapping("/department95/list2")
public String list2(String name, Model model) {
    Stream<Department> stream = this.departmentList.stream();
    if (StringUtils.hasText(name)) {
        stream = stream.filter(i -> i.getName().contains(name));
    }
    model.addAttribute("deptList", stream.collect(Collectors.toList()));
    return "dept/deptList";
}
```

2. 基于模型类的参数收集

如果收集的参数变多，Handler 方法的参数列表会变得非常长，为此我们可以将这些参数都封装到一个模型对象中（如果收集的参数刚好跟实体类中的属性对应就更好了）。在代码清单 9-37 中，我们直接将 Department 的类型声明到 Handler 方法上，WebMvc 会遍历 Department 中的所有属性，依次从请求参数中获取，并将获取的参数设置到 Department 对象中。

代码清单 9-37　基于模型类的参数收集

```java
@RequestMapping("/department95/list3")
public String list3(Department department, Model model) {
    Stream<Department> stream = this.departmentList.stream();
    if (StringUtils.hasText(department.getName())) {
        stream = stream.filter(i -> i.getName().contains(department.getName()));
    }
    model.addAttribute("deptList", stream.collect(Collectors.toList()));
    return "dept/deptList";
}
```

3. 使用@RequestParam 注解

在参数绑定和收集阶段，有一个很重要的注解需要读者了解：@RequestParam。这个注解包含几个常用的功能。当我们在 Handler 方法参数中收集的参数名称与请求的名称不同时，可以使用@RequestParam 注解指定映射关系；当一个方法参数上标注 @RequestParam 注解后，该参数默认必须在请求中传递，可以指定 required = false 将对应的参数设置为非必填项；使用@RequestParam 注解时还可以使用 defaultValue 属性给方法参数设置默认值，当请求对应方法时没有指定参数值，则 WebMvc 会使用@RequestParam 中设置的默认值。代码清单 9-38 演示了@RequestParam 中上述三个属性的使用方式。

代码清单 9-38　使用@RequestParam 注解

```java
@RequestMapping("/department95/list3")
public String list3(@RequestParam(value = "dept_name", required = false,
                    defaultValue = "") String name, Model model) {
    Stream<Department> stream = this.departmentList.stream();
```

```
    if (StringUtils.hasText(name)) {
        stream = stream.filter(i -> i.getName().contains(name));
    }
    model.addAttribute("deptList", stream.collect(Collectors.toList()));
    model.addAttribute("name", name);
    return "dept/deptList";
}
```

9.5.2 复杂类型参数收集

基于部门的信息定义相对简单，为了演示相对复杂的数据结构和复杂参数收集，下面我们再来制作一个用户信息的模型和用户列表。在本书的附带源码中，读者可以在 **springboot-04-webmvc** 工程的 src/main/resources/templates/source 目录下找到 userList.html 和 userInfo.html 两个页面，它们分别用来展示用户列表和用户信息编辑，将这两个页面文件复制到自己练习的工程中即可。

总体来看 userList.html 的内容结构与 deptList.html 基本相同，上方为搜索表单和几个操作按钮，中间的主体部分是带有复选框的数据表格。注意数据表格中的两个特殊的列，一个是生日列，代码中已经使用 Thymeleaf 的内置工具类 #dates 将其格式化；另一个是所属部门，我们可以使用 xxx.yyy.zzz 这样的表达式级联获取属性值。

单击数据表格中任意一行的"编辑"按钮后会跳转到编辑用户信息的页面 userInfo.html，这个页面负责修改用户信息并保存到后端。目前这段 HTML 的内容是不完整的，部分表单的 name 属性空缺，并且表单中暂时注释了生日和头像的表单项，这些会在接下来的内容中体现。

另外，为了能够正确跳转页面和展示数据，我们还需要提供一个 User 模型类和基础的控制器类 UserController95，如代码清单 9-39 所示。测试代码中我们准备了 2 个部门和 3 个用户信息，后续我们都基于这两组数据进行演示和练习。

代码清单 9-39　模型类 User 与控制器类 UserController95

```
public class User {
    private String id;
    private String username;
    private String name;
    private Date birthday;
    private byte[] photo;
    private Department department;
    // getter setter toString ......
}

@Controller
public class UserController95 {

    private List<Department> departmentList = new ArrayList<>();
    private List<User> userList = new ArrayList<>();

    @PostConstruct
    public void init() throws Exception {
        Department dept1 = new Department(UUID.randomUUID().toString().replaceAll("-", ""), "测试部门1", "123321");
        departmentList.add(dept1);
```

```
        Department dept2 = new Department(UUID.randomUUID().toString().replaceAll("-", ""), "
测试部门2", "1234567");
        departmentList.add(dept2);

        SimpleDateFormat dateFormat = new SimpleDateFormat("yyyy-MM-dd");
        User user1 = new User(UUID.randomUUID().toString().replaceAll("-", ""),
                "zhangsan", "张三", dateFormat.parse("2023-01-01"), null, dept1);
        userList.add(user1);
        User user2 = new User(UUID.randomUUID().toString().replaceAll("-", ""),
                "lisi", "李四", dateFormat.parse("2023-02-02"), null, dept1);
        userList.add(user2);
        User user3 = new User(UUID.randomUUID().toString().replaceAll("-", ""),
                "wangwu", "王五", dateFormat.parse("2023-03-03"), null, dept2);
        userList.add(user3);
    }

    @RequestMapping("/user95/list")
    public String list(String username, Model model) {
        Stream<User> stream = this.userList.stream();
        if (StringUtils.hasText(username)) {
            stream = stream.filter(i -> i.getUsername().contains(username));
        }
        model.addAttribute("userList", stream.collect(Collectors.toList()));
        return "user/userList";
    }

    @RequestMapping("/user95/edit")
    public String edit(String id, Model model) {
        model.addAttribute("user", this.userList.stream().filter(i -> i.getId().equals(id)).findAny().orElse(null));
        model.addAttribute("deptList", this.departmentList);
        return "user/userInfo";
    }
}
```

1. 嵌套模型参数绑定

观察代码清单 9-40 中的"所属部门"部分,这个<select>标签的 name 属性是空缺的,我们希望当选中<select>的某个 option 后,将 value 绑定到 User 对象内部的 Department 对象的 id 属性上,那么 name 属性的写法就理应写为 department.id。

代码清单 9-40　嵌套模型的参数绑定写法

```html
<label>所属部门:</label>
<select name="">
    <option th:each="dept : ${deptList}" th:value="${dept.id}"
            th:if="${user.department.id == dept.id}" selected="selected">
        [[${dept.name}]] - [[${dept.tel}]]
    </option>
    <option th:each="dept : ${deptList}" th:value="${dept.id}"
            th:if="${user.department.id != dept.id}">
        [[${dept.name}]] - [[${dept.tel}]]
    </option>
</select>
```

2. 数组集合参数绑定

下面我们继续完善功能，上方操作栏中有一个"批量删除"按钮，我们的预期是，通过勾选数据表格左侧的复选框后单击"批量删除"按钮，就可以实现基于 id 的用户批量删除，显然这个功能中最重要的环节是如何将被勾选的用户信息的 id 收集起来。

首先我们要实现 HTML 中的 id 收集，这里我们可以借助 jQuery 的属性选择器来辅助获取（在这之前 userList.html 中已经使用 CDN 的方式引用了 jQuery 核心库），之后使用 jQuery 的 Ajax 请求方式发送 POST 请求即可，如代码清单 9-41 所示。注意，Thymeleaf 与 jQuery 发送 Ajax 请求时，需要使用内联表达式 [[]] 与 @{} 表达式共同配合才能计算出正确的相对路径。

代码清单 9-41　批量删除的前端逻辑

```javascript
$(function () {
    $("#batch-delete-button").click(function () {
        var selectedIds = $("[name='selectedId']:checked");
        var ids = [];
        for (var i = 0; i < selectedIds.length; i++) {
            ids.push(selectedIds[i].value);
        }
        $.post("[[@{/user95/batchDelete}]]", {ids: ids}, function (data) {
            alert(data)
        });
    });
});
```

接下来是后端逻辑的编写，我们可以在 UserController95 类中再声明一个 batchDelete 方法，使用 String[] 接收页面中传递的 ids 参数；另外注意当前请求是一个 Ajax 请求，需要在方法上标注一个 @ResponseBody 注解，标注该注解后使用 batchDelete 方法将不再跳转页面，而是将方法的返回值作为响应体传递给浏览器，如代码清单 9-42 所示。

代码清单 9-42　使用 String[] 收集 id 集合

```java
@RequestMapping("/batchDelete")
@ResponseBody
public String batchDelete(String[] ids) {
    System.out.println(Arrays.toString(ids));
    return "success";
}
```

编写完毕后重启应用，勾选数据表格中的"张三"与"李四"后单击"批量删除"按钮，从 IDEA 的控制台中看到收集的结果是 null，也就是说没有收集到参数的值。打开浏览器的控制台后重新发送请求，在浏览器控制台的 Network 面板中可以追踪到发送的请求中参数名为 ids[]，如图 9-17 所示，说明我们接收参数的时候没有正确指定参数名。

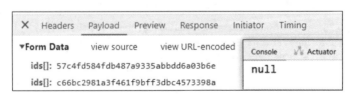

图 9-17　使用 ids 没有收集到参数值

修改的方法非常简单，9.5.2 节中我们刚学过使用@RequestParam 注解可以显式指定参数名，所以我们只需要在 `String[] ids` 的前面追加一个`@RequestParam("ids[]")` 注解，重启后再次尝试即可得到页面传递的 `id` 属性值。

3. 对象数组参数绑定

对象数组的参数绑定是所有参数绑定中复杂度相对高的，这种参数绑定的场景多见于一次性编辑多行数据或者动态添加行。笔者在设计示例时经综合考虑决定设计一个"批量修改用户名"的需求，这个需求所需的改造不太复杂，在 `userList.html` 页面的数据表格中，将"用户名"列从普通文本改为输入框的形式，就可以动手编码了。

首先我们改造数据表格，将整个数据表格的`<tbody>`中添加一个`<form>`表单，之后找到表格的"用户名"列，将其中渲染的普通文本改为`<input>`输入框，并给它们设置一个 name 属性，注意这个 name 属性是有讲究的，按照上面的套路仿写，我们应该起一个类似于 `users[].username` 的名称，但是基于对象数组的参数绑定中不支持这种写法，因此需要给每一个对象的属性都指定同一个索引，即类似于 `users[0].username` 的形式，这样可以保证每一行的数据都拥有同一个索引，从而使传递到后端时依然能保持数据不乱套，如代码清单 9-43 所示。修改完的效果如图 9-18 所示。

代码清单 9-43　改造数据表格添加表单输入

```
<form id="batch-update-form" th:action="@{/user95/batchUpdate}" method="post">
    <tr th:each="user,userstatus : ${userList}">
        <td align="center">
            <input type="checkbox" name="selectedId" th:value="${user.id}">
        </td>
        <td align="center">[[${user.id}]]</td>
        <td align="center">
            <input type="text" th:name="|users[${userstatus.index}].username|" th:value="${user.username}">
        </td>
        <td align="center">[[${user.name}]]</td>
        ……
    </tr>
</form>
```

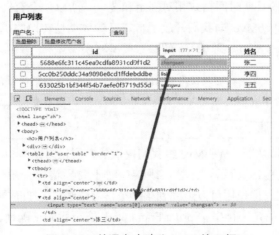

图 9-18　普通文本改为 input 输入框

之后给"批量修改用户名"按钮添加事件绑定，当单击该按钮时触发表单提交，页面的修改部分就全部完成了。

接下来是后端的代码修改，由于我们上面使用的是表单提交而且是一次性收集一组对象，因此在收集时需要借助一个额外的包装类组合 `User[]`数组或 `List<User>`集合，如代码清单 9-44 所示，这种写法多用于表单提交。

代码清单 9-44　借助包装类收集 User 数组

```java
public class UsersVO {
    private User[] users;
    // getter setter
}

@RequestMapping("/user95/batchUpdate")
public String batchUpdate(UsersVO vo) {
    System.out.println(Arrays.toString(vo.getUsers()));
    return "redirect:/user95/list";
}
```

> 💡 **小提示**：了解 Ajax 和前后端分离的读者可能对 Axios 有所了解，这是一个 HTTP 库，可用来在浏览器和 Node.js 中发送 HTTP 请求等，Axios 发送 POST 请求时默认使用 `application/json` 格式发送，我们可以借助一个名为"qs"的 JS 库将请求参数改为 `form-data`，即 `application/x-www-form-urlencoded` 的格式，这种形式的请求参数也相当于表单提交，同样可以使用上述方式接收参数。有关 `application/json` 请求格式的参数收集，将在 9.7 节中讲解。

9.5.3　自定义参数类型转换

回到用户信息的编辑页面，有一个生日的表单项是被注释掉的，我们将注释取消后重新访问，单击"保存"时会提示 400 错误，引发错误的原因是表单提交的 `birthday` 是字符串类型，而 `User` 类中的 `birthday` 属性是 `Date` 类型，WebMvc 无法解析"yyyy-MM-dd"格式的时间。实际开发中这种格式往往占比很高，通常日期和时间都是使用日期时间控件选择而不是键盘输入，且一个项目中的日期时间格式相对固定和统一，所以一个有针对性的日期时间格式转换器就显得很有必要。WebMvc 向我们开放了自定义参数类型转换的扩展接口，我们可以基于这个扩展机制实现一个 `String` 到 `Date` 的参数类型转换器。

> 💡 **小提示**：部分读者看到这里会联想到使用@DateTimeFormat 注解解决该问题，笔者希望读者先稍安勿躁，本节希望读者学会的是自定义参数类型转换的方法，而不是找到一个简单的替代方案后放弃学习本节内容。

首先编写一个类型转换器，WebMvc 给我们提供的扩展接口是来自 `spring-core` 核心包的 `Converter`，如图 9-19 所示，注意实现接口时不要导错包。虽然我们第一次见到这个 `Converter` 接口，但它发挥作用可以追溯到第 2 章学习依赖注入的时候，我们当时给 `person` 的 `age` 属性赋值时传入的是字符串，Spring Framework 能帮我们正确地转换为 `Integer` 类型，完成这个工作的组件就是 `Converter`。

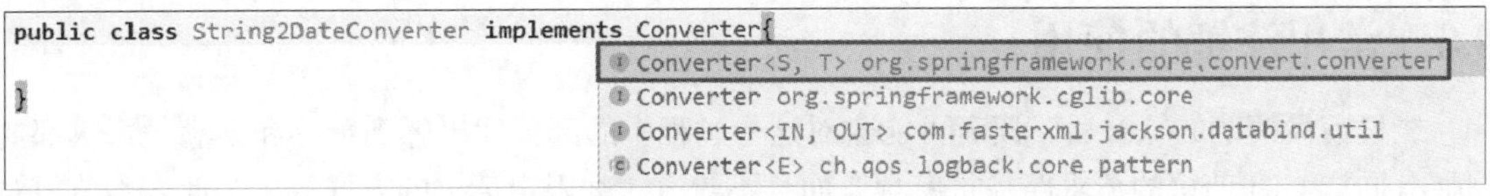

```
public class String2DateConverter implements Converter{
                                              ⓘ Converter<S, T> org.springframework.core.convert.converter
}                                             ⓘ Converter org.springframework.cglib.core
                                              ⓘ Converter<IN, OUT> com.fasterxml.jackson.databind.util
                                              ⓘ Converter<E> ch.qos.logback.core.pattern
```

图 9-19　spring-core 核心包中的 Converter 接口

实现 Converter 接口后，两个泛型分别代表 source 和 target，即源类型和目标类型，对应到本节就是 String 转换为 Date，所以这里声明好即可。随后就是实现 Converter 接口的 convert 方法，我们可以使用 JDK 8 中的日期时间 API 完成转换，如代码清单 9-45 所示。

代码清单 9-45　使用 JDK 8 的 API 实现字符串转换为日期

```java
public class String2DateConverter implements Converter<String, Date> {

    @Override
    public Date convert(String source) {
        if (StringUtils.hasText(source)) {
            LocalDate localDate = LocalDate.parse(source, DateTimeFormatter.ofPattern("yyyy-MM-DD"));
            ZonedDateTime zonedDateTime = localDate.atStartOfDay(ZoneId.systemDefault());
            return Date.from(zonedDateTime.toInstant());
        }
        return null;
    }
}
```

如果读者对 JDK 8 的日期时间 API 不是很熟悉，也可以借助 SimpleDateFormat 实现，编写起来也非常简单，不再贴出相关代码。

类型转换器编写完毕后，还需要将其配置到 IOC 容器中才可以发挥作用，配置的方式非常简单，我们只需要编写一个配置类并使其实现 WebMvcConfigurer，随后重写 addFormatters 方法将其注册进去，如代码清单 9-46 所示。

代码清单 9-46　配置类型转换器使其生效

```java
@Configuration
public class WebMvcConfiguration implements WebMvcConfigurer {

    @Override
    public void addFormatters(FormatterRegistry registry) {
        registry.addConverter(new String2DateConverter());
    }
}
```

编码完毕后重启应用，重新访问用户信息编辑页面，将生日的输入框值改为 2024-01-01 后单击"保存用户"，观察后端控制台中可以正确打印 birthday 的值，说明自定义类型转换器已经生效。

```
User{id='fc632127a9b744258a5dbed3b82ac2f7', username='zhangsan', name='张 三 ', birthday=
2024-01-01 00:00:00, department=Department{id='05aaf5d32f39424faa2b670fe1b8d9db', name='null',
tel='null'}}
```

9.6 常用注解的使用

经过前面两节的练习后，读者可能会对这个过程中的部分代码感到疑惑和不满：每次都要写拥有同样 URI 前缀的请求路径很麻烦，而且不知道怎么限定请求的方式等。为此，本节要对前面出现的两个注解进行解释，再讲解 9.5.3 节的 "小提示" 中提到的 @DateTimeFormat 注解，最后补充讲解一下 RESTful 的编码风格。

9.6.1 @RequestMapping

@RequestMapping 标注在 Controller 的方法后，对应的方法会变为一个被 WebMvc 利用的 Handler 方法，通过访问 @RequestMapping 注解上标注的请求路径可以触发方法的调用。除了可以标注在方法上，@RequestMapping 还可以直接标注在 Controller 类上，标注后 Controller 中所有的 Handler 方法请求路径都会被追加前缀，即 Controller 类上的 @RequestMapping 路径+方法上的 @RequestMapping 路径，代码清单 9-47 展示了两种等价的标注方法。

代码清单 9-47　使用 @RequestMapping 实现请求路径的拼接

```java
@Controller
public class UserController96 {

    @RequestMapping("/user96/list")
    public String list(String username, Model model) {
        return "user/userList";
    }

    @RequestMapping("/user96/save")
    public String save(User user) {
        System.out.println(user);
        return "redirect:/user96/list";
    }
}

@Controller
@RequestMapping("/user96")
public class UserController96 {

    @RequestMapping("/list")
    public String list(String username, Model model) {
        return "user/userList";
    }

    @RequestMapping("/save")
    public String save(User user) {
        System.out.println(user);
        return "redirect:/user96/list";
    }
}
```

HTTP 有 8 种请求方式，它们分别是 GET、POST、PUT、DELETE、HEAD、CONNECT、OPTIONS、TRACE，大部分读者相对熟悉的是 GET 和 POST。通过设置 @RequestMapping

注解的 `method` 属性，可以限定 Handler 的请求方式。它的使用方式非常简单，如代码清单 9-48 所示。

代码清单 9-48　使用 method 属性限定请求方式

```java
@RequestMapping(value = "/user96/save", method = RequestMethod.POST)
public String save(User user) {
    System.out.println(user);
    return "redirect:/user96/list";
}
```

我们将 `/user96/save` 请求设置为仅 POST 请求后重启应用，之后直接用浏览器访问 `/user96/save` 请求。由于使用浏览器直接输入地址访问时发送的是 GET 请求，与 `@RequestMapping` 限定的不符，因此 WebMvc 会响应 405 状态码，提示不允许 GET 方式的请求，如图 9-20 所示。

图 9-20　GET 方式的请求被拦截

自 Spring Framework 4.2 之后，`@RequestMapping` 注解多了代码清单 9-49 中的几个派生注解，使用这些派生注解可以更方便地限定请求方式，编码也会更方便。

代码清单 9-49　@RequestMapping 的派生注解

```java
@RequestMapping(value = "/list", method = RequestMethod.GET)
@GetMapping("/list")
@PostMapping("/list")
@PutMapping("/list")
@DeleteMapping("/list")
```

其实它的底层封装简单得很，借助 IDE 查看源码就能了解到，派生注解仅仅是多了一个限定的 `method=RequestMethod.GET`，其余的都是借助 `@AliasFor` 将属性值映射到内部的 `@RequestMapping` 中而已，也正是这样一些小小的优化，给我们开发者带来了便捷。

9.6.2　@DateTimeFormat

9.5.3 节中我们提到了字符串和日期的转换，其实 WebMvc 给我们提供了一个很方便的注解 `@DateTimeFormat`，只需要指定转换的日期时间格式它就可以自动实现字符串和日期的转换。譬如我们在 9.5 节的 User 类中给 `birthday` 属性标注 `@DateTimeFormat` 注解，如代码清单 9-50 所示。

代码清单 9-50　使用 @DateTimeFormat 注解

```
public class User {
    // 此处省略

    @DateTimeFormat(pattern = "yyyy-MM-dd")
    private Date birthday;
    // 此处省略
}
```

之后我们将 WebMvcConfiguration 配置类中的 String2DateConverter 注册暂时注释掉，之后重启应用，重新执行一次用户信息的编辑动作，可以发现效果与自定义类型转换完全一致。实际的项目开发中笔者更推荐使用 @DateTimeFormat 注解而不是自定义类型转换，原因是 @DateTimeFormat 注解可以针对模型类中的每个属性单独设置转换格式，相对来讲更加灵活。

9.6.3　@RestController

在前面我们接触到了两个与 Controller 相关的注解：@Controller 和 @RestController，它们来自不同的 jar 包。@Controller 来自 spring-context 包，说明即便在没有 WebMvc 的环境中也有其他组件可以充当控制器的角色；@RestController 注解来自 spring-web 包（并且在 Spring Framework 4.0 版本后才出现），意味着这是进行 Web 开发时专门扩展的注解。简单地理解，@RestController 表示 @Controller 标注的类中的所有 Handler 方法都被标注了 @ResponseBody 注解，即标注后整个 Controller 中的所有 Handler 方法都不会跳转页面，而是将返回值作为响应体返回给客户端。

通常来讲，@RestController 注解更多出现在前后端分离的项目中，这种项目最大的特点是后端不负责页面视图的跳转，只负责请求响应和数据传递，页面视图的控制逻辑由前端独立负责；而 @Controller 注解都出现在前后端不分离的项目中，因为视图的跳转需要后端的 Controller 负责，所以不能直接声明 @RestController 注解。

9.6.4　RESTful 编码风格

承接自 9.6.1 节的内容，既然 @RequestMapping 提供了一系列派生注解以及 @Controller 派生的 @RestController 注解，我们就不得不讲一讲 RESTful 的编码风格。

1. RESTful 概述

2011 年 9 月的某一天，国内开发界知名前辈阮一峰发表过一篇文章"理解 RESTful 架构"在这篇文章中他解释了与 RESTful 相关的一些概念，本节会引用该文章的部分内容来解释。

表现层状态转换（Representational State Transfer，REST）这个术语听起来很抽象，我们换一种更容易理解的说法解释。HTTP 中有 8 种请求方式，其中包含 GET、POST、PUT 和 DELETE 这 4 种常用的请求方式，RESTful 的编码风格将这四种请求方式赋予真正的意义。

- GET：获取资源/数据。
- POST：新建资源/数据。
- PUT：更新资源/数据。

- DELETE：删除资源/数据。

注意，RESTful 只是一种编码风格，不是标准、不是协议、不是规范，仅仅是风格而已，如果用这种编码风格的话，设计的 API 请求路径看上去更简洁、更有层次性。对于 RESTful 的定义读者没有必要了解太多，主要掌握如何实现 RESTful 风格的编码即可，真正有兴趣的读者可以移步上面提到的文章的原文深度阅读。

2. URI 的 RESTful

通常我们说的 RESTful 都是基于 API 层面的 RESTful，也就是基于 URI 的 RESTful。这种编码风格与传统接口请求路径的对比如表 9-1 所示。

表 9-1 传统接口路径与 RESTful 风格的请求路径对比

请求路径定义	传统接口请求路径	RESTful 请求路径
根据 id 查询部门	【GET】/department/findById?id=1	【GET】/department/1
新增部门	【POST】/department/save	【POST】/department
修改部门	【POST】/department/update	【PUT】/department/1
删除部门	【POST】/department/deleteById?id=1	【DELETE】/department/1

通过对比两种不同的接口请求路径风格，读者是否能看出其中的端倪？两者最大的区别是：传统的接口请求路径需要通过接口名来分辨接口的业务含义，而 RESTful 风格的请求路径则是通过 HTTP 的请求方式区分。除此之外参数的传递方式也有所不同，传统接口的参数传递通常使用 URL 参数拼接，而 RESTful 风格的请求参数会直接嵌在 URL 中成为 URL 的一部分。

从实际项目开发角度出发，两种风格没有优劣之分，学习阶段读者可以根据自己的个人喜好练习，项目开发时则最好与团队风格保持一致。

3. RESTful 风格的 Controller

下面基于 RESTful 的编码风格制作一个 `RestfulDepartmentController`，简单演示 RESTful 风格的代码应该如何编写，如代码清单 9-51 所示。需要注意的是，`RestfulDepartmentController` 中的接口完全仿照表 9-1 的内容编写，整体上难度不大，唯一陌生的注解是 `@PathVariable`，它是支持 RESTful 风格编码的重要注解。

代码清单 9-51　RESTful 风格的 Controller

```java
@RestController
@RequestMapping("/department")
public class RestfulDepartmentController {

    private List<Department> departmentList = new ArrayList<>();
    // @PostConstruct ......

    @GetMapping("/{id}")
    public Department findById(@PathVariable("id") String id) {
        return departmentList.stream().filter(i -> i.getId().equals(id)).findAny().orElse(null);
    }

    @PostMapping("/")
    public void save(Department department) {
```

```java
        departmentList.add(department);
    }

    @PutMapping("/{id}")
    public void update(Department department, @PathVariable("id") String id) {
        departmentList.stream().filter(i -> i.getId().equals(id)).findAny().ifPresent(i -> {
            // 将修改的 department 属性复制到原来的数据,即相当于修改
            BeanUtils.copyProperties(department, i, "id");
        });
    }

    @DeleteMapping("/{id}")
    public void delete(@PathVariable("id") String id) {
        departmentList.stream().filter(i -> i.getId().equals(id)).findAny().ifPresent(i -> departmentList.remove(i));
    }
}
```

4. @PathVariable

下面解释 `@PathVariable` 注解的作用,它可以解析 `@RequestMapping` 及其派生注解中的 URI 参数。使用 `@PathVariable` 注解时只需要将其标注在 Handler 方法的参数上,就可以解析 `@RequestMapping` 中 URI 的指定参数。例如代码清单 9-51 中的 `findById` 方法,它的 URI 是 `/department/{id}`,那么实际发送请求的一个示例 URI 就应该是 `/department/6ded6d3bdc8f4fc70bcc4347822a5ca3`。

项目开发中有可能会遇到 URI 中有多个请求参数,如果需要一次性传递多个参数,可以直接在 URI 中将它们全部拼接起来,如 `/department/{id}/{name}/{tel}`,对应的 Handler 方法的参数列表中都能找到一一对应的参数,并且配置 `@PathVariable` 注解即可。默认情况下 `@PathVariable` 注解标注的参数都是必填项,如果需要设置某个参数为非必填项,只需要修改 `@PathVariable` 注解的 `required` 为 `false`。

> **小提示**:在代码清单 9-51 中有一个小细节,每个 Handler 方法中的 `@PathVariable` 注解都设置了 `value`。通常属性名和 URI 中的参数占位符名一致时,是不需要显式声明 `value` 的,但笔者使用 `@PathVariable` 注解时都会设置,一是出于个人编码喜好,二是考虑到参数名有改变的可能,出于代码量的考虑,在 `@PathVariable` 中显式声明参数名后不需要改动变量名,改动所需耗费的成本会低一些。读者完全可以根据个人偏好和项目编码风格综合选择,不需要刻意模仿笔者的习惯。

9.7 JSON 支持

前面的章节中我们多次看到了数据作为响应体传递给客户端的场景,我们使用 `@ResponseBody` 注解来实现这一效果。对于被标注了 `@RestController` 注解的控制器而言,其内部的所有 Handler 方法也都是响应 JSON 数据。前后端分离的项目开发中,要求后端应用必须支持 JSON 数据的请求和响应,WebMvc 自然也对其进行了全方位的支持,下面简单介绍 WebMvc 中 JSON 作为数据传递方式的使用方法。

9.7.1 JSON 支持与配置

Spring Boot 整合 WebMvc 时底层已经附带了 JSON 的支持，前面我们使用@ResponseBody 注解时没有出现问题，就是最好的证明。WebMvc 可以整合的 JSON 库有很多，包括 Jackson、Gson、Fastjson 等，Spring Boot 默认选择了最稳定、效率很高的 Jackson。

得益于 Spring Boot 的自动装配机制，我们不需要做任何事情就可以拥有处理 JSON 的能力，不过我们可以通过干预 WebMvc 中整合的 JSON 组件完成一些个性化配置。以 Jackson 为例，我们可以向 IOC 容器中注册一个自定义的 `ObjectMapper` 实现一些特殊的定制，比如修改默认的日期时间格式和时区，如代码清单 9-52 所示。

代码清单 9-52　定制 ObjectMapper

```java
@Configuration
public class JsonConfiguration {

    @Bean
    public ObjectMapper objectMapper() {
        ObjectMapper objectMapper = new ObjectMapper();
        objectMapper.setDateFormat(new SimpleDateFormat("yyyy年MM月dd日 HH:mm:ss"));
        objectMapper.setTimeZone(TimeZone.getTimeZone("CTT"));
        return objectMapper;
    }
}
```

我们可以对比一下注册与不注册的区别，如图 9-21 所示，当修改 `ObjectMapper` 之前，日期格式是 `Date` 的默认输出格式，而且时区是默认的格林尼治时；注册自定义的 `ObjectMapper` 进行替换后输出的日期格式是我们修改后的中文格式，并且从格式化的时间结果也能看得出来时区被正确调整。

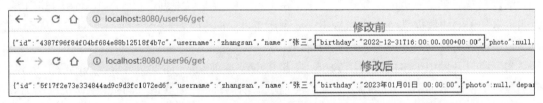

图 9-21　默认的日期时间格式被成功修改

9.7.2　@ResponseBody 和@RequestBody

前面我们接触了@ResponseBody 注解的使用，它可以将 Handler 方法的返回值作为响应体序列化为 JSON 返回给客户端。与@ResponseBody 相对应的注解是@RequestBody，它的作用是将请求体的 JSON 数据转换为模型对象，所以使用@RequestBody 注解也是一种参数收集的方式。

下面简单演示@RequestBody 注解的使用，我们在 `RestfulDepartmentController` 中再编写一个 `saveJson` 方法，它接收一个完整的 `Department` 对象参数，随后保存到内部的 `departmentList` 集合中，如代码清单 9-53 所示。由于 `RestfulDepartmentController` 上标注了@RestController，因此我们编写的方法自带@ResponseBody 注解，那么当方法

被触发时,我们最终能得到一个"success"字符串的响应。

代码清单 9-53　使用 @RequestBody 注解

```
@PostMapping("/saveJson")
public String saveJson(@RequestBody Department department) {
    System.out.println(department);
    departmentList.add(department);
    return "success";
}
```

我们演示两种触发 @RequestBody 注解的方式。首先是借助 API 工具触发,诸如 Postman、Apifox 等,笔者个人更喜欢用 Apifox 调试 POST 等类型的接口。在 Apifox 中新建一个快捷请求,输入请求地址 `http://localhost:8080/department/saveJson`,选择 POST 请求后在 Body 中切换数据类型为 `json`,随后输入请求体 JSON 串,如图 9-22 所示。

图 9-22　使用 Apifox 发送请求

编辑完毕后单击右侧的"发送"按钮,在下方的响应窗口中可以看到 `success` 的内容,说明发送的 JSON 数据已经成功被 WebMvc 利用 Jackson 转换为 `Department` 对象,从后端的控制台中也能看得到对象的 `toString` 输出。

实际项目开发中更多的是使用 Axios 或者 jQuery 等前端 JS 库发送请求。代码清单 9-54 中分别展示了使用 Axios 和 jQuery 发送 JSON 请求的示例代码。需要区分的是,默认情况下 Axios 发送 POST 请求时传递的参数就是 JSON 格式,而 jQuery 需要手动设置 `contentType` 为 `application/json`。

代码清单 9-54　使用 Axios 和 jQuery 发送请求

```
<head>
    <meta charset="UTF-8">
    <title>部门列表</title>
    <script src="https://code.jquery.com/jquery-3.7.1.min.js"></script>
    <script src="https://unpkg.com/axios/dist/axios.min.js"></script>
</head>

<script>
    $(function () {
        axios.post('[[@{/department/saveJson}]]', {
            id: 'aaa',
```

```
        name: 'bbb',
        tel: 'ccc'
    }).then(function(res) {
        alert(res);
    });

    $.ajax({
        url: '[[@{/department/saveJson}]]',
        type: 'post',
        data: JSON.stringify({
            id: 'aaa',
            name: 'bbb',
            tel: 'ccc'
        }), // 这里也可以直接写 JSON 字符串，也可以借助 ES5 中的 JSON 进行字符串序列化
        contentType: 'application/json;charset=utf-8',
        success: function(data) {
            alert(data);
        }
    });
});
</script>
```

编写完毕后重新访问 /department/list 页面，发现浏览器可以正确弹出两次 alert 的提示，说明两次请求都正确发送并生效，WebMvc 都正确接收到了请求体的数据并转换为模型对象。

需要特别注意的是，使用 @RequestBody 注解时参数收集要遵循"**宁缺毋滥**"原则，即模型类收集的属性可以在请求时缺失，但不能出现模型类中不存在的属性，否则会返回收集失败的异常。比如上述测试中如果在请求的 JSON 中添加一个 "isdel":0，则会返回 400 异常，提示 Unrecognized field"isdel" 错误信息；而如果我们在发送的 JSON 数据中去掉 tel 属性后再发送请求，则不会有任何错误提示，后端控制台中也能正确打印 tel 的属性值为 null。

9.8 静态资源配置

实际的项目开发中我们一般不会直接引用 CDN 的静态资源，而是将这些静态资源下载到本地并放在项目的静态资源目录中，这样做的目的是避免 CDN 源文件突然不可访问，以及 CDN 文件发生变化后影响程序的正常运行。接下来我们将 jQuery.min.js 和 axios.min.js 两个文件放到工程的 src/main/resources/static/js 中，完成后续的测试。

9.8.1 默认的静态资源位置

JS 库下载到本地后，下一步需要我们把 deptList.html 中的静态资源引用改为本地路径，使用 @{} 表达式引用 /static/js 下的两个 JS 文件，如代码清单 9-55 所示（注意引用路径中没有 /static 前缀）。修改完毕后直接重启应用，刷新页面后发现 Ajax 请求依然可以正常发送，说明基于 Spring Boot 的工程在引用静态资源时背后有支持的机制。

代码清单 9-55　JS 库改为引用本地资源

```
<head>
    <meta charset="UTF-8">
    <title>部门列表</title>
```

```html
<!--
<script src="https://code.jquery.com/jquery-3.7.1.min.js"></script>
<script src="https://unpkg.com/axios/dist/axios.min.js"></script>
-->
<script th:src="@{/js/jquery-3.7.1.min.js}"></script>
<script th:src="@{/js/axios.min.js}"></script>
</head>
```

之所以可以这样写，是因为默认情况下 Spring Boot 加载了几个静态资源目录的规则，只要静态资源位于 classpath 下的以下几个路径，在页面中引用时就可以直接像代码清单 9-55 中那样声明。

- /META-INF/resources
- /resources
- /static（最常用）
- /public

通常我们创建的 Spring Boot 应用在整合 WebMvc 时，会在 resources 目录下创建一个 static 文件夹来放置所有的静态资源文件，并将这些静态资源都映射到 /** 请求路径上，这也体现了约定大于配置。

9.8.2 定制化静态资源配置

如果我们需要修改原有的静态资源配置，有如下几个扩展点和修改点。

- **替换默认的静态资源目录**：通过修改 spring.web.resources.static-locations 指定，该配置项会接收一个字符串数组，传递的目录不需要以 classpath 开头，设置该属性后原有的静态资源目录规则会失效。
- **覆盖静态访问路径的根路径**：通过修改 spring.mvc.static-path-pattern 指定，默认值 /**，例如设置 /mvc/** 后访问所有的静态资源时就要以 /mvc 开头。
- **配置自定义静态路径映射规则**：通过重写 WebMvcConfigurer 的 addResourceHandlers 方法进行编程式配置，同时可以指定静态资源的缓存时间，如代码清单 9-56 所示。

代码清单 9-56　添加一个自定义的静态路径映射规则

```java
@Configuration
public class StaticResourceConfiguration implements WebMvcConfigurer {

    @Override
    public void addResourceHandlers(ResourceHandlerRegistry registry) {
        registry.addResourceHandler("/js/**").addResourceLocations("classpath:/static/js/*");
        registry.addResourceHandler("/script/**").addResourceLocations("classpath:/static/js/*")
                .setCacheControl(CacheControl.maxAge(Duration.ofMinutes(30)));
    }
}
```

9.9 数据校验

回顾前面我们编写的示例代码中，有一个问题是无法避免和绕过的：数据的正确性、合理性。如果一个数据表单中填写的都是空数据或错误数据，那么提交到后端后我们收到的就是垃垃数据，如果这种数据越来越多，数据库中的数据就会被严重污染。为了解决这个问题，我们要引入数据校验。

9.9.1 页面的数据校验

通常在项目开发中，数据的校验逻辑大多以页面的前端校验为主，现在对于基本的 HTML+jQuery 页面也好，Vue/React/AngularJS 也好，它们都可以找到一些比较成熟的校验组件，甚至有的 UI 框架自带校验，所以对于一般的数据校验，在页面的 input 上控制即可。

然而仅限于前端校验远远不够，对于某些重要数据的请求来讲，请求携带的数据会涉及金钱、隐私信息等（比方说订单创建、充值等），别有用心的攻击者可以通过借助 API 工具等方式自行构建请求，给应用发送错误数据，如果此时没有后端校验作为第二道防线，后果将不堪设想。为此我们必须对重要的请求进行参数的后端校验。

9.9.2 后端的数据校验

后端的数据校验本质上是借助 Java EE 6 规范中的 JSR-303 规范（Bean Validation 1.0）以及后期升级的 JSR-380 规范（Bean Validation 2.0），它制定了一套完整的数据校验接口，我们就是利用这套规范来实现。当然有规范就要有对应的落地实现，WebMvc 选择了 Hibernate Validator 作为 JSR-303 的默认落地实现（关于这个校验框架，我们在 6.1.2 节中已经接触过）。

1. 引入依赖

下面使用 WebMvc 整合 Hibernate Validator。在 Spring Boot 3.x 版本中整合 WebMvc 的坐标 `spring-boot-starter-web` 中没有依赖与校验相关的组件，所以我们需要手动导入校验场景启动器的坐标 `spring-boot-starter-validation`，如代码清单 9-57 所示。

代码清单 9-57　导入校验坐标

```xml
<dependency>
    <groupId>org.springframework.boot</groupId>
    <artifactId>spring-boot-starter-validation</artifactId>
</dependency>
```

> 💡 小提示：在 Spring Boot 2.3.0.RELEASE 之前的版本中 `spring-boot-starter-web` 会传递依赖 `spring-boot-starter-validation`，而 2.3.0.RELEASE 之后的版本中移除了该依赖，Spring Boot 这样做的目的是让开发者"按需引入"，避免在不使用校验框架时浪费不必要的成本（这也是在 6.1.2 节配置属性参数校验时我们也手动导入了校验的场景启动器的原因，只有当需要校验能力时才导入，不需要校验时，这个能力没有必要整合到应用中）。

2. 简单使用校验注解

引入校验组件后，下面先简单使用两个校验注解快速体会。JSR-303 规范中提出的数据校验主要是基于对象的校验，所以我们可以修改 `User` 类的内容，在其中添加两个校验注解，如代码清单 9-58 所示。从注解名上不难读懂，我们设置的校验规则是 `username` 和 `name` 属性不能为 `null` 或者空字符串，并且 `username` 的字符串长度必须为 6~20 位，可见 JSR-303 规范中校验注解的可读性都不错。

代码清单 9-58　使用校验注解

```
public class User {

    private String id;

    @NotBlank(message = "用户名不能为空")
    @Length(min = 6, max = 20, message = "用户名的长度必须为 6-20 位")
    private String username;

    @NotBlank(message = "用户姓名不能为空")
    private String name;
    // 此处省略
}
```

需要读者注意的是，在标注注解时要分辨注解所在的包，如果出现两个同名的注解，应当导入包名以 `jakarta.validation` 开头的注解，这是 JSR-303 规范的标准注解（不要忘记导包的基本原则：有规范导规范，没有规范导实现）。

随后复制一份 `UserController96` 并改名为 `UserController99`，我们在这里完成与数据校验相关的代码修改（对应的 `userList.html` 和 `userInfo.html` 请求前缀也需要改为 `/user99`）。

3．声明校验与输出校验失败信息

只在类上声明校验注解还不够，还需要显式声明具体哪个接口需要数据校验，例如我们要在 `save` 方法上进行数据校验，就需要在 `save` 方法的 `User` 参数上标注一个 `@Validated` 注解，如代码清单 9-59 所示，这样 WebMvc 就会在接口被调用时依据我们的校验规则对参数进行校验。

代码清单 9-59　声明 save 方法的 User 对象需要校验

```
@PostMapping(value = "/save")
public String save(@Validated User user) {
    System.out.println(user);
    return "redirect:/user911/list";
}
```

标注之后重启应用，在用户信息编辑页面删掉用户名的表单输入框，之后直接单击"保存用户"按钮，浏览器会收到 400 状态码和一段报错提示信息，如图 9-23 所示，从提示中我们可以分辨和提取出校验失败的信息，但是整体上看这种提示对用户而言非常不友好。

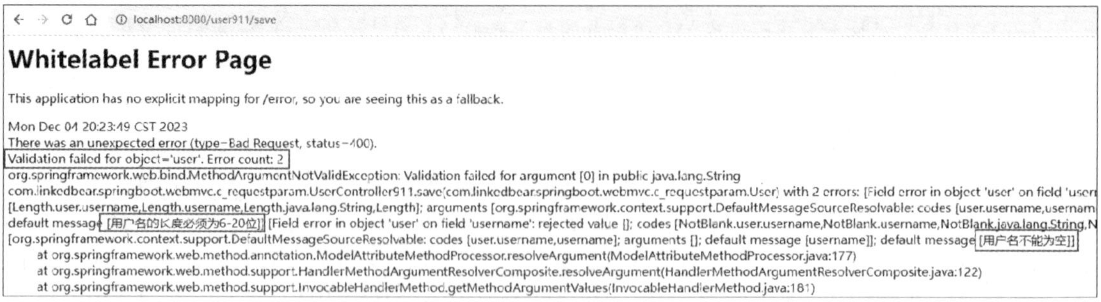

图 9-23　校验失败后弹出的不友好提示

我们期望的比较友好的结果是：当校验不通过时，通过一些方式方法提示用户提交的哪些数据不合法即可，为此我们需要收集数据校验失败的信息。在 Handler 方法的参数列表中可以声明一个 BindingResult 类型的参数，它就是可以接收校验失败信息的组件，我们有了它之后就可以构造错误信息，之后将其输出到页面上或者响应给客户端，如代码清单 9-60 所示。为了方便演示，我们直接抛出了携带校验失败信息的异常 RuntimeException，实际的项目开发中通常会以响应体的形式返回给客户端，由客户端负责展示这些错误信息。重新启动应用后重复一次操作，可以发现这次浏览器中收到的状态码是 500，并且可以正确、直接地获取校验错误信息，如图 9-24 所示。

代码清单 9-60　使用 BindingResult 获取校验失败信息

```
@PostMapping(value = "/save")
public String save(@Validated User user, BindingResult bindingResult) {
    if (bindingResult.hasErrors()) {
        String errorMessage = bindingResult.getAllErrors().stream()
            .map(DefaultMessageSourceResolvable::getDefaultMessage).collect(Collectors.joining("; "));
        throw new RuntimeException("数据格式不正确：" + errorMessage);
    }
    System.out.println(user);
    return "redirect:/user911/list";
}
```

图 9-24　输出相对友好的错误信息

> 💡 **小提示**：之所以上述两次试验请求响应的状态码不同，是由错误引发的位置不同导致的。第一次请求响应 400 状态码是 WebMvc 响应，WebMvc 认为一个不符合校验规则的请求是一次错误请求，而 400 状态码对应的是客户端请求的问题；第二次请求响应 500 状态码是服务端主动抛出异常导致的，WebMvc 认为这个异常是意料之外的，与客户端没有关系，于是抛出了含义为服务端错误的 500 状态码。

4．常用的校验注解

JSR-303 规范中定义了很多校验注解，常用的校验注解如表 9-2 所示。

表 9-2　JSR-303 规范中定义的校验注解

校验注解	作用
@Null/@NotNull	限制只能为/必须不为 null

续表

校验注解	作用
@NotEmpty	验证注解的元素值不为 null 且不为空（字符串不为空串，数组、集合不为空，JSR-380 新增）
@NotBlank	验证注解的元素值不为空（不为 null、去除空格类字符后不为空串，JSR-380 新增）
@AssertFalse/@AssertTrue	限制必须为 false/true
@Max(value)/@Min(value)	限制必须为一个不大于/不小于指定值的数字
@Pattern(value)	限制必须符合指定的正则表达式
@Size(min=?, max=?)	限制元素大小必须在指定范围内（字符串的长度，数组、集合的大小）
@Email	限制必须填写邮箱格式的内容（JSR-380 新增）
@Positive/@Negative	限制一个数值型数据大于/小于 0（JSR-380 新增）
@PositiveOrZero/@NegativeOrZero	限制一个数值型数据大于等于/小于等于 0（JSR-380 新增）

除了 JSR-303 规范的校验注解，Hibernate Validator 也有一些自己扩展的校验注解，如表 9-3 所示。

表 9-3　Hibernate Validator 扩展的校验注解

校验注解	作用
@Length(min=?,max=?)	限制字符串的长度必须在指定范围内
@Range(min=?,max=?)	限制指定的值必须在指定范围内（限定数值型数据）
@URL	限制字符串必须为 URL 类型的格式

9.9.3　分组校验

当我们在实体类上标注校验注解之后，有可能会面临下一个问题：不同的业务场景下使用的校验规则不同（例如用户信息的编辑和用户密码的修改，这两者都要有一定的校验，但用户密码修改的校验不涉及对其他信息进行校验）。为了能把多套校验规则同时标注在一个实体类上，且能互相区分开，就需要用到数据校验的一个非常重要的机制：分组校验。前面我们使用过的校验注解也好，表格中列举的注解也好，这些注解都有一个属性：group，通过给 group 声明不同的接口，就可以实现分组校验（注意，只能用接口，用类是不行的）。

下面简单演示分组校验的使用方式，首先我们需要声明两个标记型接口（内部没有任何定义的接口），如代码清单 9-61 所示。

代码清单 9-61　用于分组校验的标记型接口

```
public interface UserInfoGroup { }
public interface UserNameGroup { }
```

之后回到 User 类中，假定我们有两种校验场景，一种只校验 name，另一种 username 和 name 都要校验，则可以有代码清单 9-62 所示的声明方式。哪个注解适用于哪个校验场景，只需要将其加入 groups 中即可。

代码清单 9-62　使用 groups 区分校验场景

```
@NotBlank(message = "用户名不能为空", groups = UserInfoGroup.class)
@Length(min = 6, max = 20, message = "用户名的长度必须为6-20位", groups = UserInfoGroup.class)
private String username;

@NotBlank(message = "用户姓名不能为空", groups = {UserInfoGroup.class, UserNameGroup.class})
private String name;
```

接下来，在 Controller 的 `save` 方法上，给 `@Validated` 注解添加校验组的声明，代码清单 9-63 中声明的是只校验 name 属性的校验组。

代码清单 9-63　声明使用 UserNameGroup 校验组

```
@PostMapping("/save")
public String save(@Validated(UserNameGroup.class) User user, BindingResult bindingResult)
{ ... }
```

代码编写完毕，重启应用后重新访问用户信息编辑页面，这次我们将所有的输入框都删掉，单击"保存用户"按钮后只提示了"用户姓名不能为空"，这就说明 username 属性的校验没有生效，分组校验成功。

9.9.4　校验错误信息外部化

如果我们仔细观察校验注解中的错误信息，会发现一个问题：错误信息被硬编码到 Java 代码中，这种做法是不被推荐的。为此我们需要将这些校验的错误信息提取出来，放在一个可以单独维护的地方。JSR-303 规范中提出了一个规则：我们可以将校验失败的信息放到一个特殊的 properties 文件中，内部使用 key-value 的形式将提示信息提取出来。于是按照这个要求我们就可以编写一个 validation-message.properties 文件，如代码清单 9-64 所示，将其放到 resources/messages 目录下。

代码清单 9-64　validation-message.properties 文件

```
user.username.notblank=用户名不能为空
user.username.length=用户名的长度必须为6-20位
user.name.notblank=用户姓名不能为空
```

接下来要想让这个文件生效，需要我们在 application.properties 文件中配置一个属性：`spring.messages.basename=messages/validation-message`，这相当于告诉 Spring Boot，需要取占位符内容就到这个文件中找，换句话说，这个属性配置让 Spring Boot 认识了我们编写的这个文件。

完成配置后我们就可以将校验的内容由硬编码改为占位符的方式，注意编写占位符时不要加$符号，如代码清单 9-65 所示。

代码清单 9-65　使用占位符改造校验注解

```
@NotBlank(message = "{user.name.notblank}", groups = {UserInfoGroup.class, UserNameGroup.class})
private String name;
```

配置完成后重启应用，复现一次 name 属性为空的表单提交，发现浏览器依然能收到中文提示"用户姓名不能为空",说明错误信息的外部化已经实现。

9.10 内容协商

读者在测试 9.9 节的数据校验过程中如果使用 API 工具来测试 /save 请求时的校验异常效果,会发现 API 工具收到的响应内容与使用浏览器提交表单的形式不同:浏览器表单提交后收到的响应是 Spring Boot 渲染的空白错误提示页,而使用 API 工具收到的是一段 JSON 数据,如图 9-25 所示。

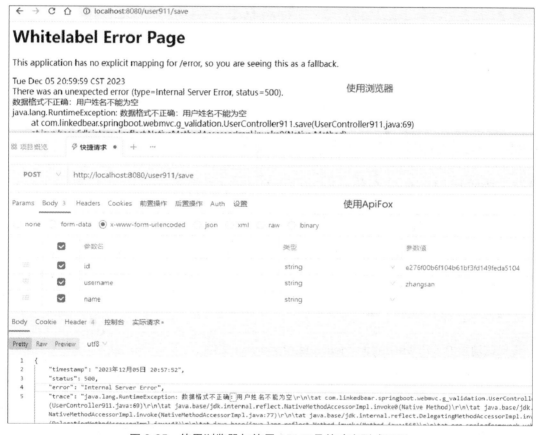

图 9-25 使用浏览器与使用 API 工具的响应形式不同

这种能适应不同客户端偏好的形式而展示相应类型数据的特性叫**"内容协商"**,这个特性来自 WebMvc,在 Spring Boot 中又得以发扬光大。这个特性非常重要,希望读者能正确认识并理解该特性。

9.10.1 内容协商机制

我们借助一个虚拟场景来解释内容协商机制。图 9-26 展示了一个对外提供的 Web 服务(右侧)和几种不同类型的客户端(左侧),通过浏览器发送某一个请求时期望返回 HTML 格式的数据以供浏览器渲染,移动端则在发送相同请求时期望返回 JSON 格式的数据,第三方对接的系统则期望收到 XML 格式的数据。为了能用同一套后端的接口逻辑同时满足上述 3 种格式的数据，需要借助一些措施让 WebMvc 感知到不同的客户端所需的数据格式。WebMvc 给我们提供了两种途径来传递响应体的数据格式：基于请求头的内容协商和基于请求参数的内容协商。

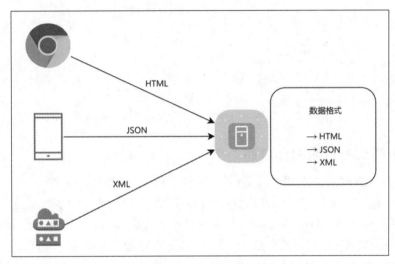

图 9-26　内容协商示意

9.10.2　基于请求头的内容协商

默认情况下 WebMvc 已经开启了基于请求头的内容协商，它对于客户端的内容协商要求是：每次发送请求时请求头中携带"Accept"，即声明当前请求的客户端希望接收的数据类型，例如对于浏览器而言它希望接收到的数据类型为 `text/html`，那么浏览器在发送请求时就会携带请求头 `Accept:text/html`；对于移动端而言它希望接收 JSON 格式的数据，那么发送请求时应当携带 `Accept:application/json` 的请求头，其他格式的数据同理。

下面通过一个简单的示例测试一下效果。为了能使当前的 Spring Boot 工程支持 XML 格式的数据响应，我们需要先导入一个 Jackson 适配 XML 格式的数据格式化依赖，如代码清单 9-66 所示。

代码清单 9-66　Jackson 支持 XML 的数据格式化依赖

```xml
<dependency>
    <groupId>com.fasterxml.jackson.dataformat</groupId>
    <artifactId>jackson-dataformat-xml</artifactId>
</dependency>
```

之后我们找到 9.6 节中编写的 `RestfulDepartmentController`，给它添加一个 `findAll` 方法让其返回 `departmentList`，这样我们就得到了一个简单的列表查询的接口。之后我们尝试分别通过浏览器和 API 工具发送 `/department/findAll` 请求，如图 9-27 所示，通过观察发送请求时的请求头可以发现，浏览器更期望接收 `text/html`、`application/xml` 等格式的数据，所以浏览器接收到的数据是 XML 格式的；API 工具没有明确指定，所以 WebMvc 予以 JSON 格式的数据响应。倘若使用 API 工具发送请求时显式指定请求头中 `Accept` 为 `application/xml`，则也可以得到 XML 格式的数据。

图 9-27　使用浏览器和 API 工具发送相同的请求

9.10.3　基于请求参数的内容协商

如果感觉基于请求头的内容协商形式上有些麻烦，则可以选择第二种方案：基于请求参数的内容协商。与基于请求头不同，基于请求参数的机制需要手动开启，我们找到 Spring Boot 的配置文件，在其中声明一个配置：`spring.mvc.contentnegotiation.favor-parameter=true`。开启后 WebMvc 会提供一个特殊的参数 `format`，通过发送请求时传递不同的 `format` 值，可以得到不同格式的数据响应。比如开启后发送 /department/findAll?format=json 请求，无论是使用浏览器还是 API 工具，得到的都是 JSON 格式的数据；而发送 /department/findAll?format=xml 请求时，得到的总是 XML 格式的数据。由此可见，基于请求参数的内容协商的优先级高于请求头的方式。

另外，如果想替换 WebMvc 默认的内容协商参数名，可以通过调整配置属性 `spring.mvc.contentnegotiation.parameter-name` 进行修改，比如将参数名改为 "aspecialformat" 后，触发内容协商时发送的请求就应该是 /department/findAll?aspecialformat=json。

9.11　异常处理

数据校验虽然已经完成，但是现在还有一个用户体验差的问题：每次校验失败时都会抛出异常，用户看到满屏的异常信息必定会疑惑又郁闷。如何将这些可预见和不可预见的异常都在后端消除掉，转而给用户提供一个相对友好的响应呢？这就需要使用 WebMvc 的统一异常处理机制。因为我们无法预知所有异常情况的发生，所以异常处理的核心点是**如何能让 WebMvc 处理抛给它的异常**。

9.11.1　异常处理思路分析

在本节展开讲述之前，我们先来分析一下处理异常时可以使用的方法。

（1）对于 Controller、Service、Dao 层的每个方法，在可能预见到会触发异常的位置使用 `try-catch` 结构进行处理，但是该方法最大的弊端是过于麻烦，在实际开发中通常不会使用该方式。

（2）借助过滤器机制，捕获从 Controller 方法开始执行直到执行完毕的整个过程中可能抛出的异常，并进行相应的处理，这种方法虽然在解决问题的形式上稍优，但每一次处理异常都需要重新实现，可维护性不高。

（3）接着第二种方法进行延伸：如果能有一套预定的机制，该机制可以让我们针对指定的异常编写对应的异常处理逻辑，最终把这些逻辑都汇总到一起交给一个特定的过滤器，那么当触发了某个特定异常时，这个异常处理过滤器会自动执行我们编写好的异常处理逻辑。

3种方法经过对比，很明显最后一种方法的可扩展性最高，并且编码声明最为简单，WebMvc的统一异常处理就是基于第三种方法实现的，下面我们开始学习。

9.11.2 @ExceptionHandler 注解

WebMvc 为我们提供了一个可以快速声明和处理异常的核心注解：**@ExceptionHandler**，使用它可以声明式捕获指定的异常。下面我们先来看一个简单的使用方式。

1. Controller 中声明异常处理

我们将 9.5 节中的 `DepartmentController95` 复制一份到 `h_exception` 包下，并重命名为 `DepartmentController911`，相应地，`@RequestMapping` 声明路径也改为 `/department911`。为了能人为构造一个异常，接下来我们修改 `list` 方法，在方法体中添加一个 `int i=1/0;` 即可引发除零异常。编写后重启应用，浏览器中访问`/department911/list` 即可收到除零异常引发的 Spring Boot 默认处理。

准备工作完毕后，下面使用 @ExceptionHandler 注解来处理这个异常。在 `DepartmentController911` 中声明一个 `handleArithmeticException` 方法并标注 @ExceptionHandler 注解，这个注解需要传入要捕获的异常（类似于 `catch` 结构中的括号部分），随后就可以在该方法的入参中得到捕获的异常。代码清单 9-67 中仅仅将获取的异常进行栈信息打印，随后借助@ResponseBody 注解直接返回一个相对友好的提示信息。

代码清单 9-67　捕获 ArithmeticException 异常的异常处理器

```
@ExceptionHandler(ArithmeticException.class)
@ResponseBody
public String handleArithmeticException(ArithmeticException e) {
    e.printStackTrace();
    return "请求出现错误，请稍后再试";
}
```

编写完毕后重启应用，再次访问`/department911/list` 后浏览器并没有呈现Spring Boot提供的错误页面，取而代之的是代码清单 9-67 中返回的错误提示，说明异常处理机制已经生效。

与普通的 Handler 方法类似，被@ExceptionHandler 注解标注的方法参数中可以注入 `HttpServletRequest` 与 `HttpServletResponse` 对象，代码清单 9-67 中仅仅打印了异常的栈信息，实际项目开发中更多的是结合日志输出；方法的返回值同样可以跳转到页面视图，或者在方法上标注@ResponseBody 注解将方法返回值转换为 JSON 响应给客户端。

2. 编写 errorPage 页面展示异常信息

如果是基于前后端分离的应用开发，上面其实就已经完成了（因为后端不需要控制视图跳转），而前后端不分离的应用开发中需要后端引导页面间的跳转逻辑，所以当出现异常时应当跳转到一个相对友好的错误页面，而不是将错误信息直接展示给用户。下面我们改造 `handleArithmeticException` 方法，使其跳转到一个特殊的错误展示页面，并提示相应的错误信息。代码清单 9-68 提供了一个最简单的错误页跳转和展示，我们在 `resources` 目录下

新建一个 `error` 文件夹，并新建一个 `errorPage.html` 文件，简单编写一个相对友好的错误提示即可。

代码清单 9-68　处理异常并跳转错误页面

```java
@ExceptionHandler(ArithmeticException.class)
//@ResponseBody
public String handleArithmeticException(ArithmeticException e) {
    e.printStackTrace();
    //return "请求出现错误，请稍后再试";
    return "error/errorPage";
}
```

```html
<!DOCTYPE html>
<html lang="zh">
<head>
    <meta charset="UTF-8">
    <title>错误页面</title>
</head>
<body>
<h2>对不起，系统出现错误</h2>
</body>
</html>
```

重启应用后再次访问 `/department911/list` 即可看到错误页面，原有的 Spring Boot 提供的错误页面被成功取代。

如果我们需要在错误页面上展示一些异常信息，也可以通过在跳转时向 `Model` 中设置属性来实现，编码方式与页面数据传递没有区别。被 `@ExceptionHandler` 注解标注的方法同样可以注入 `Model` 或 `ModelAndView` 等 WebMvc 提供的对象，代码清单 9-69 中展示了一个简单的异常信息示例，编写完毕后重启应用，刷新页面后可以发现除零错误信息被正确显示出来。

代码清单 9-69　展示具体的异常信息

```java
@ExceptionHandler(ArithmeticException.class)
public String handleArithmeticException(ArithmeticException e, Model model) {
    e.printStackTrace();
    model.addAttribute("errorMessage", e.getMessage());
    return "error/errorPage";
}
```

```html
<body>
<h2>对不起，系统出现错误</h2>
<h3>具体错误原因：</h3>
<p th:text="${errorMessage}"></p>
</body>
```

9.11.3　@ControllerAdvice 注解

单一的异常处理可以通过 9.11.2 节的内容完成，但如果一个应用中的 Controller 非常多，我们不可能在每个 Controller 中都声明相同或相似的异常处理，为此就需要有一个全局的统一异常处理机制。WebMvc 给我们提供了另外一个注解：@ControllerAdvice，这个注解通常不作为接收客户端请求的处理器，而是专门用于增强其他 Controller 的特殊控制器（有些 AOP 的意味）。

下面通过一个简单的示例展示 `@ControllerAdvice` 配合 `@ExceptionHandler` 的使用方式。

假设我们需要全局统一捕获 `ArithmeticException` 异常，可以单独声明一个 `GlobalControllerResolver` 类，标注 `@ControllerAdvice` 注解后，将代码清单 9-69 的部分代码移到 `GlobalControllerResolver` 中，如代码清单 9-70 所示。经过此番修改后其他 Controller 中便不存在任何异常处理的逻辑，而全部交由 `GlobalControllerResolver` 集中处理。重启应用后刷新页面，可以发现异常处理的效果依然存在，说明全局的异常处理机制已经生效。

代码清单 9-70　全局捕获 ArithmeticException 异常

```
@ControllerAdvice
public class GlobalControllerResolver {

    @ExceptionHandler(ArithmeticException.class)
    public String handleArithmeticException(ArithmeticException e, Model model) {
        e.printStackTrace();
        model.addAttribute("errorMessage", e.getMessage());
        return "error/errorPage";
    }
}
```

除了最基本的使用，`@ControllerAdvice` 注解中有几个属性需要关注，如表 9-4 所示。

表 9-4　@ControllerAdvice 注解的属性

注解属性	含义	默认值
value/basePackages	只增强指定包及子包下的 Controller	空
basePackageClasses	只增强指定 Class 所在的包及子包下的 Controller	空
assignableTypes	只增强指定类型的 Controller，通常指定的是抽象类/接口	空
annotations	只增强标注了指定注解的 Controller	空

9.11.4　多种异常处理共存

截止到 9.11.3 节，我们只处理了一种异常，如果需要同时处理多种异常，并且这些异常可能还有继承关系，则必然会出现多种异常处理共存的现象。WebMvc 对多种异常处理的应对非常完备，我们完全可以在一个全局异常处理器中同时声明多种不同的异常，即便这些异常包含复杂的继承关系。WebMvc 会根据捕获到的异常从具体到抽象逐级检索，直到获得一个可以应对的异常处理器，或者在没有检索到之后抛出该异常。

为了验证上述说法，我们可以在 `GlobalControllerResolver` 类中同时声明几种异常的处理，再在 `DepartmentController911` 中构造几个不同的异常抛出，如代码清单 9-71 所示。随后重启应用并分别访问三个接口，可以发现三次响应的页面错误信息分别为"出现计算错误"（有完全匹配的异常类型）、"出现运行时异常"（有完全匹配的异常类型）、"出现预期之处的错误"（子类不匹配但父类匹配），完全符合我们之前的定论。

代码清单 9-71　声明多种异常抛出和异常处理

```
@RequestMapping("/list")
public String list(HttpServletRequest request, Model model) {
```

```java
        int i = 1 / 0;
        model.addAttribute("deptList", departmentList);
        return "dept/deptList";
    }

    @RequestMapping("/list2")
    public String list2(HttpServletRequest request, Model model) {
        throw new RuntimeException("显式抛出异常");
    }

    @RequestMapping("/list3")
    public String list3(HttpServletRequest request, Model model) {
        Object obj = null;
        obj.toString();
        model.addAttribute("deptList", departmentList);
        return "dept/deptList";
    }
    @ExceptionHandler(ArithmeticException.class)
    public String handleArithmeticException(ArithmeticException e, Model model) {
        e.printStackTrace();
        model.addAttribute("errorMessage", "出现计算错误");
        return "error/errorPage";
    }

    @ExceptionHandler(RuntimeException.class)
    public String handleRuntimeException(RuntimeException e, Model model) {
        e.printStackTrace();
        model.addAttribute("errorMessage", "出现运行时异常");
        return "error/errorPage";
    }

    @ExceptionHandler(Exception.class)
    public String handleException(Exception e, Model model) {
        e.printStackTrace();
        model.addAttribute("errorMessage", "出现预期之外的错误");
        return "error/errorPage";
    }
```

9.11.5 Spring Boot 的异常处理扩展

前面讲解的都是 WebMvc 原生的异常处理机制，Spring Boot 在整合 WebMvc 时对异常处理做出进一步扩展，这使得 Spring Boot 应用在异常处理方面更加强大。本章的最后我们就一起了解 Spring Boot 对原有异常处理的扩展，同时针对 Spring Boot 作出的扩展逻辑给出最佳实践。

1. 不能处理错误时的转发

通常来讲我们处理异常的方式是通过 @ExceptionHandler 实现的，而应用出现无法匹配和处理的异常时，Spring Boot 会把这个请求转发到一个特殊的路径：**/error**，由它来执行后续的错误处理动作。之前我们在没有学习异常处理时，当抛出异常时看到的 Spring Boot 默认错误页面就是 Spring Boot 中 /error 对应的处理器做出的响应。

如果需要对默认的错误处理请求路径进行修改，可以在全局配置文件中声明 server.error.path 属性，只要配置的请求路径与应用中现有的接口路径不冲突即可。为约定和方便起见，本节在后续讲解中依然称 Spring Boot 的扩展异常处理请求路径为 /error。

2. 异常处理的内容协商

异常情况转发到/error 后，Spring Boot 会根据当前请求的客户端类型决定返回何种类型的数据，这个机制还是 9.11 节的内容协商，针对浏览器发送的请求会返回之前见到的错误提示页面，而针对 API 工具和代码方式的请求则会响应 JSON 数据。

以响应 JSON 数据为例，Spring Boot 默认提供的异常属性包括 timestamp 当前异常的时间戳（如果对 ObjectMapper 进行定制则会返回具体格式化后的数据）、status 本次请求的响应状态码、error 错误响应信息、message 异常提示信息（注意是 Exception 中的信息）、path 本次请求的路径，这些信息均由 Spring Boot 帮我们构造。

3. 错误响应页面的匹配

如果异常处理的内容协商结果为响应 HTML，则意味着浏览器会收到一个错误信息页面，Spring Boot 在这里又有一部分扩展机制，具体如下。

（1）【精确匹配】当确定 WebMvc 无法处理异常时，Spring Boot 先根据当前响应的状态码和是否整合模板引擎去定位 HTML 错误页面，如果整合了 Thymeleaf/FreeMarker 等模板引擎，则会尝试从 resources/templates/error 下获取一个特殊文件【状态码.html】，如响应 404 则会尝试获取 404.html，获取成功则将该 HTML 文件响应给浏览器；如果没有整合模板引擎，则会从静态资源目录 resources/static 下获取，并在获取成功后响应。

（2）【模糊匹配】如果（1）没有获取与响应状态码完全匹配的 HTML 文件，则会根据状态码的第一位数值尝试获取 4xx.html/5xx.html（如响应 404 则尝试获取 4xx.html），获取的规则与（1）相同，都是在有模板引擎整合时从 resources/templates/error 下获取，没有模板引擎时从 resources/static 下获取，只要获取成功就响应给浏览器。

（3）【约定视图】如果（2）仍然无法获取 HTML 文件，则会直接从 resources/templates 中获取一个名为 error.html 的文件，这个文件名是固定的且不可修改，如果可以匹配到该文件则响应，否则继续向下执行。

（4）【兜底视图】执行到这里证明没有任何现有的 HTML 文件可供响应，Spring Boot 会响应一个默认的兜底视图，即前面我们看到的错误提示页面。

关于具体的运行机制，读者可以结合上述内容自行测试和验证，本节不再赘述。

4. 最佳实践

了解了主要的 WebMvc 和 Spring Boot 的异常处理机制，结合项目开发中的两种主流场景，我们总结出如下最佳实践，分场景来看。

（1）前后端分离开发。这种场景下后端应用不需要考虑视图跳转，只负责接收请求和响应数据即可，此时所有的异常发生后均应当以 JSON（或其他形式）数据的方式返回给客户端，而异常处理的方式是直接使用@ControllerAdvice+@ExceptionHandler+@ResponseBody 将所有异常信息都响应出去即可（@ControllerAdvice 注解还有一个派生注解@RestControllerAdvice，其作用等同于@ControllerAdvice+@ResponseBody）。

（2）前后端不分离开发。这种场景下需要后端应用参与页面跳转的控制，所以项目中可能同时存在 Ajax 请求和视图跳转夹带数据的情况，此时我们就不能"一刀切"返回 JSON 数据，而是可以借助 Spring Boot 扩展机制中的内容协商，将所有出现异常时的处理逻辑最终都转发给/error 请求，由 Spring Boot 接管决定响应页面或者 JSON 数据；对于需要跳转异常页面的逻辑，我们可以结合响应状态码有针对性地制作一些友好的 HTML 错误页面，以提供给 Spring Boot

匹配并响应。

9.12 文件上传与下载

本章的最后一节来补上 User 保存的最后一个元素：头像，很明显头像应当是图片形式，也就是具体的一个文件，而保存图片势必会涉及文件的上传；头像保存完成后还要展示图片，所以又涉及文件的下载。本节内容会分别讲解文件的上传和下载。

9.12.1 基于表单的文件上传

首先讲解的是传统的 HTML 中利用表单进行文件上传的方式，开始之前我们先做一些简单的准备。首先将 g_validation 中的 User 和 UserController911 复制一份到新的包 i_fileupload 中，修改@RequestMapping 的路径并去掉代码中 save 方法的数据校验代码；然后找到 userList.html 和 userInfo.html 两个页面文件，将页面中涉及的请求路径都改为/user912 开头，另外还需要将 userInfo.html 中的头像表单项注释取消。修改完毕后重启应用，访问/user912/list 路径后单击任一文件，即可跳转到 userInfo.html 页面，如图 9-28 所示。

图 9-28 完整的用户信息表单

下面我们就要针对头像完成文件上传功能，首先头像文件应当是图片格式，所以需要给表单项设置可选的文件格式，另外由于涉及文件提交，表单的 enctype 也要做修改，如代码清单 9-72 所示。

代码清单 9-72　为表单项设置可选的文件格式并修改 enctype

```
<form id="data-form" method="post" th:action="@{/user912/save}" enctype="multipart/form-data">
    <input type="hidden" name="id" th:value="${user.id}">
    <!-- 省略 ...... -->
    <label>头像：</label>
    <input type="file" name="photoFile" accept="image/*">
    <br/>
    <input type="submit" value="保存用户">
</form>
```

然后来到后端的 save 方法，表单传递的文件需要在后端有相应的参数接收，WebMvc 提供了一个特殊的接口：MultipartFile，我们只需要在 save 方法的参数中添加一个

MultipartFile 类型的参数，参数名与表单中文件上传的 name 对应即可，如代码清单 9-73 所示。文件上传完毕后我们暂时只将其打印到控制台，不进行后续的处理。

代码清单 9-73　使用 MultipartFile 接收文件

```
@PostMapping(value = "/save")
public String save(User user, MultipartFile photoFile) {
    System.out.println(user);
    System.out.println(photoFile);
    return "redirect:/user912/list";
}
```

代码编写完毕，接下来通过 Debug 的方式重启应用，将断点打在 save 方法的方法体中，在浏览器中操作文件上传后提交表单，程序可以正确停留在断点处，而借助 IDE 可以看到此时的 photoFile 已经获取了当前上传的图片文件，如图 9-29 所示。

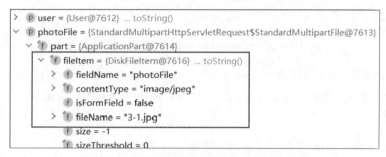

图 9-29　通过表单提交收到的图片文件信息

文件成功接收后，最后将图片保存即可。由于 User 对象中已经设置了一个 photo，其类型为 byte[]，刚好可以保存文件，因此本节内容就将图片保存到这个字节数组中。MultipartFile 中包含一个 getInputStream 方法可以返回输入流，还包含一个 getBytes 方法可以直接返回字节数组，此处我们直接使用 getBytes 方法将图片文件转换为字节数组，并设置到 User 中，完成图片的上传动作，如代码清单 9-74 所示。注意这里面的逻辑，我们设置图片数据时不是设置到方法参数的 User 中，而是设置到 userList 的对象中。

代码清单 9-74　图片保存到 User 中

```
@PostMapping(value = "/save")
public String save(User user, MultipartFile photoFile) throws IOException {
    Optional<User> op = this.userList.stream().filter(i -> i.getId().equals(user.getId())).findAny();
    if (op.isPresent()) {
        op.get().setPhoto(photoFile.getBytes());
    }
    return "redirect:/user912/list";
}
```

9.12.2　基于 Ajax 的文件上传

对于前后端不分离的应用开发，使用表单提交的方式上传文件不失为一种方便的方式，然而在前后端分离的开发场景中我们无法正常使用表单提交文件，而是需要借助 Ajax 或者 UI 库的上传组件实现文件上传。以前后端分离的前端 UI 框架 Element UI 为例，它的 Upload 组件可以提供方便的文件上传功能，我们从该组件的 API 文档中找到上传的细节，其部分属性如图 9-30 所示。

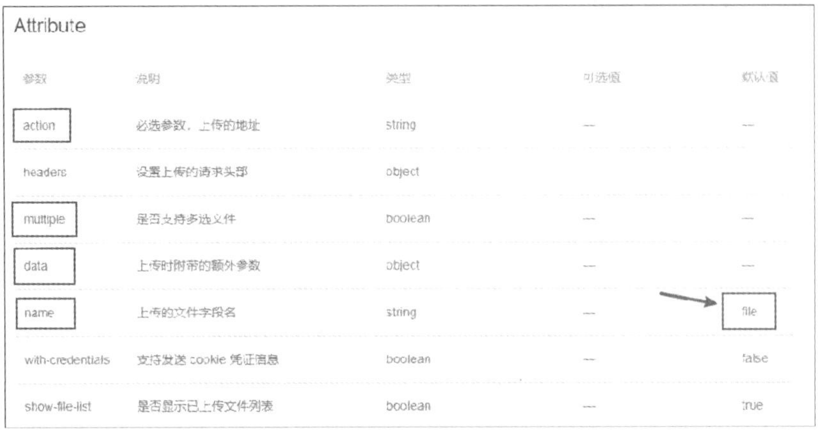
Attribute

参数	说明	类型	可选值	默认值
action	必选参数，上传的地址	string	—	—
headers	设置上传的请求头部	object		
multiple	是否支持多选文件	boolean	—	—
data	上传时附带的额外参数	object	—	—
name	上传的文件字段名	string	—	file
with-credentials	支持发送 cookie 凭证信息	boolean	—	false
show-file-list	是否显示已上传文件列表	boolean	—	true

图 9-30　Element UI 中的 Upload 组件属性节选

可以看到 UI 组件的上传组件可以指定文件上传时的接口地址、上传文件的参数名称、携带的额外数据等，而面对这种上传组件，编写上传接口的方式却基本没有区别，如代码清单 9-75 所示。

代码清单 9-75　能够接收 Ajax 请求的文件上传

```
@PostMapping("/uploadPhoto")
@ResponseBody
public String uploadPhoto(MultipartFile file, String userId) {
    System.out.println(file.getName());
    // 后续的文件保存动作
    return "success";
}
```

9.12.3　文件下载

文件成功保存到 User 中，接下来我们需要将图片展示到页面上，并且支持这些图片文件的下载。目前图片以 byte[] 的方式存储在内存中，若想以图片的形式展示到浏览器上，一个必要的动作是提供下载和展示图片的接口，这样在数据表格中就可以调用该接口获取图片。回看 userList.html 页面找到数据表格部分，可以看到 user.birthday 和 user.department.name 之间正好空出了一列，这就是我们展示图片的列，如图 9-31 所示。

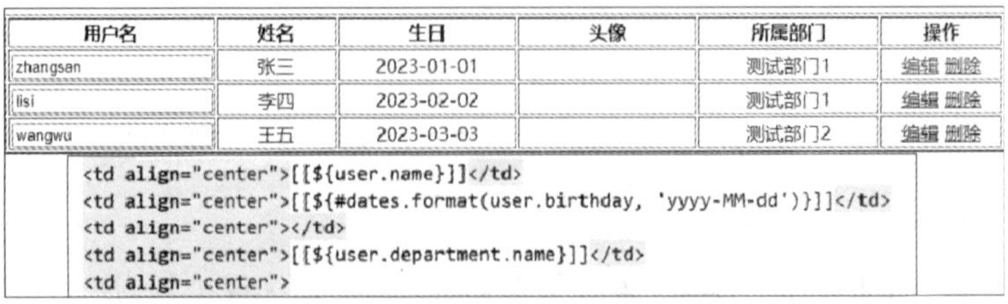

用户名	姓名	生日	头像	所属部门	操作
zhangsan	张三	2023-01-01		测试部门1	编辑 删除
lisi	李四	2023-02-02		测试部门1	编辑 删除
wangwu	王五	2023-03-03		测试部门2	编辑 删除

```
<td align="center">[[${user.name}]]</td>
<td align="center">[[${#dates.format(user.birthday, 'yyyy-MM-dd')}]]</td>
<td align="center"></td>
<td align="center">[[${user.department.name}]]</td>
<td align="center">
```

图 9-31　空出的头像列

下面我们实现图片的下载接口。在原生的 Servlet API 中我们可以操纵 `HttpServletResponse` 对象完成二进制数据的输出，而在 WebMvc 中我们可以用一种更加优雅的方式实现，WebMvc 为我们提供了一个响应体的模型 `ResponseEntity`，通过给它传入不同的泛型，即可响应不同类型的数据。对下载文件而言，我们最终响应的就是二进制数据，所以这个下载图片的接口就应当返回 `byte[]` 数据，如代码清单 9-76 所示。下载文件的接口不需要标注 `@ResponseBody` 注解，返回 `ResponseEntity` 时需要传入二进制数据本身、响应头和响应状态码，代码清单 9-76 中添加了两个请求头用于表示当前响应的是文件流，并且附上了文件名。

代码清单 9-76　下载图片的接口

```java
@GetMapping("/getPhoto")
public ResponseEntity<byte[]> getPhoto(String id) throws UnsupportedEncodingException {
    User user = this.userList.stream().filter(i -> i.getId().equals(id)).findAny().orElse(null);
    if (user == null) {
        throw new RuntimeException("不存在的用户！");
    }
    byte[] photo = user.getPhoto();

    HttpHeaders headers = new HttpHeaders();
    headers.setContentType(MediaType.APPLICATION_OCTET_STREAM);
    headers.setContentDispositionFormData("attachment", URLEncoder.encode(user.getUsername() + ".jpg", StandardCharsets.UTF_8));
    return new ResponseEntity<>(photo, headers, HttpStatus.CREATED);
}
```

编写完毕后我们再回到 `userList.html` 中，在头像列的 `td` 标签中放入 `<img>` 标签，并引用上面接口的地址即可，如代码清单 9-77 所示。

代码清单 9-77　引用下载图片的接口

```html
<td align="center">[[${user.name}]]</td>
<td align="center">[[${#dates.format(user.birthday, 'yyyy-MM-dd')}]]</td>
<td align="center">
    <img th:src="@{|/user912/getPhoto?id=${user.id}|}"/>
</td>
<td align="center">[[${user.department.name}]]</td>
```

最后重启应用，先操作一次用户信息的编辑，将图片上传后单击保存，此时页面被重定向到 `userList.html` 列表页中，可以看到上传的图片被正确展示，如图 9-32 所示，这也代表文件下载成功。

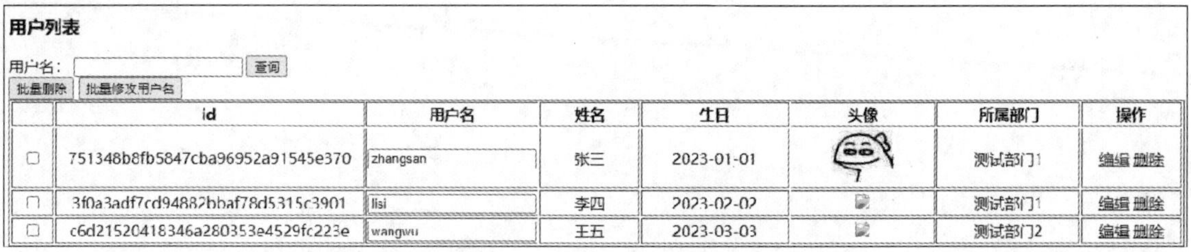

图 9-32　上传的图片被正确展示

9.13 小结

本章从 Java Web 整合 Spring Framework 开始入手，逐步过渡到整合 WebMvc 和使用 Spring Boot，当下主流的 Web 开发中，Spring Boot 已占据大片江山，所以本章讲解的内容主要是以 Spring Boot 工程为基础的 WebMvc 功能和特性。

WebMvc 是 Spring Framework 中以 Servlet API 为基础封装的 Web 层框架，使用它可以完成各种参数收集、数据传递，借助 WebMvc 中提供的注解可以实现接口的编写、异常处理等。此外借助其他组件可以完成对 JSON、XML 格式数据的支持，以及实现数据校验等特性。

第 10 章会继续就 WebMvc 中的特性进行讲解，其中涉及一些进阶机制和 API 的使用，相较于本章的内容而言，第 10 章的难度会相对高一些。

第 10 章 WebMvc 开发进阶

本章主要内容：
◇ WebMvc 中的拦截器使用；
◇ WebMvc 的国际化支持；
◇ WebMvc 适配 Servlet API 的支持；
◇ 解决 WebMvc 的跨域问题；
◇ REST 服务请求与调用；
◇ Reactive 与 WebFlux。

第 9 章中我们已经掌握了 WebMvc 的基础开发，但仅凭这些特性只能完成基础功能的开发，我们还需要掌握 WebMvc 提供的更多进阶特性，这些特性通常与业务开发无关，大多用于功能增强和解决某些特定问题，掌握这些特性可以在项目开发中更加游刃有余。

> 💡 小提示：本章的所有演示代码承接自第 9 章内容，所有代码仍然放在 `springboot-04-webmvc` 工程中。

10.1 拦截器

基于普通的 Spring Framework 或 Spring Boot 我们可以借助 AOP 模块的特性编写切面来进行通用逻辑抽取与增强，而在 Web 项目中用于体现 AOP 的机制是拦截器，这个机制与 Servlet 中的过滤器有些类似，我们需要先对这两者进行区分。

10.1.1 区分拦截器与过滤器

首先需要读者明确：拦截器是 WebMvc 的概念，而过滤器是 Servlet 的概念。Servlet、Filter、Listener 共同称为 Servlet 三大组件，它们都需要依赖 Servlet 的 API；而拦截器则不同，拦截器由 WebMvc 提出，它只是 WebMvc 中设计的一个 API 而已。由此我们可以总结出第一个区别：**拦截器是框架的概念，而过滤器是 Servlet 的概念。**

既然概念来源不同，那么它们的拦截范围也就不同。过滤器是在 `web.xml` 中或者借助 Servlet 3.0 规范来注册，任何来自 Servlet 容器（Tomcat）的请求都会经过这些过滤器；拦截器是框架的概念，而 WebMvc 的核心是一个 `DispatcherServlet`，所以拦截器实际上是在 `DispatcherServlet` 接收到请求后才有机会发挥作用的，对于 `DispatcherServlet` 没有接收到的请求，拦截器无法发挥作用。所以总结出第二个区别：**过滤器可以拦截几乎所有请求，**

而拦截器只能拦截被 `DispatcherServlet` 接收处理的请求。

继续往下分析，请求的来源不同还会造成一个不同的现象：过滤器由 Servlet 容器创建，与 Spring Framework 的 IOC 没有任何关系，所以无法借助依赖注入机制给过滤器注入属性和组件；而拦截器被 Spring Framework 的 IOC 容器统一管理，它的本质也是一个个普通的 Bean，所以拦截器中可以任意注入需要的 bean 对象。因此二者的第三个区别是：拦截器可以借助依赖注入获取所需的 bean 对象，而过滤器无法使用普通手段获取。

如果深入底层的原理和机制，就可以发现新的区别，过滤器的调用机制是一层层的函数回调，而拦截器是 WebMvc 在底层借助反射调用的。由于这部分会涉及源码，因此本章不对此展开讲解，本书后续的高级篇会专门对 WebMvc 的运行机制和原理进行剖析。

10.1.2 拦截器的拦截时机

不同于 Servlet 的过滤器，WebMvc 设计的拦截器在拦截时机的切入更多，具体的核心接口是 `HandlerInterceptor`，其中定义了 3 个方法，如代码清单 10-1 所示。

代码清单 10-1　HandlerInterceptor 接口

```java
public interface HandlerInterceptor {
    default boolean preHandle(HttpServletRequest request, HttpServletResponse response,
Object handler) throws Exception {
        return true;
    }

    default void postHandle(HttpServletRequest request, HttpServletResponse response,
Object handler,@Nullable ModelAndView modelAndView) throws Exception {
    }

    default void afterCompletion(HttpServletRequest request, HttpServletResponse response,
Object handler,@Nullable Exception ex) throws Exception {
    }
}
```

可以发现，3 个方法的切入时机由先到后依次如下。

- `preHandle`：在执行 Controller 中的 Handler 方法之前触发，可用于编码、权限校验拦截等。
- `postHandle`：在执行完 Handler 方法后，跳转页面视图/返回 JSON 数据之前触发。
- `afterCompletion`：在完全执行完 Handler 方法后触发，可用于异常处理、性能监控、资源释放等。

注意 `postHandle` 和 `afterCompletion` 方法的区别，`postHandle` 方法的参数上有一个 `ModelAndView`，证明该时机下还没有确定好数据的封装和视图的返回（页面跳转），此时我们可以对数据和视图进行修改；而后边的 `afterCompletion` 方法的参数上没有 `ModelAndView` 对象，而是多出来一个异常对象 `Exception`，这说明视图跳转或者数据返回已经确定，所以我们无法干预，另外 Handler 方法的执行过程中可能出现了异常，我们可以在此处进行异常处理。

10.1.3 使用拦截器

下面通过一个简单的例子演示拦截器的基础使用，我们可以从中体会拦截器的工作机制。

1. 定义拦截器

首先定义一个简单的拦截器 DemoInterceptor，使其实现 HandlerInterceptor 接口并实现其中的 3 个方法，我们暂时不过多编写方法的逻辑，仅打印控制台内容即可，如代码清单 10-2 所示。注意一个细节，preHandle 方法的返回值需要设置为 **true**，如果设置为 **false**，则 Controller 方法以及下面的 postHandle 和 afterCompletion 方法都不会执行。

代码清单 10-2　简单的拦截器 DemoInterceptor

```java
@Component
public class DemoInterceptor implements HandlerInterceptor {

    @Override
    public boolean preHandle(HttpServletRequest request, HttpServletResponse response, Object handler) throws Exception {
        System.out.println("DemoInterceptor preHandle ......");
        return true;
    }

    @Override
    public void postHandle(HttpServletRequest request, HttpServletResponse response, Object handler, ModelAndView modelAndView) throws Exception {
        System.out.println("DemoInterceptor postHandle ......");
    }

    @Override
    public void afterCompletion(HttpServletRequest request, HttpServletResponse response, Object handler, Exception ex) throws Exception {
        System.out.println("DemoInterceptor afterCompletion ......");
    }
}
```

2. 配置拦截器

如果仅将拦截器注册到 IOC 容器，则该拦截器不会工作，原因是我们没有配置拦截器的拦截请求路径规则，为此我们需要编写一个配置类来配置拦截器，如代码清单 10-3 所示。配置拦截器的方法是 WebMvcConfigurer 接口中的 addInterceptors 方法，在调用时需先声明要注册的拦截器，再指定该拦截器匹配的请求路径。除了使用 addPathPatterns 方法声明匹配的路径规则，还可以使用 excludePathPatterns 方法排除不需要匹配的路径。

代码清单 10-3　借助 WebMvcConfigurer 配置拦截器

```java
@Configuration
public class InterceptorConfigurer implements WebMvcConfigurer {

    @Autowired
    private DemoInterceptor demoInterceptor;

    @Override
    public void addInterceptors(InterceptorRegistry registry) {
        registry.addInterceptor(demoInterceptor).addPathPatterns("/department/**");
    }
}
```

}
```

配置完毕后启动应用,在浏览器中访问/department/list 时可以发现控制台上可以打印 DemoInterceptor 的日志,而访问/user/list 时,拦截器不会向控制台打印任何信息,说明拦截器配置成功。

```
DemoInterceptor preHandle ......
DemoInterceptor postHandle ......
DemoInterceptor afterCompletion ......
```

10.1.4 多个拦截器的执行机制

与过滤器的运行机制不同,拦截器的执行是一个类似回旋镖的往返执行过程。为了探究应用中多个拦截器的执行顺序与机制,下面我们来编写两个不同的拦截器以测试效果。

1. 编写两个拦截器

我们直接将代码清单 10-2 中的 `DemoInterceptor` 复制两份,分别重命名为 `DemoInterceptor1` 和 `DemoInterceptor2`,并在内部的控制台打印中添加 1 和 2 的后缀予以区分,如代码清单 10-4 所示。

代码清单 10-4　复制两个拦截器(以 DemoInterceptor1 为例)

```java
public class DemoInterceptor1 implements HandlerInterceptor {

    @Override
    public boolean preHandle(HttpServletRequest request, HttpServletResponse response, Object handler) throws Exception {
        System.out.println("DemoInterceptor1 preHandle ......");
        return true;
    }

    @Override
    public void postHandle(HttpServletRequest request, HttpServletResponse response, Object handler, ModelAndView modelAndView) throws Exception {
        System.out.println("DemoInterceptor1 postHandle ......");
    }

    @Override
    public void afterCompletion(HttpServletRequest request, HttpServletResponse response, Object handler, Exception ex) throws Exception {
        System.out.println("DemoInterceptor1 afterCompletion ......");
    }
}
```

2. 配置拦截器

拦截器的配置是有先后顺序的,先配置的拦截器会在实际执行时优先执行,代码清单 10-5 中的配置效果就是 `DemoInterceptor1` 在前,`DemoInterceptor2` 在后。有的读者可能会联想到维护拦截器的结构应该是一个 `List`,毕竟 `List` 本身是有顺序的。

代码清单 10-5　配置拦截器

```java
@Autowired
private DemoInterceptor1 demoInterceptor1;
@Autowired
```
```

```
private DemoInterceptor2 demoInterceptor2;

@Override
public void addInterceptors(InterceptorRegistry registry) {
    registry.addInterceptor(demoInterceptor1).addPathPatterns("/department/**");
    registry.addInterceptor(demoInterceptor2).addPathPatterns("/department/**");
}
```

3. 拦截器执行机制

下面验证拦截器的执行顺序是否与我们预想的一样，重启应用后访问/department/list 路径，观察控制台中打印的内容：

```
DemoInterceptor1 preHandle ......
DemoInterceptor2 preHandle ......
DemoInterceptor2 postHandle ......
DemoInterceptor1 postHandle ......
DemoInterceptor2 afterCompletion ......
DemoInterceptor1 afterCompletion ......
```

可以发现虽然前置拦截 preHandle 的逻辑的确与我们预想的一样，DemoInterceptor1 在前，DemoInterceptor2 在后，但是 postHandle 和 afterCompletion 方法的执行顺序却是 DemoInterceptor2 在前，DemoInterceptor1 在后。

其实这个执行结果就是"回旋镖"式的体现，**preHandle** 方法是顺序执行，**postHandle** 和 **afterCompletion** 方法均是逆序执行。根据测试的结果我们可以得到一张执行流程图，如图 10-1 所示。

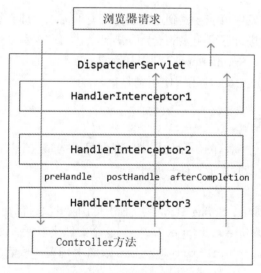

图 10-1 拦截器的执行机制

4. 测试 preHandle

在 10.1.3 节中我们提到了 DemoInterceptor 中 preHandle 方法的一个细节：如果该方法返回 **false** 则不会向下执行，包括 Controller 和拦截器的后续逻辑都会被跳过。下面举两个例子来演示 preHandle 方法返回 **true** 和 **false** 引发的效果。

首先我们将 DemoInterceptor1 的 preHandle 返回值改为 **false**，重启应用后访问

/department/list 路径，可以发现浏览器中变成了空白，与此同时控制台中只打印了一行 DemoInterceptor1 preHandle，这就印证了上面的结论，由于第一个拦截器的 preHandle 方法返回 **false**，后续的所有方法都不会继续执行，Controller 中的 Handler 方法自然也被跳过，视图跳转也就无法生效。

接下来我们把 DemoInterceptor1 的 preHandle 返回值改为 true，把 DemoInterceptor2 的 preHandle 返回值改为 **false**，重新测试后发现浏览器中依然得到空白页面，但是这次控制台打印了 3 行信息。

```
DemoInterceptor1 preHandle ......
DemoInterceptor2 preHandle ......
DemoInterceptor1 afterCompletion ......
```

引发这个结果的原因是 DemoInterceptor2 在 DemoInterceptor1 之后执行，而 DemoInterceptor1 的返回值为 **true**，导致 DemoInterceptor2 返回 **false** 后 DemoInterceptor1 仍然能够调用 afterCompletion 成功，但两个拦截器的 postHandle 方法都没有调用。

下面总结出最终结论。
- 只有 preHandle 方法返回 true 时，afterCompletion 方法才会被调用。
- 只有所有 preHandle 方法的返回值全部为 true 时，Controller 方法和 postHandle 方法才会被调用。

10.2 国际化支持

在一些企业的项目开发中可能会遇到适配多国语言的需求，即系统的用户可能来自世界各地，需要对系统内的语言进行尽可能多的支持，满足上述需求的手段就是国际化。WebMvc 对国际化提供了很好的支持，Spring Boot 又利用其约定大于配置的特性进一步简化了国际化的使用，下面讲解如何在 Spring Boot 应用中使用国际化。

10.2.1 约定的国际化

Spring Boot 约定了一个默认的国际化规则，我们只要按照这个规则就可以很方便地实现国际化效果。整个过程分为以下 3 步，逐一展开。

1. 定义国际化文件

按照约定大于配置的原则，Spring Boot 约定所有的国际化文件都在 src/main/resources 下，且文件名固定为 messages.properties，这个文件代表默认语言环境下的国际化内容，比如我们可以定义一个 messages.properties 文件并配置一些简单信息，如代码清单 10-6 所示。

代码清单 10-6　messages.properties 文件

```
dept.list.query=查询
dept.list.title=部门列表
```

接下来我们要进行多种语言的适配，国际化资源文件的命名规范是在文件名的末尾添加地区代码作为后缀，如中文（简体）的地区代码为 zh_CN，英语（美国）的地区代码为 en_US，所以我们就可以分别编写对应的 messages_zh_CN.properties 和 messages_en_US.properties 文件，如代码清单 10-7 所示。有读者可能会产生疑惑：为什么 messages_zh_CN.properties 文件的内容与 messages.properties 是一致的？在国际化文件的编写规范中，不带任何后缀的文件为默认文件，即不考虑国际化的情况下使用的资源文件，笔者是中国人，理应使用简体中文作为默认国际化资源。

代码清单 10-7　适配中文（简体）和英语（美国）的国际化文件

```
# messages_zh_CN.properties
dept.list.query=查询
dept.list.title=部门列表


# messages_en_US.properties
dept.list.query=query
dept.list.title=department list
```

最后注意一点，由于 9.11 节中我们讲解数据校验时借用了一下国际化的配置，因此这里我们要还原回默认配置，找到 application.properties 并删掉配置项 spring.messages.basename，这个配置是自定义国际化文件用的，稍后我们会讲到。

2. 修改视图页面

国际化资源文件编写完毕后，下一步需要将这些内容应用到视图页面中。在 deptList.html 中找到标题和搜索栏，我们分别对"部门列表"的标题和"查询"按钮进行国际化改造。在第 9 章讲解 Thymeleaf 的表达式中有一个 #{} 没有讲到，这里我们予以补充。#{} 表达式的作用就是专门获取国际化资源文件中的属性，结合上面定义的国际化内容，我们可以利用 Thymeleaf 的 th 指令+#{} 表达式完成国际化改造，如代码清单 10-8 所示。

代码清单 10-8　使用 #{} 表达式引用国际化资源信息

```html
<h3 th:text="#{dept.list.title}">部门列表</h3>
<div>
    <form id="query-form" method="get" th:action="@{/department95/list4}">
        <label>部门名称：</label>
        <input type="text" name="dept_name" value="" th:value="${name}">
        <input type="submit" value="查询" th:value="#{dept.list.query}">
    </form>
</div>
```

值得一提的是，当我们使用 #{} 表达式引用国际化资源时，可以使用 IDEA 的自动提示功能，IDEA 会帮我们索引当前工程下的所有国际化文件并将其中的内容一一列出，如图 10-2 所示，这个特性可谓锦上添花。

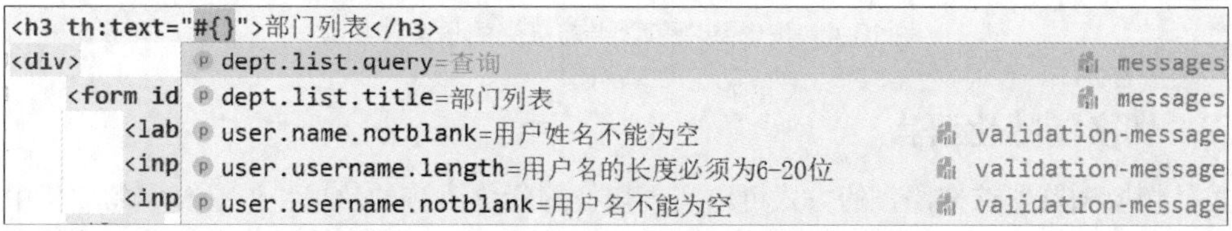

图 10-2　IDEA 自动提示国际化资源的内容

3. 通过浏览器切换国际化语言

最后我们测试一下国际化改造后是否生效，重启应用后访问/department/list 路径，此时页面上显示的是中文"部门列表"，符合我们的预期。接下来我们修改浏览器的默认语言，以 Chrome 为例，找到设置→语言，在首选语言中选择"英语（美国）"并将其置顶，如图 10-3 所示（如果没有该选项则需要单击右上角的"添加语言"按钮添加），然后回到部门列表页面刷新，此时页面的"部门列表"被替换为英文"department list"，证明国际化已经生效。

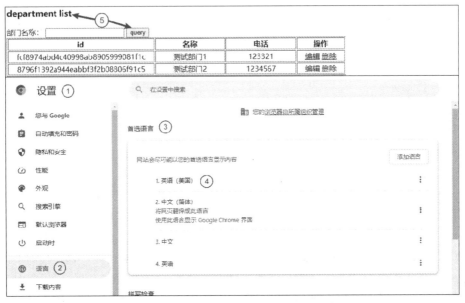

图 10-3　修改浏览器语言后页面内容随之变动

为什么修改了浏览器的默认语言后国际化就可以正确识别并做出正确响应？这就要从我们发送的 HTML 请求入手，打开 Chrome 的开发者工具，从 Network 页签中观察发送的 /department/list 请求，在请求头中可以发现当前首选接受的语言是 en-US，正好对应"英语（美国）"（如图 10-4 所示），与我们编写的 messages_en_US.properties 可以正确匹配，因此我们看到页面上的文本就变成了英文。

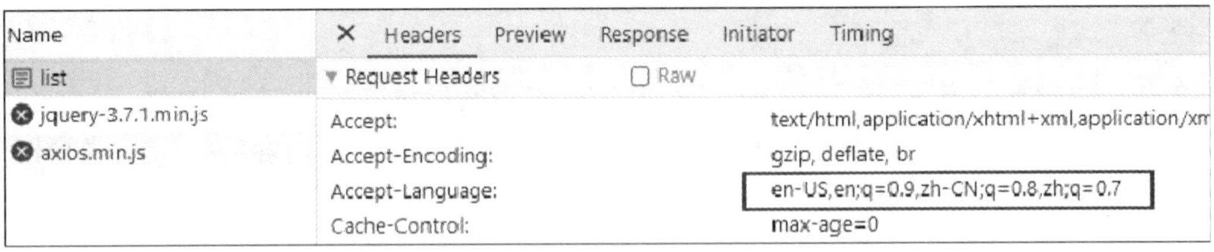

图 10-4　请求头中包含当前接受的语言和权重

10.2.2　切换国际化语言

虽然切换浏览器首选语言的方式可以实现切换国际化语言的效果，但是真实的项目中更多的是在页面的顶端或者特殊的悬浮位置预留一个切换语言的位置，通过单击不同的语言按钮就可以实现语言切换。WebMvc 对这种场景提供的支持方式是区域解析器和区域拦截器，通过声明区域解析器来解析和设置当前的国际化语言,通过使用区域拦截器对特定领域下的参数进行拦截可以切换国际化语言。

虽然听上去很麻烦,但是这些组件都由 WebMvc 提供,我们只需要将其注册到 IOC 容器。代码清单 10-9 提供了一个简单的区域解析器和区域拦截器的注册,我们使用 session 作为存储国际化地区的载体,并从 URL 参数中提取参数名为 "language" 的值作为切换国际化地区的依据。注意,拦截器需要借助 WebMvcConfigurer 的 addInterceptors 方法注册,对于拦截的路径,此处我们依然选择拦截 /department 开头的所有请求。

代码清单 10-9　I18nConfiguration

```java
@Configuration
public class I18nConfiguration implements WebMvcConfigurer {

    @Bean
    public LocaleResolver localeResolver() {
        SessionLocaleResolver localeResolver = new SessionLocaleResolver();
        localeResolver.setDefaultLocale(Locale.CHINESE);
        return localeResolver;
    }

    @Bean
    public LocaleChangeInterceptor localeChangeInterceptor() {
        LocaleChangeInterceptor interceptor = new LocaleChangeInterceptor();
        interceptor.setParamName("language");
        return interceptor;
    }

    @Override
    public void addInterceptors(InterceptorRegistry registry) {
        registry.addInterceptor(localeChangeInterceptor()).addPathPatterns("/department/*");
    }
}
```

编写完毕后重启应用,这次将浏览器的语言固定为简体中文,之后访问 /department/list 路径时看到的是中文 "部门列表",但如果我们访问 /department/list 时添加 language 参数,便可以看到语言被成功切换,如图 10-5 所示。切换完成后即便下次重新请求时不携带 language 参数,页面依然显示英文 "department list",即可说明国际化地区信息已经被存放到 session 中。

图 10-5　使用参数切换国际化地区

10.2.3　更改默认配置

最后讲解两个国际化相关的配置,之前 10.2.1 节中提到了要注释掉 spring.messages.basename 配置项,是为了还原 Spring Boot 约定的国际化资源文件位置,spring.messages.

`basename` 的默认配置值就是 `messages.properties`，如果我们修改了这个配置项，则 Spring Boot 加载国际化资源文件时就会按照配置项的值去检索和加载，9.11 节讲解数据校验时编写的 `validation-message.properties` 本身也是一个国际化资源文件而只是我们仅编写了一个默认语言文件而没有编写更多其他国家的文件。

另外还有一个配置项 `spring.messages.fallback-to-system-locale`，它的含义是当客户端期望使用的国际化地区不在我们应用代码提供的范围内时，是否降级使用当前操作系统的地区语言，它的默认值为 `true`，意为降级为当前操作系统的地区，如果改为 `false` 则会在没有匹配到的时候降级为默认资源文件（不带后缀的文件）。

其他有关国际化的配置项修改的可能性相对小，本节不再过多展开，感兴趣的读者可以结合配置文件和 IDE 的提示简单测试，配置属性的名称都很容易理解，难度不大。

10.3 原生 Servlet 支持与适配

截止到目前，我们学习 WebMvc 和 Spring Boot 的 Web 开发所使用过的原生 Servlet API 只有 `HttpServletRequest` 和 `HttpServletResponse`，而且使用它们的位置也是在 Handler 方法和异常处理的逻辑中居多。实际上 WebMvc 给我们提供的原生 Servlet API 支持不止于此，本节针对几个场景列举使用原生 Servlet API 的方式，以及 WebMvc 对原生 Servlet API 进行的适配。

10.3.1 全局获取 request 和 response

获取 `HttpServletRequest` 和 `HttpServletResponse` 对象的方法不止一种，除了在 Handler 方法的参数上声明 `HttpServletRequest` 和 `HttpServletResponse`，我们可以直接在 Controller 中使用 `@Autowired` 注解注入，也可以通过一个全局的上下文持有器 `RequestContextHolder` 来获取，它的使用方式也很简单，借助 `RequestContextHolder` 可以获取当前请求中的一个"请求属性"，其中组合了 request 和 response。代码清单 10-10 展示了在全局任意位置获取 `HttpServletRequest` 的方式。

代码清单 10-10 全局获取 HttpServletRequest

```
public HttpServletRequest getRequest() {
    RequestAttributes requestAttributes = RequestContextHolder.getRequestAttributes();
    ServletRequestAttributes servletRequestAttributes = (ServletRequestAttributes) requestAttributes;
    return servletRequestAttributes.getRequest();
}
```

注意这个 `RequestContextHolder` 是一个静态 API，所以我们可以封装一些类似于 `ServletUtils` 之类的工具类，以便从程序的任意位置获取 request 和 response 对象，代码清单 10-11 提供了一个最简单的实现。

代码清单 10-11 ServletUtils

```
public abstract class ServletUtils {
    public static HttpServletRequest getRequest() {
```

```java
        ServletRequestAttributes attributes = (ServletRequestAttributes) RequestContextHolder.
getRequestAttributes();
        return attributes.getRequest();
    }

    public static HttpServletResponse getResponse() {
        ServletRequestAttributes attributes = (ServletRequestAttributes) RequestContextHolder.
getRequestAttributes();
        return attributes.getResponse();
    }
}
```

10.3.2 请求转发与重定向

利用 Servlet 原生的 API 可以实现请求转发和重定向，下面简单回顾一下原生 Servlet 的请求转发和重定向写法，如代码清单 10-12 所示。在执行请求转发和重定向时，需要先获取 Servlet 的 API 之后再执行相应的方法，并且使用原生的 API 时 Handler 方法的返回值需要设置为 void，否则可能会产生意想不到的问题。

代码清单 10-12　原生 Servlet 的请求转发与重定向

```java
@RequestMapping("/demo")
public void demo(HttpServletRequest request, HttpServletResponse response) throws
ServletException, IOException {
    // 请求转发
    request.getRequestDispatcher(request.getContextPath() + "/department/list").forward
(request, response);
    // 重定向
    response.sendRedirect(request.getContextPath() + "/department/list");
}
```

在 WebMvc 中使用请求转发和重定向的方式更加简单，得益于 WebMvc 中"尽量不使用 Servlet API"的设计理念，在 Handler 方法中完成请求转发和重定向变得异常简单，代码清单 10-13 中的两个方法分别实现了请求转发和重定向，我们只需要声明一个没有标注@ResponseBody 注解的方法，并在方法返回值中以 **forward:** 或 **redirect:** 开头，并声明转发或重定向的 uri。值得关注的是，使用 WebMvc 的方式完成请求转发和重定向时不需要依赖任何原生的 Servlet API。

代码清单 10-13　WebMvc 中使用请求转发和重定向

```java
@RequestMapping("/forward")
public String forward() {
    return "forward:/department/list";
}

@RequestMapping("/redirect")
public String redirect() {
    return "redirect:/department/list";
}
```

10.3.3 操纵 request 域数据

第 9 章讲解页面数据传递时我们使用的方式是直接操纵 `HttpServletRequest` 的 API，WebMvc 给我们提供了另一种不使用 Servlet API 的方式，即使用 `@ModelAttribute` 注解，不过使用这个注解时有一定局限，它只适合传递请求中传入的参数，然而得益于这个特性，这个注解可以承担数据回显的工作。除此之外，`@ModelAttribute` 注解还可以完成对公共数据的暴露以及对原始请求数据进行篡改等工作，下面一一展开。

1. 数据回显

下面通过一个简单的示例演示数据回显。数据回显一般在前后端不分离的项目中多见，常见的场景是搜索框中传递搜索条件后，在页面跳转时需要回显搜索条件。不过即便是这个场景，在当下的主流开发中也已经过时，替代的方案是使用 Ajax 代替搜索表单提交完成页面不刷新的条件查询，读者仅对该特性了解即可。

数据回显的本质是将请求中传递的参数再次放入 request 域中，不使用 `@ModelAttribute` 注解时的方式是借助 `HttpServletRequest` 或者 `Model` 对象，而使用 `@ModelAttribute` 注解的方式更加简单，只需要在需要回显的参数上标注 `@ModelAttribute` 注解。代码清单 10-14 展示了一个最简单的 `@ModelAttribute` 注解的使用，注意使用 `@ModelAttribute` 注解时需要声明 `value` 的值，否则数据回显不会生效。

代码清单 10-14　使用 @ModelAttribute 注解

```java
@RequestMapping("/list")
public String list(@ModelAttribute("name") String name, Model model) {
    Stream<Department> stream = this.departmentList.stream();
    if (StringUtils.hasText(name)) {
        stream = stream.filter(i -> i.getName().contains(name));
    }
    model.addAttribute("deptList", stream.collect(Collectors.toList()));
    return "dept/deptList";
}
```

2. 公共数据暴露

除了标注在 Handler 方法的参数上，`@ModelAttribute` 注解还可以标注到方法上，当 `@ModelAttribute` 标注到方法上时，它可以用来暴露一些特定的数据，可以通过返回值暴露，也可以通过获取 `Model` 或 `HttpServletRequest` 对象来手动设置数据。

下面简单测试一下该效果，我们将 `DepartmentController911` 再复制一份并重命名为 `DepartmentController103`，对应的请求路径也改为 `/department103`，随后只保留 `list` 方法，将其他方法都删除。接下来在其中新增一个标注 `@ModelAttribute` 注解的方法 `publicMessage`，如代码清单 10-15 所示。如此编写后，相当于当前的 Controller 中每次 Handler 方法执行之前，都执行一次等价于 `request.setAttribute("publicMessage", publicMessage());` 的代码，所以我们在当前 Controller 的任意 Handler 方法中都能获取这个 `publicMessage`，同样在页面上也能获取。

代码清单 10-15　DepartmentController103

```java
@Controller
@RequestMapping("/department103")
```

10.3 原生 Servlet 支持与适配

```java
public class DepartmentController103 {

    private List<Department> departmentList = new ArrayList<>();

    @PostConstruct
    public void init() { 省略 ...... }

    @RequestMapping("/list")
    public String list(HttpServletRequest request, Model model) {
        model.addAttribute("deptList", departmentList);
        return "dept/deptList";
    }

    @ModelAttribute("publicMessage")
    public String publicMessage() {
        return "publicMessage-hahaha";
    }
}
```

为了测试效果，我们可以尝试在 `deptList.html` 中添加一个 `publicMessage` 属性的引用，如代码清单 10-16 所示。编写完毕后重启应用，访问 `/department103/list` 页面，可以发现页面中正确取出了 `publicMessage` 的值，如图 10-6 所示，说明 `@ModelAttribute` 注解已经生效。

代码清单 10-16　页面中引用 publicMessage

```html
<h3 th:text="#{dept.list.title}">部门列表</h3>
<span th:text="${publicMessage}"></span>
```

图 10-6　页面中引用 publicMessage

> 💡 小提示：或许部分读者看到这里会产生一种感觉，`@ModelAttribute` 注解发挥的作用似乎有些 AOP 的意味，的确是这样，`@ModelAttribute` 注解发挥的时机是当前 Controller 中的每个 Handler 方法执行之前，这就相当于 AOP 的前置通知。

3. 请求数据处理

上面例子中入参是空的，我们可以理解为从无到有，即 `@ModelAttribute` 给我们提供了新的数据，除此之外，`@ModelAttribute` 还可以对请求的数据进行一些处理。例如搜索栏中的部门名称输入框，我们希望该参数传入 Handler 方法之前拼接一个固定的前缀 "dept"，这样完成的效果是 Handler 中获取的参数都以 "dept" 开头。

很明显，这个逻辑也需要发挥 `@ModelAttribute` 的前置拦截作用，为此我们可以再编写一个 processName 方法，如代码清单 10-17 所示（@ModelAttribute 注解标注的多个方法可以共存），使用@ModelAttribute 注解后的代码逻辑与下面注释部分是等价的。注意一个细节，如果被@ModelAttribute 注解标注的方法中参数名与请求中的参数名不一致时，依然可以借助@RequestParam 注解显式指定。

代码清单 10-17　@ModelAttribute 注解处理请求数据

```
@ModelAttribute("dept_name")
public String processName(@RequestParam("dept_name") String name) {
    return "dept" + name;
}

/*
public void processName(Model model) {
    String name = (String) model.getAttribute("dept_name");
    name = "dept" + name;
    model.addAttribute("dept_name", name);
}
*/
```

接下来我们尝试在 Handler 方法中获取修改后的参数。为了对比获取参数的方式不同导致获取的值不同，代码清单 10-18 给出了 5 种获取请求参数 dept_name 的方式，分别是使用原生 HttpServletRequest、使用 Model 对象、使用同名参数、使用@RequestParam 注解和使用@ModelAttribute 注解。5 种方式运行之后的结果如代码清单 10-18 下方的输出结果所示，可以发现通过 Model 对象和@ModelAttribute 注解获取的参数都是被修改过的，而使用 HttpServletRequest、同名参数和@RequestParam 注解获取的参数是没有被修改的原始值。

代码清单 10-18　使用多种方式获取请求参数

```
@RequestMapping("/list")
public String list(HttpServletRequest request, Model model, String dept_name,
    @RequestParam("dept_name") String name, @ModelAttribute("dept_name") String deptName) {
    System.out.println("使用 HttpServletRequest 获取：" + request.getParameter("dept_name"));
    System.out.println("使用 Model 对象获取：" + model.getAttribute("dept_name"));
    System.out.println("使用同名参数：" + dept_name);
    System.out.println("使用@RequestParam：" + name);
    System.out.println("使用@ModelAttribute：" + deptName);
    model.addAttribute("deptList", departmentList);
    return "dept/deptList";
}
```
使用 HttpServletRequest 获取：aaa
使用 Model 对象获取：deptaaa
使用同名参数：aaa
使用@RequestParam：aaa
使用@ModelAttribute：deptaaa

结合以上的测试效果，我们可以得出两个结论。

（1）被@ModelAttribute 注解修改过的参数在获取时必须使用@ModelAttribute 注解标注或者使用 Model 对象获取才可以获取修改后的值，这也从侧面说明了使用@ModelAttribute

注解时参数的获取源是 `Model` 对象。

（2）使用同名参数和使用@RequestParam 注解获取的参数值与使用 `HttpServletRequest` 获取的值是同一个，说明使用@RequestParam 注解的参数获取源是 `HttpServletRequest`。

10.3.4 操纵 session 域数据

回顾 Servlet 中存储数据的四个域，作用域从小到大分别是 pageContext→request→session→application，其中与客户端关系紧密且常用的两个域是 request 域和 session 域，既然 WebMvc 对 request 域的注解支持到位，自然对 session 域的支持也不会差。request 域中的参数处理所使用的注解是@ModelAttribute，而处理 session 域中数据的注解是@SessionAttribute。无论是取数据还是存数据，@ModelAttribute 都是在 request 域中工作，而@SessionAttribute 注解的工作范围就是 session 域。

还有另一个跟@SessionAttribute 名称很类似的注解@SessionAttributes，它们俩差一个 s，作用刚好相反：@SessionAttribute 注解负责从 session 中取数据，而@SessionAttributes 则负责向 session 中存数据。这两个注解在设计之初，同样是为了让我们在使用 WebMvc 的时候尽量少地直接操作原生 Servlet 的 API，然而在具体使用时体验可能并不好，下面通过一个例子简单体会。

1. 向 session 中存储数据

这次我们不再使用前面的部门和用户信息及页面，而是重新建一个新的 Controller 和页面专门测试 session 相关的数据。为了避免操作原生的 Servlet API，本节的示例代码中会避开原生的 Servlet API。

新建一个 `SessionAttributeController` 并声明一个 `sessionUsername` 方法，将一个代表用户名的字符串 "hahaha" 放入 `Model` 中。由于是操作 WebMvc 的 API，为了保证将该数据放入 session 域，我们就要用@SessionAttributes 注解予以声明；接下来相应编写一个新的页面 session.html，并在其中使用内置对象 session 取出 `username` 的值，如代码清单 10-19 所示。

代码清单 10-19　测试 session 域数据的 Controller 和页面

```
@Controller
@SessionAttributes("username")
public class SessionAttributeController {

    @GetMapping("/session/username")
    public String sessionUsername(Model model) {
        model.addAttribute("username", "hahaha");
        return "session";
    }
}
```

```
<!DOCTYPE html>
<html lang="zh" xmlns:th="http://www.thymeleaf.org">
<head>
    <title>session 数据测试</title>
</head>
<body>
<h3>session 中的 username : [[${session.username}]]</h3>
```

```
</body>
</html>
```

下面可以进行测试，我们分别测试标注与不标注@SessionAttributes 注解的效果，测试的效果如图 10-7 所示，可以发现当不标注@SessionAttributes 注解的时候从 session 域中无法获取正确的数据，只有当标注@SessionAttributes 注解后才可以从页面中正确获取。

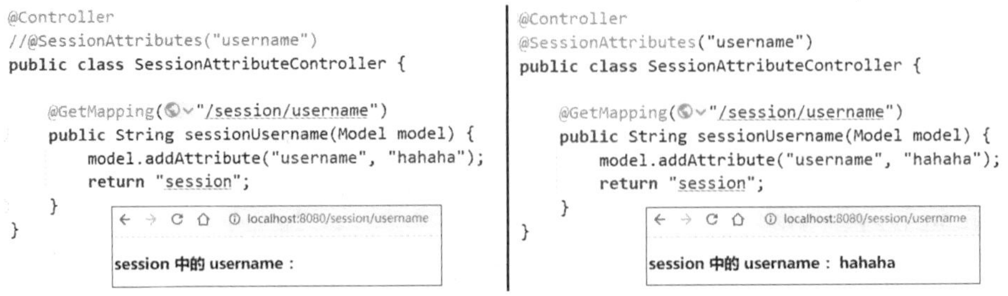

```
@Controller
//@SessionAttributes("username")
public class SessionAttributeController {

    @GetMapping("/session/username")
    public String sessionUsername(Model model) {
        model.addAttribute("username", "hahaha");
        return "session";
    }
}
```
localhost:8080/session/username
session 中的 username：

```
@Controller
@SessionAttributes("username")
public class SessionAttributeController {

    @GetMapping("/session/username")
    public String sessionUsername(Model model) {
        model.addAttribute("username", "hahaha");
        return "session";
    }
}
```
localhost:8080/session/username
session 中的 username：hahaha

图 10-7　使用@SessionAttributes 注解将数据放入 session 域

2．从 session 中获取数据

将数据存入 session 域中后，下一步需要在 Handler 方法中取出 session 中的数据，获取的方式非常简单，在需要获取的参数中标注@SessionAttribute 注解（注意后缀没有 s）即可，代码清单 10-20 给出了一个简单的示例。关于相关的测试效果读者可自行验证，此处不再展开。

代码清单 10-20　在 Handler 方法中获取 session 的数据

```
@GetMapping("/session/get")
@ResponseBody
public String getSessionUsername(@SessionAttribute("username") String username) {
    return username;
}
```

补充一个细节，`@SessionAttribute` 注解中有一个 `required` 属性默认为 `true`，意为该参数在 session 中必须存在，如果不存在则会返回 400 错误。我们可以简单测试该效果，重启一次当前的工程，之后在浏览器中发送 /session/get 请求，浏览器会收到 400 的错误响应，提示的信息是 `Missing session attribute 'username' of type String`，即 username 不存在，引发该问题的原因就是 Spring Boot 应用重启后，内置的 Tomcat 中的 session 全部清空，导致我们的 session 中丢失了 username 数据。为了解决该问题，我们可以将 `@SessionAttribute` 注解中的 `required` 属性改为 `false`，这样当 session 中没有数据时收集的参数值会变为 `null`，而不至于返回 400 错误。

10.3.5　获取请求头的数据

在一些 HTTP 请求的场景中常常会伴随一些身份校验的拦截，而用户的身份信息通常存放在 Cookie 或其他请求头中，所以如何获取请求头的数据也是一个需要考虑的问题。WebMvc 对获取请求头数据的支持是提供了@RequestHeader 注解，通过给 Handler 方法中的参数标注 @RequestHeader 注解，即可得到指定请求头的数据。下面简单演示该注解的使用方法。

我们编写一个新的 Handler 方法，在方法参数中声明一个 username 参数并标注

@RequestHeader 注解，如代码清单 10-21 所示。注意，@RequestHeader 注解中也有一个 required 属性默认为 true，其含义与@SessionAttribute 中的相同，不再赘述。

代码清单 10-21　使用@RequestHeader 注解获取请求头的数据

```
@GetMapping("/getHeaderParam")
@ResponseBody
public String getHeaderParam(@RequestHeader String username) {
    return "获取的请求头数据：" + username;
}
```

为了测试@RequestHeader 注解是否生效，我们需要借助 API 工具发送带请求头的请求，图 10-8 展示了一个简单的请求发送，通过观察响应体可以发现，传入的 username 能被正确获取，而当不携带 username 参数时会直接返回 400 错误，说明@RequestHeader 注解已经生效。

图 10-8　使用 API 工具发送带请求头的请求

10.3.6　注册 Servlet 原生组件

Spring Boot 2.0 以后的 WebMvc 项目，其底层都会采用 Servlet 3.0 及以上的规范，而在 Servlet 3.0 规范中不再推荐我们使用 web.xml，而是使用注解的方式配合 Servlet 容器扫描完成原生组件的注册，Spring Boot 本身并不能默认支持扫描 Servlet 三大组件，所以它提供了另外两种注册方式，下面分别讲解。

1．Servlet 原生组件扫描

原生扫描的方式适用于项目中存在自定义的 Servlet 原生组件，它的使用方式是在 Spring Boot 的主启动类上标注@ServletComponentScan 注解，标注该注解后项目中主启动类所在包及子包下的 Servlet 原生组件即可像@ComponentScan 那样被扫描后注册到 ServletContext 中，这种扫描方式需要配合 Servlet 3.0 规范中引入的@WebServlet、@WebFilter、@WebListener 注解才能完成原生组件的扫描与装配（就像@ComponentScan 配合@Component 注解一样）。

代码清单 10-22 中展示了一个简单的 Servlet 注册，使用 Servlet 3.0 规范中提供的@WebServlet 注解标注在 Servlet 上，配合主启动类的@ServletComponentScan 注解就可以完成注册。编写完毕后启动工程，并在浏览器中访问/servlet/demo1 可以正确得到响应，证明使用注解扫描的方式注册 Servlet 组件已经成功。另外注意一点，使用@ServletComponentScan 注解扫描原生 Servlet 组件后，对于这些原生组件可以直接使用@Autowired 等注解注入 IOC 容器中存在的 Bean，相较于传统的 WebMvc 应用而言，Spring Boot 提供的这个特性非常有用。

代码清单 10-22　使用注解扫描注册 Servlet

```java
@WebServlet(urlPatterns = "/servlet/demo1")
public class DemoServlet1 extends HttpServlet {

    @Autowired
    private DepartmentController103 departmentController103;

    @Override
    protected void doGet(HttpServletRequest req, HttpServletResponse resp) throws ServletException, IOException {
        resp.getWriter().write("DemoServlet1 doGet run ......");
        System.out.println(departmentController103);
    }
}
```

需要注意的是，@ServletComponentScan 注解适用于使用嵌入式 Web 容器运行的工程，因为嵌入式 Web 容器不会主动感知我们在工程中编写的原生 Servlet 组件，所以才需要借助 @ServletComponentScan 注解通知 Web 容器来扫描，而又因为 @ServletComponentScan 注解由 Spring Boot 提供，Spring Boot 顺便在原生 Servlet 组件注册的过程中附加了依赖注入的环节，所以我们就可以在原生 Servlet 组件中使用依赖注入特性。如果使用外置 Web 容器（如独立部署的 Tomcat）运行 Spring Boot 的 WebMvc 应用，则即便不标注 @ServletComponentScan 注解也可以完成原生 Servlet 组件的注册，这种情况下发挥作用的是 Web 容器本身自带的组件扫描和自动发现机制，但是由于这个过程中没有 Spring Boot 在中间介入，因此外置 Web 容器扫描的原生 Servlet 组件无法使用依赖注入的特性。

2. 借助辅助注册器 RegistrationBean

如果我们需要注册一些项目中依赖 jar 包内部的原生 Servlet 组件，那么使用 @ServletComponentScan 注解会变得有些麻烦，Spring Boot 提供的第二种方式是借助辅助注册器 RegistrationBean，由于依赖的第三方库中的代码不可修改，因此 Spring Boot 针对 Servlet 原生三大组件提供了三个对应的 RegistrationBean 进行辅助注册。代码清单 10-23 提供了一个简单的 Servlet 注册方式，要注册一个 Servlet 组件需要编写一个 ServletRegistrationBean 的子类，并声明需要注册的 Servlet 泛型和该 Servlet 要映射的请求路径，随后在注解配置类中将其实例化即可。

代码清单 10-23　RegistrationBean 的简单使用示例

```java
public class DemoServlet2 extends HttpServlet {

    @Override
    protected void doGet(HttpServletRequest req, HttpServletResponse resp) throws Exception {
        resp.getWriter().write("DemoServlet2 doGet run ......");
    }
}

public class DemoServlet2RegistrationBean extends ServletRegistrationBean<DemoServlet2> {

    public DemoServlet2RegistrationBean(DemoServlet2 servlet, String... urlMappings) {
        super(servlet, urlMappings);
    }
}
```

```
@Configuration
public class ServletConfiguration {

    @Bean
    public DemoServlet2RegistrationBean demoServlet2RegistrationBean() {
        return new DemoServlet2RegistrationBean(new DemoServlet2(), "/servlet/demo2");
    }
}
```

与第一种方式不太相同的地方在于，每当我们注册一个原生 Servlet 组件时，就要编写一个相应的 RegistrationBean 与之配合，而且在注解配置类中注册这些组件时，原生 Servlet 组件通常都是直接使用 new 关键字创建对象，这就意味着默认情况下被注册的组件同样无法享受 Spring Boot 带来的依赖注入"红利"，如果这些组件的确需要使用注解的方式依赖注入，则可以将这些原生 Servlet 组件注册到 IOC 容器，由 Spring Boot 的 IOC 容器来创建即可。

10.4 跨域问题

跨域问题是 Web 应用开发中常见的问题，考虑到部分初学者可能对跨域不了解，下面先解释跨域相关的概念和背景。

10.4.1 同源策略与跨域问题

跨域是一种现象，跨域是由浏览器的同源策略引起的，而同源策略是在浏览器上对资源的一种安全保护策略，同源策略最初只是用于保护网页的 Cookie，后来对同源的要求越来越严格。同源策略规定了 3 个"相同"条件：**协议相同**、**域名/主机相同**、**端口相同**，当这 3 个条件都满足时，浏览器才会认为访问的资源是同一个来源。

同源策略的保护目标主要是 **Cookie**。试想如果我们访问一个银行的网站，当登录银行电子账户的同时又在浏览器中访问了别的网站，如果此时浏览器没有同源策略的保护，那么浏览器中存放的银行网站的 Cookie 会一并发送给别的网站。万一这个网站中有隐藏的攻击脚本，那么我们的银行账户就会陷入危机。因此，同源策略主要保护的是上网安全。

简单地说，跨域就好比你在访问 https://a.com/ 域名下的网页，这个网页中包含 https://a.cn/ 的资源（不是图片，不是 CSS、JS，可以是 Ajax 请求），此时就会构成跨域访问。因为当前的网页所在域名是 a.com，但网页内部访问的资源有不是当前域名的内容，所以就构成了跨域访问。只要触发以下 3 种情况之一，就会引起跨域问题。

- HTTP 访问 HTTPS，或者 HTTPS 访问 HTTP。
- 不同域名/服务器主机之间的访问。
- 不同端口之间的访问。

目前，浏览器的同源策略在处理跨域问题时的态度有如下 3 种。

- 非同源的 Cookie、localstorage、indexedDB 无法访问。
- 非同源的 iframe 无法访问（防止加载其他网站的页面元素）。
- 非同源的 Ajax 请求可以访问，但浏览器拒绝接收响应。

了解了同源策略和跨域问题，接下来我们来搭建一个能触发跨域问题的工程环境，实际体会跨域现象和效果。

10.4.2 演示跨域现象

要搭建能触发跨域问题的工程环境，我们可以借助 IDEA 构建两个工程运行实例，通过修改不同的 Web 容器端口就可以启动两个工程（模拟基于端口的跨域相对容易操作）。

1. IDEA 设置启动配置

我们依次单击 IDEA 的菜单栏的 "Run→Edit Configuration..."，在弹出的对话框中选中当前的 `SpringBootWebMvcApplication` 主启动类后单击左上角的 "复制" 按钮，并在 "Build and run" 栏中添加运行参数 `-Dserver.port=8081`，如图 10-9 所示，之后单击 "保存" 就生成了一个在 8081 端口运行的 WebMvc 工程副本。

图 10-9　复制一个相同工程的运行配置并添加启动参数

2. 准备测试代码

接下来需要在页面中构造一个跨域的 Ajax 请求，我们在 `userList.html` 页面文件中找到 "批量删除" 按钮对应的事件绑定代码，将发送 Ajax 请求的地址改为发送到 8081 端口的实例上，如代码清单 10-24 所示。

代码清单 10-24　修改发送 Ajax 请求的地址

```
$(function () {
    $("#batch-delete-button").click(function () {
        var selectedIds = $("[name='selectedId']:checked");
        var ids = [];
        for (var i = 0; i < selectedIds.length; i++) {
            ids.push(selectedIds[i].value);
        }
        $.post("http://localhost:8081/user104/batchDelete", {ids: ids}, function (data) {
            alert(data)
        });
    });
});
```

对应地我们要编写一个接口接收该请求，如代码清单 10-25 所示。注意这次发送的请求 URI 前缀为 `/user104`，我们需要再编写一个新的 Controller。

10.4 跨域问题

代码清单 10-25 UserController104

```java
@RestController
@RequestMapping("/user104")
public class UserController104 {

    @PostMapping("/batchDelete")
    public String batchDelete(@RequestParam("ids[]") String[] ids) {
        System.out.println(Arrays.toString(ids));
        return "success";
    }
}
```

3．测试效果

代码准备完毕，接下来分别启动两个应用，在浏览器中访问 http://localhost:8080/user911/list，勾选几个用户后单击"批量删除"按钮，可以发现无论我们如何单击删除按钮，浏览器中都没有任何响应，打开 Chrome 的控制台后再次单击，在 Network 页签中看到当前请求被浏览器识别为跨域请求，如图 10-10 所示，在控制台中也有相应的 Access-Control-Allow-Origin 错误提示。与此同时我们还发现，后端 8081 实例中控制台有正确的输出内容，说明后端的确接收到该请求并予以处理，只是响应给浏览器后被浏览器拒绝，因此才出现了浏览器无响应的情况。

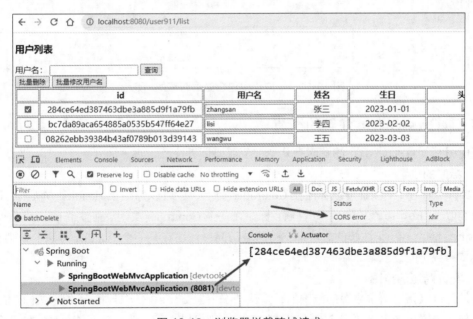

图 10-10　浏览器拦截跨域请求

10.4.3　CORS 解决跨域问题

针对跨域问题，W3C 制定了一个标准，即**跨域资源共享（CORS）**。CORS 的实现需要浏览器与服务端同时支持才可以，不过好在绝大多数主流浏览器支持，所以我们要实现的就是如何让服务端实现该标准，也就是如何在代码中配置实现。

WebMvc 提供的解决跨域问题的注解是 `@CrossOrigin`，它可以标注在需要的 Controller 类或 Handler 方法上，标注后即可以实现跨域资源共享。我们可以找到 `UserController104`，并在整个类上标注@CrossOrigin 注解。之后我们重启两个工程实例，在浏览器上重新单击"批量删除"按钮，可以发现浏览器成功处理了该响应，并弹出提示框，如图 10-11 所示，证明@CrossOrigin 注解解决跨域问题成功，此时观察该请求的响应头时可以发现 WebMvc 帮我们附加了几个可以让浏览器处理的跨域允许信息。

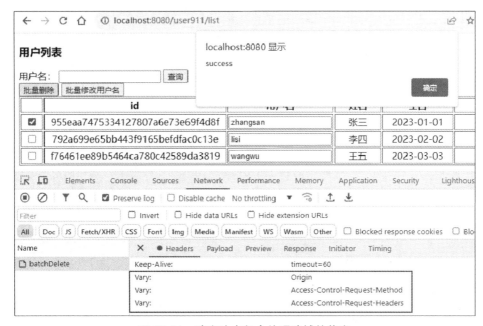

图 10-11　响应头中包含处理跨域的信息

10.4.4　@CrossOrigin 注解的细节

在使用@CrossOrigin 注解时有几个细节需要读者注意，逐一展开。

1. 标注的位置

@CrossOrigin 注解可以标注在 Controller 类上，也可以标注在 Handler 方法上，这种写法比较类似于@RequestMapping 注解。标注在一个 Controller 类上，则整个 Controller 中标注了@RequestMapping 注解的方法都支持跨域访问；标注在某一个 Handler 方法上，则对应的方法支持跨域访问。

2. 允许跨域的范围

跨域是可以指定请求来源的范围的，默认情况下@CrossOrigin 的允许跨域范围是 *，也就是任意位置，如果需要限定允许跨域的范围，则可以自行声明。代码清单 10-26 提供了一个简单的指定跨域范围的写法，用于指定跨域范围的属性是 origins，指定后由 http://localhost:8080 发送的请求才允许跨域访问。

代码清单 10-26　指定跨域范围

```
@RestController
@RequestMapping("/user104")
@CrossOrigin(origins = "http://localhost:8080")
public class UserController104 { ... }
```

3. @CrossOrigin 做的工作

究其根本，`@CrossOrigin` 注解只是一个便捷的解决跨域的方法而已，使用原生 Servlet 的 API 也可以完成相同的工作，因为解决跨域问题的核心是给响应头中添加一些额外的信息，其中最重要的就是上面刚提到的允许跨域的范围，也就是图 10-11 的响应头中的 `Access-Control-Allow-Origin: *`。所以 `@CrossOrigin` 完成的该工作其实就相当于我们用 `HttpServletResponse` 执行了一行代码：`response.addHeader("Access-Control-Allow-Origin", "*");`。

现阶段而言，读者了解到这里就够了，感兴趣的读者可以跳转到 `RequestMapping-HandlerMapping` 的源码中关于 `@CrossOrigin` 注解的解析，由于该部分不是重点内容，本节不展开讲解。

10.4.5 全局设置跨域

最后介绍一个全局设置跨域的方式，考虑到每个 Controller 中都需要标注 `@CrossOrigin` 注解会很麻烦，WebMvc 提供了一个可以全局设置跨域的扩展点，在 `WebMvcConfigurer` 中有一个 `addCorsMappings` 方法，该方法可以编程式注册跨域允许的映射信息，代码清单 10-27 提供了一个简单示例，这段代码会将当前工程中所有的 GET 和 POST 请求都设置为允许跨域，但是实际开发中不建议读者这样做，最好是按需配置。

代码清单 10-27　全局设置跨域的方式

```
@Configuration
public class CrossOriginConfiguration implements WebMvcConfigurer {

    @Override
    public void addCorsMappings(CorsRegistry registry) {
        registry.addMapping("/*").allowedMethods("GET", "POST")
                .allowedOrigins("*").allowCredentials(true);
    }
}
```

10.5 REST 服务请求与调用

到目前为止，我们学习的所有 Web 开发都是如何对外提供服务、资源和接口，但是在项目开发中，通常离不开与第三方系统进行通信和交互，例如一个商城的交易系统中需要实时查询商品的库存情况，以及通知仓储系统完成出入库的库存增减动作。系统间交互的一个最常见的方式就是通过 HTTP 接口进行调用。本节会讲解 WebMvc 中给我们提供的可以调用和访问 HTTP 请求的方式。

10.5.1 RestTemplate

在 Spring Framework 6.0 之前我们使用最多的 HTTP 服务调用 API 是 `RestTemplate`，这个类从 Spring Framework 3.0 就已经出现，它给我们提供了一种基于模板思想封装的简易 HTTP 操作 API，包括发送 GET、POST 等方式的请求。Spring Framework 中提供了非常多的模板类

API,使用它们可以实现比原生编码更为简单的操作,后面学到 JDBC 部分我们还会接触到更多的模板类 API。

为了能够方便地完成测试,我们可以先将当前工程启动,由于前面我们已经写了不少接口,本节刚好可以拿来利用。

1. 发送简单的 GET 请求

首先我们了解如何通过 `RestTemplate` 完成最简单的 GET 请求调用,在 `RestfulDepartmentController` 中提供了一个 `findAll` 方法供我们获取所有的部门信息,所以我们可以使用 `RestTemplate` 发送一个 GET 请求获取,如代码清单 10-28 所示。`RestTemplate` 本身只是一个发起 HTTP 请求的客户端,它不需要依赖任何 Web 运行环境,所以我们使用普通的 `main` 方法即可完成简单测试,对于发送 GET 请求的方法可以选择 `getForObject` 方法,它需要我们指定响应体转换的格式(数据封装的实体或 VO 类型),我们先不指定任何类型,直接以字符串的形式接收即可。

代码清单 10-28　使用 RestTemplate 发送 GET 请求

```
public class RestDemoApplication {

    public static void main(String[] args) {
        RestTemplate restTemplate = new RestTemplate();
        String response = restTemplate.getForObject("http://localhost:8080/department/findAll", String.class);
        System.out.println(response);
    }
}
```

```
<List><item><id>eb11a397cb7e4af3a26220691454c078</id><name>测试部门 1</name><tel>123321</tel></item><item><id>eb11a397cb7e4af3a26220691454c078</id><name>测试部门 2</name><tel>1234567</tel></item></List>
```

运行 `main` 方法后发现控制台打印的数据是上面的 XML 格式的数据,这似乎跟我们预想的不一致,正常来讲我们希望返回的是 JSON 格式的数据。产生这个问题的原因是当前 `springboot-04-webmvc` 工程中导入了 `jackson-dataformat-xml` 依赖坐标,而 `RestTemplate` 默认情况下希望获得 XML 格式的权重高于 JSON 格式,导致 WebMvc 在内容协商时选择了返回 XML 格式的数据。

2. 使用 HttpEntity

既然获得的数据格式与我们的预期不同,我们需要显式指定请求头的 accept 信息来获取 JSON 格式的数据,`RestTemplate` 中设置请求头的方式有两种,我们先接触第一种方式:使用 `HttpEntity`。`HttpEntity` 可以简单理解为一个请求头和响应体的结合,我们可以在发送 POST 等类型的请求时设置请求体,也可以在发送请求时指定请求头。代码清单 10-29 中我们就利用 `HttpHeaders` 和 `HttpEntity` 完成了请求头 accept 的设置,注意这次我们使用的方法不再是简单的 `getForObject` 方法,而是稍微复杂的 `exchange` 方法,这个方法不局限于发送 GET 或 POST 请求,而是可以手动指定。这次重新运行 `main` 方法可以得到 JSON 格式的数据,证明我们发送的请求中已经正确携带了请求头。

10.5 REST 服务请求与调用

代码清单 10-29　借助 HttpEntity 设置请求头

```java
public static void main(String[] args) {
    RestTemplate restTemplate = new RestTemplate();
    HttpHeaders headers = new HttpHeaders();
    headers.setAccept(Collections.singletonList(MediaType.APPLICATION_JSON));
    HttpEntity<?> entity = new HttpEntity<>(headers);
    ResponseEntity<String> responseEntity = restTemplate.exchange
("http://localhost:8080/ department/findAll",HttpMethod.GET, entity, String.class);
    System.out.println(responseEntity.getBody());
}

[{"id":"eb11a397cb7e4af3a26220691454c078","name":" 测 试 部 门  1","tel":"123321"},{"id":"63a60ffcd3fe49c7ad8a1ba7f8b07b79","name":"测试部门2","tel":"1234567"}]
```

3. 使用泛型

到目前为止获取的响应体都是纯字符串，我们希望能将响应体的数据直接转换为模型类对象，RestTemplate 同样支持这样做，只需要在发送请求时指定期望接收的数据类型。比方说我们发起一个查询单个部门的接口/department/{id}，如代码清单 10-30 所示。运行这段代码后可以在控制台得到一个正确的部门数据，这证明 RestTemplate 具备将 JSON 或 XML 数据转换为模型对象的能力。

代码清单 10-30　使用泛型获取单个部门数据

```java
public static void main(String[] args) {
    String id = "eb11a397cb7e4af3a26220691454c078";
    RestTemplate restTemplate = new RestTemplate();
    Department response = restTemplate.getForObject("http://localhost:8080/department/" + id,
Department.class);
    System.out.println(response);
}

Department{id='eb11a397cb7e4af3a26220691454c078', name='测试部门1', tel='123321'}
```

如果是获取一组数据，则使用 RestTemplate 会稍麻烦，因为设置响应数据类型时我们只能传入 List.class 而不能传入 List<Department>.class，所以我们还是得用最通用的 exchange 方法实现，如代码清单 10-31 所示。指定 List 泛型类型的方式是传入一个 ParameterizedTypeReference 对象，并指定 List 和内部集合的泛型类型。使用该方式后重新运行 main 方法，控制台打印的内容不再是 JSON 格式的数据，而是正确的两个 Department 对象，说明集合泛型也指定正确。

代码清单 10-31　使用 ParameterizedTypeReference 指定集合泛型

```java
public static void main(String[] args) {
    RestTemplate restTemplate = new RestTemplate();
    HttpHeaders headers = new HttpHeaders();
    headers.setAccept(Collections.singletonList(MediaType.APPLICATION_JSON));
    HttpEntity<?> entity = new HttpEntity<>(headers);
    ResponseEntity<List<Department>> responseEntity = restTemplate.exchange("http://localhost:8080/department/findAll",HttpMethod.GET, entity,
            new ParameterizedTypeReference<List<Department>>() {});
```

```
    System.out.println(responseEntity.getBody());
}

[Department{id='eb11a397cb7e4af3a26220691454c078', name='测试部门 1', tel='123321'},
Department{id='63a60ffcd3fe49c7ad8a1ba7f8b07b79', name='测试部门2', tel='1234567'}]
```

4. 发送 POST 请求传递请求体

前面我们发送的请求都是 GET 请求，而发送 POST 请求的方式也大致相同，与 GET 请求不同的是，POST 请求可以携带请求体，所以我们可以将请求数据放入请求体中。代码清单 10-32 展示了一个请求体传递数据的方式，可以发现 `postForObject` 方法与 `getForObject` 方法的区别是第二个位置多了一个 `Object` 类型的参数，它可以传递任意对象作为请求体，刚好我们编写的 `RestfulDepartmentController` 中有一个 `saveJson` 方法可以接收请求体传递的数据，所以下面调用的就是 /department/saveJson 接口。为了验证接口是否调用成功，我们可以在调用完毕后再发送 /department/findAll 请求查询一次数据。编写完毕后重新运行 `main` 方法，控制台中依次打印了 `success` 字符串与三条数据，证明请求体中的数据已经正确传递。

代码清单 10-32　发送 POST 请求并携带请求体

```java
public static void main(String[] args) {
    // 发送 POST 请求
    RestTemplate restTemplate = new RestTemplate();
    Department department = new Department("123456789", "RestTemplate 部门", "9999987");
    String response = restTemplate.postForObject("http://localhost:8080/department/saveJson",
department, String.class);
    System.out.println(response);

    HttpHeaders headers = new HttpHeaders();
    headers.setAccept(Collections.singletonList(MediaType.APPLICATION_JSON));
    HttpEntity<?> entity = new HttpEntity<>(headers);
    ResponseEntity<List<Department>> responseEntity = restTemplate.exchange("http://localhost:
8080/department/findAll",HttpMethod.GET, entity, new ParameterizedTypeReference<>() {});
    System.out.println(responseEntity.getBody());
}

success
[Department{id='eb11a397cb7e4af3a26220691454c078', name='测试部门1', tel='123321'}, Department
{id='63a60ffcd3fe49c7ad8a1ba7f8b07b79', name='测试部门 2', tel='1234567'}, Department{id=
'123456789', name='RestTemplate 部门', tel='9999987'}]
```

5. 发送 POST 请求传递表单数据

通常发送 POST 请求携带数据的方式除了借助请求体，还可以使用 FormData 传递表单数据。与请求体 JSON 数据不同的是，FormData 的格式都是 key-value，正常传递的话这种格式会被 `RestTemplate` 当作 application/json 格式，所以我们需要同时构造 FormData 形式的数据以及设置请求头。

代码清单 10-33 提供了一个携带表单数据的 POST 请求示例，`RestTemplate` 规定传递 FormData 形式的数据时需要传入一个 `MultiValueMap` 类型的对象，这个 `MultiValueMap` 与我们熟悉的 `Map` 有所不同，它的内部其实是一个 `Map<String, List<Object>>`结构，

即一个 `key` 可以对应多个 `value`，这种结构也刚好对应 HTML 中`<form>`表单的数据传递规则（表单可以传递一组相同的 `key` 代表数组数据）。既然如此，那么我们起初构造的 `Department` 数据就需要转换为 `FormData` 形式的数据，Spring Framework 给我们提供了一个 `Bean` 转换为 `Map` 的工具类 `BeanMap`，可以利用它将 `Department` 转换为 `BeanMap`，并在转换后循环这个 `BeanMap` 将数据逐个设置到 `MultiValueMap` 中。封装 `FormData` 完毕后再设置请求头的 `Content-Type` 为 `application/x-www-form-urlencoded`，即表单格式的数据，这样就完成了请求数据的构造。最后将这两部分数据封装到 `HttpEntity` 后，调用 `postForObject` 传入即可。运行这段代码后发现调用仍然可行，并且后续的查询中依然可以得到添加的数据，证明表单数据的传递也完全可行。

代码清单 10-33　使用表单数据发送 POST 请求

```java
public static void main(String[] args) {
    // 发送 POST 请求携带表单数据
    RestTemplate restTemplate = new RestTemplate();
    Department department = new Department("123456789", "RestTemplate 部门", "9999987");
    MultiValueMap<String, String> params = new LinkedMultiValueMap<>();
    BeanMap beanMap = BeanMap.create(department);
    for (Object key : beanMap.keySet()) {
        params.add(key.toString(), beanMap.get(key).toString());
    }
    HttpHeaders headers = new HttpHeaders();
    headers.setContentType(MediaType.APPLICATION_FORM_URLENCODED);
    HttpEntity<?> entity = new HttpEntity<>(params, headers);
    String response = restTemplate.postForObject("http://localhost:8080/department/", entity, String.class);
    System.out.println(response);

    headers = new HttpHeaders();
    headers.setAccept(Collections.singletonList(MediaType.APPLICATION_JSON));
    entity = new HttpEntity<>(headers);
    ResponseEntity<List<Department>> responseEntity = restTemplate.exchange("http://localhost:8080/department/findAll", HttpMethod.GET, entity, new ParameterizedTypeReference<>() {});
    System.out.println(responseEntity.getBody());
}
```

6. 定制 RestTemplate

如果我们需要频繁发送表单数据的 POST 请求，则每次都设置请求头的 `Content-Type` 信息未免有些麻烦，我们可以对 `RestTemplate` 进行定制，让它每次发送请求时都携带这个请求即可。`RestTemplate` 的定制方式有两种：(1) 创建 `RestTemplate` 后调用其 setter 系列方法修改；(2) 借助建造器 `RestTemplateBuilder`。实际的项目中我们更多的是使用 `RestTemplateBuilder` 来完成 `RestTemplate` 的定制，在 Spring Boot 整合 WebMvc 的工程中，Spring Boot 已经帮我们注册了一个 `RestTemplateBuilder` 对象，我们可以直接获取它，并通过调用其方法完成对 `RestTemplate` 的定制。代码清单 10-34 展示了注册 `RestTemplate` 的方式，使用@Bean 注解标注的方法注册 Bean 时，可以直接在方法参数中声明 IOC 容器中存在的对象以完成依赖注入，随后就可以使用 `RestTemplateBuilder` 设置默认的请求头。值得一提的是，Spring Framework 中给我们提供了足够多的常量，我们不需要显式声明字符串形式的请求头，直接使用常量即可（还可以避免输入错误）。

代码清单 10-34　使用 RestTemplateBuilder 注册

```
@Configuration
public class RestTemplateConfiguration {

    @Bean
    public RestTemplate restTemplate(RestTemplateBuilder builder) {
        return builder.defaultHeader(HttpHeaders.CONTENT_TYPE, MediaType.APPLICATION_JSON_VALUE).build();
    }
}
```

在普通的 Java 类中使用 RestTemplateBuilder 的方式也类似，我们修改代码清单 10-33 中的代码，将直接创建 RestTemplate 的动作改为借助 RestTemplateBuilder，修改后的代码如代码清单 10-35 所示。这次重新运行 main 方法仍然可行，证明 RestTemplate 的定制成功。注意一个细节，这次发送请求时由于不需要单独再设置请求头数据，因此也就不需要借助 HttpEntity 封装数据，直接传入 MultiValueMap 表单数据也是可行的。

代码清单 10-35　使用 RestTemplateBuilder 重新创建 RestTemplate 对象

```
public static void main(String[] args) {
    // 定制 RestTemplate
    RestTemplate restTemplate = new RestTemplateBuilder()
            .defaultHeader(HttpHeaders.CONTENT_TYPE, MediaType.APPLICATION_JSON_VALUE).build();
    Department department = new Department("123456789", "RestTemplate 部门", "9999987");
    MultiValueMap<String, String> params = new LinkedMultiValueMap<>();
    BeanMap beanMap = BeanMap.create(department);
    for (Object key : beanMap.keySet()) {
        params.add(key.toString(), beanMap.get(key).toString());
    }
    String response = restTemplate.postForObject("http://localhost:8080/department/", params, String.class);
    System.out.println(response);

    HttpHeaders headers = new HttpHeaders();
    headers.setAccept(Collections.singletonList(MediaType.APPLICATION_JSON));
    HttpEntity<?> entity = new HttpEntity<>(headers);
    ResponseEntity<List<Department>> responseEntity = restTemplate.exchange("http://localhost:8080/department/findAll", HttpMethod.GET, entity, new ParameterizedTypeReference<>() {});
    System.out.println(responseEntity.getBody());
}
```

7. ResponseEntity

最后我们关注一下封装了响应头和响应体的模型 ResponseEntity，借助 IDE 可以发现从 ResponseEntity 中可以得到响应状态码、响应头和响应体信息，如图 10-12 所示，我们可以通过获取响应状态码来判定这次请求是否正常。

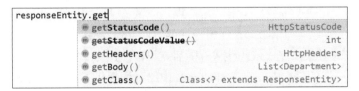

图 10-12　从 ResponseEntity 中可以获取的信息

10.5.2 RestClient

从 Spring Framework 6.1 版本开始（对应的 Spring Boot 版本为 3.2.0），WebMvc 引入了两个新的 REST 服务调用方式，分别是编程式的 `RestClient` 和声明式的 HTTP 接口，本节我们先简单学习编程式的 `RestClient` 使用。

`RestClient` 本身是类似 `RestTemplate` 的远程服务调用客户端，在 Spring Framework 6.1 版本之后被官方标注为最推荐使用的 API，得益于它的链式 API 调用和更优秀的方法设计，我们在使用 `RestClient` 的时候要比使用 `RestTemplate` 顺畅得多，下面通过几个示例演示 `RestClient` 的使用。

1. 发送 GET 请求

创建 `RestClient` 的方式非常简单，只需要调用其静态方法 `create`，即可得到一个 `RestClient` 的实例，当然也可以传入一个 `RestTemplate` 对象来复制其中的配置。得到实例后只需要调用它的 `get` 方法，即可得到一个发送 GET 请求的封装对象，随后指定要请求的接口地址，调用 `retrieve` 方法，即可发送请求。得到响应结果后我们可以调用 `body` 方法传入 `String.class`，即可得到字符串形式的响应体。整体代码如代码清单 10-36 所示。

代码清单 10-36　使用 RestClient 发送 GET 请求

```java
public class RestClientApplication {

    public static void main(String[] args) {
        RestClient restClient = RestClient.create();
        String response = restClient.get().uri("http://localhost:8080/department/findAll")
                .retrieve().body(String.class);
        System.out.println(response);
    }
}
```

以此方法发送的请求默认得到的响应体是 JSON 格式的数据，如果需要接收 XML 格式的数据，可以在发送请求之前调用 `accept` 方法，指定获取 `application/xml` 格式的数据，如代码清单 10-37 所示。

代码清单 10-37　指定接收数据的格式

```java
public class RestClientApplication {

    public static void main(String[] args) {
        RestClient restClient = RestClient.create();
        String response = restClient.get().uri("http://localhost:8080/department/findAll")
                .accept(MediaType.APPLICATION_XML)
                .retrieve().body(String.class);
        System.out.println(response);
    }
}
```

另外注意一个细节，在创建 `RestClient` 时可以传入一个 `baseUrl`，这个作用类似于我们编写 `Controller` 时在类上标注 `@RequestMapping` 注解，只要创建 `RestClient` 时指定了 `baseUrl`，那么这个 `RestClient` 发送的所有请求都会在请求地址上追加 `baseUrl` 作为前缀，这样做的好处是同一个根地址下的所有接口只需要声明一次，而不需要每次指定 URL 时都编写。

2. 发送 POST 请求

RestClient 发送 POST 请求的方式也非常简单，常用的发送 JSON 数据和发送表单数据的方式都可以得到很好的支持。代码清单 10-38 分别展示了使用 `application/json` 和 `application/x-www-form-urlencoded` 发送 POST 请求的代码编写方式。剥离掉准备工作的代码，从只关注 `RestClient` 本身的操作来看，使用 `RestClient` 的确比使用 `RestTemplate` 优雅，这就印证了 Spring Framework 官方推荐我们在 6.1 版本之后使用 `RestClient` 而不再是 `RestTemplate`。

代码清单 10-38　使用 RestClient 发送 POST 请求

```java
public static void main(String[] args) {
    RestClient restClient = RestClient.create();
    Department department = new Department("123456789", "RestTemplate 部门", "9999987");
    String response = restClient.post().uri("http://localhost:8080/department/saveJson")
            .body(department).retrieve().body(String.class);
    System.out.println(response);
}

public static void main(String[] args) {
    RestClient restClient = RestClient.create();
    Department department = new Department("123456789", "RestTemplate 部门", "9999987");
    MultiValueMap<String, String> params = new LinkedMultiValueMap<>();
    BeanMap beanMap = BeanMap.create(department);
    for (Object key : beanMap.keySet()) {
        params.add(key.toString(), beanMap.get(key).toString());
    }
    String response = restClient.post().uri("http://localhost:8080/department/").body(params)
            .contentType(MediaType.APPLICATION_FORM_URLENCODED).retrieve().body(String.class);
    System.out.println(response);
}
```

10.5.3　HTTP 声明式接口

与编程式相对应的是声明式，Spring Framework 6.1 版本同时推出了基于 WebMvc 的 HTTP 声明式远程调用接口，我们只需要像编写 Controller 的方法那样编写远程调用的接口，加上少量的支撑代码，就可以完成更加优雅的远程调用，而且代码的可读性和可维护性都更高。下面我们来简单上手这种声明式接口的编写。

1. 发送 GET 请求

我们先来讲解 GET 请求的编写，声明式的远程调用接口本身是一个接口，所以我们这次不再创建类，而是创建一个**接口**，并在其中声明两个方法，如代码清单 10-39 所示。要声明一个方法对应发送 GET 请求，需要在这个方法上标注一个 `@GetExchange` 注解，并声明当前方法要发送请求的 URL（可以发现这类似于 `@GetMapping`）。至于声明参数的方式，跟我们前面使用的注解完全一致，包括 `@RequestParam`、`@PathVariable`、`@RequestHeader` 注解等。另外注意一点，由于我们发送的几个请求都有相同的前缀，因此可以仿照 `@RequestMapping` 的套路，在整个接口上标注 `@HttpExchange` 注解声明根路径即可。

10.5 REST 服务请求与调用

代码清单 10-39 声明 GET 方式的请求方法

```java
@HttpExchange("http://localhost:8080/department")
public interface RestInterface {

    @GetExchange("/findAll")
    List<Department> findAll();

    /*
    获取 XML 格式的数据可以使用 accept 指定
    @GetExchange(value = "/department/findAll", accept = MediaType.APPLICATION_XML_VALUE)
    List<Department> findAll();
    */

    @GetExchange("/{id}")
    Department get(@PathVariable("id") String id);
}
```

接口编写完毕后还不能发送请求，我们需要根据这个接口创建一个对应的代理对象（只有接口也可以使用动态代理创建代理对象），而创建代理对象的代码编写比较固定，核心的代理工厂是 `HttpServiceProxyFactory`，如代码清单 10-40 所示。可以发现声明式接口的底层还是借助了 `RestClient` 完成实际的请求发送与响应接收动作，只是落到代码调用的环节变得更加简单而已。

代码清单 10-40 创建远程请求的代理对象

```java
public class RestInterfaceApplication {

    public static void main(String[] args) {
        RestClient restClient = RestClient.create();
        HttpServiceProxyFactory factory = HttpServiceProxyFactory
                .builderFor(RestClientAdapter.create(restClient)).build();
        RestInterface restInterface = factory.createClient(RestInterface.class);
        List<Department> departmentList = restInterface.findAll();
        System.out.println(departmentList);
        System.out.println(restInterface.get("c8854796f65e4ce791cb2cbaeeb1efc3"));
    }
}
```

我们简单测试上述两个方法，可以发现两个方法都可以得到正确的响应结果，由此可见使用声明式接口的开发效率的确更高。

2. 发送 POST 请求

下面我们再简单测试一下 POST 请求，代码清单 10-41 中声明了两个发送 POST 请求的方法，由于两个方法分别需要发送 JSON 数据和表单数据，因此在 `@PostExchange` 注解上使用 `contentType` 予以区分。需要注意的是，这次我们声明的接口方法中全都使用了模型类，没有出现任何通用的类（如 `MultiValueMap` 等）。

代码清单 10-41 声明 POST 方式的请求方法

```java
@PostExchange("/saveJson")
String saveJson(@RequestBody Department department);
```

```
@PostExchange(value = "/", contentType = MediaType.APPLICATION_FORM_URLENCODED_VALUE)
void save(Department department);
```

类似地，我们再在测试代码中依次调用 `saveJson` 和 `save` 方法，执行代码后没有发生报错现象，两个 `Department` 对象都保存成功，这说明两种传递数据的方式都可行。由于整个过程没有出现与业务无关的 API，编码的内容也相对纯粹，因此笔者也推荐在 Spring Framework 6.1 版本后尽可能使用声明式接口发送请求。

10.6 Reactive 与 WebFlux

到目前为止，本书中讲解的 Web 开发全部都基于 WebMvc，WebMvc 的特点是同步、阻塞式，当客户端的请求到达 Web 服务器（如 Tomcat）时，Web 服务器会分配一个线程处理这个请求，而当客户端的请求越来越多，Web 服务器的线程来不及处理，等待处理的请求就会被阻塞，万一这些待处理的请求中包含复杂逻辑、读取数据库等耗时长的动作，那么这个线程就会一直处于被占用状态，这个过程被称为"阻塞"。为了解决该问题，在 Spring Framework 5.0 之后引入了 WebMvc 的孪生兄弟 WebFlux，它是一个异步非阻塞式 Web 框架，且 Spring Framework 5.x 基于 JDK 1.8，Java 底层已经支持函数式编程，这也为 WebFlux 提供了强有力的语言级支撑。响应式、非阻塞代表着承载更高的并发量，所以基于 WebFlux 的项目可以在单位时间内处理更多的请求。由于 WebFlux 不基于 Servlet 规范，因此它也就不再强依赖于 Servlet 环境，而是必须运行在非阻塞环境的 Web 容器（如 Netty、Undertow 等）。另外 WebFlux 基于响应式设计，因此它也需要有一套响应式框架作为支撑，在 Reactor 和 RxJava 中，WebFlux 选择了 Reactor，这就意味着使用 WebFlux 之前，还要先了解响应式和 Reactor 编程。

综合来看，由于 WebFlux 学习所需的前置知识较多，且理解难度较大，不是很利于初学者学习，加上企业项目开发中使用 WebFlux 技术栈的规模很小，因此本书不对 WebFlux 予以展开，感兴趣的读者可以移步笔者的另一著作《Spring Boot 源码解读与原理分析》第 13 章进行学习。

10.7 小结

本章继续讲解了 WebMvc 的更多进阶特性和注解，以及具体场景的处理方案。WebMvc 中借助 `HandlerInterceptor` 拦截器机制可以实现类似 AOP 的效果，利用该机制可以完成鉴权、性能分析、日志记录等工作。对于多语言的应用场景而言，国际化是必不可少的支持，WebMvc 依靠 Spring Framework 的国际化能力支持，可以很好地实现多种语言的国际化效果。WebMvc 封装的过程中尽可能多地屏蔽了原生 Servlet API 的使用，但仍给我们开放了对其获取和使用的能力，而使用 WebMvc 提供的方案可以更方便而优雅地代替原生 Servlet API 的操作。后面我们还了解了前后端分离开发中对于跨域问题的处理，以及整合第三方应用和接口时发送远程请求的方式，包括经典的 `RestTemplate` 以及新版本推出的 `RestClient` 和声明式接口。

使用 Spring Boot 构建的 Web 项目之所以启动方便，其内部的嵌入式 Web 容器立了大功，第 11 章中我们将深入 Spring Boot 内部的嵌入式 Web 容器，探究其整合结构和运行机制。

第 11 章 嵌入式容器

本章主要内容：
- 嵌入式容器与外置 Web 容器的对比；
- 使用嵌入式 Tomcat；
- 定制嵌入式容器；
- 切换不同的嵌入式容器；
- 配置 SSL 支持 HTTPS。

对于传统的 Web 应用而言，我们在开发完毕后需要将工程打包成 war 包，部署到独立的 Web 容器中，如 Tomcat、Jetty、Undertow 等，运行工程时也需要启动独立的 Web 容器。而我们在前面两章的学习中，自始至终都没有将 Spring Boot 应用部署到外置的 Web 容器中，这背后的功臣是 Spring Boot 整合的**嵌入式 Web 容器**。有了嵌入式 Web 容器，我们启动 Spring Boot 的 Web 应用时便可以独立启动，而不再依赖任何外置 Web 容器。本章我们主要研究的就是 Spring Boot 内部集成的嵌入式容器，整体来讲难度不大，以熟悉为主。

> 💡 小提示：本章的所有代码均创建在 `springboot-05-embeddedcontainer` 工程下。

11.1 Web 容器对比

首先我们对外置 Web 容器与嵌入式 Web 容器进行简单了解和对比。仅从名称上也能分辨出，外置 Web 容器是作为操作系统中一个可执行程序出现的，而嵌入式 Web 容器则会嵌入应用程序中成为其一部分，整合嵌入式 Web 容器的应用中仅需编写少量代码，不借助外部容器和资源即可独立启动 Web 应用。也正因如此，嵌入式 Web 容器支持成为 Spring Boot 最强大的特性之一。

以 Tomcat 为例，普通的外置 Tomcat 与嵌入式 Tomcat 从核心、本质上看没有任何区别，它们都可以承载 Web 应用的运行，但是 Spring Boot 整合嵌入式 Tomcat 容器时考虑了一些特殊的因素，它会在底层设定一些额外的限制，需要读者简单了解。

- 部署应用的限制。由于嵌入式 Tomcat 不是独立的 Web 容器，它需要嵌入特定应用中，该特性使得嵌入式 Tomcat 只能一次部署一个 Web 应用。
- `web.xml` 的限制。Spring Boot 整合嵌入式 Tomcat 后不再对 `web.xml` 文件予以支持，转而使用 @Bean 注解配合 `ServletRegistrationBean` 实现 Servlet、Filter、Listener 的编程式注册（对应 10.3.6 节中讲解的内容）。

- 原生 Servlet 三大组件的限制。原生的基于 Servlet 3.0 及以上规范的 Web 项目,其类路径下的 Servlet、Filter、Listener 可以被自动扫描并注册,而 Spring Boot 整合嵌入式 Tomcat 后该特性会消失,如果需要开启此特性,需要配合 `@ServletComponentScan` 注解使用(对应 10.3.6 节中讲解的内容)。
- JSP 的限制。Spring Boot 整合嵌入式 Tomcat 后,如果以独立 jar 包的方式启动项目,则项目中编写的 JSP 会失效;如果以 war 包的方式部署到外置 Tomcat 容器,则 JSP 可以正常运行(出现该现象的原因是嵌入式 Tomcat 没有引入 JSP 引擎依赖)。

11.2 使用嵌入式 Tomcat

在默认情况下,当 Spring Boot 引入 WebMvc 依赖时,会自动将嵌入式 Tomcat 引入工程,我们可以借助 IDEA 的 Maven 依赖工具查看,如图 11-1 所示。可以看到 Spring Boot 3.2.1 版本中依赖的 Tomcat 版本为 10.1.17,这是一个非常新的 Tomcat 版本,它可以支持 Servlet 6.0 规范,并且具备 AOT 编译的特性。

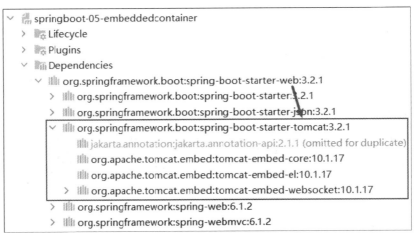

图 11-1 spring-boot-starter-web 依赖中包含嵌入式 Tomcat

继续向下展开,可以看到 3 个嵌入式 Tomcat 的依赖包,分别是核心包 core、支持 EL 表达式的 el 包以及支持 websocket 的包。对 Spring Boot 引入嵌入式 Tomcat 而言,这 3 个依赖包已经完全足够。从控制台的输出中也能看出,当运行应用后打印的日志与引入的 Tomcat 包版本一致,并且默认运行在 8080 端口。仔细观察日志的内容我们还可以发现,其实日志中已经体现出使用的 `ApplicationContext` 也适配了嵌入式 Web 容器的实现(第 6 行)。

```
c.l.s.e.EmbeddedContainerApplication     : Starting EmbeddedContainerApplication using Java 17.0.2 with PID 8332
c.l.s.e.EmbeddedContainerApplication     : No active profile set, falling back to 1 default profile: "default"
o.s.b.w.embedded.tomcat.TomcatWebServer  : Tomcat initialized with port 8080 (http)
o.apache.catalina.core.StandardService   : Starting service [Tomcat]
o.apache.catalina.core.StandardEngine    : Starting Servlet engine: [Apache Tomcat/10.1.17]
o.a.c.c.C.[Tomcat].[localhost].[/]       : Initializing Spring embedded WebApplicationContext
w.s.c.ServletWebServerApplicationContext : Root WebApplicationContext: initialization completed in 461 ms
```

```
o.s.b.w.embedded.tomcat.TomcatWebServer  : Tomcat started on port 8080 (http) with context path ''
c.l.s.e.EmbeddedContainerApplication     : Started EmbeddedContainerApplication in 0.929
seconds (process running for 1.283)
```

> 小提示：本章讲解的内容均为 Spring Boot 的嵌入式容器，有关外置 Web 容器的运行方式会在第 14 章讲解。

11.3 定制嵌入式容器

默认情况下，虽然使用嵌入式 Web 容器后不需要做什么配置就可以用于开发，但置于真实的生产环境中时还是需要一些配置，比如端口的配置、SSL 证书的配置等。Spring Boot 给我们提供了两种定制嵌入式 Web 容器的方式，下面分别讲解。

11.3.1 修改配置属性

Spring Boot 提供的全局配置文件针对嵌入式 Web 容器已经提供了非常多的配置属性，我们直接在 `application.properties` 中配置即可，它们大多以 `server.*` 格式为主，代码清单 11-1 展示了部分配置属性的设置，包括端口设置、上下文路径修改等，还有针对 Tomcat 单独设置的配置属性，包括 Tomcat 的工作线程数量、最大连接数、静态资源缓存等。

代码清单 11-1　使用 application.properties 配置嵌入式 Tomcat

```
server.port=9090
server.servlet.context-path=/embedded
server.servlet.session.timeout=60m

# 最小工作线程数量（默认 10）
server.tomcat.threads.min-spare=20
# 最大工作线程数量（默认 200）
server.tomcat.threads.max=500
# 日志保存的最大日期（默认-1，代表永久保存）
server.tomcat.accesslog.max-days=15
# form 表单最大允许提交的大小（默认 2）
server.tomcat.max-http-form-post-size=2MB
# 最大连接数（默认 8192）
server.tomcat.max-connections=8192
# 是否开启静态资源缓存（默认开启）
server.tomcat.resource.allow-caching=true
# 静态资源的缓存过期时间（默认 5 秒）
server.tomcat.resource.cache-ttl=30m
```

值得关注的一个配置属性是 `server.port`，通过这个属性可以修改嵌入式 Web 容器的端口号，如果不做任何配置，那么 Web 容器会默认运行在 8080 端口上。通常来讲我们不推荐将端口号设置为 1024 以内的数值，而将端口设置为 0 时，会随机产生一个与当前系统不冲突的端口号作为 Web 容器的监听端口。

关于更多的配置属性，读者可以借助 IDE 的提示和 Spring Boot 的官方文档查看，本书不在此罗列太多配置属性。

11.3.2 使用定制器

如果 Spring Boot 提供的配置属性不足以满足我们的诉求，我们还可以使用 Spring Boot 提供的另一种方式：定制器。如果说配置属性的方式属于声明式配置，那么定制器的方式就可以称作编程式配置。相较于使用配置属性而言，使用定制器的特点是更加灵活，但同时也增加了代码量。

下面用一个简单示例来演示定制器的使用，对嵌入式 Web 容器而言，我们使用的定制器是一个固定的接口 `WebServerFactoryCustomizer`，它需要指定一个定制的泛型，关于这个泛型可以选择与具体容器无关的 `ConfigurableWebServerFactory`，也可以是当前工程中引入的某个嵌入式容器的派生子类（如 Tomcat 对应的派生类是 `ConfigurableTomcatWebServerFactory`）。如果指定的泛型是 `ConfigurableWebServerFactory`，那么在定制器的内部中调用的方法都是嵌入式 Web 容器共有的属性，如端口号、SSL 配置、HTTP2 配置等，如图 11-2 所示；而如果指定的是具体派生类，如 `ConfigurableTomcatWebServerFactory`，那么可以调用更多的与 Tomcat 相关的方法，以供我们更加细致地定制嵌入式 Tomcat，如图 11-3 所示。

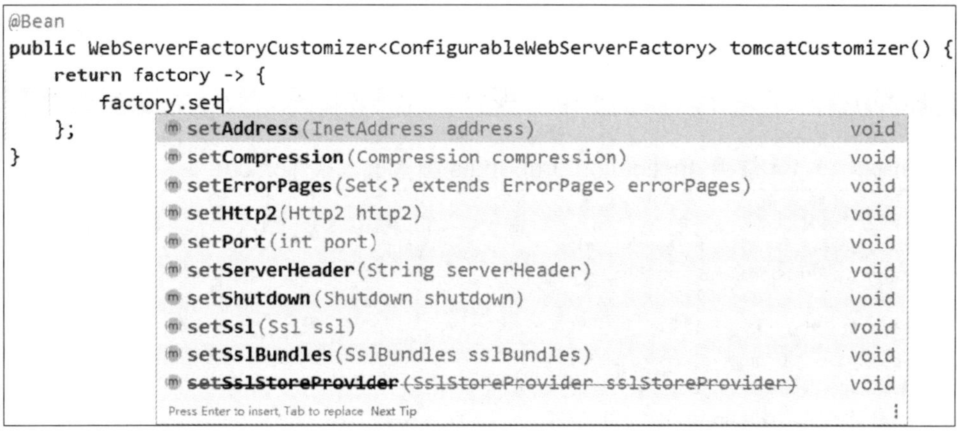

图 11-2 使用定制器可以更灵活地设置嵌入式 Web 容器

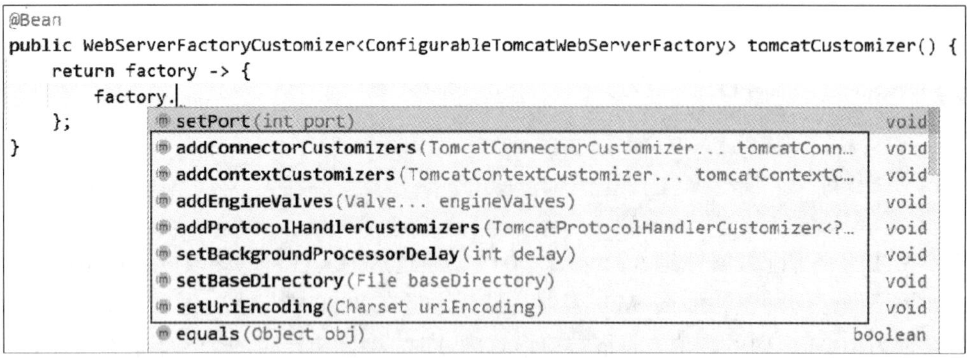

图 11-3 指定具体派生子类可以调用更多的方法

请读者注意这个定制器中的一个概念：**WebServer**。在 Spring Boot 的内部，所有嵌入式 Web 容器统称为 **WebServer**，而创建嵌入式 Web 容器的工厂被称为 **WebServerFactory**。如果读者想要更加深入地学习 Spring Boot 的嵌入式 Web 容器原理和机制，就需要牢记这个概念（在笔者的另一本著作《Spring Boot 源码解读与原理分析》第 8 章中有关于 `WebServer` 的详细讲解，感兴趣的读者可以查阅）。

11.4 替换嵌入式容器

Spring Boot 选择使用 Tomcat 作为嵌入式 Web 容器的默认实现。如果我们不想使用 Tomcat 运行应用，还可以选择 Jetty 或 Undertow 取而代之。替换的方式非常简单，只需要将 `spring-boot-starter-web` 依赖中默认的 `spring-boot-starter-tomcat` 依赖移除，并添加 Jetty 或 Undertow 的依赖，代码清单 11-2 演示了替换为 Undertow 的方法。

代码清单 11-2　替换为 Undertow 作为运行应用的嵌入式 Web 容器

```xml
<dependencies>
    <dependency>
        <groupId>org.springframework.boot</groupId>
        <artifactId>spring-boot-starter-web</artifactId>
        <exclusions>
            <exclusion>
                <groupId>org.springframework.boot</groupId>
                <artifactId>spring-boot-starter-tomcat</artifactId>
            </exclusion>
        </exclusions>
    </dependency>

    <dependency>
        <groupId>org.springframework.boot</groupId>
        <artifactId>spring-boot-starter-undertow</artifactId>
    </dependency>
</dependencies>
```

替换完毕后重新运行主启动类，可以发现控制台中打印了 Undertow 容器的启动日志，说明嵌入式 Web 容器已经被成功替换。

```
io.undertow                              : starting server: Undertow - 2.3.10.Final
org.xnio                                 : XNIO version 3.8.8.Final
org.xnio.nio                             : XNIO NIO Implementation Version 3.8.8.Final
org.jboss.threads                        : JBoss Threads version 3.5.0.Final
o.s.b.w.e.undertow.UndertowWebServer     : Undertow started on port 9090 (http) with context path
'/embedded'
```

11.5 SSL 配置

目前为止我们使用的嵌入式 Web 容器提供的都是 HTTP 服务，由于这种协议在数据传输时使用明文，因此是一种不安全的协议。我们可以使用 HTTPS 来取代 HTTP 进行相对安全的通信。HTTPS 可以理解为 HTTP+SSL，它利用 SSL 的加密机制使传输的数据被加密处理，因此 HTTPS 被更多地应用于金融、电商等数据敏感等级较高的网站。Spring Boot 提供了非常方便的 SSL 配置方式，通过 `server.ssl.*` 系列配置就可以快速实现。

SSL 配置的前提是拥有一个 SSL 证书，读者可以利用 JDK 提供的 keytool 工具生成一个本地测试用的证书，也可以通过向专门的服务商（如国内的云服务提供商阿里云、华为云、腾讯云等）申请获得证书。下面我们来演示使用 keytool 工具生成证书。

打开一个命令行窗口，输入命令 `keytool -genkey -alias httpstest -keyalg RSA -storetype PKCS12 -keystore httpstest.p12` 后按 Enter 键，会看到命令行窗口提示输出密钥库口令，按照提示依次输出口令、姓名、组织等信息后即可生成一个密钥，整个过程都是交互式的，操作起来比较方便。笔者通过该工具生成证书的过程如图 11-4 所示。最终生成的证书文件会在当前命令行提示的文件夹中，笔者操作的时候选择在 JDK 的 `bin` 目录下，因此最终 `httpstest.p12` 文件就在 `bin` 目录下生成。

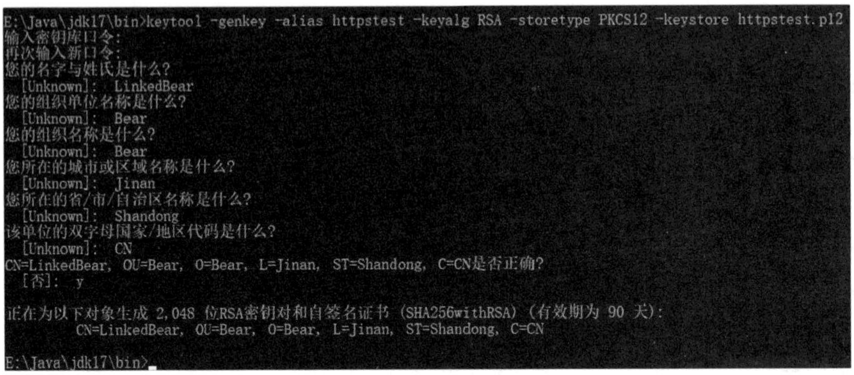

图 11-4　生成 SSL 证书

> **小提示**：使用 keytool 生成的证书仅适用于本地测试学习，不建议将该证书应用于正式环境，因为自行生成的证书存在诸多安全隐患，容易被不法分子攻击。如果需要相对可靠的证书，云服务提供商提供了免费的 SSL 证书，它们通常可以支持单域名，申请难度不大，有需要的读者可以自行申请。

拿到证书文件 `httpstest.p12` 后，接下来将其复制到工程的 `resources` 目录下，并在 `application.properties` 中配置 SSL 证书的信息即可，如代码清单 11-3 所示。注意，配置项 `server.ssl.key-store-password` 的内容就是生成 SSL 证书时填入的密钥库口令。

代码清单 11-3　配置 SSL 证书

```
server.port=8443
server.ssl.key-store=classpath:httpstest.p12
server.ssl.key-store-password=123456
```

之后我们使用 Chrome 访问 https://localhost:8443，会发现 Chrome 弹出了连接不安全的提示，如果我们继续访问，则浏览器的地址栏上会标注"不安全"字样，如图 11-5 所示，这印证了我们刚才说的自建 SSL 证书不用于正式环境。

图 11-5　Chrome 提示不安全的连接

注意，当配置 SSL 之后，嵌入式 Web 容器将不再支持 HTTP 请求的访问，如果需要同时支持 HTTP 和 HTTPS，则需要单独添加相应的配置。代码清单 11-4 提供了基于嵌入式 Tomcat 的 HTTP 与 HTTPS 兼顾的方案，它向 IOC 容器中注册了一个 `TomcatServletWebServerFactory` 组件，这个组件可以让 Tomcat 多监听一个 8080 端口，这样我们就可以同时使用 https://localhost:8443 访问 HTTPS 的端口，使用 http://localhost:8080 访问 HTTP 的端口。编写完毕后重启应用，在控制台中我们可以看到同时支持两个协议的日志，证明双协议支持已经完成。

代码清单 11-4　配置双协议兼顾的组件

```
@Bean
public ServletWebServerFactory httpServletWebServerFactory() {
    TomcatServletWebServerFactory factory = new TomcatServletWebServerFactory();
    Connector connector = new Connector(new Http11NioProtocol());
    connector.setPort(8080);
    factory.addAdditionalTomcatConnectors(connector);
    return factory;
}
o.s.b.w.embedded.tomcat.TomcatWebServer   : Tomcat started on ports 8443 (https), 8080 (http) with context path ''
```

11.6　小结

本章我们主要了解了 Spring Boot 中的嵌入式 Web 容器，整体篇幅很短，以介绍和简单配置为主。

嵌入式 Web 容器与普通的外置 Web 容器在运行效果上大致相同，但也存在一些差异，比如部署应用的限制、原生组件的限制等；Spring Boot 默认使用 Tomcat 作为嵌入式 Web 容器的实现，同时还支持 Jetty、Undertow 和响应式的 Netty（WebFlux）；Spring Boot 同时提供了全局配置属性和定制器两种方式对嵌入式 Web 容器进行定制，并可以根据引入的不同 Web 容器类型编写对应的配置项。

至此，有关 Spring Boot 整合 WebMvc 的场景学习告一段落。第 12、13 章会讲解应用开发的另一个重要部分：数据访问。

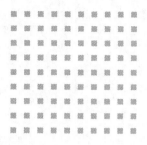

第五部分
Spring Boot 的数据访问能力整合

▶ 第 12 章　JDBC 与事务
▶ 第 13 章　整合 MyBatis

第 12 章 JDBC 与事务

本章主要内容：
◇ Spring Framework 整合 JDBC；
◇ Spring Boot 中使用 JdbcTemplate；
◇ 原生 JDBC 事务管理；
◇ 编程式事务与声明式事务；
◇ 事务传播行为；
◇ 数据库初始化机制。

完成 Web 层开发后，紧接着要学习的主题是数据访问。我们开发的 Java Web 应用几乎都离不开数据库技术，Spring Boot 在整合数据访问层时提供了非常多主流的数据访问整合方案，包括传统的关系型数据库和非关系型数据库，只需要引入对应的场景启动器并编写少量配置代码，即可完成场景整合。本章我们从整合原生的 JDBC 场景出发，了解并掌握 Spring Framework 提供的简化 JDBC 操作的模板类 `JdbcTemplate`，以及 Spring Framework 提供的事务管理机制。

12.1 整合 JDBC

JDBC 本身是一套面向关系型数据库的规范，它制定了 Java 程序与关系型数据库的交互规则，主流的关系型数据库都提供了对应的 JDBC 驱动，我们在项目开发中依赖相应的 JDBC 驱动包即可。使用原生 JDBC 的代码操作数据库非常烦琐，且含有大量不可删除的模板型代码，所以我们在实际开发中肯定不能使用原生方式开发，而是尽可能地选择简化方式。基于数据库交互的开发在三层架构中被称为数据访问层（Dao 层），这个概念对读者来讲并不陌生，所以我们没有必要像讲解 IOC 和 AOP 那样逐层递进式引入，而是直接上手即可。首先我们来看原生的 Spring Framework 下如何整合 JDBC 完成与数据库的交互。

> 小提示：（1）本节的代码将统一创建在 spring-04-jdbc 工程下。
> （2）本书中出现的关系型数据库全部使用 MySQL 5.7（特殊声明除外）。

12.1.1 数据库准备

在开始搭建工程和整合之前，我们要先准备一个数据库，以 MySQL 5.7 为例，我们使用命令行创建一个数据库和用户，并给这个用户授权。使用命令行输入 `mysql -u root -p` 命令，并输入 root 用户的密码后按 Enter 键，即可与 MySQL 数据库建立连接，随后依次发送代码清单 12-1 所示的 3 条命令，即可创建一个名为 "spring-dao" 的数据库和名为 "springboot" 的用户，并使 "springboot" 用户拥有操作 "spring-dao" 数据库的权限。

代码清单 12-1　创建数据库和用户并授权

```sql
CREATE DATABASE spring-dao CHARACTER SET 'utf8mb4';
CREATE USER springboot IDENTIFIED BY '123456';
GRANT ALL ON spring-dao.* TO springboot;
```

接下来我们再发送 2 条建表语句，分别新建一个 tbl_user 用户表和 tbl_account 账户表，随后再发送 5 条 insert 语句，分别给用户表和账户表添加数据，如代码清单 12-2 所示。SQL 语句被全部发送后，意味着数据库的初始化工作完毕。

代码清单 12-2　创建数据库表和初始化数据

```sql
CREATE TABLE tbl_user (
  id int(11) NOT NULL AUTO_INCREMENT,
  name varchar(20) NOT NULL,
  tel varchar(20) NULL,
  PRIMARY KEY (id)
) ENGINE = InnoDB DEFAULT CHARSET=utf8mb4;
-- 此处 id 使用自增长即可，我们不关心 id 的值
CREATE TABLE tbl_account (
  id int(11) NOT NULL AUTO_INCREMENT,
  user_id int(11) NOT NULL,
  money int(11) DEFAULT NULL,
  PRIMARY KEY (id)
) ENGINE=InnoDB DEFAULT CHARSET=utf8mb4;
INSERT INTO tbl_user(name, tel) VALUES ('zhangsan', '110');
INSERT INTO tbl_user(name, tel) VALUES ('lisi', '120');
INSERT INTO tbl_user(name, tel) VALUES ('wangwu', '119');

INSERT INTO tbl_account(user_id, money) VALUES (1, 1000);
INSERT INTO tbl_account(user_id, money) VALUES (2, 1000);
```

12.1.2　导入依赖

接下来，我们要准备一个数据库，基于原生 Spring Framework 的工程整合 JDBC 并连接 MySQL 数据库，需要依赖 Spring Framework 提供的 JDBC 模块和一个 MySQL 的 JDBC 驱动，所以我们需要导入 3 个核心依赖：spring-context、spring-jdbc 和 mysql-connector-j（spring-jdbc 依赖中不包含 spring-context），如代码清单 12-3 所示。

代码清单 12-3　导入依赖

```xml
<dependencies>
    <dependency>
        <groupId>org.springframework</groupId>
        <artifactId>spring-context</artifactId>
        <version>6.1.2</version>
    </dependency>
```

```xml
<dependency>
    <groupId>org.springframework</groupId>
    <artifactId>spring-jdbc</artifactId>
    <version>6.1.2</version>
</dependency>

<dependency>
    <groupId>com.mysql</groupId>
    <artifactId>mysql-connector-j</artifactId>
    <version>8.1.0</version>
</dependency>
</dependencies>
```

12.1.3　快速使用

导入依赖后下面就可以开始上手使用 `JdbcTemplate`，不过在此之前我们可以先使用 IDEA 配置一下数据库连接，以便我们后续查看和维护数据库数据。

1. IDEA 配置数据库连接

在 IDEA 的 Database 面板中新建一个 MySQL 的数据源，并填入主机名、用户名、密码、数据库名，如图 12-1 所示，然后单击"Test Connection"尝试是否可以建立连接（如果连接失败可以将 Driver 切换为 5.1 版本），连接成功后会出现图 12-2 所示的提示。

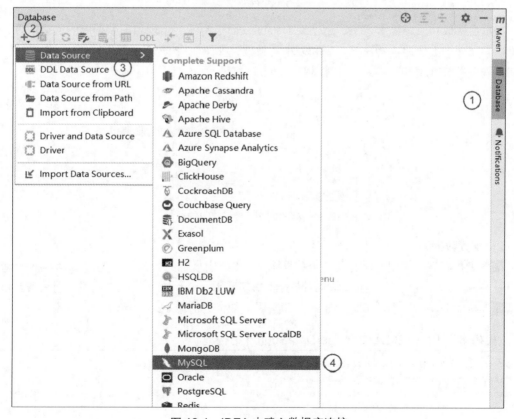

图 12-1　IDEA 中建立数据库连接

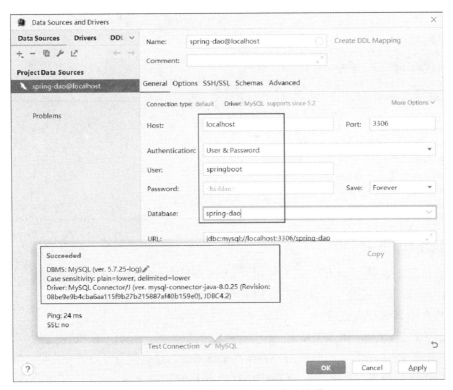

图 12-2　填写数据库信息后成功连接

提示连接成功后，单击"OK"按钮，Database 面板中就会出现当前数据库的连接信息，我们可以在面板中方便地查看数据库表和表中的数据，如图 12-3 所示。我们还可以直接在 IDEA 中编写和发送 SQL 语句，整体上操作相对方便。

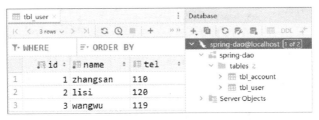

图 12-3　查看数据库表和表中的数据

2．配置数据源

接下来我们需要使用代码配置一个数据源，JDBC 中规定的数据源模型为 `DataSource`，Spring Framework 提供了一个简单的封装实现 `DriverManagerDataSource`，它只需要指定数据库连接驱动类名、连接地址、用户名和密码，如代码清单 12-4 所示。

代码清单 12-4　DriverManagerDataSource 的构造

```
DriverManagerDataSource dataSource = new DriverManagerDataSource();
dataSource.setDriverClassName("com.mysql.cj.jdbc.Driver");
dataSource.setUrl("jdbc:mysql://localhost:3306/spring-dao?characterEncoding=utf8");
dataSource.setUsername("springboot");
dataSource.setPassword("123456");
```

3. 使用 JdbcTemplate

有了数据源之后，下面就可以使用 JdbcTemplate 操作数据库。我们先不考虑 IOC 容器和配置，单纯使用 main 方法来测试即可。代码清单 12-5 提供了一个非常简单的 JdbcTemplate 插入数据示例，可以发现在构造 JdbcTemplate 时需要传入 DataSource 对象（也可以使用无参构造方法，后续再传入 DataSource），随后调用 execute 方法即可执行 DML 语句（包括 insert、update、delete 语句等）。运行 main 方法后控制台没有任何报错信息，借助 IDEA 查看 tbl_user 表的数据，发现的确在最后插入了一条名为"hahaha"的数据，如图 12-4 所示。

代码清单 12-5　使用 JdbcTemplate 插入一条用户数据

```java
public static void main(String[] args) {
    DriverManagerDataSource dataSource = new DriverManagerDataSource();
    dataSource.setDriverClassName("com.mysql.cj.jdbc.Driver");
    dataSource.setUrl("jdbc:mysql://localhost:3306/spring-dao?characterEncoding=utf8");
    dataSource.setUsername("springboot");
    dataSource.setPassword("123456");

    JdbcTemplate jdbcTemplate = new JdbcTemplate(dataSource);
    jdbcTemplate.execute("insert into tbl_user (name, tel) values ('hahaha', '12345')");
}
```

id	name	tel
1	zhangsan	110
2	lisi	120
3	wangwu	119
4	hahaha	12345

图 12-4　插入数据后表中为 4 条数据

4. 使用数据库连接池

虽然上面的代码已经可以正确运行，但这里有一个非常大的问题：DriverManagerDataSource 的本质是底层使用 DriverManager.getConnection() 进行数据库连接建立的操作，它本身并没有采用连接池的设计，所以性能相对较差，真实的项目开发中不要使用它，而是使用下面提到的数据库连接池代替。数据库连接池的特点是一次性初始化多个数据库连接，并循环使用它们，而不是频繁创建和销毁。Spring Boot 默认使用的连接池是 HikariCP，这个数据库连接池以"快"著称，可以将它导入到我们的工程中，如代码清单 12-6 所示。

代码清单 12-6　导入 HikariCP 的依赖

```xml
<dependency>
    <groupId>com.zaxxer</groupId>
    <artifactId>HikariCP</artifactId>
    <version>5.0.1</version>
</dependency>
```

导入后，我们只需要将构造 DriverManagerDataSource 的代码修改为构造 HikariDataSource，并对 setter 方法稍做调整，即可完成数据源的替换，如代码清单 12-7 所示。替换完成后重新运行 main 方法，程序代码仍然可以正确执行，观察数据库中 tbl_user 表中又多了一条数据，证明 HikariCP 连接池已经生效。

代码清单 12-7　使用 HikariDataSource 数据库连接池代替 DriverManagerDataSource

```java
public static void main(String[] args) {
    HikariDataSource dataSource = new HikariDataSource();
    dataSource.setDriverClassName("com.mysql.cj.jdbc.Driver");
    dataSource.setJdbcUrl("jdbc:mysql://localhost:3306/spring-dao?characterEncoding=utf8");
    dataSource.setUsername("springboot");
    dataSource.setPassword("123456");

    JdbcTemplate jdbcTemplate = new JdbcTemplate(dataSource);
    jdbcTemplate.execute("insert into tbl_user (name, tel) values ('hehehe', '54321')");
}
```

> 💡 小提示：HikariCP 的性能非常强悍，它甚至可以达到数倍于传统连接池如 DBCP、C3P0 的性能，这是因为 HikariCP 的作者在底层进行了非常细致的优化。除 HikariCP 之外，另一个比较流行的数据库连接池是阿里巴巴的 Druid DataSource，这个数据源并不以快为看点，而是突出外围功能的完备，官方提到 Druid DataSource 配备了非常完善的监控能力、分析能力和扩展能力等。如果读者对其感兴趣，可以移步阿里巴巴 Druid DataSource 的官方文档详细了解，本书还是以相对简单的 HikariCP 连接池作为演示使用。

12.1.4　Spring Framework 整合 JDBC

12.1.3 节中介绍的只是最简单的使用方式，在使用 Spring Framework 的工程中需要将数据源和 `JdbcTemplate` 注册到 IOC 容器后使用。代码清单 12-8 展示了使用 XML 配置文件的方式配置数据源和 `JdbcTemplate`，由于两者设置属性的方式都是通过 setter 方法，因此使用 `<property>` 标签即可。

代码清单 12-8　使用 XML 配置文件注册数据源和 JdbcTemplate

```xml
<?xml version="1.0" encoding="UTF-8"?>
<beans ......>

    <bean id="jdbcTemplate" class="org.springframework.jdbc.core.JdbcTemplate">
        <property name="dataSource" ref="dataSource"/>
    </bean>

    <bean id="dataSource" class="org.springframework.jdbc.datasource.DriverManagerDataSource">
        <property name="driverClassName" value="com.mysql.jdbc.Driver"/>
        <property name="url" value="jdbc:mysql://localhost:3306/spring-dao?characterEncoding=utf8"/>
        <property name="username" value="springboot"/>
        <property name="password" value="123456"/>
    </bean>
</beans>
```

随后我们只需要像初学 IOC 那样，使用 `ClassPathXmlApplicationContext` 作为 IOC 容器的实现加载代码清单 12-8 所示的 XML 配置文件即可，随后从 IOC 容器中取出 `JdbcTemplate` 并操作数据库，如代码清单 12-9 所示。运行 main 方法后控制台没有打印错误信息，观察 `tbl_account` 表，如图 12-5 所示，发现多了一条数据，证明整合 JDBC 已经成功。

代码清单 12-9　使用 IOC 容器驱动并获取 JdbcTemplate 进行操作

```java
public class JdbcTemplateXmlApplication {

    public static void main(String[] args) {
        ApplicationContext ctx = new ClassPathXmlApplicationContext("jdbc/spring-jdbc.xml");
        JdbcTemplate jdbcTemplate = ctx.getBean(JdbcTemplate.class);
        jdbcTemplate.execute("insert into tbl_account (user_id, money) values (3, 100)");
    }
}
```

id	user_id	money
1	1	1000
2	2	1000
3	3	100

图 12-5　使用 IOC 容器取出 JdbcTemplate 并成功插入 tbl_account 表数据

注解驱动的方式与 XML 配置文件的方式非常类似，读者可以自行编写注解配置类实现，本节不再展开演示。

12.1.5　Spring Boot 整合 JDBC

相较于 Spring Framework 整合 JDBC 而言，Spring Boot 整合 JDBC 更加简单快速，凭借场景启动器的优势，我们只需要引入一个 `spring-boot-starter-jdbc` 依赖即可实现 Spring Framework 整合的效果。

> 💡 小提示：本节及本章后续的所有代码均创建在 `springboot-06-jdbc` 工程下。

下面我们使用一个新的 Spring Boot 工程整合 JDBC，在 `pom.xml` 中导入 `spring-boot-starter-jdbc` 依赖和 MySQL 的驱动，如代码清单 12-10 所示。为了方便后续与 Web 端的整合，我们顺便把 `spring-boot-starter-web` 导入进来。

代码清单 12-10　导入 JDBC 的场景启动器

```xml
<dependencies>
    <dependency>
        <groupId>org.springframework.boot</groupId>
        <artifactId>spring-boot-starter-web</artifactId>
    </dependency>
    <dependency>
        <groupId>org.springframework.boot</groupId>
        <artifactId>spring-boot-starter-jdbc</artifactId>
    </dependency>
    <dependency>
        <groupId>com.mysql</groupId>
        <artifactId>mysql-connector-j</artifactId>
    </dependency>
</dependencies>
```

当我们导入 `spring-boot-starter-jdbc` 后，借助 IDEA 的 Maven 依赖可以看到这个坐标传递依赖的刚好就是前面导入的 `spring-jdbc` 和 HikariCP 连接池，如图 12-6 所示。所以我们大致可以猜测，`spring-boot-starter-jdbc` 场景启动器所起的核心作用与我们手动整合的内容相似。

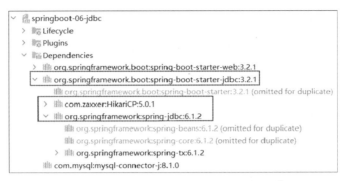

图 12-6　spring-boot-starter-jdbc 导入 spring-jdbc 和 HikariCP

按照 Spring Boot 项目的整合顺序，场景启动器引入后下一步需要编写配置文件，因为 Spring Boot 帮我们完成自动配置的前提是我们提供一套数据源的连接信息，这个信息是必要的，否则数据源将无法创建。在 `application.properties` 中所有与数据源配置相关的属性都以 `spring.datasource.*` 格式声明，所以我们编写代码清单 12-11 所示的 4 个配置即可。

代码清单 12-11　配置数据源连接信息

```
spring.datasource.driver-class-name=com.mysql.cj.jdbc.Driver
spring.datasource.url=jdbc:mysql://localhost:3306/spring-dao?characterEncoding=utf8
spring.datasource.username=springboot
spring.datasource.password=123456
```

由于项目中已经整合了 WebMvc，因此我们可以编写一个 `JdbcTemplateController` 测试 JDBC 的整合效果，在 Controller 中注入 `JdbcTemplate` 并打印，如代码清单 12-12 所示，如果可以正确注入 `JdbcTemplate`，就证明 Spring Boot 底层已经帮我们初始化好 `DataSource` 和 `JdbcTemplate`。

代码清单 12-12　@RestController 测试 JDBC 整合是否成功

```java
@RestController
public class JdbcTemplateController {

    @Autowired
    private JdbcTemplate jdbcTemplate;

    @GetMapping("/test1")
    public String test1() {
        System.out.println(jdbcTemplate);
        return "success";
    }
}
```

编写完毕后启动工程，在浏览器中访问 http://localhost:8080/test1 路径，在 IDEA 的控制台中可以看到打印的 `JdbcTemplate` 的地址，如图 12-7 所示，证明 Spring Boot 整合 JDBC 已经完成。相较于 Spring Framework 整合 JDBC 而言，Spring Boot 整合 JDBC 只需要配置数据源信息,其他工作全部由 Spring Boot 提供默认装配。

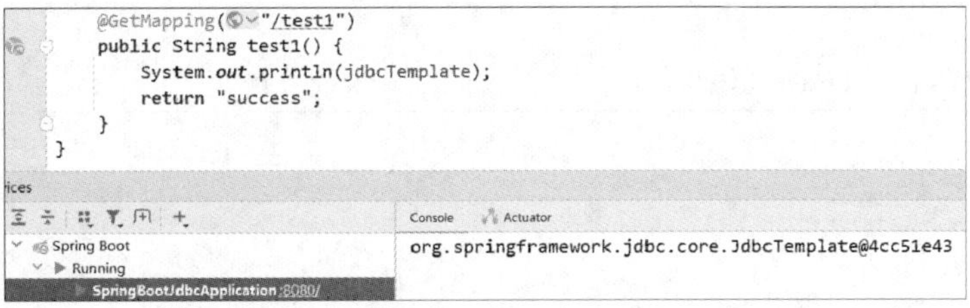

图 12-7 控制台打印了 JdbcTemplate 的地址

关于数据源方面的配置属性,Spring Boot 为我们分门别类地封装了很多,表 12-1 列举了日常开发中相对常见的配置属性,读者可以对这些配置属性有一个大致的了解,无须刻意记住,实际开发使用到的时候再对照文档查询即可。

表 12-1 Spring Boot 提供的部分配置属性

配置属性名	含义	默认值
spring.datasource.driver-class-name	JDBC 驱动的全限定类名	
spring.datasource.url	JDBC 连接地址	
spring.datasource.username	JDBC 连接的用户名	
spring.datasource.password	JDBC 连接的密码	
spring.datasource.type	数据源的落地实现类(当同时存在两个及以上的数据源实现时需要指定)	根据特定顺序加载
spring.datasource.hikari.connection-timeout	建立连接时的最长超时时间	30 分钟
spring.datasource.hikari.minimum-idle	连接池内保留的最小连接数	−1
spring.datasource.hikari.maximum-pool-size	连接池内保存的最大连接数	−1
spring.datasource.hikari.idle-timeout	连接被清理前的空闲时间(多久没有使用后被清理)	10 分钟
spring.datasource.hikari.max-lifetime	连接池中连接的最长存活时间(从创建到销毁的最长时间)	30 分钟
spring.datasource.hikari.connection-test-query	校验连接是否存活的 SQL 语句(心跳语句)	
spring.datasource.dbcp2.*	与 DBCP2 连接池相关的配置属性	
spring.datasource.tomcat.*	与 Tomcat 连接池相关的配置属性	

12.2 使用 JdbcTemplate

整合工作完成后,下面我们来学习使用 Spring Framework 为我们提供的简化 JDBC 操作的模板类 `JdbcTemplate`。`JdbcTemplate` 是 `spring-jdbc` 包的一个核心类,它给我们提供了一系列简便的 API,帮我们屏蔽了操作原生 JDBC 的 API 时编写的模板格式代码。下面我们先从 `JdbcTemplate` 的简单 CRUD 开始演示。

12.2.1 基本使用

日常开发中,使用 `JdbcTemplate` 频率最高的莫过于 CRUD 操作,所以我们先来学习这一部分内容。在这之前我们先准备一个实体模型类 User，它跟数据库表中的 `tbl_user` 对应，如代码清单 12-13 所示。

代码清单 12-13　User 模型类

```
@Data
public class User {
    private Integer id;
    private String name;
    private String tel;
}
```

注意，User 类上标注了一个特殊的注解 @Data，这个注解来自一个编译时插件库 Lombok，使用这个工具库可以帮我们省略实体类中冗长的 getter、setter、toString 等方法，标注 @Data 注解相当于帮我们同时编写了 getter 方法、setter 方法、equals 方法、hashcode 方法、toString 方法，以及当前类的全参数构造方法。要使用 Lombok 库，导入代码清单 12-14 的依赖即可，后续的演示代码中将不再采用手动编写的功能型代码，而是由 Lombok 的注解代替。

代码清单 12-14　Lombok 的坐标

```xml
<dependency>
    <groupId>org.projectlombok</groupId>
    <artifactId>lombok</artifactId>
</dependency>
```

另外由于我们搭建的项目中包含 WebMvc，可以借助 `spring-boot-devtools` 工具省去重启应用的麻烦，具体使用方式见 9.3.1 节。下面我们开始演示 CRUD 操作。

1. insert

对于 insert 操作而言，我们在上面整合 JDBC 时已经使用 execute 方法实现了效果，但是使用 execute 方法有一个严重的问题：这个方法只接受 SQL 语句，无法传入参数，而如果将参数提前整合到 SQL 中，就不能发挥原生 JDBC 的 `PreparedStatement` 中防 SQL 注入的特性。这么低级的问题 Spring Framework 肯定不会不考虑，所以我们可以找找其他的方法试一下。

借助 IDE 的代码提示，虽然我们没有找到 insert 方法，但是找到了一组 update 方法，如图 12-8 所示，其中对于倒数第二个方法我们倍感亲切，刚好能够满足我们所说的传入参数的需求，所以我们可以使用该方法完成 insert 操作。

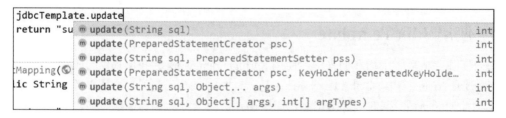

图 12-8　JdbcTemplate 的 update 系列方法

下面我们在 `JdbcTemplateController` 中编写一个简单的 insert 操作的代码，如代码清单 12-15 所示，像编写原生 JDBC 代码那样声明 SQL 和传参即可。注意这一系列方法的返回值都为 int，代表 DML 语句对数据库影响的行数。

代码清单 12-15　使用传参的 update 方法实现 insert 操作

```
@GetMapping("/test2")
public String test2() {
    User user = new User();
    user.setName("heihei");
    user.setTel("200");
    int row = jdbcTemplate.update("insert into tbl_user (name, tel) values (?, ?)",
                user.getName(), user.getTel());
    return "success - " + row;
}
```

编写完毕后重启工程，随后在浏览器中访问/test2 路径，接口可以被成功调用，浏览器中显示"success - 1"，代表数据库产生了一条数据的影响。查看 tbl_user 表发现的确又插入了一条数据，如图 12-9 所示，证明 insert 语句已经正确执行。

id	name	tel
1	zhangsan	110
2	lisi	120
3	wangwu	119
4	hahaha	12345
5	heihei	200

图 12-9　成功使用 update 执行 insert 语句

2．update

刚才向 tbl_user 表插入数据时有一个"小失误"，我们不小心将 tel 错当 money 传入，所以需要将名为 heihei 的 tel 属性值修正，下面通过一条 update 语句予以修正，如代码清单 12-16 所示。重新编译后访问/test3 接口，浏览器仍然可以返回"success - 1"的信息，查看数据库也发现数据被成功更新。

代码清单 12-16　使用 update 语句更新数据

```
@GetMapping("/test3")
public String test3() {
    User user = new User();
    user.setName("heihei");
    user.setTel("54321");
    int row = jdbcTemplate.update("update tbl_user set tel = ? where name = ?",
                user.getTel(), user.getName());
    return "success - " + row;
}
```

3．delete

最后我们将这条名为 heihei 的数据删除，发送一条 delete 语句即可，如代码清单 12-17 所示。最终我们可以看到的效果依然是浏览器中显示一条数据被影响，数据库中 id 为 5 的数据被删除，只剩下 4 条数据。

代码清单 12-17　使用 delete 语句删除数据

```
@GetMapping("/test4")
public String test4() {
    int row = jdbcTemplate.update("delete from tbl_user where name = ?", "heihei");
    return "success - " + row;
}
```

4．select

相较于发送 DML 语句而言，发送 DQL 语句（select 语句）的复杂度要高一些。本节先介绍 3 种相对常见的查询场景：查列表、查单条、查数量。

（1）查列表

对于查询操作，常用的方法名应该是 select 或者 query，好消息是 `JdbcTemplate` 中的确有名为 `query` 的方法，但与此同时有一个坏消息，`query` 系列方法的重载方法多达 45 个，如图 12-10 所示。面对如此多的 `query` 方法，我们必然要选择一个相对恰当的方法才行。从需求的角度出发，既然查询列表数据的目的是将所有的数据封装到一个集合中，并且能适当附带查询参数，那么我们可以选择入参带可变参数且返回值为 `List` 的方法，从中筛选出 `List<T> query(String sql, RowMapper<T> rowMapper, Object... args)` 方法相对恰当。

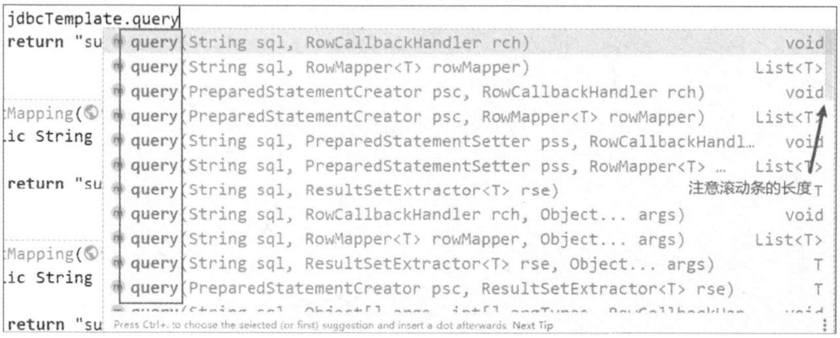

图 12-10　query 方法的重载数量极多

读者可能会好奇，`RowMapper` 是什么？它的作用又是什么？请读者仔细观察它的泛型和方法返回值中 `List` 的泛型，可以发现是同一个，这意味着 `RowMapper` 可以控制查询结果的数据类型。而且从 `RowMapper` 的源码上看，它可以接受一个 `ResultSet` 的参数，如代码清单 12-18 所示，返回泛型指定的数据类型，这就意味着 `RowMapper` 的作用就是将封装了查询结果的 `ResultSet` 转换为指定的目标类型对象。借助 IDE 可以发现 `RowMapper` 的几个实现类，如图 12-11 所示，其中我们最常用的是 `BeanPropertyRowMapper`（将结果集转换为实体类对象）、`ColumnMapRowMapper`（将结果集转换为 `Map<String, Object>`）和 `SingleColumnRowMapper`（查询结果为单列的场景下使用）。

代码清单 12-18　RowMapper

```
@FunctionalInterface
public interface RowMapper<T> {
    T mapRow(ResultSet rs, int rowNum) throws SQLException;
}
```

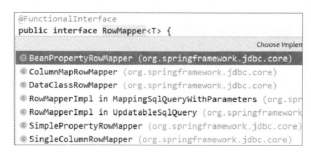

图 12-11　RowMapper 的几个实现类

通过以上了解，读者可以很容易分辨出，在当前场景中我们使用的最恰当的 RowMapper 实现类是 BeanPropertyRowMapper，因为我们已经拥有与 tbl_user 表对应的 User 模型类。代码清单 12-19 展示了一个查询全表数据的示例，我们只需要写好 SQL 语句并指定 BeanPropertyRowMapper 需要转换的实体类型，即可完成数据查询操作。重新编译代码后访问 /test5 接口，浏览器中可以得到一串 JSON 数据，这些数据与 tbl_user 表的数据一一对应，说明全表数据的查询成功。

代码清单 12-19　使用 query+BeanPropertyRowMapper 完成列表查询

```
@GetMapping("/test5")
public List<User> test5() {
    List<User> userList = jdbcTemplate.query("select * from tbl_user", new BeanPropertyRowMapper<>(User.class));
    return userList;
}
[{"id":1,"name":"zhangsan","tel":"110"},{"id":2,"name":"lisi","tel":"120"},{"id":3,"name":"wangwu","tel":"119"},{"id":4,"name":"hahaha","tel":"12345"}]
```

在查询时携带参数也不是难事，我们选择的这个 query 方法可以在 RowMapper 参数之后继续追加参数，代码清单 12-20 演示了只查询 id 大于 2 的数据，代码编写非常简单。

代码清单 12-20　只查询 id 大于 2 的数据

```
@GetMapping("/test6")
public List<User> test6() {
    List<User> userList = jdbcTemplate.query("select * from tbl_user where id > ?",
            new BeanPropertyRowMapper<>(User.class), 2);
    return userList;
}
```

（2）查单条

若要查询单条数据，按照我们的思维惯性，JdbcTemplate 应当会提供一个类似 get/getOne/selectOne 等的方法，的确 JdbcTemplate 提供了查询单条数据的方法：queryForObject。但是使用这个系列的方法时需要注意一些问题，下面逐一展开。

对于查询某一条数据，例如按照主键 id 查询，得到的结果要么只有一条数据，要么数据不存在而返回空，那么我们使用 queryForObject 方法时就仿照上面的 query 方法编写即可，如代码清单 12-21 所示。注意，这次我们没有将 id 直接硬编码，而是使用请求参数的方式传入。

代码清单 12-21　使用 queryForObject 方法

```
@GetMapping("/test7")
public User test7(int id) {
    User user = jdbcTemplate.queryForObject("select * from tbl_user where id = ?",
                new BeanPropertyRowMapper<>(User.class), id);
    return user;
}
```

按照这种方式查询单条数据可能与我们的预期不同，当我们传入存在的 id 时可以得到正确的数据，而传入不存在的 id 则会抛出数据不存在的异常 EmptyResultDataAccessException，提示 expected 1, actual 0，如图 12-12 所示。

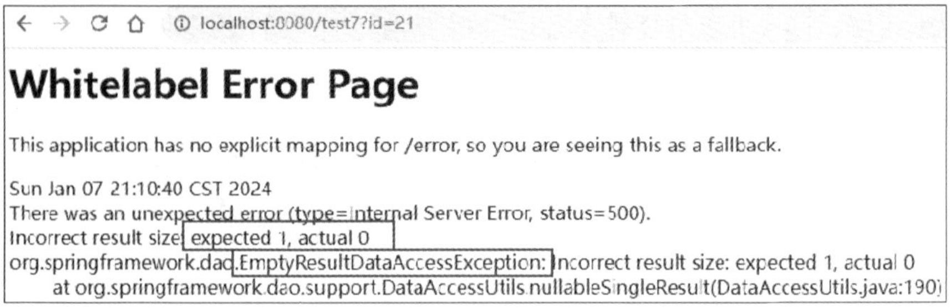

图 12-12　queryForObject 方法查询的数据不存在时会抛出异常

如果我们不希望在数据不存在时抛出异常，则 queryForObject 方法不满足要求，这时需要借助 query 方法先查出 List 集合，再判断集合中是否包含数据，有数据时返回第 0 条数据，而返回空集合时则返回 null，代码清单 12-22 提供了一个示例。

代码清单 12-22　使用 query 方法代替 queryForObject 方法避免抛出异常

```java
@GetMapping("/test8")
public User test8() {
    List<User> userList = jdbcTemplate.query("select * from tbl_user where id = ?",
                            new BeanPropertyRowMapper<>(User.class), 2);
    User user = userList.size() > 0 ? userList.get(0) : null;
    return user;
}
```

> 小提示：可能有读者会担心，我们使用 query 方法得到 userList 集合时不需要先判断是否为 null 以避免空指针异常吗？答案是不需要。我们可以思考 JdbcTemplate 底层封装结果集的逻辑，当得到 ResultSet 时，无论其中是否包含数据，至少应当有代码清单 12-23 所示的伪代码逻辑。按照该逻辑，显然即便 ResultSet 中没有数据，List 集合也已经被创建，它不可能为 null，所以我们得到 userList 对象时可以直接调用其 size 方法去做判断，而无须考虑空指针异常的问题。

代码清单 12-23　封装结果集的伪代码

```java
List<T> list = new ArrayList<>();
while(resultSet.next()) {
    T t = new T();
    t.setXXX(resultSet.getString(XXX));
    list.add(t);
}
return list;
```

另外请读者注意一个细节，queryForObject 方法的重载方法中有一组方法，它们的第二个参数可以传入一个 Class<T> 类型，但是这并不意味着我们可以直接传入 User.class 代替 BeanPropertyRowMapper。我们可以简单编写代码测试一下，代码清单 12-24 中将 queryForObject 方法的第二个参数设置为 User.class，重新编译代码后访问/test9 接口，发现程序抛出了不正确的结果集列数异常 IncorrectResultSetColumnCountException，如图 12-13 所示，它期望只得到一列数据，而我们编写的 SQL 语句执行后返回回了 3 列数据，由此我们可以得知，当 queryForObject 方法的第二个参数传入 Class<T> 类型时，需要保证

SQL 语句的查询结果只能有一列数据，而传入的 Class 类型也需要跟查询列的数据类型相对应。

代码清单 12-24　使用 User.class 指定类型会抛出异常

```
@GetMapping("/test9")
public User test9(int id) {
    User user = jdbcTemplate.queryForObject("select * from tbl_user where id = ?", User.class, id);
    return user;
}
```

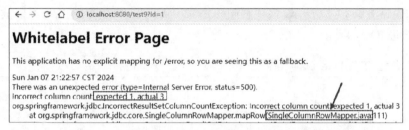

图 12-13　指定 User.class 会抛出不正确的列数异常

值得一提的是，这个异常由 SingleColumnRowMapper 抛出，说明当指定 Class 类型时，JdbcTemplate 会选用 SingleColumnRowMapper 封装数据，这也解释了为什么它的预期只有一列数据。

（3）查数量

既然 queryForObject 方法在指定 Class<T>时只能查询一列数据，那么这个方法的返回值必定只有一行一列，即一个数据值，这种查询场景中最典型的就是 SQL 中的 COUNT 查询，即查询数据行数。SQL 中查询数据行数通常可以使用 Integer 或 Long 接收，代码清单 12-25 演示了使用 Integer 接收的效果。重新编译代码后访问/test10 接口，可以在浏览器中看到 4，与 tbl_user 表中的数据行数吻合，证明 queryForObject 发送 COUNT 查询成功。

代码清单 12-25　使用 queryForObject 方法查询数据行数

```
@GetMapping("/test10")
public Integer test10() {
    Integer count = jdbcTemplate.queryForObject("select count(*) from tbl_user", Integer.class);
    return count;
}
```

以上的使用方法都是 JdbcTemplate 中最经典的常用方法，对于其他没有演示的方法，读者可以结合 IDE 自行练习和探索，并在必要时结合官方文档查阅。

12.2.2　JdbcTemplate 应用于 Dao 层

虽然我们已经可以使用 JdbcTemplate 完成对数据的 CRUD 操作，但是目前的代码中有一个非常大的问题：与数据库操作相关的 API 应当集中到 Dao 层的 API 中，而不是直接注入 Controller 层。所以下面我们要做的是将 JdbcTemplate 的使用移入 Dao 层。

我们模拟一个贴近真实开发环境的代码结构，新建一个 dao 包，并在其中创建一个接口

UserDao，声明 3 个方法，如代码清单 12-26 所示。注意，我们这次只演示了保存操作和查列表、查单条数据的操作，并未涉及全部内容。

代码清单 12-26　UserDao 接口

```java
public interface UserDao {
    void save(User user);
    User findById(Integer id);
    List<User> findAll();
}
```

紧接着是 UserDao 的实现类 UserDaoImpl，注意这个实现类上需要使用 @Repository 注解标注，如代码清单 12-27 所示，该注解同样是 @Component 的派生注解，可以被 Spring Boot 扫描到并注册进 IOC 容器。

代码清单 12-27　UserDaoImpl

```java
@Repository
public class UserDaoImpl implements UserDao {

    @Override
    public void save(User user) {
    }

    @Override
    public User findById(Integer id) {
    }

    @Override
    public List<User> findAll() {
    }
}
```

下面将 JdbcTemplate 转移到 UserDaoImpl 中，并在 UserDaoImpl 中使用 JdbcTemplate 实现 3 个方法，最终实现的效果如代码清单 12-28 所示。

代码清单 12-28　UserDaoImpl 使用 JdbcTemplate

```java
@Repository
public class UserDaoImpl implements UserDao {

    @Autowired
    private JdbcTemplate jdbcTemplate;

    @Override
    public void save(User user) {
        jdbcTemplate.update("insert into tbl_user (name, tel) values (?, ?)", user.getName(), user.getTel());
    }

    @Override
    public User findById(Integer id) {
        List<User> userList = jdbcTemplate.query("select * from tbl_user where id = ?",
                new BeanPropertyRowMapper<>(User.class), id);
        return userList.size() > 0 ? userList.get(0) : null;
    }
```

```
@Override
public List<User> findAll() {
    return jdbcTemplate.query("select * from tbl_user", new BeanPropertyRowMapper<>(User.class));
}
}
```

最后我们在需要操作 `tbl_user` 表的位置注入 `UserDao` 即可，不需要再注入 `JdbcTemplate` 组件。读者可以再编写一个 `UserController`，在其中注入 `UserDao` 并测试，这里不再展开演示。

12.2.3 查询策略

在介绍 `JdbcTemplate` 的查询系列方法时，我们已经接触了最基础的 `query` 方法和 `queryForObject` 方法，实际上 `JdbcTemplate` 还提供了另外一些方法，这些方法对应了不同的查询策略，下面也来简单了解。

1. queryForList

顾名思义，`queryForList` 方法的返回值一定是一个 `List`，借助 IDE 可以发现 `JdbcTemplate` 中有 7 个重载的 `queryForList` 方法，如图 12-14 所示，这些方法会根据是否传入 `elementType` 决定返回指定的类型还是 `Map`，注意"指定的类型"这个概念，只有当查询结果只有单列时才可以指定，否则会出现列数过多的异常。

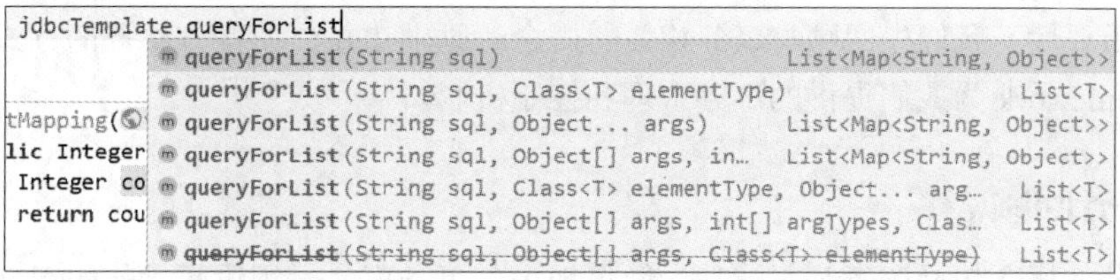

图 12-14　queryForList 提供了 7 个重载方法

我们在讲解 select 系列方法中已经介绍过指定类型的方法，代码清单 12-29 展示了一个返回 `Map<String, Object>` 的查询示例，这种查询的方式通常在临时查询一批数据时使用。重新编译代码后访问 /test11 接口，浏览器中得到了一条数据，与我们的预期相同。

代码清单 12-29　queryForList 返回 Map

```
@GetMapping("/test11")
public List<Map<String, Object>> test11() {
    List<Map<String, Object>> userList = jdbcTemplate.queryForList("select * from tbl_user where id > 3");
    return userList;
}
[{"id":4,"name":"hahaha","tel":"12345"}]
```

> 💡 小提示：返回 `Map<String, Object>` 结构的 `queryForList` 方法通常在项目开发中使用不多，但以笔者的工作经历来看，这个方法很适合用来临时查询一批数据，并对这些数据进行操作，由于 `JdbcTemplate` 只需要依赖数据源，因此使用 `JdbcTemplate` 处理临时的一次性工作非常顺手。

2. queryForMap

queryForMap 方法也是一个非常好理解的方法,这个系列的方法都会返回 Map<String, Object>。注意,这个方法只会返回一条数据,所以这个方法适用于查询单条数据的场景。代码清单 12-30 提供了一个非常简单的 queryForMap 方法的使用,关于具体效果读者可自行测试,此处不再展开。

代码清单 12-30　使用 queryForMap 方法

```
@GetMapping("/test12")
public Map<String, Object> test12() {
    Map<String, Object> user = jdbcTemplate.queryForMap("select * from tbl_user where id = 3");
    return user;
}
```

有关 JdbcTemplate 的常用方式就介绍这些,在实际项目开发中 JdbcTemplate 使用频率不高,但就其本身而言,JdbcTemplate 不失为一个简单实用的 JDBC API,读者可以在恰当的场景中合理利用。

12.3　JDBC 事务管理

Dao 层编程中一个绕不过的重点就是事务。试想如果一组数据库操作没有事务支撑,那么当其中某一条 SQL 语句出现异常时无法回滚之前的操作,业务数据也就没有正确性可言,由此可见事务的重要性。我们先回顾与事务相关的概念和原生 JDBC 中操作事务的方式,之后再学习 Spring Framework 为我们提供的事务管理和控制机制。

12.3.1　事务回顾

对于事务的概念想必读者都很清楚,简单地说,事务就是**一组逻辑操作的组合**,它们的执行结果要么全部成功,要么全部失败。JDBC 中的事务有以下 4 个特性。

- 原子性。一个事务就是一个不可再分解的单位,事务中的操作要么全部执行,要么全部不执行,原子性强调的是事务的整体。
- 一致性。事务执行后,所有的数据都应该保持一致的状态,一致性强调的是数据的完整性。
- 隔离性。多个数据库操作并发执行时,一个请求的事务操作不能被其他操作干扰,多个并发事务执行之间要相互隔离,隔离性强调的是并发的隔离。
- 持久性。事务执行完成后,它对数据的影响是永久性的,持久性强调的是操作的结果。

针对数据库的并发操作,可能会出现一些事务并发问题。事务并发操作中会出现以下 3 种问题。

- 脏读。一个事务读到了另一个事务没有提交的数据。
- 不可重复读。一个事务读到了另一个事务已提交修改的数据。对同一行数据查询两次,结果不一致。
- 幻读。一个事务读到了另一个事务已提交的新增数据。对同一张表查询两次,前后出现新增的行,导致结果不一致。

针对上述 3 个问题,可以引出事务的 4 种隔离级别。

- read uncommitted（读未提交）——不解决任何问题。
- read committed（读已提交）——解决脏读。
- repeatable read（可重复读）——解决脏读、不可重复读。
- serializable（可串行化）——解决脏读、不可重复读、幻读。

上述 4 种隔离级别自上而下逐级增高，但并发性能逐级降低。MySQL 中默认的事务隔离级别是 repeatable read，Oracle、PostgreSQL 中默认的事务隔离级别是 read committed。

12.3.2 原生 JDBC 事务

下面我们快速回顾一下原生 JDBC 下的事务操作，为了方便讲解，加上读者大多对原生 JDBC 操作相对熟悉，所以本节的代码不会以讲解的方式分步编写，而是一次性展示。

1. JDBC 事务的基本使用

代码清单 12-31 提供了一个非常简单且容易理解的原生 JDBC 事务使用，这是一个很简单的两次数据库请求，中间夹带了一个异常的构造，由于出现除零的算术异常，代码的运行结果是抛出异常，事务回滚。对于原生 JDBC 的事务操作，在开启事务时需要调用 Connection 的 setAutoCommit 方法来关闭自动提交（开启事务），在数据库操作执行完毕后需要手动调用 Connection 的 commit 方法提交事务，如果这期间操作出现异常，也要手动调用 Connection 的 rollback 方法回滚事务。

代码清单 12-31　原生 JDBC 中使用事务的示例

```java
public class JdbcTransactionApplication {

    public static void main(String[] args) throws SQLException {
        // 构造数据源
        DataSource dataSource = buildDataSource();
        Connection connection = null;
        try {
            connection = dataSource.getConnection();
            // 开启事务
            connection.setAutoCommit(false);
            // 执行第一条 SQL 语句
            PreparedStatement statement = connection
                    .prepareStatement("insert into tbl_user (name, tel) values ('hahaha', '12345')");
            statement.executeUpdate();
            // 制造一个除零异常
            int i = 1 / 0;
            // 执行第二条 SQL 语句
            statement = connection.prepareStatement("delete from tbl_user where id = 1");
            statement.executeUpdate();

            // 提交事务
            connection.commit();
        } catch (Exception e) {
            // 回滚事务
            connection.rollback();
        } finally {
            // 关闭连接
            if (connection != null) {
```

```
                    connection.close();
                }
            }
        }
    }
}
```

2. 事务保存点

上面的例子很好理解，不过下面要介绍一个读者可能没有接触过的概念：事务保存点。或许在日常开发中我们会遇到一些特殊的场景，这些场景中的业务逻辑可能需要分段执行，如果出现异常后不需要全部回滚，就可以利用 JDBC 事务中的保存点机制。当程序运行中出现异常时，可以控制事务只回滚到某个保存点处，这样，保存点之前的 SQL 语句仍然会执行。

下面举一个简单的例子，代码清单 12-32 中共发送了 3 条 SQL 语句，并且第一条 SQL 语句执行完毕后记录了一个保存点，然后执行剩余两条 SQL 语句。由于执行第二条 SQL 语句之后发生了除零异常，因此需要回滚事务，而由于有保存点的存在，执行 rollback 方法时会将事务回滚到保存点处，之后执行 commit 方法即可提交事务保存点之前的 SQL 语句。

代码清单 12-32　使用事务保存点

```java
public class TransactionSavepointApplication {

    public static void main(String[] args) throws SQLException {
        // 构造数据源
        DataSource dataSource = buildDataSource();
        Connection connection = null;
        Savepoint savepoint = null;
        try {
            connection = dataSource.getConnection();
            connection.setAutoCommit(false);
            // 执行第一条 SQL 语句
            PreparedStatement statement = connection
                    .prepareStatement("insert into tbl_user (name, tel) values ('hahaha', '12345')");
            statement.executeUpdate();
            // 记录一个保存点
            savepoint = connection.setSavepoint();
            // 执行接下来的 SQL 语句，并构造算术异常
            statement = connection.prepareStatement("insert into tbl_account (user_id, money) values (2, 123)");
            statement.executeUpdate();
            int i = 1 / 0;
            statement = connection.prepareStatement("delete from tbl_user where id = 1");
            statement.executeUpdate();

            connection.commit();
        } catch (Exception e) {
            if (savepoint != null) {
                connection.rollback(savepoint);
                connection.commit();
            } else {
                connection.rollback();
            }
        } finally {
            if (connection != null) {
                connection.close();
```

```
      }
    }
  }
}
```

12.4　Spring Framework 的事务管理

回顾了原生 JDBC 事务的使用方式后，下面我们来详细了解 Spring Framework 提供的事务管理机制。在此之前我们先准备一些前置代码，后面讲解时会用到。

12.4.1　代码准备

为了保持 Controller-Service-Dao 的三层架构风格，我们需要补充一个 `UserService` 作为业务层的实现，为了演示方便，此处没有使用接口+实现类的方式，如代码清单 12-33 所示。`UserService` 中提供了一个 `saveAndQuery` 方法，其中包含一个用户的保存动作和查询动作，在这两个动作之间插入一个引发除零异常的计算。我们希望当 `saveAndQuery` 方法执行时，保存动作之后出现除零异常，从而使保存动作回滚。

代码清单 12-33　UserService

```java
@Service
public class UserService {

    @Autowired
    private UserDao userDao;

    public void saveAndQuery() {
        User user = new User();
        user.setName("测试保存用户");
        user.setTel("123654789");
        userDao.save(user);

        int i = 1 / 0;

        List<User> userList = userDao.findAll();
        System.out.println(userList);
    }
}
```

当我们在 `UserService` 中注入 `UserDao` 时会发现 IDEA 提示 IOC 容器中存在多个 `UserDao` 接口的实现，所以我们需要把前面讲解的 `UserDaoImpl2` 和 `UserDaoImpl3` 中的 `@Repository` 注解注释掉，即不让它们两个被 IOC 容器扫描到，只保留一个 `UserDaoImpl` 即可。

之后再创建一个新的 `TransactionController`，测试用的所有事务控制相关的代码和接口都放在这个 Controller 下。在 `TransactionController` 中注入 `UserService` 并调用其 `saveAndQuery` 方法，如代码清单 12-34 所示。

代码清单 12-34　TransactionController

```java
@RestController
public class TransactionController {
```

```java
    @Autowired
    private UserService userService;

    @GetMapping("/tx1")
    public String tx1() {
        userService.saveAndQuery();
        return "success";
    }
}
```

测试代码准备完毕后我们可以先测试一下效果，重启应用后访问 /tx1 接口，浏览器中会显示除零异常的信息，但此时我们查询数据库的 `tbl_user` 表时，却发现数据库中插入了一条数据，如图 12-15 所示。这个运行结果与我们期望的不符，所以需要引入事务控制。

id	name	tel
1	zhangsan	110
2	lisi	120
3	wangwu	119
4	hahaha	12345
5	测试保存用户	123654789

图 12-15 "测试保存用户"被成功插入数据库表中

最后一步不是必需的，我们可以在 Spring Boot 的主启动类 `SpringBootJdbcApplication` 上标注一个开启事务控制的注解 **@EnableTransactionManagement**，这个注解会在底层帮我们注册很多与事务控制相关的组件，当然不标注该注解也可以，因为 Spring Boot 在自动装配时已经帮我们使用了该注解。

12.4.2 编程式事务控制

Spring Framework 给我们提供的事务控制都非常简单，下面先讲解编程式事务的使用方法。得益于 Spring Boot 的约定大于配置，我们不需要进行任何配置，即可得到一个能够控制事务的模板类 `TransactionTemplate`，使用它可以很轻松地完成事务控制。

`TransactionTemplate` 的使用方式相当简单，只需要在 `UserService` 中注入它，并且在需要控制事务的方法中调用其 `executeWithoutResult` 方法，并将业务逻辑代码写入传入的 Lambda 表达式中。代码清单 12-35 提供了一个 `TransactionTemplate` 的使用方式，与 `executeWithoutResult` 方法相似的还有一个 `execute` 方法，使用这个方法可以得到 Lambda 表达式的返回值，不过通常情况下我们不会用到内部的返回值，所以更常使用的是 `executeWithoutResult` 方法（注意 `executeWithoutResult` 方法来自 Spring Framework 5.2，之前较低的版本中只能使用 `execute` 方法）。

代码清单 12-35　使用 TransactionTemplate 完成编程式事务控制

```java
@Autowired
private TransactionTemplate transactionTemplate;

public void saveAndQuery2() {
    transactionTemplate.executeWithoutResult(transactionStatus -> {
```

```java
        User user = new User();
        user.setName("测试保存用户2");
        user.setTel("123654789");
        userDao.save(user);

        int i = 1 / 0;

        List<User> userList = userDao.findAll();
        System.out.println(userList);
    });
}
```

接下来我们在 TransactionController 中编写一个 tx2 方法，并在其中调用 saveAndQuery2 方法，如代码清单 12-36 所示。重新编译后访问 /tx2 接口，浏览器中仍然会响应异常信息，不过此时查看 tbl_user 表时会发现没有新的数据被插入，证明编程式事务控制已经生效。

代码清单 12-36　TransactionController 中调用 saveAndQuery2 方法

```java
@GetMapping("/tx2")
public String tx2() {
    userService.saveAndQuery2();
    return "success";
}
```

12.4.3　声明式事务控制

之所以称使用 TransactionTemplate 为编程式事务，是因为每个 Service 中都需要编码注入一个 TransactionTemplate 类，并在每个需要事务控制的方法中都使用 executeWithoutResult 方法，这本身会产生大量模板代码，效率相对低一些。为此 Spring Framework 提供了第二套方案：声明式事务控制。使用声明式事务可以实现更加简单的事务控制。

1. 使用 @Transactional 注解

Spring Framework 中提供的声明式事务控制是用注解实现的，我们只需要在需要控制事务的方法上标注 @Transactional 注解，我们在第 8 章的 AOP 模拟实战中制作的注解就是仿照这个注解而来。代码清单 12-37 中使用 @Transactional 注解对 saveAndQuery3 方法进行事务控制，编写相应的 Controller 层代码后重新编译，之后访问 /tx3 接口发现运行效果与 12.4.2 节完全一致，说明声明式事务控制也生效了。

代码清单 12-37　使用 @Transactional 注解

```java
@Transactional
public void saveAndQuery3() {
    User user = new User();
    user.setName("测试保存用户");
    user.setTel("123654789");
    userDao.save(user);

    int i = 1 / 0;
```

```
    List<User> userList = userDao.findAll();
    System.out.println(userList);
}

@GetMapping("/tx3")
public String tx3() {
    userService.saveAndQuery3();
    return "success";
}
```

2. @Transactional 注解的属性

@Transactional 注解中有一些属性，我们可以通过调整这些属性来优化事务控制的细节，如表 12-2 所示。

表 12-2 @Transactional 注解的属性

注解属性名	含义	默认值
isolation	事务隔离级别	DEFAULT，即依据数据库默认的事务隔离级别来定
timeout	事务超时时间，当事务执行超过指定时间后，事务会自动中止并回滚，单位为秒	-1，代表永不超时
readOnly	设置是否为只读事务	false，代表读写事务
rollbackFor	当方法触发指定异常时事务回滚，需要传入异常类的 Class 类型	空，代表捕获所有 RuntimeException 和 Error 的子类（注：通常在日常开发中，我们都会显式声明其为 Exception，目的是捕获非运行时异常）
rollbackForClassName	当方法触发指定异常时事务回滚，需要传入异常类的全限定名	同上
noRollbackFor	当方法触发指定异常时，事务不回滚继续执行，需要传入异常类的 Class 类型	空，代表不忽略异常
noRollbackForClassName	当方法触发指定异常时，事务不回滚继续执行，需要传入异常类的全限定名	同上
propagation	事务传播行为，12.5 节中讲解	Propagation.REQUIRED

3. @Transactional 注解的作用范围

通常我们会将@Transactional 注解标注在需要控制事务的方法上，当一个 Service 中的方法几乎都需要事务控制时，我们可以直接将@Transactional 注解标注在整个类/接口上，即代表当前类的所有 public 非静态方法都会添加事务控制。支持这样做的原因是@Transactional 注解的可声明范围包括 **METHOD** 和 **TYPE**，如代码清单 12-38 所示。

代码清单 12-38 @Transactional 注解的元注解声明

```
@Target({ElementType.TYPE, ElementType.METHOD})
@Retention(RetentionPolicy.RUNTIME)
@Inherited
@Documented
@Reflective
public @interface Transactional
```

> 小提示：除了使用注解驱动的声明式事务控制，Spring Framework 还提供了基于 XML 配置文件的声
> 明式事务定义，只不过在 Spring Boot 的项目中已不再推荐使用 XML 配置文件作为配置源，所以关
> 于这部分我们不再展开。

12.4.4 事务控制失效的场景

注解声明式事务控制的本质是基于 AOP 的逻辑增强，在具体使用事务时可能会遇到事务控制失效的情况，本节列出 Spring Boot 项目中几种常见的事务控制失效场景，读者在项目开发中一定要避免。

1. 方法的可访问范围不是 public

`@Transactional` 注解必须标注在 **public** 修饰的方法上才可以生效，如果将注解标注在非 public 方法上，则调用该方法时不会有事务控制参与。

2. 接口与实现类的动态代理

如果 `@Transactional` 注解标注在 Service 层的接口上，但实现类使用 Cglib 代理（在 `@EnableAspectJAutoProxy` 注解上设置 `proxyTargetClass=true`），则事务控制会失效，这是因为基于 Cglib 的动态代理基于类增强，而忽略类上实现的接口。

3. 捕获异常类型的缺失

`@Transactional` 注解默认只会捕获 `RuntimeException` 和 `Error` 的子类，如果抛出了 `Exception` 类型的异常，`@Transactional` 默认不会捕获，事务控制也会因此失效。这就是我们在使用 `@Transactional` 注解时都要显式声明 `rollbackFor=Exception.class` 的原因。

4. 手动捕获异常后未抛出

如果 Service 层的方法中使用 `try-catch` 结构捕获了异常但没有抛出，会导致事务拦截器无法感知到异常，从而导致事务控制出现错误。请读者一定明白，事务控制就是以方法运行时抛出的异常作为裁定依据，如果 Service 层将异常捕获后"吞掉"，Spring Framework 会认为方法执行正确，从而错误地提交本应回滚的事务。

5. 调用自身方法

同一个 Service 类中，如果一个方法使用 `this` 调用了自身另一个带有事务控制的方法，则也会导致事务控制失效。具体的原因在 8.4 节已经讲过，不再赘述。

12.5 事务传播行为

下面讲解的一个概念"事务传播行为"相对难理解，这个概念在 `@Transactional` 注解中对应一个专门的配置属性 `propagation`，这个属性虽然平时用得不多，但在一些特殊的业务场景中巧妙地利用事务传播行为可以解决复杂的问题。

12.5.1 理解事务传播行为

简单来说，事务传播行为是事务本身在代码中的传播以及这个事务被传播后的行为。换一个角度理解，从代码层面来看，事务传播行为指的是一个带有 `@Transactional` 注解的方法

调用另一个带有@Transactional 注解的方法时,被调用方法的事务应当如何处理。要彻底理解事务传播行为的概念,我们需要接触一种场景:事务的嵌套运行。

1. 演绎推理事务的嵌套

我们可以演绎一个场景:向**注册用户赠送积分**。用户在一个平台上注册后,会默认向用户赠送一定数量的积分。下面使用代码简单模拟这个业务场景,如代码清单 12-39 所示。首先声明一个积分的 Service,为了快速演示效果,代码仅用于模拟演示,不会引入 Dao 编程的内容,这个场景中我们的重心要放在对业务和设计的理解。

代码清单 12-39　积分服务 PointPropagationService

```
@Service
public class PointPropagationService {

    public void addPoint() {
        System.out.println("addPoint 添加积分 ......");
    }
}
```

紧接着是一个用户的 Service,由于用户注册与赠送积分两个动作合起来是一个原子操作,因此这里需要在 `UserPropagationService` 中注入 `PointPropagationService` 并调用其 `addPoint` 方法,如代码清单 12-40 所示。

代码清单 12-40　用户服务 UserPropagationService

```
@Service
public class UserPropagationService {

    @Autowired
    private PointPropagationService pointService;

    public void register() {
        // 持久化操作 ......
        System.out.println("register 注册用户 ......");
        pointService.addPoint();
    }
}
```

显然,如果仅在 `UserPropagationService` 的 `register` 方法上标注@Transactional 注解,这里代码的编写是没有任何问题的。但是添加积分的动作也有可能很复杂,那么 `PointPropagationService` 的 `addPoint` 方法自然也会添加事务。既然 `register` 方法上有事务,`addPoint` 方法上也有事务,这种场景下就形成了**事务的嵌套**。

2. 传播行为的引入

产生事务的嵌套之后,紧接着就会出现一个问题:事务与事务之间如何决定事务的行为?换一种说法,如果 `addPoint` 方法发现 `register` 方法声明了事务控制,它对此会持什么态度?

用一个现实场景举例,假设在情人节或者七夕当天,小明去找他的女朋友,此时会有两种前提:(1)小明带了一枝玫瑰花;(2)小明空着手去。在这两种前提下,小明的女朋友分别可能有如下的反应。

(1)小明带了一枝玫瑰花。

- 女朋友感到非常惊喜，与小明的感情得到提升。
- 女朋友对玫瑰花视而不见。
- 女朋友对玫瑰花过敏，于是大发脾气。

（2）小明空着手去。
- 女朋友不介意小明空着手去找她，于是愉快地一起去逛街。
- 女朋友很介意小明空着手，于是拒绝与小明见面。

在这个场景中，如果将小明和女朋友看作两个 Service 的方法执行，玫瑰花代表小明的方法上标注的 @Transactional 注解，则女朋友的行为会根据小明是否持有玫瑰花（事务）而做出相应的反应。回到代码清单 12-40 中，如果 register 方法开启了事务，当执行 PointPropagationService 的 addPoint 方法时，事务会让 addPoint 方法加入当前事务，还是重新开启一个事务？还是利用事务保存点的方案？还是直接抛出异常？这些行为都是**外层的事务传播到内层的事务后，内层的事务做出的行为（持有的态度），这就是事务传播行为**。

12.5.2 事务传播行为的 7 种策略

事务的传播行为可以由传播属性指定，根据 @Transactional 注解中 propagation 属性声明的值，有 7 种可选的策略，下面一一讲解。

1. REQUIRED：必需的默认值

REQUIRED 是 Spring Framework 中事务传播行为的默认行为，它的定义是：如果当前没有事务运行，则会开启一个新的事务；如果当前已经有事务运行，则方法会运行在当前事务中。简单概括：你没有，我开启；你有了，我加入。

2. REQUIRES_NEW：新事务

顾名思义，REQUIRES_NEW 表示方法执行时必须开启一个全新的事务，它的定义可以描述为：如果当前没有事务运行，则会开启一个新的事务；如果当前已经有事务运行，则会将原事务挂起（暂停），重新开启一个新的事务。当新的事务运行完毕后，再将原来的事务释放。简单概括：你没有，我开启；你有了，我开新的。

3. SUPPORTS：支持

SUPPORTS 跟 REQUIRED 对比，孰轻孰重一目了然。SUPPORTS 的定义是：如果当前有事务运行，则方法会运行在当前事务中；如果当前没有事务运行，则不会创建新的事务（不运行在事务中）。很明显，SUPPORTS 更倾向于一种无所谓的态度，所以简单概括：有就有，没有拉倒。

4. NOT_SUPPORTED：不支持

NOT_SUPPORTED 显然跟 SUPPORTS 完全相反，它的定义是：如果当前有事务运行，则会将该事务挂起（暂停）；如果当前没有事务运行，则它也不会运行在事务中。可见 NOT_SUPPORTED 对待事务的态度更加无所谓，有事务它反而不会参与，简单概括：有我不要，没有正好。

5. MANDATORY：强制

MANDATORY 是一个非常强硬的策略，它表示的意思是：**当前方法必须运行在事务中，如果没有事务，则直接抛出异常**。如果当前方法执行时没有开启事务，这个方法将无法被正确执行。所以简单概括：要干活就必须有，没有就绝对不干。

6. NEVER：不允许

NEVER 与 MANDATORY 是一组完全相反的策略，NEVER 定义的是：当前方法不允许运行在事务中，如果当前已经有事务运行，则抛出异常。简单概括：**要干活就不准有，有的话就不干活。**

7. NESTED：嵌套

NESTED 是最特殊的策略，它是基于事务保存点的传播行为。它的定义是：如果当前没有事务运行，则开启一个新的事务；如果当前已经有事务运行，则会记录一个保存点，并继续运行在当前事务中。如果子事务运行中出现异常，则不会全部回滚，而是回滚到上一个保存点。可以发现，这个设计就是事务保存点，所以简单概括：你没有，我开启，你有了，你记下；我走了，你再走，我挂了，当无事发生。

由于 NESTED 的执行需要依赖关系型数据库的事务保存点机制，因此这种传播行为只适用于 `DataSourceTransactionManager`（基于数据源的事务管理器）。

> 小提示：通常来讲 NESTED 都在同一个数据源中实现，对于多数据源或者分布式数据库，NESTED 将无法予以支持（假设两个 Service 依赖的 Dao 分别操作不同的数据库，那么实际上已经形成分布式事务了，NESTED 无法处理）。

上面的 7 种传播策略，使用频率最高的是前两种，中间的四种几乎用不到，最后的 NESTED 也只在单数据源下的复杂业务场景中才有可能用得上，所以读者重点记住前两种传播策略的定义即可。

12.5.3 使用事务传播行为

使用事务传播行为的方式非常简单，只需要修改事务方法上 `@Transactional` 注解的 `propagation` 属性。回到代码清单 12-39 和代码清单 12-40 上，我们分别给这两个方法标注 `@Transactional` 注解，并声明传播行为，如代码清单 12-41 所示。默认情况下事务传播行为策略就是 REQUIRED，所以我们这样标注后相当于没有标注。

代码清单 12-41　使用事务传播行为

```java
@Service
public class PointPropagationService {

    @Transactional(propagation = Propagation.REQUIRED)
    public void addPoint() {
        System.out.println("addPoint 添加积分 ......");
    }
}

@Service
public class UserPropagationService {

    @Autowired
    private PointPropagationService pointService;

    @Transactional(propagation = Propagation.REQUIRED)
    public void register() {
```

```
    // 持久化操作
    System.out.println("register 注册用户 ......");
    pointService.addPoint();
  }
}
```

下面我们在 `TransactionController` 中编写一个 `tx4` 方法,注入 `UserPropagationService` 后调用其 `register` 方法,如代码清单 12-42 所示。重新编译代码后访问 `/tx4` 接口,发现没有任何异常抛出,说明事务可以正常执行并提交。

代码清单 12-42　测试事务传播行为 REQUIRED

```
@Autowired
private UserPropagationService userPropagationService;

@GetMapping("/tx4")
public String tx4() {
    userPropagationService.register();
    return "success";
}
```

为了观察事务传播行为生效的现象,我们将 `PointPropagationService` 中 `addPoint` 方法的事务传播行为改为 `NEVER`,这样修改后再次访问 `/tx4` 接口时就会抛出 `IllegalTransactionStateException`,**即不合法的事务状态异常**,由此就可以证明事务传播行为生效。

```
Exception in thread "main" org.springframework.transaction.IllegalTransactionStateException:
Existing transaction found for transaction marked with propagation 'never'
```

12.6　数据库初始化机制

Spring Boot 在整合 JDBC 时提供了一个比较有趣的初始化机制,它可以在应用启动阶段向连接的数据库发送一些 DDL、DML 语句,以完成创建数据库表、写入表数据等操作。这个机制在使用 H2 等内存数据库时尤为好用,因为内存数据库的特点是启动时没有数据,进程结束后释放内存而造成数据丢失,而数据库的初始化机制可以让内存数据库初始化完成后执行一些 DDL、DML 语句完成初始数据的准备动作,进而减少一些重复的工作。

12.6.1　DDL 语句发送

首先我们尝试让 Spring Boot 发送 DDL 语句,代码清单 12-43 准备了一个部门表 `tbl_dept` 的建表语句,对于这个建表语句我们不要直接在 MySQL 中执行,而是将它制作为一个名为 "schema.sql" 的文件,并将其放到工程的 `src/main/resources` 目录下。`schema.sql` 这个文件名是 Spring Boot 约定使用的名称,只要 Spring Boot 检测到工程的 `src/main/resources` 目录下有这个文件,就会加载它并在连接的数据源上执行。

代码清单 12-43　tbl_dept 建表语句

```
CREATE TABLE `tbl_dept` (
  `id` int(11) NOT NULL AUTO_INCREMENT,
  `name` varchar(32) DEFAULT NULL COMMENT '部门名称',
  `pid` int(11) DEFAULT NULL COMMENT '上级部门id',
```

```
`del` tinyint(1) NOT NULL DEFAULT '0' COMMENT '逻辑删除字段',
PRIMARY KEY (`id`)
) ENGINE=InnoDB AUTO_INCREMENT=3 DEFAULT CHARSET=utf8mb4;
```

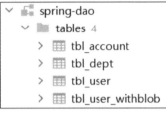

随后我们要在全局配置文件中设置一个配置项：`spring.sql.init.mode=always`，这代表在任意条件下都执行这个 `schema.sql` 文件。保存完毕后我们直接重启整个工程，启动成功后刷新数据库可以看到 `tbl_dept` 表被创建，如图 12-16 所示。

图 12-16 tbl_dept 表被创建

如果我们的 DDL 语句文件名不是 `schema.sql`，或者这些文件不在 `src/main/resources` 目录下，也可以通过设置 `spring.sql.init.schema-locations` 配置项指定这些文件的位置，注意这个配置项可以传入一个数组，如代码清单 12-44 所示。

代码清单 12-44 手动指定 DDL 语句文件的位置

```
spring.sql.init.schema-locations[0]=classpath*:sql/schema.sql
spring.sql.init.schema-locations[1]=classpath*:schema.sql
```

12.6.2 DML 语句发送

与执行 DDL 语句的机制类似，执行 DML 语句的约定文件名是 `data.sql`，我们只需要仿照 12.6.1 节的内容，在 `src/main/resources` 目录下再放入一个 `data.sql` 文件并编写内容，即可在每次工程启动时执行它们。代码清单 12-45 中提供了一个插入部门表数据的 SQL，内容比较简单。

代码清单 12-45 data.sql

```
delete from tbl_dept where del = 0;
insert into tbl_dept (name, pid) values ('总公司', 0);
insert into tbl_dept (name, pid) values ('第一分公司', 1);
```

如果此时我们直接重启工程，会发现启动时抛出异常：`Table'tbl_dept'already exists`，之所以出现这个现象，是因为我们刚才设置了 `spring.sql.init.mode=always`，这个初始化模式会在每次项目启动时都执行，而同样的建表语句不能连续发送两次，导致抛出了表已存在的异常。解决该问题的方式很简单，只需要在 `schema.sql` 文件的最开始加入一行 `DROP TABLE IF EXISTS tbl_dept;`。

调整后再次重启工程，这次可以在 IDEA 的数据库面板中看到数据库中插入了两条数据，如图 12-17 所示，说明 DML 语句也成功执行。

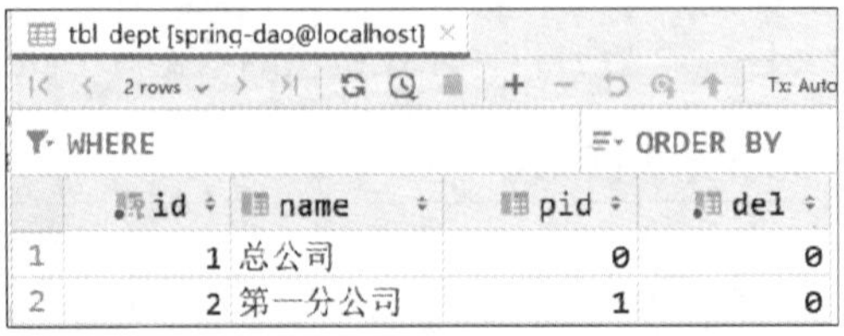

图 12-17 tbl_dept 表成功插入数据

与 schema.sql 文件的配置类似，我们可以在全局配置文件中设置 `spring.sql.init.data-locations` 配置项指定 DML 语句的 SQL 文件位置，该配置项同样可以接收一个数组。

12.6.3 多平台兼容与初始化策略

如果我们的工程需要同时考虑对接多种不同的数据库，则有可能因 SQL 语法不兼容导致在一个数据库平台中执行成功，在另一个数据库平台中执行失败。Spring Boot 帮我们考虑到了这一点，它支持在 SQL 文件名中添加数据库平台标识来区分不同的类型。例如 schema.sql 代表所有数据库平台中都会执行的 SQL 文件，而 schema-mysql.sql 则代表只有数据源为 MySQL 时才执行的 SQL 文件，schema-oracle.sql 代表数据源为 Oracle 数据库时才执行的 SQL 文件，以此类推，data.sql 同理。

另外解释一下这个数据库初始化机制的使用特点。通过上面的使用过程我们也能看出，设置 `spring.sql.init.mode=always` 在连接外部数据库时会产生很大的麻烦，由于每次都要先删掉表后再新建，会导致其中的数据全部丢失，这种使用方式在实际项目开发中是不被允许的，因此 Spring Boot 给配置项 `spring.sql.init.mode` 设置的默认值是 `EMBEDDED`，即只有在嵌入式数据库中才生效，因为嵌入式数据库就是内存数据库，每次启动时都需要初始化表和数据，刚好可以用得上这个机制。此外我们还可以设置 `spring.sql.init.mode=never` 来禁用该初始化机制。

12.7 小结

本章我们通过使用 Spring Framework 和 Spring Boot 整合 JDBC 完成与数据库的交互操作，并使用 JdbcTemplate 和事务控制完成基本的数据层开发。

Spring Framework 整合 JDBC 所使用的核心包括数据源、数据库访问客户端和事务管理器，在 Spring Boot 中这些组件都基于自动装配完成注册。使用 JdbcTemplate 可以完成简单的数据库 CRUD 操作，最新版还引入了链式调用的 JdbcClient，进一步优化了与数据库的交互。Spring Framework 的事务控制包括编程式和声明式，正常的项目开发中更多使用注解声明式事务在 Service 层完成控制。Spring Boot 基于 JDBC 场景的整合还提供了数据源初始化的机制，这为使用内存数据库的开发和测试场景提供了便利。

虽然直接使用 JdbcTemplate 编写 SQL 语句已经简化了与数据库交互的开发，但实际项目开发中更多使用 ORM 框架完成与数据库的交互，第 13 章会介绍主流 ORM 框架 MyBatis 在 Spring Boot 项目中的应用。

第 13 章 整合 MyBatis

本章主要内容：
◇ MyBatis 概述；
◇ 整合 MyBatis；
◇ 使用 MyBatis 完成简单开发；
◇ MyBatis-Plus 概述与整合；
◇ 使用 MyBatis-Plus 简化 CRUD。

Spring Framework 的 JDBC 模块提供的 `JdbcTemplate` 以及 6.1 版本后推出的 `JdbcClient` 已经在一定程度上简化了数据库开发的复杂度，尽管如此，实际的项目开发中更多的场景是整合成熟的持久层框架完成与数据库交互。目前市面上比较流行的持久层框架包括 MyBatis 和 Spring Data JPA（底层默认依赖 Hibernate）。本章我们先讲解 Spring Boot 与 MyBatis 的整合，同时还会讲解一个市面上很流行的 MyBatis 增强框架：MyBatis-Plus。

13.1 MyBatis 概述

在 MyBatis 官方文档的醒目位置有官方对 MyBatis 的高度概括：MyBatis 是一款优秀的持久层框架，它支持自定义 SQL、存储过程以及高级映射；MyBatis 免除了几乎所有的 JDBC 代码以及设置参数和获取结果集的工作；MyBatis 可以通过简单的 XML 或注解来配置和映射原始类型、接口和 Java POJO（普通 Java 对象）为数据库中的记录。三句话把 MyBatis 的核心功能和使用特性都概括了出来，非常精练。

13.1.1 MyBatis 的历史

对大多数了解 MyBatis 的读者来说，可能了解最多的部分是 MyBatis 的前身 iBATIS，之前在 Apache 的名下，后来迁移到 Google Code，后又到 GitHub 上，仅此而已。本节会对其中的一些误区进行解释，并展开一些与 MyBatis 相关的历史。

1. MyBatis 与 Hibernate 的出现时间相当

首先解释一个部分读者印象中的误区：MyBatis 的出现是为了取代笨重的 Hibernate。其实从出现时间来看，MyBatis 最初的创建时间是 2001 年，第一个发行版（JPetStore）出现在 2002 年 7 月，而 Hibernate 的第一个发行版出现在 2001 年 11 月。所以从历史上看，MyBatis 跟 Hibernate 本就是相互独立的，并没有谁要取代谁的意思，两个框架的侧重点和关注点不一样，使用的场景也会有差别。

2. MyBatis 的前身 iBATIS

最初 iBATIS 的创始人 Clinton Begin 最先开发的产品并不是 iBATIS-DAO，而是着眼于密码软件相关的解决方案，iBATIS 团队的第一个产品是 Secrets，这是一个个人数据的加密器和签名工具。

发布了 Secrets 之后不久，Clinton Begin 及其团队决定转型关注 Web 和其他相关的技术，在接下来的一年中发布了两个工具（Axle web 与 Lookout）。不过最重要的转折点是在微软发布了一个文档之后，该文档声称 .NET 分别有 10 倍于 J2EE 的速度和 4 倍的生产效率。Clinton Begin 的团队看到该文档后予以快速回应，他们发布了 JPetStore。

后来经过时间的检验，大家发现 Java 不仅比 .NET 更有生产效率，同时 JPetStore 拥有更好的架构。JPetStore 的发布引起了当时开发界的关注，大家对 JPetStore 的持久层设计很感兴趣，于是后来 JPetStore 的持久层部分逐渐被抽取出来打包，进而发展成当时的 iBATIS。

2004 年 11 月，iBATIS 2.0 发布，Clinton Begin 将 iBATIS 与代码一同贡献给了 Apache，自此成为 Apache 开源组织下的一个子项目。

3. 从 iBATIS 到 MyBatis

2010 年 5 月，Clinton Begin 决定将整个 iBATIS 项目团队迁移至 Google Code，并在 2010 年 6 月完成迁移。那时正值 iBATIS 3.0 版本发布，Clinton Begin 决定给新版本赋予新的名字：MyBatis。2013 年 11 月，MyBatis 的代码迁移至 GitHub，并一直持续到现在。

13.1.2 MyBatis 的架构

从整体上讲，MyBatis 的架构可以分为三层，如图 13-1 所示。

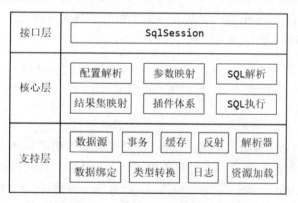

图 13-1　MyBatis 的整体架构

- 接口层：`SqlSession` 是平时与 MyBatis 完成交互的核心接口（包括整合 Spring Framework 和 Spring Boot 后用到的 `SqlSessionTemplate`）。
- 核心层：SqlSession 执行的方法，底层需要经过配置文件的解析、SQL 解析，以及执行 SQL 时的参数映射、SQL 执行、结果集映射，另外还有穿插其中的扩展插件。
- 支持层：核心层的功能实现，它基于底层的各个模块，共同协调完成。

总体来讲，使用 MyBatis 可以灵活、完整、相对轻量化地与数据库进行交互。

13.1.3 MyBatis 的配置

MyBatis 的核心是 `SqlSessionFactory`,它的内部组合了数据源和相关的 SQL 配置,它的主要作用是生成 `SqlSession` 对象,而 `SqlSession` 是 MyBatis 操作数据库的核心 API。图 13-2 展示了 MyBatis 中几个核心 API 与数据库形成的拓扑结构,可以发现 `SqlSessionFactory` 依赖了内部配置中非常多的组件,这些组件会对 MyBatis 的不同功能发挥作用。

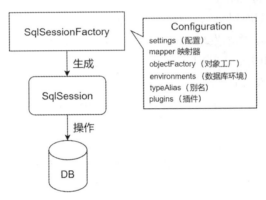

图 13-2 MyBatis 核心 API 与数据库的拓扑结构

13.2 整合 MyBatis

下面我们使用 Spring Boot 整合 MyBatis 搭建一个工程。基于 Spring Boot 的工程整合不同开发场景要比基于 Spring Framework 的原生开发工程简单不少,整合第三方框架技术也不例外,大体思路都是导入场景启动器+编写配置和基本代码。

> 小提示:13.2 节~13.3 节的代码将统一创建在 `springboot-07-mybatis` 工程下。

13.2.1 导入依赖

MyBatis 的使用群体大部分是中国开发者,国外的开发者使用 MyBatis 的热度没有国内高,所以 Spring Boot 在制作场景启动器时只选用了其认为流行和热门的技术予以整合。很可惜 MyBatis 并没有受到 Spring Boot 官方的青睐,Spring Boot 提供的官方场景启动器并没有收录 MyBatis,所以 MyBatis 官方提供了整合 Spring Boot 的场景启动器。Spring Boot 官方提供的场景启动器都以 `spring-boot-starter-*` 的格式命名,而第三方技术整合 Spring Boot 的场景启动器通常以 `*-spring-boot-starter`(或类似的格式)命名。所以我们导入的依赖是 `mybatis-spring-boot-starter`,如代码清单 13-1 所示。此外我们还需要导入 WebMvc 场景启动器用于测试代码,导入 MySQL 的驱动连接 MySQL 数据库,还有导入 Lombok 插件和 `spring-boot-devtools` 提高开发效率。

代码清单 13-1 导入 MyBatis 和其他依赖

```
<dependencies>
    <dependency>
```

```xml
        <groupId>org.springframework.boot</groupId>
        <artifactId>spring-boot-starter-web</artifactId>
    </dependency>
    <dependency>
        <groupId>org.mybatis.spring.boot</groupId>
        <artifactId>mybatis-spring-boot-starter</artifactId>
        <version>3.0.3</version>
    </dependency>
    <dependency>
        <groupId>com.mysql</groupId>
        <artifactId>mysql-connector-j</artifactId>
    </dependency>

    <dependency>
        <groupId>org.projectlombok</groupId>
        <artifactId>lombok</artifactId>
    </dependency>

    <dependency>
        <groupId>org.springframework.boot</groupId>
        <artifactId>spring-boot-devtools</artifactId>
        <optional>true</optional>
    </dependency>
</dependencies>
```

> 小提示：Spring Boot 3.2.x 版本可以导入 mybatis-spring-boot-starter 的 3.0.3 版本。它们的整合效果比较好。

13.2.2 准备基础代码

我们依然使用第 12 章的 spring-dao 作为运行和测试的数据库，配置相同的数据源信息即可，这部分可以直接复制第 12 章的 application.properties 内容，不再赘述。除此之外，我们还需要准备一些其他的代码，一一列举。

1. 实体模型类

对于原生的 MyBatis 而言，我们只需要编写最基础的模型类，与数据库中的表一一对应。本章中我们只会用到 tbl_user 表，所以只需要编写一个 User 类，如代码清单 13-2 所示。使用原生 MyBatis 时不需要在模型类上标注任何其他的信息，此处实现 Serializable 接口是为了后续测试二级缓存中使用。

代码清单 13-2　与 tbl_user 对应的 User 类

```java
@Data
public class User implements Serializable {
    private static final long serialVersionUID = 1L;

    private Integer id;
    private String name;
    private String tel;
}
```

2. Mapper 接口

MyBatis 推荐使用 Mapper 接口动态代理的方式进行 Dao 层开发，所以我们只需要编写一个 `User` 模块的 `UserMapper` 接口。为了快速演示 MyBatis 的使用和整合效果，这里我们先快速编写一个查询方法和保存方法，如代码清单 13-3 所示。

代码清单 13-3　UserMapper

```java
@Mapper
public interface UserMapper {
    void save(User user);
    List<User> findAll();
}
```

3. mapper.xml

与 Mapper 接口对应的实现需要 mapper.xml 的支撑，相应地我们再编写一个 `UserMapper.xml`，完成与 `UserMapper` 接口的对应，如代码清单 13-4 所示。注意，使用 Mapper 接口动态代理的开发方式时，mapper.xml 中的 `namespace` 需要与 Mapper 接口的全限定名一致。

代码清单 13-4　UserMapper.xml

```xml
<?xml version="1.0" encoding="UTF-8" ?>
<!DOCTYPE ......>
<mapper namespace="com.linkedbear.springboot.mybatis.mapper.UserMapper">

    <insert id="save" parameterType="User">
        insert into tbl_user (name, tel) values (#{name}, #{tel})
    </insert>

    <select id="findAll" resultType="User">
        select * from tbl_user
    </select>
</mapper>
```

4. Service 层

Dao 层代码准备完毕后，下面是 Service 层的代码。Service 层需要注入 Mapper 接口，完成业务逻辑的编写和执行。我们编写一个 `UserService` 类并注入 `UserMapper`，如代码清单 13-5 所示，为了快速回顾和演示 MyBatis 的整合效果，此处只设计了 Mapper 接口的两个方法调用，验证执行无误即可。

代码清单 13-5　UserService

```java
@Service
public class UserService {
    
    @Autowired
    private UserMapper userMapper;
    
    @Transactional(rollbackFor = Exception.class)
    public List<User> test() {
        User user = new User();
        user.setName("test mybatis");
        user.setTel("7654321");
```

```
        userMapper.save(user);
        return userMapper.findAll();
    }
}
```

> 💡 **小提示**：部分读者的 IDEA 在 UserService 中注入 UserMapper 接口时会提示 IOC 容器没有该 Bean 的错误，如图 13-3 所示，这种情况大多是 IDEA 的版本较低所致，实际运行时不会出现问题，读者可以忽略该提示。如果一定要解决该提示问题，可以在 UserMapper 接口上标注 @Component 或 @Repository 注解，IDEA 即可识别到该 Bean。就笔者的经验来看，笔者并不推荐读者使用 @Repository 注解处理该问题，因为使用 @Repository 注解标注的接口会被 Spring Framework 中的一个特殊的组件封装一次动态代理，导致运行时出现一些预期之外的异常。所以笔者更推荐读者升级 IDEA 的版本，笔者使用的高版本可以正确识别 Mapper 接口。

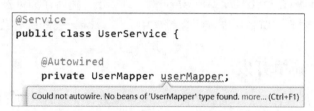

图 13-3　UserService 中提示 IOC 容器没有 UserMapper

5. 全局配置

最后我们简单编写一些全局配置即可完成整合。在传统的 SSM 框架组合体中，我们需要编写一个 MyBatis 的配置文件 `SqlMapConfig.xml`，在其中配置与 MyBatis 相关的属性，而使用 Spring Boot 整合 MyBatis 后这些配置项中有一部分可以在 `application.properties` 中直接配置，代码清单 13-6 中简单配置了 3 个属性，包括别名设置、`mapper.xml` 文件的存放位置以及下画线转驼峰式的开启。

代码清单 13-6　配置 MyBatis 相关的属性

```
spring.datasource.driver-class-name=com.mysql.cj.jdbc.Driver
spring.datasource.url=jdbc:mysql://localhost:3306/spring-dao?characterEncoding=utf8
spring.datasource.username=springboot
spring.datasource.password=123456

mybatis.type-aliases-package=com.linkedbear.springboot.mybatis.entity
mybatis.mapper-locations=classpath:mapper/*.xml
mybatis.configuration.map-underscore-to-camel-case=true
```

最后编写 Spring Boot 的主启动类 `SpringBootMyBatisApplication`，除了 @SpringBootApplication 注解之外不需要标注任何其他注解，即可完成与 MyBatis 的整合。

13.2.3　测试效果

为了测试整合是否成功，我们可以编写一个 UserController，注入 UserService 后调用其方法，如果工程启动成功且调用方法时没有产生异常，则证明 Spring Boot 整合 MyBatis

成功。代码清单 13-7 提供了简单编写的 `UserController`。

代码清单 13-7　UserController

```java
@RestController
@RequestMapping("/user")
public class UserController {

    @Autowired
    private UserService userService;

    @GetMapping("/test1")
    public List<User> test1() {
        return userService.test();
    }
}
```

运行主启动类 `SpringBootMyBatisApplication`，随后在浏览器访问 http://localhost:8080/user/test1，可以看到浏览器中响应了数据库中 `tbl_user` 表的所有数据，证明整合成功。

13.3　MyBatis 简单开发

完成与 MyBatis 的整合后，下面我们使用 MyBatis 进行一些简单的开发和配置工作，这些内容通常是实际项目开发中较常使用的，读者可以在这部分多下功夫。

13.3.1　常用的配置属性

MyBatis 的配置属性远不止 13.2 节中的那么少，在 MyBatis 原生的配置文件 `SqlMapConfig.xml` 中可配置的内容非常多，在 Spring Boot 整合之后部分配置可以使用全局配置文件代替，这些配置属性都以 `mybatis.*` 格式命名。表 13-1 列举了一些常见的配置属性，并且在 `SqlMapConfig.xml` 中的配置位置也一并展示，读者可以借助 IDE 查看全部支持的配置属性。

表 13-1　application.properties 中配置 MyBatis 的属性（节选）

配置属性名	含义	对应 MyBatis 配置文件	默认值
mybatis.type-aliases-package	设置类别名的包，可以用逗号分隔编写多个，可以使用*通配符	\<typeAliases\>	
mybatis.type-handlers-package	设置类型处理器 `TypeHandler` 的包，可以用逗号分隔编写多个，可以使用*通配符	\<typeHandlers\>	
mybatis.mapper-locations	扫描 mapper.xml 文件的路径	\<mappers\>	
mybatis.check-config-location	检查是否配置了 MyBatis 配置文件	/	false
mybatis.config-location	MyBatis 配置文件的路径	/	
mybatis.configuration.map-underscore-to-camel-case	开启下画线转驼峰式的自动映射	\<settings\> - mapUnderscoreToCamelCase	false
mybatis.configuration.cache-enabled	全局开启二级缓存	\<scttings\> - cacheEnabled	true

续表

配置属性名	含义	对应 MyBatis 配置文件	默认值
mybatis.configuration.call-setters-on-nulls	当 ResultSet 中取出 null 值时是否还要调用 setter 方法	<settings> - callSettersOnNulls	false
mybatis.configuration.lazy-loading-enabled	全局开启延迟加载	<settings> - lazyLoadingEnabled	false
mybatis.configuration.*	所有可以替代 settings 配置和其他的属性，与 mybatis.config-location 冲突	<settings>	

另一个比较常用的配置是 SQL 语句的打印，在 Spring Boot 中配置 Mapper 执行时发送 SQL 和参数的方式是直接在 `application.properties` 中配置日志级别，如代码清单 13-8 所示。

代码清单 13-8　配置 Mapper 打印 SQL 和参数

```
logging.level.com.linkedbear.springboot.mybatis.mapper=debug
```

13.3.2　注解式 Mapper 接口

项目开发的多数场景下我们使用 Mapper 接口与 mapper.xml 一一对应，借助动态代理机制完成关联，另外对于一些相对简单的 SQL 语句完全可以直接在 Mapper 接口上使用 CRUD 注解完成接口定义。代码清单 13-9 是 `UserMapper` 接口中使用 CRUD 注解定义的 3 个方法，它同样可以使用占位符传入参数，只需要相应地在参数列表中使用 @Param 注解给参数定义名称。

代码清单 13-9　注解式 Mapper 接口方法

```
@Select("select * from tbl_user where name like concat('%', #{name}, '%')")
List<User> findAllByNameLike(@Param("name") String name);

@Delete("delete from tbl_user where id = #{id}")
int deleteById(String id);

@Update("CREATE TABLE tbl_role (\n"
        + "  id int(11) NOT NULL AUTO_INCREMENT,\n"
        + "  code varchar(20) NULL,\n"
        + "  name varchar(32) NULL,\n"
        + "  PRIMARY KEY (id)\n"
        + ");")
int excuteDDL();
```

可以发现 MyBatis 本身提供了 CRUD 的基础注解，可以编写类似于 mapper.xml 中的 SQL 语句，对于简单 SQL 的编写效率会更高，甚至还可以使用 @Update 注解执行 DDL 语句。除此之外，还可以使用 Provider 机制，通过编程式构造 SQL 并执行（不过这个机制通常在项目开发中不会使用，而是在框架二次封装开发时使用）。

13.3.3　动态 SQL

MyBatis 相较于 `spring-jdbc` 中的 `JdbcTemplate` 等简单的 JDBC 封装，其一大优势就

是灵活的动态 SQL 机制，合理利用动态 SQL 机制可以编写出多样的符合业务场景的查询、写入数据库的 SQL 语句。代码清单 13-10 列举了几种动态 SQL 的使用方式，这些动态 SQL 的标签都是日常开发中使用频率最高的。

代码清单 13-10　使用动态 SQL

```xml
<select id="findAllByCondition" parameterType="map" resultType="User">
    select * from tbl_user
    <where> <!-- 使用 where 标签设置查询条件，可以屏蔽掉第一个多余的 and -->
        <if test="id != null"> <!-- 使用 if 标签判断和拼接 -->
            and id = #{id}
        </if>
        <if test="name != null and name != ''">
            and name like concat('%', #{name}, '%')
        </if>
        <if test="ids != null">
            and id in <!-- 使用 foreach 标签遍历集合 -->
            <foreach collection="ids" item="id" open="(" close=")" separator=",">
                #{id}
            </foreach>
        </if>
    </where>
</select>

<update id="updateById">
    update tbl_user
    <set> <!-- 使用 set 标签设置属性，可以屏蔽掉最后一个逗号 -->
        <if test="name != null and name != ''">
            name = #{name},
        </if>
        <if test="tel != null and tel != ''">
            tel = #{tel},
        </if>
    </set>
    where id = #{id}
</update>
```

简单来看，动态 SQL 可以分为 select 类、update 类以及通用抽取的 SQL 片段 3 种类别。其中 select 类的动态 SQL 可以使用的标签最多，可以实现判断、选择、循环、截取等动态 SQL 逻辑，update 类的动态 SQL 也可以针对 SQL 语法中的一些场景进行比较实用的处理。

13.3.4　缓存机制

MyBatis 考虑运行时的查询效率，引入了两层级缓存机制，其中一级缓存是 `SqlSession` 级别的，二级缓存是 `SqlSessionFactory` 级别的。

通常情况下，MyBatis 的一级缓存默认开启并自动使用，一级缓存基于 `SqlSession`，也就是基于一个事务，所以在一个事务中连续两次发起同样的查询动作后，第一次查询的结果会存入缓存中，第二次查询动作将直接使用第一次查询的缓存结果返回。下面我们可以简单测试一下效果，我们编写一个新的 Service 方法，标注 `@Transactional` 注解后连续调用两次

UserMapper 的 findAll 方法，如代码清单 13-11 所示。随后，在 UserController 中编写一个 Handler 方法，以调用 UserService 的 testCache1 方法。

代码清单 13-11　测试一级缓存

```
@Transactional(rollbackFor = Exception.class)
public void testCache1() {
    System.out.println("发起第一次查询：");
    userMapper.findAll();
    System.out.println("发起第二次查询：");
    userMapper.findAll();
}
```

重启工程后访问 /user/test2 接口，观察控制台的输出结果如下，可以发现发起第二次查询时的确没有发送 SQL 语句，证明一级缓存已经生效。

```
发起第一次查询：
UserMapper.findAll  : ==>  Preparing: select * from tbl_user
UserMapper.findAll  : ==>  Parameters:
UserMapper.findAll  : <==     Total: 6
发起第二次查询：
```

MyBatis 的二级缓存虽然在 Spring Boot 整合中默认开启，但若要使用具体的二级缓存需要手动开启，开启的方式是在 Mapper 接口上标注 @CacheNamespace 注解，或者在 mapper.xml 中编写一个空的 `<cache/>` 标签即可。二级缓存以 namespace 为单位隔离，一个 namespace 共享一个二级缓存区域。二级缓存是 SqlSessionFactory 级别的，在一个 SqlSessionFactory 的范围内创建的 SqlSession 均可以共享这些缓存。通常在项目开发中不会主动使用 MyBatis 的二级缓存，尤其是在分布式或微服务项目中，因为 MyBatis 的二级缓存默认保存在内存中，如果多个微服务实例在不同的时间点缓存数据，则有可能出现数据不一致的情况。

13.3.5　插件机制

MyBatis 中的最后一个重要机制是插件机制，也就是所谓的拦截器。MyBatis 的插件本身是一些能拦截某些 MyBatis 核心组件方法、增强功能的拦截器，MyBatis 允许我们在 SQL 语句执行过程中的某些切入点进行拦截增强，共有四种可供增强的切入点：

- Executor（update, query, flushStatements, commit, rollback, getTransaction, close, isClosed）；
- ParameterHandler（getParameterObject, setParameters）；
- ResultSetHandler（handleResultSets, handleOutputParameters）；
- StatementHandler（prepare, parameterize, batch, update, query）。

MyBatis 插件的使用场景比较广泛，可以应用于分页、数据权限过滤、性能分析等场景。PageHelper 是一个基于 Interceptor 的分页插件，它通过拦截查询语句并根据连接数据库的类型将其动态重构为适用于分页场景的 SQL 语句。代码清单 13-12 展示了 PageHelper 的使用方式，在发起查询之前只需要调用 PageHelper 的 startPage 方法即可开启分页。另一种使用方式是将查询结果再封装一层，PageHelper 提供了一个描述分页相关的对象 PageInfo，这个对象中不仅有分页查询的列表数据，还包含当前页码、每页大小、总条数等信息，我们可以在查询完数据后手动构造一个 `PageInfo` 对象,这样响应到客户端的数据中就会包含上述提到的信息。

代码清单 13-12　使用 PageHelper

```java
public List<User> testPage1() {
    PageHelper.startPage(1, 2);
    return userMapper.findAll();
}
// 响应数据: [{"id":1,"name":"zhangsan","tel":"110"},{"id":2,"name":"lisi","tel":"120"}]

public PageInfo<User> testPage2(Integer pageNum, Integer pageSize) {
    PageHelper.startPage(pageNum, pageSize);
    List<User> userList = userMapper.findAll();
    return new PageInfo<>(userList);
}
// 响应数据: {"total":6,"list":[{"id":1,"name":"zhangsan","tel":"110"},{"id":2,"name":"lisi","tel":"120"}],"pageNum":1,"pageSize":2,"size":2,"startRow":1,"endRow":2,"pages":3,"prePage":0,"nextPage":2,"isFirstPage":true,"isLastPage":false,"hasPreviousPage":false,"hasNextPage":true,"navigatePages":8,"navigatepageNums":[1,2,3],"navigateFirstPage":1,"navigateLastPage":3}
```

灵活利用 MyBatis 提供的特性可以更加高效地完成项目开发,读者最好掌握 MyBatis 提供的核心特性和机制并熟能生巧。

13.4　效率提升:整合 MyBatis-Plus

MyBatis 之所以被大家称为"半自动 ORM 框架",究其原因是使用 MyBatis 需要我们编写几乎所有的 SQL 语句,尤其是对于单表的 CRUD 操作,手动实现起来还是有些烦琐,尽管有 MyBatis 提供的逆向工程可以生成 Entity 和 Mapper 层代码,但是当数据库结构发生变动时,对 Entity 和 mapper.xml 的改动无疑是令人痛苦的。总体来说,使用 MyBatis 的最大痛点是作为一个持久层框架,最好具备一些基本的通用功能,而不是每次编写新的模块时都需要频繁生成代码(甚至手动编写),于是 MyBatis-Plus 应运而生。MyBatis-Plus 本质是对 MyBatis 的补充,而不是作为 MyBatis 的替代品。

13.4.1　MyBatis-Plus 概述

从 MyBatis-Plus 官方网站的首页可以看到,MyBatis-Plus 的作者给 MyBatis-Plus 的定位是:只做增强不做改变、效率至上、功能丰富。从这些关键词上可以提取的信息:无侵入、性能影响小、开发测试中的实用特性等。此外,MyBatis-Plus 本身还内置了不少现成的插件以及对多种数据库的支持(包含多种国产数据库),这些都是在实际的项目开发中能使效率较大提升的特性。

MyBatis-Plus 的官方文档中提供的架构图如图 13-4 所示。由该图可以非常明显地看出,MyBatis-Plus 实际是利用了自身扩展的一些特性(新注解、新扩展、代码生成器等),并注入增强 MyBatis 的原有功能,使得开发者在使用 Dao 层时可以体会到更简单易用的 API。

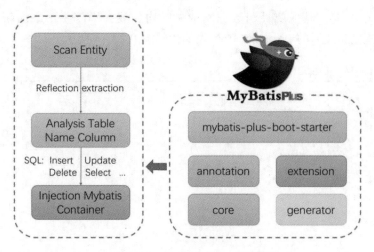

图 13-4　MyBatis-Plus 的架构

13.4.2　Spring Boot 整合 MyBatis-Plus

下面通过一个简单示例体会 Spring Boot 整合 MyBatis-Plus 后的 Dao 层开发。相较于整合原生的 MyBatis 而言，整合 MyBatis-Plus 并没有变得更复杂，这也是 MyBatis-Plus 的一个优点。

> 小提示：13.4 节～13.5 节的代码将统一创建在 `springboot-07-mybatisplus` 工程下。

1．引入依赖

MyBatis-Plus 整合 Spring Boot 时同样准备了场景启动器，我们只需要将 `mybatis-spring-boot-starter` 替换为 `mybatis-plus-spring-boot3-starter`，如代码清单 13-13 所示。注意，我们导入的坐标是专门整合 Spring Boot 3.x 版本所用的依赖，如果是 Spring Boot 2.x 版本则需要替换为 `mybatis-plus-boot-starter`。

代码清单 13-13　替换为 MyBatis-Plus 的依赖坐标

```xml
<dependency>
    <groupId>com.baomidou</groupId>
    <artifactId>mybatis-plus-spring-boot3-starter</artifactId>
    <version>3.5.5</version>
</dependency>
```

2．准备基础代码

照例我们来准备一些基础代码，由于 MyBatis-Plus 拥有一些内置的基础能力，因此在编写基础代码时会有所不同，请读者注意分辨。

（1）实体模型类

MyBatis-Plus 拥有非常优秀的单表 CRUD 基础能力，而使用这个能力时需要在实体类上做一些改动。为了与 13.2 节的内容进行区分，我们使用第 12 章中构造的 `tbl_dept` 表作为示例封装一个 `Department` 类。通过标注 @TableName 注解，相当于告诉 MyBatis-Plus 当前这个 `Department` 类要映射到 `tbl_dept` 表（默认表名策略是驼峰式转下画线，我们的表名不符合该规则）；通过给主键属性 `id` 标注 @TableId 注解，并声明 `id` 类型为 `AUTO`，相当于适配

MySQL 中的自增主键。其他属性与数据库中映射均一致，不需要再添加新的注解。按照 MyBatis-Plus 的规则封装后的 Department 类如代码清单 13-14 所示。

代码清单 13-14　Department

```java
@Data
@TableName("tbl_dept")
public class Department {

    @TableId(type = IdType.AUTO)
    private Integer id;

    private String name;

    private Integer pid;

    private Boolean del;
}
```

（2）Mapper 接口与 mapper.xml

MyBatis-Plus 的单表 CRUD 能力来自一个内置的基础接口 BaseMapper，通过继承 BaseMapper 并注明实体类的泛型类型，即可拥有单表的 CRUD 能力。如果没有多余的 SQL 编写需求，甚至可以不用编写 mapper.xml。按照该规则我们只需要声明一个 DepartmentMapper 接口并继承 BaseMapper，如代码清单 13-15 所示。继承 BaseMapper 后可以一次性获得常规的保存、更新、删除以及多种查询方法，所以对于简单的单表 CRUD 来讲我们不需要再编写任何代码。

代码清单 13-15　DepartmentMapper

```java
@Mapper
public interface DepartmentMapper extends BaseMapper<Department> {

}
```

（3）Service 层

为了在三层架构的开发模型中予以更多基础支持，MyBatis-Plus 提供了一个 IService 接口与 ServiceImpl 基础实现类，在 ServiceImpl 中已经预先定义了很多 CRUD 方法，足够日常开发使用。我们只需要编写自己的业务方法。本示例中我们只制作实现类，不再循规蹈矩地按照接口+实现类的方式编写，如代码清单 13-16 所示。注意，继承 ServiceImpl 时需要指定对应模块的 Mapper 层接口和当前模块的实体类型。

代码清单 13-16　DepartmentService

```java
@Service
public class DepartmentService extends ServiceImpl<DepartmentMapper, Department> {

    @Transactional(rollbackFor = Exception.class)
    public void test() {
        Department department = new Department();
        department.setName("test mybatisplus");
        department.setPid(1);
```

```java
        this.getBaseMapper().insert(department);
        
        List<Department> departmentList = this.getBaseMapper().selectList(null);
        departmentList.forEach(System.out::println);
    }
}
```

（4）全局配置

使用 MyBatis-Plus 与使用 MyBatis 的配置内容几乎没有区别，仅将 `mybatis` 开头的配置替换为 `mybatis-plus` 即可，如代码清单 13-17 所示。MyBatis-Plus 这样做特别好，我们完全不需要为 MyBatis 替换为 MyBatis-Plus 所带来的配置变更而焦虑。

代码清单 13-17　配置属性

```
spring.datasource.driver-class-name=com.mysql.cj.jdbc.Driver
spring.datasource.url=jdbc:mysql://localhost:3306/spring-dao?characterEncoding=utf8
spring.datasource.username=springboot
spring.datasource.password=123456

mybatis-plus.type-aliases-package=com.linkedbear.springboot.mybatisplus.entity
mybatis-plus.mapper-locations=classpath:mapper/*.xml
mybatis-plus.configuration.map-underscore-to-camel-case=true
```

Spring Boot 主启动类与整合 MyBatis 时没有任何区别，不再赘述。

3. 测试效果

为了测试整合是否成功，我们可以编写一个 `DepartmentController`，注入 `DepartmentService` 后调用 `list` 和 `count` 方法，如代码清单 13-18 所示，这两个方法都是 `ServiceImpl` 内置的方法。

代码清单 13-18　DepartmentController

```java
@RestController
@RequestMapping("/dept")
public class DepartmentController {
    
    @Autowired
    private DepartmentService departmentService;
    
    @GetMapping("/test1")
    public List<Department> test1() {
        return departmentService.list();
    }
    
    @GetMapping("/test2")
    public Long test2() {
        return departmentService.count();
    }
}
```

运行主启动类 `SpringBootMyBatisPlusApplication`，随后在浏览器分别访问 /dept/test1 和 /dept/test2 接口，看到浏览器中响应了数据库中 tbl_dept 表的所有数据和数据条数，证明整合成功。

13.5 使用 MyBatis-Plus

MyBatis-Plus 作为 MyBatis 的增强框架，官方给出一个比较有趣的说法：MyBatis 与 MyBatis-Plus 好比《魂斗罗》里的比尔与兰斯，两者搭配效率翻倍。MyBatis-Plus 提供了强大的支撑，构筑了一些实用的特性，本节会列举一些日常使用频率比较高的特性，关于详细的功能特性使用可以参照 MyBatis-Plus 的官方文档。

13.5.1 CRUD 基础接口

MyBatis-Plus 提供的重要基础能力之一就是单表 CRUD 接口，由于 `BaseMapper` 接口中预先定义的方法足够多，使得我们在编写具体的业务模块时，单表的 CRUD 几乎不需要编写，继承 `BaseMapper` 接口后 Mapper 接口就可以自动拥有单表 CRUD 的能力。在 13.4 节的代码中，`DepartmentMapper` 继承了 `BaseMapper` 后，它已经拥有了包含 `insert`、`update`、`delete`、`selectOne`、`selectList`、`count` 等操作单表数据的能力。代码清单 13-19 到代码清单 13-22 展示了 `BaseMapper` 中常用的 CRUD 接口定义，可以发现 `BaseMapper` 提供的方法多且全。

代码清单 13-19　insert 型接口

```
// 插入一条记录
int insert(T entity);
```

代码清单 13-20　delete 型接口

```
// 根据 entity 条件，删除记录
int delete(@Param(Constants.WRAPPER) Wrapper<T> wrapper);
// 删除（根据id 批量删除）
int deleteBatchIds(@Param(Constants.COLLECTION) Collection<? extends Serializable> idList);
// 根据 id 删除
int deleteById(Serializable id);
// 根据 columnMap 条件，删除记录
int deleteByMap(@Param(Constants.COLUMN_MAP) Map<String, Object> columnMap);
```

代码清单 13-21　update 型接口

```
// 根据 whereWrapper 条件，更新记录
int update(@Param(Constants.ENTITY) T updateEntity, @Param(Constants.WRAPPER) Wrapper<T> whereWrapper);
// 根据 id 修改
int updateById(@Param(Constants.ENTITY) T entity);
```

代码清单 13-22　select 型接口

```
// 根据 id 查询
T selectById(Serializable id);
// 根据 entity 条件，查询一条记录
T selectOne(@Param(Constants.WRAPPER) Wrapper<T> queryWrapper);

// 查询（根据id 批量查询）
List<T> selectBatchIds(@Param(Constants.COLLECTION) Collection<? extends Serializable> idList);
// 根据 entity 条件，查询全部记录
List<T> selectList(@Param(Constants.WRAPPER) Wrapper<T> queryWrapper);
// 查询（根据 columnMap 条件）
```

```
List<T> selectByMap(@Param(Constants.COLUMN_MAP) Map<String, Object> columnMap);
// 根据 Wrapper 条件,查询全部记录
List<Map<String, Object>> selectMaps(@Param(Constants.WRAPPER) Wrapper<T> queryWrapper);
// 根据 Wrapper 条件,查询全部记录。注意该方法只返回第一个字段的值
List<Object> selectObjs(@Param(Constants.WRAPPER) Wrapper<T> queryWrapper);

// 根据 entity 条件,查询全部记录(并分页)
IPage<T> selectPage(IPage<T> page, @Param(Constants.WRAPPER) Wrapper<T> queryWrapper);
// 根据 Wrapper 条件,查询全部记录(并分页)
IPage<Map<String, Object>> selectMapsPage(IPage<T> page, @Param(Constants.WRAPPER) Wrapper<T> queryWrapper);
// 根据 Wrapper 条件,查询总记录数
Integer selectCount(@Param(Constants.WRAPPER) Wrapper<T> queryWrapper);
```

13.5.2　Wrapper 机制

Wrapper 是 MyBatis-Plus 编程式查询、修改数据的重要特性,这种特性类似于 Hibernate 中的 Criteria 机制(QBC)。MyBatis-Plus 提供的 Wrapper 机制拥有对单表查询的灵活条件构造、投影查询、聚合查询等能力,而且根据操作的场景分为查询类 Wrapper 和更新类 Wrapper,使用方式基本一致。下面通过几个简单示例来了解查询类 Wrapper 的使用。

1. 简单使用

我们先通过一个简单的模糊查询来演示 Wrapper 的基本使用。代码清单 13-23 使用 `Wrappers` 的静态方法 `query`,构造一个 Department 类的条件查询器,并模糊查询 name 属性包含 "分公司" 的数据。随后调用这个 /dept/test3 接口,浏览器中可以成功得到一条数据,证明条件查询已经生效。

代码清单 13-23　使用 QueryWrapper 构造查询条件

```
@GetMapping("/test3")
public List<Department> test3() {
    return departmentService.list(Wrappers.<Department>query().like("name", "分公司"));
}
[{"id":2,"name":"第一分公司","pid":1,"del":false}]
```

2. Lambda 式使用

对于代码清单 13-23 中 Wrapper 的使用,存在一个问题:当 Department 类的属性发生变化时,Wrapper 中的条件构造也需要相应地修改,但是 IDE 并不会感知到这些属性被使用。为了更易维护可能变化的实体类属性,MyBatis-Plus 提供了 LambdaWrapper,使用这种类型的 Wrapper 将属性的字符串变量改为 Lambda 表达式,以此实现代码的高可维护性。代码清单 13-24 使用 `lambdaQuery` 方法,可以生成一个传入 Lambda 表达式的 LambdaQueryWrapper,效果与代码清单 13-23 完全一致。

代码清单 13-24　使用 LambdaQueryWrapper 构造查询条件

```
@GetMapping("/test4")
public List<Department> test4() {
    return departmentService.list(Wrappers.lambdaQuery(Department.class)
            .like(Department::getName, "分公司"));
}
```

3. 投影查询

如果一个表的列特别多，而我们只需要查询其中的几列数据时，可以使用投影查询，即通过指定需要查询的列来达到节省数据库流量带宽的目的。代码清单 13-25 中指定了 Department 类的查询结果中只提取 id 和 name，其他属性都不需要。编写完成后重新编译代码，并在浏览器中访问/dept/test5 接口，发现返回的数据中 pid 和 del 属性都为 null，达到了预期目标。

代码清单 13-25　使用投影查询

```
@GetMapping("/test5")
public List<Department> test5() {
    return departmentService.list(Wrappers.lambdaQuery(Department.class)
            .select(Department::getId, Department::getName));
}
---
[{"id":1,"name":"总公司","pid":null,"del":null},{"id":2,"name":"第一分公司","pid":null,
"del":null},{"id":3,"name":"test mybatisplus","pid":null,"del":null}]
```

4. 聚合查询

对于单表查询来讲，聚合查询也是一个常见的查询场景。虽然 MyBatis-Plus 没有对聚合函数提供 API 的定义，但是我们可以传入 SQL 片段来间接实现聚合查询。代码清单 13-26 是一个查询 tbl_dept 表中最大 id 值的例子。需要注意的是，在使用聚合函数查询时无法使用 LambdaQueryWrapper 来实现，而只能使用普通的 QueryWrapper，也正是由于只能传入 SQL 片段进行查询，因此它的弊端与代码清单 13-23 是一样的，都要考虑后期数据库列名发生变动所带来的影响。

代码清单 13-26　查询部门表中最大的 id 值

```
@GetMapping("/test6")
public Department test6() {
    return departmentService.getOne(Wrappers.query(Department.class).select("max(id) as id"));
}
---
{"id":3,"name":null,"pid":null,"del":null}
```

5. 更灵活的条件构造

在实际的项目开发中，可能存在一些条件构造的场景：只有满足×××条件后，才构造 Wrapper 中的查询条件。代码清单 13-27 中展示了构造 Wrapper 条件的两种条件判断，传统的条件判断需要我们使用 if 结构设计，而 Wrapper 的方法中提供了一系列扩展方法，这些方法的共性是第一个参数传入一个 boolean 类型的值，当这个 boolean 值为 true 时当前构造的查询条件才会生效。换句话说，上下两种写法是等价的。读者可自行测试实际的效果，代码很容易理解，不再赘述。

代码清单 13-27　使用更灵活的查询条件构造

```
@GetMapping("/test7")
public List<Department> test7(Department qo) {
    LambdaQueryWrapper<Department> wrapper = Wrappers.lambdaQuery(Department.class);
```

```
    if (qo.getId() != null) {
        wrapper.eq(Department::getId, qo.getId());
    }
    wrapper.like(StringUtils.hasText(qo.getName()), Department::getName, qo.getName());
    return departmentService.list(wrapper);
}
```

13.5.3 主键策略与 ID 生成器

考虑到我们在项目开发中可能会用到的几种主键类型，MyBatis-Plus 给予了一些基础实现和配置。

- `AUTO`：数据库主键自增。
- `ASSIGN_ID`：雪花算法 ID。
- `ASSIGN_UUID`：不带短横线的 UUID。
- `INPUT`：程序手动设置的 ID（或配合序列填充，Oracle、SQL Server 等使用）。
- `NONE`：逻辑主键，数据库表中没有定义主键。

默认情况下，MyBatis-Plus 使用的主键策略是使用了雪花算法的 `ASSIGN_ID` 策略。

13.5.4 逻辑删除

逻辑删除是代替 DML 语句中 delete（物理删除）的一种更适合项目开发的数据删除机制，通过设置一个特殊的标记位，将需要删除的数据设置为"不可见"，并在每次查询数据时只查询标记位数据值为"可见"的数据，这样的设计就是逻辑删除。MyBatis-Plus 实现逻辑删除非常简单，只需要两步。

1. application.properties 中配置

MyBatis-Plus 在全局配置文件中提供了 3 个配置属性，分别是全局逻辑删除字段名、逻辑删除的数据标记值、没有逻辑删除的数据标记值，如代码清单 13-28 所示。

代码清单 13-28　设置逻辑删除相关的全局配置属性

```
mybatis-plus.global-config.db-config.logic-delete-field=del
mybatis-plus.global-config.db-config.logic-delete-value=1
mybatis-plus.global-config.db-config.logic-not-delete-value=0
```

2. 在实体类上标注@TableLogic 注解

在具体的实体类中，我们只需要在逻辑删除的属性上标注@TableLogic 注解，即可完成逻辑删除的使用，如代码清单 13-29 所示。如此标注后实现的效果主要有两个：（1）在使用 QueryWrapper 查询数据时，发送到数据库的 SQL 中会追加一个条件，在本示例中追加的条件为 del=0；（2）在使用 delete 系列方法删除数据时，发送的 SQL 会由原来的 delete from xxx where id=xxx 改为 update xxx set del=1 where id=xxx。

代码清单 13-29　使用@TableLogic 注解

```
@Data
@TableName("tbl_dept")
public class Department {
```

```
    @TableId(type = IdType.AUTO)
    private Integer id;
    // ......
    @TableLogic
    private Boolean del;
}
```

13.5.5 乐观锁插件

乐观锁是高并发下的控制手段,它假设多用户并发事务在处理时不会互相影响,各事务能够在不产生锁的情况下处理各自影响的那部分数据。换句话说,乐观锁希望一条即将被更新的数据没有被其他用户操作过。乐观锁的实现方式如下:

- 给数据添加 version 属性;
- 当查询数据时,把 version 数据一并输出;
- 更新数据时,将查询的 version 数据值一并传入;
- 执行 update/delete 语句时,在 where 条件中额外添加 version=? 语句;
- 如果 version 数据与数据库中的不一致,则更新/删除失败。

MyBatis-Plus 中实现的乐观锁机制是通过插件实现的,使用乐观锁分为以下两个步骤。

1. 注册乐观锁插件

乐观锁在 MyBatis-Plus 中的设计以插件(Interceptor)的形式实现,所以我们需要声明一个配置类,在其中注册一个 MyBatis-Plus 的插件 OptimisticLockerInnerInterceptor,如代码清单 13-30 所示。需要注意的是,MyBatis-Plus 提供的插件大多需要集成到 MybatisPlusInterceptor 中组合实现,而不是一个个地直接注册到 IOC 容器中。

代码清单 13-30　配置乐观锁插件

```
@Configuration(proxyBeanMethods = false)
public class MyBatisPlusConfiguration {

    @Bean
    public MybatisPlusInterceptor mybatisPlusInterceptor() {
        MybatisPlusInterceptor interceptor = new MybatisPlusInterceptor();
        // 添加乐观锁插件
        interceptor.addInnerInterceptor(new OptimisticLockerInnerInterceptor());
        return interceptor;
    }
}
```

2. 实体类上添加@Version 注解

随后我们可以在实体类中声明一个 Integer 类型的字段 version,并标注@Version 注解,如代码清单 13-31 所示。如此编写完毕后,在操作 tbl_dept 表的单表数据时,乐观锁就会介入处理。

代码清单 13-31　使用@Version 注解

```
@Data
@TableName("tbl_dept")
public class Department {
```

```java
@TableId(type = IdType.AUTO)
private Integer id;

@Version // 此处使用乐观锁注解
private Integer version;
// ......
}
```

> 💡 **小提示**：MyBatis-Plus 支持的乐观锁适用于以下数据类型：
> int、long（基本数据类型的数值型）；
> Integer、Long（包装数据类型的数值型）；
> Date、Timestamp、LocalDateTime（时间戳型）。

13.5.6 分页插件

分页查询是项目开发中非常常见的业务场景，对于 MyBatis 的分页插件而言，比较常见的是 PageHelper，MyBatis-Plus 已经考虑到了分页查询的场景，它提供了一个专门用于分页的插件，通过简单的配置就可以使用分页的特性。它的使用方式分为两步。

1．添加分页插件

13.5.5 节中提到 MyBatis-Plus 的插件大多需要集中组合到 `MybatisPlusInterceptor` 中，所以我们在代码清单 13-30 的基础上再注册一个 `PaginationInnerInterceptor` 即可，如代码清单 13-32 所示。注意，每个数据库的分页语法不尽相同，所以在创建分页插件时需要指定数据库的方言。

代码清单 13-32　配置分页插件

```java
@Bean
public MybatisPlusInterceptor mybatisPlusInterceptor() {
    MybatisPlusInterceptor interceptor = new MybatisPlusInterceptor();
    // 添加乐观锁插件
    interceptor.addInnerInterceptor(new OptimisticLockerInnerInterceptor());
    // 添加分页插件
    interceptor.addInnerInterceptor(new PaginationInnerInterceptor(new MySqlDialect()));
    return interceptor;
}
```

2．使用分页模型

MyBatis-Plus 的 `ServiceImpl` 中已经给我们提供了一些单表查询的分页方法，它们的名称都以 `page` 开头，我们可以直接使用；除此之外我们编写的 SQL 语句也有需要分页的场景（如关联多表的分页查询），这种情况下我们编写的 Mapper 接口要遵循一定的规则，即分页查询的方法需要传入 `IPage` 对象，并返回 `IPage` 模型或 `List` 集合。代码清单 13-33 提供了几个简单的示例。

代码清单 13-33　Mapper 接口中声明分页查询的方法

```java
/**
 * 使用 IPage 作为入参和返回值
```

```
 * @param query
 * @return
 */
IPage<User> page(IPage<Department> query);

/**
 * 使用集合作为返回值
 * @param query
 * @return
 */
List<User> pageList(IPage<Department> query);

/**
 * 使用 IPage 和其他参数共同作为入参
 * @param page
 * @param params
 * @return
 */
IPage<User> pageParams(@Param("page") IPage<Department> page, @Param("params") Map<String, Object> params);
```

13.5.7 代码生成器

日常开发中不乏会编写很多相似度较高的代码，包括但不限于单表的 Mapper、Service、Controller 等代码，以及其中的 CRUD 代码等。为了方便我们的项目开发，MyBatis-Plus 提供了一个代码生成器，利用这个代码生成器可以生成实体模型类、Mapper 接口、mapper.xml、Service、Controller 等代码。

使用代码生成器时，需要在引入 MyBatis-Plus 核心包的基础上，再依赖一个 `mybatis-plus-generator` 以及模板引擎 FreeMarker，导入的坐标如代码清单 13-34 所示。

代码清单 13-34 使用代码生成器需要导入的依赖

```xml
<dependency>
    <groupId>com.baomidou</groupId>
    <artifactId>mybatis-plus-generator</artifactId>
    <version>3.5.5</version>
</dependency>

<dependency>
    <groupId>org.freemarker</groupId>
    <artifactId>freemarker</artifactId>
    <version>2.3.32</version>
</dependency>
```

之后只需要编写简单的测试代码，指定代码生成器连接的数据源、生成代码的文件位置、代码所处的根包名和模块名以及需要生成的表名，如代码清单 13-35 所示。由于编写的是一个普通的 main 方法驱动的类，因此直接运行 main 方法即可，最终生成的代码相对简洁，读者可以根据开发项目的需要自行制作基于 FreeMarker 的代码模板，并让 MyBatis-Plus 根据模板内容生成代码。

代码清单 13-35　驱动代码生成器生成代码

```java
public class CodeGenerator {

    public static void main(String[] args) {

FastAutoGenerator.create("jdbc:mysql://localhost:3306/sring-dao?characterEncoding=utf8",
 "springboot", "123456")
            .globalConfig(builder -> {
                builder.author("LinkedBear") // 设置代码的 author
                    .outputDir("D://codegenerator"); // 指定输出目录
            })
            .packageConfig(builder -> {
                builder.parent("com.linkedbear.springboot.mybatisplus") // 设置父包名
                    .moduleName("user") // 设置父包模块名
                    .pathInfo(Collections.singletonMap(OutputFile.xml,  "D://codegenerator"));
// 设置 mapperXml 生成路径
            })
            .strategyConfig(builder -> {
                builder.addInclude("tbl_user") // 设置需要生成的表名
                    .addTablePrefix("tbl_"); // 设置过滤表前缀
            })
            // 使用 FreeMarker 引擎模板，默认的是 Velocity 引擎模板
            .templateEngine(new FreeMarkerTemplateEngine())
            .execute();
    }
}
```

13.6 小结

　　MyBatis 是目前主流的数据层应用框架，它基于半自动 ORM 的思想，以 SQL 为中心操纵数据库。作为 MyBatis 的增强工具，MyBatis-Plus 使基于 MyBatis 的项目开发效率更高。

　　MyBatis 的常用机制包括配置属性设置、Mapper 接口与 mapper.xml 的动态 SQL 编写、缓存和插件的应用等，合理灵活地使用它可以大大提升开发效果。MyBatis-Plus 在原有 MyBatis 的基础上进行功能特性的增强，而没有对原有特性进行修改和移除。MyBatis-Plus 提供的特性大多和实际的项目开发相关，我们可以使用 Wrapper 机制方便地进行单表 CRUD 操作，使用逻辑删除、乐观锁等插件完成功能字段的设计，此外它还提供了分页机制和提高开发效率的代码生成器。

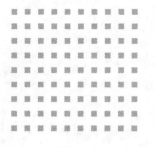

第六部分
Spring Boot 应用的生产与运维

- ▶ 第 14 章 打包与部署
- ▶ 第 15 章 生产级特性

第 14 章 打包与部署

本章主要内容：
◇ 基于 Spring Boot 工程的应用打包；
◇ 使用外置 Servlet 容器运行 Spring Boot 应用；
◇ 制作基于 Spring Boot 的 Docker 镜像并部署。

通过前面几个部分的学习，我们已经可以熟练地完成应用开发和场景整合，但是只在我们的开发主机上运行是无法正常对外提供长期稳定的服务的。接下来要做的是将开发好的应用打包并部署到服务器中，让用户访问和使用服务器中的 Web 应用。Spring Boot 的强大特性之一是利用嵌入式 Web 容器直接运行工程，也可以使用外置的 Servlet 容器运行，还可以将工程打包成 Docker 镜像部署到 Docker 容器中，甚至是云平台的容器环境。下面我们从打包开始依次讲解。

14.1 Spring Boot 应用打包

无论是使用原生 Servlet 开发的 Web 应用，还是基于 Spring Framework+WebMvc 开发的 Web 应用，最终都需要部署到一个独立运行的 Servlet 容器（如 Tomcat）中才可以正常运行，而基于 Spring Boot 的应用借助嵌入式 Web 容器可以做到独立运行，也正是因为不需要借助外置的 Servlet 容器，使得 Spring Boot 的单体工程完全可以打包成 jar 包运行，使用 jar 包部署和运行相对灵活，且可以相对简单地完成启动和扩容等工作。

14.1.1 制作简易工程

首先我们制作一个方便演示打包和部署的简易工程 **springboot-12-package**，这里面只需要导入 WebMvc 的场景启动器 spring-boot-starter-web，如代码清单 14-1 所示。

代码清单 14-1　导入最基础的依赖

```xml
<packaging>jar</packaging>

<dependencies>
    <dependency>
        <groupId>org.springframework.boot</groupId>
        <artifactId>spring-boot-starter-web</artifactId>
    </dependency>
</dependencies>

<build>
```

```xml
<plugins>
    <plugin>
        <groupId>org.springframework.boot</groupId>
        <artifactId>spring-boot-maven-plugin</artifactId>
    </plugin>
</plugins>
</build>
```

随后编写一个 Spring Boot 的主启动类 `SpringBootPackageApplication`，再把 `springboot-01-quickstart` 工程中的 `QuickstartController` 复制过来即可。这些代码都非常简单，不再展开。有了这些代码后，我们就拥有了演示打包和部署的基本条件。

14.1.2 使用 Maven 打包工程

默认情况下我们在 `pom.xml` 中声明的打包方式为 jar，使用 Maven 打包只需要执行 `mvn package` 命令，我们可以在 `springboot-12-package` 工程的根目录下使用命令行工具执行 `mvn package` 命令，也可以直接使用 IDEA 的 Maven 面板找到 `springboot-12-package` 工程的生命周期，并执行 `package` 命令，如图 14-1 所示。注意，笔者在打包时禁用了 `test` 环节，这是因为正常情况下 Maven 在执行 `package` 生命周期命令时，会将工程中的所有单元测试都执行一次，且不论每次执行全部单元测试会耗费多长时间。如果单元测试中有对数据库的操作或者对外部接口的请求发起等可能造成影响的内容，那么每次打包都有可能产生意外的情况。为了避免上述问题，在开发和打包阶段建议读者禁用 `test` 环节。

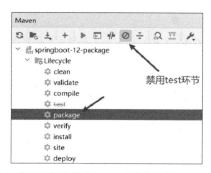

图 14-1 使用 IDEA 的 Maven 面板执行 package 命令

打包完成后，在工程目录的 `target` 下可以找到一个 jar 包，如图 14-2 所示，这个 jar 包的命名规则为 "{artifactId}-{version}.jar"。

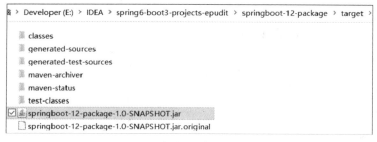

图 14-2 打包生成的 jar 文件

14.1.3 运行工程与打包插件

运行 jar 包的方式非常简单，在当前目录下唤起命令行窗口，使用 `java -jar springboot-12-package-1.0-SNAPSHOT.jar` 命令即可启动 jar 包，从控制台输出的内容中我们可以发现与使用 IDE 工具运行工程的效果基本一致。

运行工程本身非常简单，本节要着重讲解的是另一点。读者是否注意到在导入依赖时 `pom.xml` 文件中有一个 `spring-boot-maven-plugin` 插件，这个插件的作用非常重要，只有导入这个插件后打包得到的 jar 文件才可以正常运行，所以我们使用 Spring Boot 开发项目时一定不要落下这个插件。图 14-3 是没有导入 `spring-boot-maven-plugin` 插件和导入插件之后打包运行效果的对比，可以发现当没有导入 `spring-boot-maven-plugin` 插件时，使用 `java -jar` 命令运行 jar 包时会提示找不到主清单属性，实际上就是找不到 `main` 方法；而导入 `spring-boot-maven-plugin` 插件后该插件会帮我们把当前工程中依赖的所有 jar 包都汇总到最终打包好的 jar 包中，顺便也会标记当前主启动类的位置。

图 14-3　是否使用 spring-boot-maven-plugin 插件的运行效果对比

之所以会出现这种现象，需要从可执行 jar 文件的规范说起。

1. 可执行 jar 包的前置知识

从 Oracle 官网上可以找到有关 jar 文件的规范文档，文档中提到了一个核心目录：`META-INF`，这个目录中会存放当前 jar 包的一些扩展和配置数据，其中有一个核心配置文件叫 `MANIFEST.MF`，它以 properties 的配置格式保存了 jar 包的部分核心元信息。`MANIFEST.MF` 文件中主要包含表 14-1 所示的核心配置项内容，由于配置项比较多，本节只挑选几个下面会提到的配置项，关于全部的属性信息读者可以参照规范文档自行了解。

表 14-1　MANIFEST.MF 中的核心配置项（节选）

配置项	配置含义	配置值示例
Manifest-Version	定义 MANIFEST.MF 文件的版本	1.0（通常）
Class-Path	指定当前 jar 包所依赖的 jar 包路径（一般是相对路径）	servlet.jar、config/
Main-Class	对于可执行 jar 包中引导的主启动类的全限定名	org.springframework.boot.loader.JarLauncher

请读者重点关注最后一个配置项：`Main-Class`。它需要指定一个可以在 jar 包的顶层结构中可以直接找到的、带有 `main` 方法的启动类的全限定名，所谓的顶层结构指的是 jar 包中可以直接在目录中找到的、不需要再解压/探寻 jar 包内部（换句话说，被 `Main-Class` 配置项引用的类必须同它所属的包一起放在可执行 jar 包的顶层）。注意这里又出现了一个新的概念：jar

包中可能会嵌套 jar 包,这种类型的 jar 包被称为"Fat Jar",这种类型的 jar 包可以解决第三方库不在 classpath 下的加载失败问题,Spring Boot 生成的可执行 jar 包本身就是一种 Fat Jar。

2. 两次打包的 jar 包对比

我们使用压缩软件分别打开两次打包的 jar 文件,第一眼的不同之处是文件夹结构,图 14-4 中左侧是没有使用 `spring-boot-maven-plugin` 插件打包之后的 jar 文件,可以看到内部有我们编写的 Java 代码编译后的包以及放置在 `src/main/resources` 下的全局配置文件,除此之外它包含一个 `META-INF` 目录,也就是上面刚提到的那个包含元信息的文件夹;右侧是使用 `spring-boot-maven-plugin` 插件打包后的 jar 文件,不能直接看到内部有我们编写的所有代码,如果手动浏览,可以在 `BOOT-INF/classes` 下找到我们编写的所有代码,而在 `BOOT-INF/lib` 下有当前工程中所有依赖的 jar 包,如图 14-5 所示。

图 14-4 两个 jar 包的目录文件结构

图 14-5 BOOT-INF 内部的结构

我们再到 META-INF 目录中对比两个 MANIFEST.MF 文件，如图 14-6 所示，可以发现右侧可以正常执行的 jar 包中的 MANIFEST.MF 中包含两个信息，分别是 `Main-Class` 和 `Start-Class`，虽然我们并不清楚 `Start-Class` 是什么，但从值上已经可以看出它就是我们编写的 Spring Boot 主启动类，而引导触发主启动类的真正启动类是一个叫 `JarLauncher` 的类，它被标注为 `Main-Class`；反观左侧无法正常运行的 jar 包中的 MANIFEST.MF 文件，它压根儿就没有 `Main-Class` 信息，所以这个 jar 包就无法使用 `java -jar` 命令执行。

图 14-6　两个 MANIFEST.MF 文件的对比

3．Fat Jar 可以正确执行的原理

梳理清楚两个 jar 文件的区别后，下面我们可以简单总结一下使用 `spring-boot-maven-plugin` 插件打包的可执行 jar 文件的执行原理。

（1）由于 `MANIFEST.MF` 文件包含 `Main-Class` 信息，因此 jar 文件可以通过使用 `java-jar` 命令执行。

（2）由于 `BOOT-INF` 下保存了工程中的所有代码和依赖的 jar 包，具备支撑运行的条件。

（3）引导可执行 jar 文件执行的 `JarLauncher` 可以找到 MANIFEST.MF 文件中的 `Start-Class` 信息，从而找到 Spring Boot 的主启动类。

（4）执行主启动类的 `main` 方法，Spring Boot 应用被成功启动。

14.2　使用外置 Servlet 容器运行

除了使用可执行 jar 包运行，Spring Boot 还支持将基于 WebMvc 的工程打包成 war 包放到独立的 Servlet 容器中运行。以 war 包的方式运行应用的最大好处是可以留给 Servlet 容器足够的调优空间，而且方便运维人员继续使用自己熟悉的方式来管理和维护。

14.2.1　war 包方式打包的准备

由于我们之前编写的所有工程都是以 jar 包方式进行打包的，在改为 war 包方式打包之前需要做一些准备工作，主要分为以下两步。

1．SpringBootServletInitializer

请读者回想一下第 9 章的最开始讲解 Servlet 3.0 规范整合 WEB 开发的内容，要想让独立运行的 Servlet 容器能够装载我们编写的工程，需要在工程中提供一个 `ServletContainerInitializer` 接口的实现类，让这个实现类去初始化工程内部所需的组件。Spring Boot 将这一步进行了简化，它提供了一个高度封装的父类 `SpringBootServletInitializer`，我们只需要编写一个它的子类 `SpringBootpackageServletInitializer` 并放到与 Spring Boot 主启动类同包下，

如代码清单 14-2 所示。可以看到我们重写的 configure 方法中会传入一个建造器 SpringApplicationBuilder,使用它的 sources 方法可以指定当前 Spring Boot 应用的主启动类。

代码清单 14-2　SpringBootpackageServletInitializer

```java
public class SpringBootpackageServletInitializer extends SpringBootServletInitializer {

    @Override
    protected SpringApplicationBuilder configure(SpringApplicationBuilder builder) {
        return builder.sources(SpringBootPackageApplication.class);
    }
}
```

之所以要做这一步，是因为外置 Servlet 容器根本不了解当前 Spring Boot 的主启动类是什么，所以需要一个 Servlet 容器熟悉的组件（SpringBootServletInitializer）作为"中介"将该信息传递过去。

2. 修改打包方式及排除嵌入式容器

打包成 war 包必须做的一步是修改打包类型，在 pom.xml 文件中显式声明<packaging>war</packaging>即可。由于我们已经使用外置的 Servlet 容器运行 Spring Boot 应用，因此需要调整一下嵌入式 Web 容器的作用域，由 compile 改为 provided，如代码清单 14-3 所示，这样做的目的是让当前工程在部署到 Servlet 容器后不携带嵌入式的 Web 容器进去，以防一些不必要的意外出现（譬如在独立运行的 Tomcat 中带入嵌入式 Jetty 的包）。

代码清单 14-3　调整嵌入式 Web 容器的作用域

```xml
<dependency>
    <groupId>org.springframework.boot</groupId>
    <artifactId>spring-boot-starter-tomcat</artifactId>
    <scope>provided</scope>
</dependency>
```

14.2.2　制作 war 包

完成上述两步工作后，下面就可以将工程打包成 war 包，打包的方式依然是使用 mvn package 命令，这次运行完成后在 target 目录下可以看到一个 springboot-12-package-1.0-SNAPSHOT.war 文件，这个文件可以放到外置的 Servlet 容器（如 Tomcat 等）中运行，同时它还支持使用 java -jar 命令直接运行，如图 14-7 所示。

图 14-7　直接使用 java -jar 运行 war 包

同样我们使用外置 Tomcat 来测试一下运行效果，将 war 包名称改为 `springboot.war` 并放到 Tomcat 的 `webapps` 目录下，随后执行 `bin/startup.bat` 文件，可以在 Tomcat 的控制台中看到 Tomcat 部署 `springboot.war` 包，随后 Spring Boot 的主启动类被触发，Banner 被打印，等到 Spring Boot 应用部署完毕后 Tomcat 也就启动完毕，如图 14-8 所示。

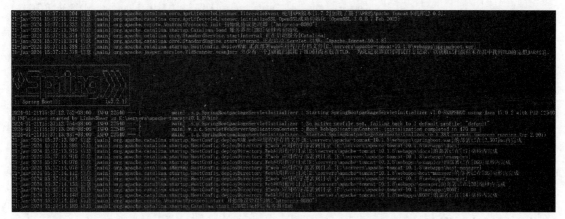

图 14-8　使用 Tomcat 运行 Spring Boot 工程的 war 包

14.3　制作 Docker 镜像

Docker 是一个开源的容器引擎，是当下容器虚拟化的主流选择，它可以为应用创建一个可移植的独立容器。Docker 的核心思想是一次构建处处运行，这与 Java 的一次编译处处执行相似。Docker 有启动快、占用资源少、容器隔离等优点，这使得 Docker 成为部署和运行基础组件、应用程序乃至微服务的不二选择。本节中我们会将 `springboot-12-package` 工程打包为一个 Docker 镜像，并使其在 Docker 中运行。

14.3.1　Docker 基础

Docker 的安装方式非常简单，在 Linux 系统中只需要简单几条指令。笔者使用 CentOS 7 进行操作，只需要执行 `yum install -y docker` 即可将 Docker 安装到本地，随后执行 `systemctl start docker` 即可启动 Docker。

一个 Docker 实例中可以下载和存放很多个镜像，一个镜像又可以运行多个容器实例，这组概念比较类似于 Java 中的类和对象。Docker 中的每个容器之间都是环境隔离的，一个 Docker 容器可以简单理解为一个小微 Linux 系统的虚拟机。

通常我们使用 Docker 的指令完成镜像的搜索、下载拉取、删除以及对容器的创建、启停、移除等操作，常用的 Docker 操作指令如表 14-2 所示。

表 14-2　常用的 Docker 指令

Docker 指令	含义	示例
search	搜索镜像	docker search mysql
pull	拉取镜像	docker pull mysql（拉取最新版） docker pull mysql:5.7（拉取指定版本）

续表

Docker 指令	含义	示例
images	列出本地所有镜像	docker images
rmi	删除镜像	docker rmi mysql
run	创建一个新的容器	docker run -d --name mysql3306 -p 3306:3306 -e MYSQL_ROOT_PASSWORD=123456 mysql -d 后台运行；--name 给容器指定名称；-p 映射端口，将宿主机的端口与容器内端口建立映射；-e 指环境变量；-v 挂载目录，将宿主机的某个文件/目录挂载到容器中
start	启动已有的容器	docker start mysql3306
stop	停止已有的容器	docker stop mysql3306
rm	删除一个容器	docker rm mysql3306
ps	列出所有容器	docker ps（列出正在运行的容器） docker ps -a（列出所有容器，包含已停止的、因异常退出的）
logs	查看指定容器的日志	docker logs mysql3306

14.3.2　Dockerfile 文件

使用 Dockerfile 文件可以将可执行 jar 包制作为 Docker 镜像，为此需要编写一个 Dockerfile 文件，首先我们要了解 Dockerfile 文件的一些指令，如表 14-3 所示。

表 14-3　常用的 Dockerfile 指令

Dockerfile 指令	含义	示例
FROM imageName:tag	定义当前容器需要依赖的基础镜像	FROM java:8（当前镜像的构建需要依赖 Java 8）
MAINTAINER username	指定当前镜像的构建者	MAINTAINER LinkedBear
ENV key value	设置环境变量（可编写多条）	ENV spring.profiles.active=prod ENV server.port=8090
ADD source target	将宿主机的某些文件复制到容器中	ADD springboot.jar/home/springboot.jar
RUN ...	执行指令（可编写多条）	RUN bash -c "mkdir/home/springboot"
VOLUME dir	将宿主机的指定目录或者其他容器的文件挂载到当前容器中	VOLUME/tmp
WORKDIR dir	当前容器的工作目录	WORKDIR/home
EXPOSE port	当前容器对外暴露的端口，可设置多个	EXPOSE 8080 8081
ENTRYPOINT[arg0, arg1, arg2 ...]	构建容器运行时执行的命令	ENTRYPOINT["java", "-jar", "/home/springboot.jar"]

14.3.3　使用 Dockerfile 构建镜像

使用 Dockerfile 文件构建镜像时需要先准备好可执行 jar 包，我们把 14.1 节中打包好的 jar 包上传到 Linux 主机中，之后编写一个 Dockerfile 文件，如代码清单 14-4 所示。简单解释这段 Dockerfile 的含义：使用 FROM 指令声明当前 Spring Boot 应用依赖 eclipse-temurin 镜像，这是一个基于 JDK 17 的较新的开源免费镜像；EXPOSE 8080 代表指定当前镜像最终会在内部暴露 8080 端口；使用 WORKDIR 和 VOLUME 分别指定工作目录和挂载目录；使用 ADD 命令将宿主机的 springboot.jar 复制到 Docker 镜像中，最后使用 ENTRYPOINT 指定启动这个 jar 包。

代码清单 14-4　Dockerfile 文件

```
FROM eclipse-temurin:17.0.9_9-jre
EXPOSE 8080

WORKDIR /home
VOLUME /tmp
ADD springboot.jar /home/springboot.jar
ENTRYPOINT ["java", "-jar", "/home/springboot.jar"]
```

编写完这个 Dockerfile 文件后将其复制到 Linux 主机上，放到与 springboot.jar 同一个目录下即可。之后使用命令行进入 /home/springboot 目录下，执行 `docker build -t springboot-packages:1.0 .` 命令即可完成 Docker 镜像的构建，构建的镜像名为 springboot-packages，版本号为 1.0。构建成功的效果如图 14-9 所示。

图 14-9　使用 Dockerfile 制作 Docker 镜像

如果此时使用 `docker images` 命令就可以看到刚构建的镜像，如果要创建一个容器来运行，可以使用 `docker run -d --name springboot -p 8080:8080 springboot-packages:1.0` 命令，执行完成后将会创建一个后台运行的名称为 springboot 的容器，且对外暴露 8080 端口提供服务。

14.3.4　使用 Maven 插件构建镜像

敏锐的读者可能对于上面的内容察觉到一点：使用 Dockerfile 创建镜像时需要每次先使用 Maven 打包之后再配合 Dockerfile 完成镜像构建，能不能将这两者合并以减少工作量？答案是可以的，Maven 中有一个 Spotify 公司提供的一次性完成打包和镜像构建的插件：docker-maven-plugin。下面我们来演示一下 docker-maven-plugin 插件的使用。

找到 pom.xml 文件，在 spring-boot-maven-plugin 插件的下面直接添加 docker-maven-plugin 插件的坐标，并配置几个必需的配置项即可，如代码清单 14-5 所示。简单解释一下这些配置项的含义：`imageName` 指定了本次制作镜像的名称和版本号，类似于 14.3.3 节中 `docker build` 命令中指定的 `-t` 参数；`dockerDirectory` 指定了当前 Dockerfile 文件的位置，这里我们选择放到 `src/main/docker` 目录下；`<resources>` 标签中声明的是将哪些文件打包到镜像中，很明显是我们通过 `mvn package` 命令得到的可执行 jar 包，所以按照代码清单 14-5 的方式就可以得到唯一的 jar 文件。另外注意一点，为了与 Dockerfile 中的 ADD 命令呼应，我们在 `<build>` 标签中声明一个 `<finalName>springboot</finalName>`，这样打包产生的 jar 文件名称就会变成 `springboot.jar`。

代码清单 14-5　使用 docker-maven-plugin 插件

```xml
<build>
    <finalName>springboot</finalName>
    <plugins>
        <plugin>
            <groupId>org.springframework.boot</groupId>
            <artifactId>spring-boot-maven-plugin</artifactId>
        </plugin>
        <plugin>
            <groupId>com.spotify</groupId>
            <artifactId>docker-maven-plugin</artifactId>
            <version>1.2.2</version>
            <configuration>
                <imageName>springboot:${project.version}</imageName>
                <dockerDirectory>${project.basedir}/src/main/docker</dockerDirectory>
                <resources>
                    <resource>
                        <targetPath>/</targetPath>
                        <directory>${project.build.directory}</directory>
                        <include>${project.build.finalName}.jar</include>
                    </resource>
                </resources>
            </configuration>
        </plugin>
    </plugins>
</build>
```

编写完成后接下来就可以执行命令一次性完成打包和镜像构建，但是请读者注意，要想让这个 Maven 插件发挥作用，需要在执行打包和镜像构建的主机上安装 Docker 环境。笔者当前使用的 Windows 主机无法安装 Docker 环境，所以需要将当前 `springboot-12-package` 工程的全部代码复制到 Linux 主机上，并在 Linux 主机上配置 JDK 和 Maven 环境，之后才能完成打包和镜像构建，如果读者使用的是 macOS 的主机，则可以省略重新安装和配置环境这一步。

将 `springboot-12-package` 工程复制到 Linux 主机后，执行 `mvn clean package docker:build` 命令，Maven 会先完成打包动作，之后根据我们提供的 Dockerfile 文件构建一个名为 `springboot`、版本号为 `1.0-SNAPSHOT` 的镜像，我们可以使用 `docker images` 命令查看当前镜像，如图 14-10 所示。至此，使用 Maven 插件完成 Docker 镜像构建的演示完毕。

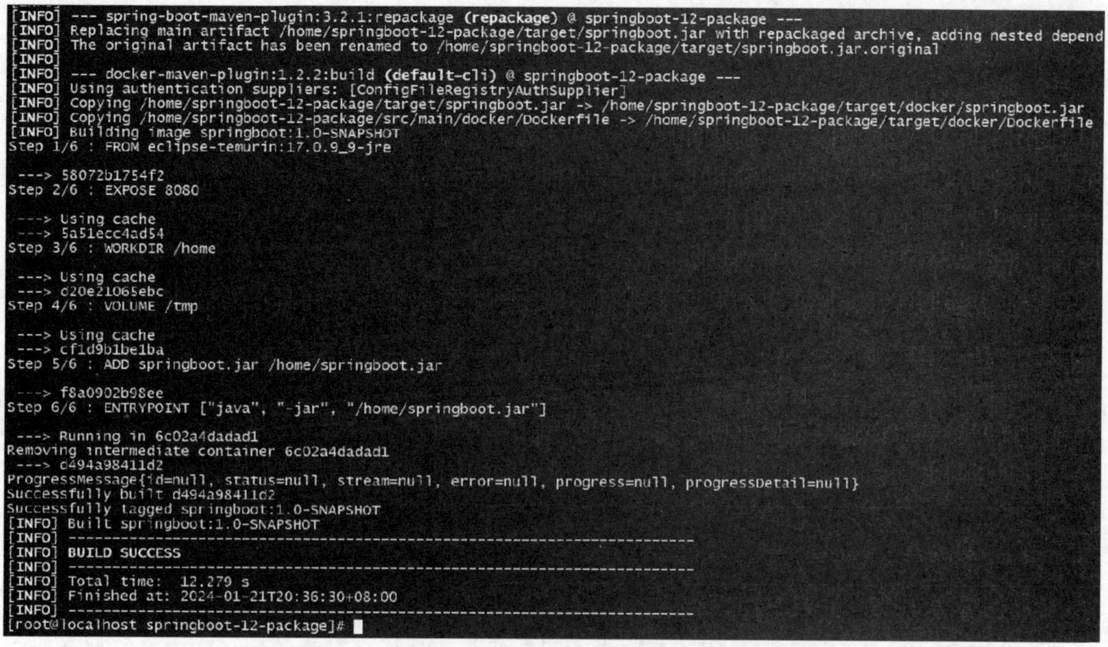

```
[INFO] --- spring-boot-maven-plugin:3.2.1:repackage (repackage) @ springboot-12-package ---
[INFO] Replacing main artifact /home/springboot-12-package/target/springboot.jar with repackaged archive, adding nested depend
[INFO] The original artifact has been renamed to /home/springboot-12-package/target/springboot.jar.original
[INFO]
[INFO] --- docker-maven-plugin:1.2.2:build (default-cli) @ springboot-12-package ---
[INFO] Using authentication suppliers: [ConfigFileRegistryAuthSupplier]
[INFO] Copying /home/springboot-12-package/target/springboot.jar -> /home/springboot-12-package/target/docker/springboot.jar
[INFO] Copying /home/springboot-12-package/src/main/docker/Dockerfile -> /home/springboot-12-package/target/docker/Dockerfile
[INFO] Building image springboot:1.0-SNAPSHOT
Step 1/6 : FROM eclipse-temurin:17.0.9_9-jre

 ---> 58072b1754f2
Step 2/6 : EXPOSE 8080

 ---> Using cache
 ---> 5a51ecc4ad54
Step 3/6 : WORKDIR /home

 ---> Using cache
 ---> d20e21065ebc
Step 4/6 : VOLUME /tmp

 ---> Using cache
 ---> cf1d9b1be1ba
Step 5/6 : ADD springboot.jar /home/springboot.jar

 ---> f8a0902b98ee
Step 6/6 : ENTRYPOINT ["java", "-jar", "/home/springboot.jar"]

 ---> Running in 6c02a4dadad1
Removing intermediate container 6c02a4dadad1
 ---> d494a98411d2
ProgressMessage{id=null, status=null, stream=null, error=null, progress=null, progressDetail=null}
Successfully built d494a98411d2
Successfully tagged springboot:1.0-SNAPSHOT
[INFO] Built springboot:1.0-SNAPSHOT
[INFO] ------------------------------------------------------------------------
[INFO] BUILD SUCCESS
[INFO] ------------------------------------------------------------------------
[INFO] Total time:  12.279 s
[INFO] Finished at: 2024-01-21T20:36:30+08:00
[INFO] ------------------------------------------------------------------------
[root@localhost springboot-12-package]#
```

图 14-10　使用 Maven 插件完成 Docker 镜像制作

14.4　小结

本章介绍了 Spring Boot 应用打包与部署的运行方式。项目开发完毕后必定要打包部署到生产环境运行，Spring Boot 提供了非常方便的打包和运行方式，同时兼顾了基于独立 jar 包运行和借助独立部署的 Servlet 容器运行的方式。此外，还可以制作 Docker 镜像，使用 Docker 容器的方式部署和运行 Spring Boot 的应用。

第 15 章 生产级特性

本章主要内容：
- ◇ Spring Boot 的监控组件 Actuator；
- ◇ Actuator 的监控端点和监控指标；
- ◇ 使用 Spring Boot Admin 管理 Spring Boot 应用；
- ◇ 监控体系的使用。

通过前面章节的学习，我们已经完成了 Spring Boot 应用的开发、打包和运行，而应用上线后对我们而言并不是高枕无忧，因为不确定的服务器资源消耗、异常的访问和攻击等都会使应用陷入危险境地。在企业级应用中，对应用程序进行运行状态的监控是必不可少的，Spring Boot 之所以如此强大和受欢迎，其重要特性之一就是提供了生产级的特性：**指标监控和管理**，对应的 Spring Boot 组件为 Actuator，本章我们就来一起了解 Spring Boot 整合 Actuator 的使用。

15.1　Spring Boot Actuator

Spring Boot 中用于监控和管理的组件是 Spring Boot Actuator，它支持我们使用 HTTP、JMX 等方式获取应用的监控指标，包括应用中的审计信息、健康状态检查、指标数据采集等。得益于 Spring Boot 的自动装配机制，只需要引入 Spring Boot Actuator 的场景启动器，我们就可以即刻拥有获取应用监控指标的能力。除此以外 Spring Boot Actuator 还提供了许多可配置项，甚至支持自定义监控指标，我们可以根据具体的实际情况进行指标定制。

15.1.1　背景与方案

请读者先思考一个问题：如果我们需要实时了解 IOC 容器中的 Bean 组件有哪些，Spring Boot 应用中有哪些配置属性等，需要如何处理？比较容易想到的办法是借助 Web 工程编写一个 Controller，将 `ApplicationContext` 注入并调用相应的方法获取，这的确是一种方案，但是必然会产生编码成本。

再举一个场景的例子：我们需要了解当前 Spring Boot 应用中有哪些自动配置类生效，以往我们只能通过修改 Spring Boot 的日志级别，使自动装配结果报告输出到日志文件中，但即便如此，我们想要查看日志文件也不是很方便。

针对上述种种问题，Spring Boot Actuator 应运而生。整合 Spring Boot Actuator 之后，我们可以非常方便地获取上述的所有信息，而且获取的结果比我们手动获取的还要全面、规整。下面我们就来整合使用 Spring Boot Actuator。

15.1.2　整合使用

> 💡 小提示：本章内容的所有代码均放在 `springboot-13-actuator` 工程下。

在 Spring Boot 应用中使用 Actuator 的方式非常简单，引入 Spring Boot Actuator 的场景启动器即可，如代码清单 15-1 所示。为了演示方便和贴近真实的应用开发，我们可以一并引入 WebMvc 的场景启动器。

代码清单 15-1　Spring Boot Actuator 的场景启动器

```
<dependency>
    <groupId>org.springframework.boot</groupId>
    <artifactId>spring-boot-starter-actuator</artifactId>
</dependency>
```

首先我们快速体会一个指标的使用：/actuator/health，这个指标的返回结果表示当前应用的状态是正常还是宕机。我们直接编写 Spring Boot 主启动类并运行，此时嵌入式 Tomcat 会运行在 8080 端口，使用浏览器访问 http://localhost:8080/actuator/health 接口，发现浏览器收到了一条只包含一个 `status` 的 JSON 数据，且 `status` 为 `UP`，如图 15-1 所示，这就代表当前 Spring Boot 应用的状态是正常运行的，倘若出现 `DOWN` 的状态则代表当前 Spring Boot 应用宕机，需要处理异常情况。

图 15-1　health 端点返回 UP 状态代表应用状态正常

> 💡 小提示：笔者使用 Chrome 浏览器时安装了一个 JSON Formatter 插件，使用这个插件可以在访问监控端点时比较方便地查看返回的 JSON 数据，读者在实际测试时可以安装功能相同或相似的插件。

15.2　监控端点 Endpoints

下面我们就 Spring Boot Actuator 中提供的监控端点（Endpoints）展开讲解。Spring Boot Actuator 提供了非常多的监控端点，按照功能类别可以大致划分为以下 3 类。

（1）监控类：可以获得当前 Spring Boot 应用的状态、监控度量指标。
- health：健康状态检查，默认开启 HTTP 和 JMX 端点。
- metrics：监控度量指标信息，默认只开启 JMX 端点。
- prometheus：对接 Prometheus 监控系统，提供可以被 Prometheus 解析的监控信息，只有 HTTP 端点且默认关闭。

（2）信息类：可以获得当前 Spring Boot 应用中客观存在的信息，这部分端点中大部分默认开启 JMX 端点，对于 HTTP 端点默认全部关闭。

- beans：获得 IOC 容器中的所有 Bean 信息。
- conditions：获得注解配置类的条件装配信息和装配结果（包括自动装配）。
- configprops：获得 Spring Boot 中使用 @ConfigurationProperties 注解绑定的配置属性对象。
- env：获得当前应用的所有配置属性和值（包括 Spring Boot 的全局配置属性）。
- mappings：获得 WebMvc 或 WebFlux 应用中使用 @RequestMapping 注解编写的 Handler 映射信息。
- info：返回自定义的应用基本信息。
- caches：获得 IOC 容器中设置的缓存信息。
- logfile：如果配置了 logging.file.name 或 logging.file.path 属性，则会返回日志文件内容（仅 HTTP 端点）。
- httpexchanges：获得最近 100 条 HTTP 请求跟踪信息（Spring Boot 2.x 中叫 httptrace）。

（3）操作类：可以对正在运行的应用进行修改，部分端点也兼顾信息获取功能。

- loggers：获取或修改指定日志的级别，使用 HTTP 端点时发送 GET 请求为获取，发送 POST 请求则为修改。
- sessions：当应用整合 Spring Session 时可以获取或移除指定 session（针对普通的嵌入式 Web 容器无效）。
- shutdown：关闭应用（使用优雅关闭机制），该端点默认关闭。
- headdump：执行 head dump 操作，生成 dump 文件。
- threaddump：执行 thread dump 线程转储动作，同样生成 dump 文件。

根据上面的描述可知，默认情况下大部分 HTTP 端点是不可访问的，我们需要手动开启，开启的方式是在全局配置文件中添加两行配置，如代码清单 15-2 所示，其中 `management.endpoints.web.exposure.include` 可以指定准许访问的具体端点名称，也可以直接指定 `"*"`，代表对于所有端点全部开放访问。

代码清单 15-2　开启 HTTP 端点

```
management.endpoints.enabled-by-default=true
management.endpoints.web.exposure.include=*
```

下面我们来详细介绍和演示几个常用监控端点的使用。考虑到监控端点的返回内容会很长，本节出现的所有监控端点返回示例会适当精简全限定名。

15.2.1　health

15.1 节我们已经体验了 health 这个端点的使用，默认状态下访问时只会得到一个 status 信息，然而当我们在全局配置文件中配置 `management.endpoint.health.show-details=always` 后重启应用，再次访问 /actuator/health 端点时发现返回的信息有所增多，如代码清单 15-3 所示。很明显更详细的信息主要包括磁盘空间使用、当前工程的路径等，如果我们的工程中引入了数据源信息，则此处还会展示与数据库相关的健康检查信息，读者可以在整合数据访问的任意工程中引入 Spring Boot Actuator 的场景启动器,并配置上述几个配置项,观察更多元化的健康检查信息。

代码清单 15-3　更详细的 health 信息

```
{
    "status": "UP",
    "components": {
        "diskSpace": {
            "status": "UP",
            "details": {
                "total": 274878951424,
                "free": 198494023680,
                "threshold": 10485760,
                "path": "E:\\IDEA\\spring6-boot3-projects-epudit\\.",
                "exists": true
            }
        },
        "ping": {
            "status": "UP"
        }
    }
}
```

15.2.2　beans

除了 health,如果我们需要知悉其他监控端点的访问路径,Spring Boot Actuator 提供的方案是直接访问 /actuator 路径,当我们开放所有 HTTP 端点后,访问得到的结果是一个非常长的 JSON 数据,代码清单 15-4 是其中的一个片段。接下来要做的事情就简单多了,我们只需要对照端点名称访问对应的 href 链接。

代码清单 15-4　访问 /actuator 得到的所有端点

```
{
    "_links": {
        "self": {
            "href": "http://localhost:8080/actuator",
            "templated": false
        },
        "beans": {
            "href": "http://localhost:8080/actuator/beans",
            "templated": false
        },
        "caches-cache": {
            "href": "http://localhost:8080/actuator/caches/{cache}",
            "templated": true
        },
        "caches": {
            "href": "http://localhost:8080/actuator/caches",
            "templated": false
        },
        // 此处省略
    }
}
```

下面我们访问/actuator/beans 端点，beans 端点返回的数据片段如代码清单 15-5 所示，数据内容规则如下。

- contexts.application.beans 中的本质是一个 Map，key 是每个 Bean 的名称，value 是这个 Bean 的一些基本信息。
- 以 defaultServletHandlerMapping 为例，aliases 代表 Bean 的别名（在@Bean 注解上可以标注，大多数为空）。
- scope:singleton 代表它是一个单实例 Bean（同样还会有 prototype、request 等域）。
- type 代表当前这个 Bean 的类型，注意这个类型可能不指定某个具体的接口实现类型，如果是使用@Bean 注解注册的 Bean，则方法的返回值类型就是 Bean 的类型。
- resource 代表这个 Bean 的加载来源，可能来自某个类的组件扫描，也可能来自某个注解配置类，还可能来自某个 XML 配置文件。

代码清单 15-5　beans 端点返回数据片段

```
{ "contexts": { "application": { "beans": {
    "endpointCachingOperationInvokerAdvisor": {
        "aliases": [],
        "scope": "singleton",
        "type": "org.springframework.boot.actuate.endpoint.invoker.cache.CachingOperationInvokerAdvisor",
        "resource": "class path resource [org/springframework/boot/actuate/autoconfigure/endpoint/EndpointAutoConfiguration.class]",
        "dependencies": [
            "org.springframework.boot.actuate.autoconfigure.endpoint. EndpointAutoConfiguration",
            "environment"
        ]
    },
    "defaultServletHandlerMapping": {
        "aliases": [],
        "scope": "singleton",
        "type": "org.springframework.web.servlet.HandlerMapping",
        "resource": "class path resource [org/springframework/boot/autoconfigure/web/servlet/WebMvcAutoConfiguration$EnableWebMvcConfiguration.class]",
        "dependencies": [
            "org.springframework.boot.autoconfigure.web.servlet.
            WebMvcAutoConfiguration$EnableWebMvcConfiguration"
        ]
    }, // 此处省略
}}}}
```

15.2.3　conditions

conditions 端点返回的信息是"配置类的条件装配报告"，它可以展示 Spring Boot 应用中的注解配置类和自动装配是否生效，以及对应生效/不生效的依据。浏览器中访问/actuator/conditions 后，可以得到一个更长的 JSON 数据，我们只从这里面抽取几个相对简单的进行解释，对应的数据片段如代码清单 15-6 所示。

(1) positiveMatches：条件装配生效的自动配置类。
- AopAutoConfiguration 生效的依据是一个 @ConditionalOnProperty 的属性配置条件，对应的全局配置属性 spring.aop.auto=true。
- WebMvcAutoConfiguration 生效的依据是 3 个条件组合而来，分别是 @Conditional-OnClass 注解找到了 jakarta.servlet.Servlet、DispatcherServlet 和 WebMvcConfigurer，@ConditionalOnWebApplication 注解匹配到了 SERVLET 环境，以及 @ConditionalOn-MissingBean 注解没有在 IOC 容器中找到自定义注册的 WebMvcConfigurationSupport 对象。

(2) negativeMatches：条件装配没有生效的自动配置类。
- DataSourceAutoConfiguration 没有生效是因为 @ConditionalOnClass 注解没有找到 EmbeddedDatabaseType 这个类。

(3) unconditionalClasses：没有条件装配的自动配置类。

代码清单 15-6　conditions 端点返回数据片段

```
{ "contexts": { "application": {
    "positiveMatches": {
      ......
      "AopAutoConfiguration": [
        {
          "condition": "OnPropertyCondition",
          "message": "@ConditionalOnProperty (spring.aop.auto=true) matched"
        }
      ], ......
      "WebMvcAutoConfiguration": [
        {
          "condition": "OnClassCondition",
          "message": "@ConditionalOnClass found required classes 'jakarta.servlet.Servlet', 'org.springframework.web.servlet.DispatcherServlet', 'org.springframework.web.servlet.config.annotation.WebMvcConfigurer'"
        },{
          "condition": "OnWebApplicationCondition",
          "message": "found 'session' scope"
        },{
          "condition": "OnBeanCondition",
          "message": "@ConditionalOnMissingBean (types: org.springframework.web.servlet.config.annotation.WebMvcConfigurationSupport; SearchStrategy: all) did not find any beans"
        }
      ], ......
    },
    "negativeMatches": {
      ......,
      "DataSourceAutoConfiguration": {
        "notMatched": [
          {
            "condition": "OnClassCondition",
            "message": "@ConditionalOnClass did not find required class 'org.springframework.jdbc.datasource.embedded.EmbeddedDatabaseType'"
          }
        ],
        "matched": []
```

```
        },......
    },
    "unconditionalClasses": [
        "org.springframework.boot.autoconfigure.context.ConfigurationPropertiesAutoConfiguration",
        "org.springframework.boot.actuate.autoconfigure.availability.AvailabilityHealthContri
butorAutoConfiguration",
        "org.springframework.boot.autoconfigure.ssl.SslAutoConfiguration",......
    ]
}}}
```

15.2.4　configprops 和 env

configprops 和 env 这两个端点放在一起说，因为它们存在一定的联系。configprops 意为"配置属性"，它可以将 Spring Boot 中使用 @ConfigurationProperties 或 @EnableConfigurationProperties 注解引用的那些配置属性对象都列举出来，展示其中的配置属性和值。

为了能展示内置的和自定义的配置属性对象，我们将第 6 章中自定义的 springboot-02-starter 引入当前工程，并在 application.properties 中加入代码清单 15-7 的配置属性。请读者注意一点，默认情况下，使用 configprops 端点查看配置属性值时不会展示，需要我们使用类似 health 端点的配置项放开显示。

代码清单 15-7　配置自定义属性+放开配置属性值展示

```
animal.cat.name=mimi
animal.cat.age=3
animal.dog.name=wangwang

management.endpoint.configprops.show-values=always
management.endpoint.env.show-values=always
```

配置完成后重启应用，随后访问/actuator/configprops 端点，这次得到的数据量也很大，如代码清单 15-8 所示。经过筛选和定位我们可以找到在 springboot-02-starter 中定义的 Cat 和 Dog 均已被注册到 IOC 容器，并且它们的属性和值都被罗列出来，甚至配置的值在哪个配置文件的哪一行都标注了。除此之外，Spring Boot 整合的其他模块中产生的配置属性对象也在此一一展示，代码清单 15-8 中贴出的是 server.* 的部分配置信息，可以发现 server.tomcat.*、server.error.* 等配置都位列其中。

代码清单 15-8　configprops 端点返回数据片段

```
{ "contexts": { "application": { "beans": {
    "animal.dog-com.linkedbear.springboot.starter.component.Dog": {
        "prefix": "animal.dog",
        "properties": { "name": "wangwang" },
        "inputs": {
            "name": {
                "value": "wangwang",
                "origin": "class path resource [application.properties] - 3:17"
            }
        }
    },
```

```
        "animal.cat-com.linkedbear.springboot.starter.component.Cat": {
            "prefix": "animal.cat",
            "properties": { "name": "mimi", "age": 3 },
            "inputs": {
                "name": {
                    "value": "mimi",
                    "origin": "class path resource [application.properties] - 1:17"
                },
                "age": {
                    "value": "3",
                    "origin": "class path resource [application.properties] - 2:16"
                }
            }
        },
        "server-org.springframework.boot.autoconfigure.web.ServerProperties": {
            "prefix": "server",
            "properties": {
                "maxHttpRequestHeaderSize": "8192B",
                "tomcat": {
                    "threads": {
                        "max": 200,
                        "minSpare": 10
                    }, ......
                },
                "servlet": {
                    "contextParameters": {},
                    "applicationDisplayName": "application",
                    "registerDefaultServlet": false
                },
                "error": {
                    "path": "/error",
                    ......
                }, ......
            },
            "inputs": ......
        }, ......
}}}}
```

与 configprops 相关的另一个端点是 env,它可以展示包括 Spring Boot 全局配置属性在内的所有配置属性,包括 systemProperties、systemEnvironment,整合 WebMvc 的工程还会展示 ServletContext 的初始化参数 servletContextInitParams,如代码清单 15-9 所示。由于当前工程我们在初始化 ServletContext 时没有指定任何初始化参数,所以 servletContextInitParams 中没有任何参数值;简单观察和总结可以得出,systemProperties 保存的是与当前 Java 环境和应用进程相关的信息,systemEnvironment 则是直接移植的操作系统环境变量。

代码清单 15-9 env 端点返回数据片段

```
{
    "activeProfiles": [],
    "propertySources": [
        {
            "name": "server.ports",
```

```
                "properties": { "local.server.port": { "value": 8080 } }
        }, {
            "name": "systemProperties",
            "properties": {
                "java.version.date": { "value": "2022-01-18" },
                "java.version": { "value": "17.0.2" },
                ......
            }
        }, {
            "name": "systemEnvironment",
            "properties": {
                "USERNAME": {
                    "value": "LinkedBear",
                    "origin": "System Environment Property \"USERNAME\""
                },
            }
        }, {
            "name": "Config resource 'class path resource [application.properties]' via location 'optional:classpath:/'",
            "properties": {
                "animal.cat.name": {
                    "value": "mimi",
                    "origin": "class path resource [application.properties] - 1:17"
                },
                "animal.cat.age": {
                    "value": "3",
                    "origin": "class path resource [application.properties] - 2:16"
                },
            }
        }
    ]
}
```

15.2.5 mappings

mappings 端点返回的是当前应用中的所有 URI 映射规则,只要是使用`@Controller`+`@RequestMapping` 注解定义的 Handler,都会被收集起来并在该端点展示。我们访问 `/actuator/mappings` 端点,会发现返回的数据量非常大,其中很多映射器实际上是 Spring Boot Actuator 提供的,我们可以找到 `DemoController` 中的 `demo` 方法对应的映射关系,如代码清单 15-10 所示,可以发现其中包含请求方式、请求所需的参数、请求头、对应的 Handler 位置等,非常齐全。

代码清单 15-10　mappings 端点返回数据片段

```
{ "contexts": { "application": { "mappings": { "dispatcherServlets": { "dispatcherServlet": [
    {
        "handler": "com.linkedbear.springboot.actuator.controller.DemoController#demo()",
        "predicate": "{GET [/demo]}",
        "details": {
            "handlerMethod": {
                "className": "com.linkedbear.springboot.actuator.controller.DemoController",
```

```
            "name": "demo",
            "descriptor": "()Ljava/lang/String;"
        },
        "requestMappingConditions": {
            "consumes": [], "headers": [],"methods": ["GET"],
            "params": [],"patterns": ["/demo"], "produces": []
        }
    }
},
......
}}}}}}
```

15.2.6　loggers

　　loggers 端点是一个具备双重功能的端点，如果使用 GET 方式请求该端点可以得到当前应用此时此刻的日志级别，代码清单 15-11 展示了 loggers 端点的返回结果片段，它包含 3 个部分，分别是 levels（当前应用支持的所有日志级别）、loggers（所有可配置和获取的日志级别）、groups（日志分组）（对应 6.4 节讲解的内容）。

代码清单 15-11　loggers 端点返回结果片段

```
{
    "levels": [ "OFF", "ERROR", "WARN", "INFO", "DEBUG", "TRACE" ],
    "loggers": {
        "ROOT": {
            "configuredLevel": "INFO",
            "effectiveLevel": "INFO"
        },
        "_org": { "effectiveLevel": "INFO" },
        "com": { "effectiveLevel": "INFO" },
        "com.linkedbear": { "effectiveLevel": "INFO" },
        "com.linkedbear.springboot": { "effectiveLevel": "INFO" },
        ......
    },
    "groups": {
        "web": {
            "members": [
                "org.springframework.core.codec",
                "org.springframework.http", ......
            ]
        },
        "sql": ......
    }
}
```

　　如果使用 POST 方式请求该端点并携带 URL 参数，可修改指定包/类的日志级别，例如图 15-2 就是声明 com.linkedbear.springboot 包下的所有日志级别都改为 DEBUG。当修改完毕后再次发送 GET 请求获取日志级别，可以发现这次包括 com.linkedbear.springboot 包以及内部包含的所有子元素的日志级别都被改为 DEBUG。

图 15-2 使用 POST 请求修改日志级别

15.2.7 info

info 端点是一个比较特殊的端点,它可以返回与当前应用相关的一些信息,但是默认状态下这个端点不会返回任何信息。我们可以通过 Spring Boot Actuator 提供的两种方式扩展 info 端点的信息,分别是声明式定制和编程式定制两种方式。

声明式定制 info 端点的方式非常简单,只需要在 Spring Boot 全局配置文件中声明一组 `info.*` 的配置属性,比如我们在配置文件中声明当前的应用名和版本号,如代码清单 15-12 所示。声明完毕后重启应用,访问 /actuator/info 端点,就可以得到相应的 JSON 数据。

代码清单 15-12 声明式定制 info 端点返回数据

```
info.appName=springboot-13-actuator
# 注意使用@@符号可以引用 pom 中的属性
info.version=@project.version@
{
    "appName": "springboot-13-actuator",
    "version": "1.0.0"
}
```

相较于声明式定制而言,使用编程式定制 info 端点的灵活性更高,而且可以动态读取其他信息。编程式定制 info 端点时需要我们向 IOC 容器中注册一个类型为 `InfoContributor` 的组件,例如代码清单 15-13 中提供了一个与代码清单 15-12 中声明式定制相同效果的组件。请读者注意一个细节,通过 `InfoContributor` 定制的 info 数据与声明式定制的数据可以共存,不会报错,如果两者定义了同一个属性,则以 `InfoContributor` 中定制的为准。

代码清单 15-13 编程式定制 info 端点返回数据

```java
@Component
public class ApplicationInfoContributor implements InfoContributor {

    @Override
    public void contribute(Info.Builder builder) {
        builder.withDetail("appName", "springboot-13-actuator");
        Map<String, Object> data = new HashMap<>();
        data.put("version", "1.0.0");
        builder.withDetails(data);
    }
}
```

15.2.8 扩展 health

除了 info 信息可以扩展,health 信息也可以扩展。虽然 Spring Boot 给我们提供的端点信息已经足够丰富，但实际项目开发中难免还是会出现需要扩展的场景。从 Spring Boot 2.x 开始扩展端点信息的方式变得更加简单、更容易操作，同时使用的 API 更容易被记住（15.2.7 节扩展 info 端点就非常简单），下面我们来扩展 health 端点的内容。

在 15.2.1 节中已经提到，Spring Boot Actuator 可以针对 Spring Boot 已经整合的场景自动加入健康检查信息的返回，但是对于 Spring Boot 没有整合的框架或者第三方技术而言，Spring Boot 无法探测和感知有哪些指标需要监控和反馈，此时就需要我们自行定义和扩展对应的健康检查信息。

由于我们当前已经在 `springboot-13-actuator` 工程中整合了一个简易的场景启动器示例 `springboot-02-starter`，下面就根据这个场景启动器假定一个场景：当整合 `springboot-02-starter` 之后，需要配置 `Cat` 和 `Dog` 的属性值，只有这两个类的属性值都设置之后，整个应用的状态才是正常运行（`UP`），反之则为 `DOWN`。如果我们什么也不操作，直接将 `application.properties` 中有关 `Cat` 和 `Dog` 的配置属性都注释掉，则当应用启动后访问 /actuator/health 端点后，Spring Boot Actuator 返回的状态仍然是 `UP`，与我们的设定不符，这是因为 Spring Boot 压根不知道我们的规则，所以需要编写规则逻辑告诉 Spring Boot Actuator 应当如何检测。

扩展健康检查信息的方式不复杂，只需要编写一个 `HealthIndicator` 的实现类（或 `AbstractHealthIndicator` 的子类）并注册到 IOC 容器，那么我们就针对 Cat 和 Dog 的配置属性规则编写一个 `AnimalHealthIndicator` 并标注 `@Component` 注解。需要注意一个细节，`HealthIndicator` 的实现类中的前缀名叫什么，最终反映到 health 端点中对应的监测属性名就叫什么（比如 `AnimalHealthIndicator` 中最终呈现的属性名就叫 `animal`）。构造健康检查信息的方式也不难，直接操作 `Health.Builder` 建造器的方法即可，最终编写的内容如代码清单 15-14 所示，可以发现返回宕机（`DOWN`）信息的方法是直接调用 `Health.Builder` 的 `down` 方法，除了响应 `DOWN` 信息，还可以调用 `builder` 的 `withDetail` 方法附加一条额外的信息或调用 `withDetails` 方法直接传入 `Map` 对象附加一组额外信息。

代码清单 15-14　扩展与动物类相关的健康检查信息收集

```java
@Component
public class AnimalHealthIndicator extends AbstractHealthIndicator {

    @Autowired(required = false)
    private Cat cat;

    @Autowired(required = false)
    private Dog dog;

    @Override
    protected void doHealthCheck(Health.Builder builder) {
        if (cat == null) {
            builder.down();
            builder.withDetail("cat", "null");
        }
        if (dog == null) {
            builder.down();
            builder.withDetail("dog", "null");
        }
```

```java
        ReflectionUtils.doWithFields(cat.getClass(), field -> {
            ReflectionUtils.makeAccessible(field);
            if (ReflectionUtils.getField(field, cat) == null) {
                builder.down();
                builder.withDetail("cat." + field.getName(), "null");
            }
        });
        // dog 相同的逻辑 ......
        // 初始状态为 UNKNOWN，如果经过上面的检查仍然为 UNKNOWN，则没有问题，返回 UP
        if (builder.build().getStatus().equals(Status.UNKNOWN)) {
            builder.up();
        }
    }
}
```

下面我们来测试效果。首先我们模拟服务正常的情况，在 application.properties 中配置全部的对象属性值，随后启动应用访问 health 端点，可以收到一个类似于代码清单 15-15 的信息，此时 animal 模块的 status 是 UP。

代码清单 15-15　正常状态下的健康检查信息

```
{
    "status": "UP",
    "components": {
        "animal": {
            "status": "UP"
        },
        "diskSpace": {
            "status": "UP",
            "details": {
                "total": 274878951424,
                "free": 198492192768,
                "threshold": 10485760,
                "path": "E:\\IDEA\\spring6-boot3-projects-epudit\\.",
                "exists": true
            }
        },
        "ping": {
            "status": "UP"
        }
    }
}
```

接下来我们将 application.properties 中有关动物类的配置属性值都注释掉，随后重启应用，再次访问 health 端点时会得到代码清单 15-16 所示的数据。注意此时整个服务的 status 已经变为 DOWN，animal 中的 status 也变为 DOWN，而且还附带了代码中对象属性为 null 的信息，说明 health 的扩展信息已经成功制作。

代码清单 15-16　宕机时的健康检查信息

```
{
    "status": "DOWN",
    "components": {
        "animal": {
```

```
        "status": "DOWN",
        "details": {
            "cat.name": "null",
            "cat.age": "null",
            "dog.name": "null",
            "dog.sex": "null"
        }
    },
    "diskSpace": {
        "status": "UP",
        "details": {
            "total": 274878951424,
            "free": 198492192768,
            "threshold": 10485760,
            "path": "E:\\IDEA\\spring6-boot3-projects-epudit\\.",
            "exists": true
        }
    },
    "ping": {
        "status": "UP"
    }
}
```

15.2.9 扩展监控端点

以上测试的端点都是 Spring Boot Actuator 内置的端点，如果这些端点无法满足我们的需求，或者我们想要自定义一些端点，Spring Boot 也提供了扩展方案，编写监控端点就像编写 WebMvc 的 Controller 一样简单，下面简单演示。

监控端点的访问行为分为获取、修改、移除，这非常类似于 HTTP 请求中的 GET、PUT、DELETE 方式。Spring Boot Actuator 提供了几个注解供我们编写监控端点。与 WebMvc 的 Controller 类似，当我们给一个 Bean 标注 @Endpoint 注解，就代表当前 Bean 具有了监控端点暴露的能力，该注解类似于 WebMvc 的 @Controller 注解，不同的是，@Endpoint 不是 @Component 的派生注解，所以同时标注 @Endpoint 和 @Component 注解的 Bean 才算作一个监控端点的 Bean；标注获取、修改、移除动作的注解分别是 @ReadOperation、@WriteOperation、@DeleteOperation，分别对应 WebMvc 中的 @GetMapping、@PutMapping、@DeleteMapping，不同的是，@RequestMapping 的派生注解可以指定请求路径 URI，而监控端点不存在 URI 一说，因为 @Endpoint 注解中的端点名称已经是 URI 的名称。

举个简单的例子，我们可以编写一个 animal 的监控端点，返回当前 IOC 容器中 Cat 和 Dog 的属性和值，则获取的端点就可以如代码清单 15-17 所示。编写完成后重启应用，随后访问 /actuator/animal 端点，可以得到类似代码清单 15-18 所示的信息，证明 animal 端点编写成功。

代码清单 15-17　animal 监控端点

```
@Component
@Endpoint(id = "animal")
```

```java
public class AnimalEndpoint {

    @Autowired
    private Cat cat;
    @Autowired
    private Dog dog;

    @ReadOperation
    public String read() {
        return "Cat 信息: " + cat.toString() + "; Dog 信息: " + dog.toString();
    }
}
```

代码清单 15-18　animal 端点返回的结果

```
Cat 信息: Cat{name='mimi', age=3}; Dog 信息: Dog{name='wangwang', sex=1}
```

15.2.10　保护端点安全

到目前为止，我们访问 Actuator 的所有监控端点都可以直接访问成功，没有任何阻碍，这对于上线后的应用而言是非常不安全的，因此我们必须考虑将这些监控端点予以保护。Spring Boot Actuator 保护监控端点的方案主要有两种，一一来看。

1. 借助 Spring Security

当我们的应用与 Spring Security 集成后，Spring Security 默认可以对所有的 Actuator 端点予以保护，只有登录成功后才可以访问。除了使用默认的保护措施，我们可以通过自定义 `SecurityFilterChain`，限制 Actuator 端点需要具备指定的角色或权限才能访问，这样也可以提高监控端点的安全性。

2. 另起监听端口

如果要让我们的应用服务借助服务器的防火墙完成端点保护，则可以使用 Spring Boot Actuator 提供的另一种方式：将所有的监控端点暴露到另一个端口上。默认情况下，Spring Boot Actuator 的所有监控端点会共用 WebMvc 中的 Web 容器端口对外提供服务，我们可以通过配置 Actuator 的监听端口和 `context-path`，使监控端点单独暴露在另一套端点中，这样配合服务器的防火墙等措施也可以保证监控端点不被外部访问。代码清单 15-19 常用的几个配置属性，读者可以结合注释进行理解。

代码清单 15-19　配置监控端点的暴露属性

```
# 设置 Actuator 暴露在 8088 端点
management.server.port=8088
# 设置访问所有监控端点都需要加/manage 前缀
management.server.base-path=/manage
# 设置访问监控端点不再使用/actuator 而是/points
management.endpoints.web.base-path=/points
```

关于具体的效果读者可以自行测试，本节不再展开演示。

15.2.11　使用 JMX 访问

本节的最后我们来补充使用 JMX 访问端点的方式。Spring Boot Actuator 默认不会开放 HTTP

协议的端点，这是因为默认情况下使用 HTTP 端点会返回与应用服务甚至服务器相关的敏感信息，所以 Spring Boot Actuator 选择了比较谨慎保守的方案。相较于 HTTP 而言，使用 JMX 协议访问会安全一些，Spring Boot Actuator 的绝大多数端点默认开启了基于 JMX 的访问，而访问 JMX 端点的工具可以是 JConsole 或 JVisualVM，它们都是 JDK 自带的工具，我们可以直接使用。以 JConsole 为例，我们从 JDK 的安装目录下就可以找到 JConsole 的运行程序，如图 15-3 所示，双击程序即可运行。

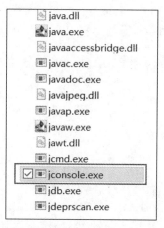

图 15-3　JDK 中自带的 JConsole

打开 JConsole 后会弹出当前主机上运行的所有应用程序，如图 15-4 所示，我们选择当前运行的 `SpringBootActuatorApplication` 并单击下方的"连接"按钮，即可进入监控管理控制台，如图 15-5 所示，选择上方的 MBean 选项卡，之后依次选择左侧的 `org.springframework.boot`→`Endpoint`，即可看到当前的所有监控端点，双击某个端点即可查看此时的状态。

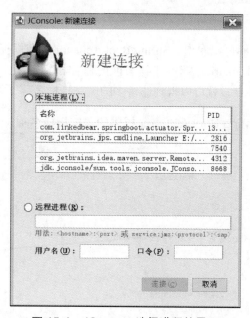

图 15-4　JConsole 选择进程的界面

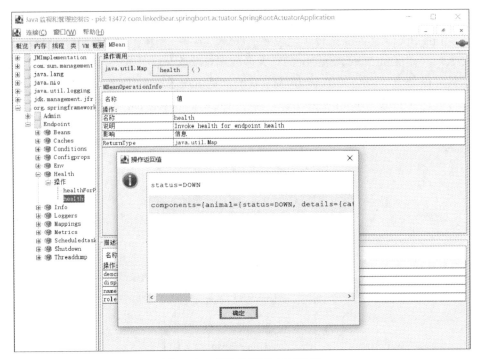

图 15-5　获取监控端点返回值

15.3　监控指标 Metrics

除了监控端点，Spring Boot Actuator 提供的另一项核心生产级特性是监控指标（Metrics）。监控指标通常用于监控应用和服务器的某些具体指标值。

15.3.1　内置指标

通过 15.2 节的内容我们可以看出，Spring Boot Actuator 给我们提供了非常多的监控端点，此外我们还可以通过访问 metrics 端点获得当前的监控指标（Metrics），比如此时我们访问 /actuator/metrics 端点，就可以得到非常多的监控指标名称，如代码清单 15-20 所示。

代码清单 15-20　Spring Boot Actuator 提供的监控指标名称

```
{
    "names": [
        "application.ready.time", "application.started.time",
        "demo.request",
        "disk.free", "disk.total",
        "executor.active", ......
        "http.server.requests", "http.server.requests.active",
        "jvm.buffer.count", ......
        "logback.events",
        "process.cpu.usage", ......
        "system.cpu.count", "system.cpu.usage",
        "tomcat.sessions.active.current", ......
    ]
}
```

要想使用这些监控指标,我们可以直接复制其中某个指标的名称,并追加在/actuator/metrics 请求后面,例如要获取当前 CPU 的内核数量,可以访问/actuator/metrics/system.cpu.count,发送请求后可以得到类似于代码清单 15-21 所示的 JSON 数据,这里面有指标的描述、指标的单位、当前指标的参数值等。关于其余内置指标的使用和测试,读者可以自行尝试查看和分析,这不是我们了解的重点。

代码清单 15-21　获取 CPU 内核数量

```
{
    "name": "system.cpu.count",
    "description": "The number of processors available to the Java virtual machine",
    "measurements": [{
        "statistic": "VALUE",
        "value": 16
    }],
    "availableTags": []
}
```

15.3.2　自定义指标

除了使用 Spring Boot Actuator 提供的内置指标,在实际的项目开发中我们可能还需要自己来扩展一些监控指标,用于了解应用的运行情况和状态,此时就需要自定义监控指标。从 Spring Boot 2.x 开始 Spring Boot Actuator 选择使用 Micrometer 完成监控指标信息的收集(Micrometer 由 Pivotal 公司开发),我们可以选择的一个监控指标扩展方式是利用 Micrometer 提供的一个名为 MeterRegistry 的 API。下面通过一个简单的示例进行演示。

假设有一个业务接口,我们需要监控的是这个接口的调用次数,那么编码的方式就是利用 MeterRegistry 的计数功能来逐次累加,如代码清单 15-22 所示,MeterRegistry 这个对象来自 Micrometer,在 DemoController 初始化时首先执行依赖注入,即可获得 MeterRegistry 对象;然后在 JSR-250 注解 @PostConstruct 的作用下 init 方法被触发,我们从 MeterRegistry 中得到了一个名为 "demo.request" 的 Counter,这个 Counter 是一个可以逐次递增计数的工具。实际运行时只要每次调用/demo 接口,Counter 就会工作,这样就实现了指标收集。

代码清单 15-22　定义业务接口

```java
@RestController
public class DemoController {

    @Autowired
    private MeterRegistry meterRegistry;

    private Counter counter;

    @PostConstruct
    public void init() {
        counter = meterRegistry.counter("demo.request");
    }

    @GetMapping("/demo")
```

```
    public String demo() {
        counter.increment();
        return "demo";
    }
}
```

如此编写完毕后,下面就可以启动测试。重新启动工程,随后访问/actuator/metrics端口,可以发现返回的信息中出现了刚才编写的"demo.request";如果继续访问/actuator/metrics/demo.request,可以得到类似代码清单15-23所示的JSON数据,可以发现一开始这个指标的value是0,如果此时多次访问/demo接口,再来获取指标监控数据,就可以发现value发生了变化,证明指标监控已经生效。

代码清单15-23 demo.request端点的返回数据

```
{
  "name": "demo.request",
  "description": null,
  "baseUnit": null,
  "measurements": [
    {
      "statistic": "COUNT",
      "value": 0.0     // 多次访问后该值会递增
    }
  ],
  "availableTags": []
}
```

除了频数监控外,`MeterRegistry`还支持聚合统计、耗时监控等。关于更多使用方式,读者可以参照Spring Boot的官方文档,结合Micrometer的使用文档来测试,此处不再赘述。

15.3.3 基于场景的指标

当Spring Boot整合官方提供的启动场景后,大多数场景中会一同引入相应场景的监控指标,比如引入WebMvc的场景启动器后,Spring Boot Actuator提供的监控指标信息中会多出一组以tomcat开头的嵌入式Tomcat指标,以及一些其他与WebMvc相关的场景指标,本节会针对几种常用的场景进行简单介绍。

1. WebMvc

WebMvc中包含的场景指标大体分为两个部分:嵌入式Web的指标;HTTP服务端与客户端的指标。嵌入式Tomcat的性能指标主要是会话信息,我们可以得到Tomcat内部会话的数量、最大值等;而HTTP服务端与客户端的指标中我们可以得知当前应用的接口被请求的次数、总耗时、最大耗时等,对应指标的名称是`http.server.requests`。如果访问/actuator/metrics/http.server.requests请求,则会收到一组类似代码清单15-24所示的响应数据,相关注释已标注在JSON数据的后面。

代码清单15-24 接口请求统计指标

```
{
  "name": "http.server.requests",
  "baseUnit": "seconds",    // 当前统计的时间单位为秒
```

```
    "measurements": [
        { "statistic": "COUNT", "value": 4 },
        { "statistic": "TOTAL_TIME", "value": 0.04544 },
        { "statistic": "MAX", "value": 0.0126422 }
    ],
    "availableTags": [
        { "tag": "exception", "values": [ "none" ] },
        { "tag": "method", "values": [ "GET" ] },
        { "tag": "error", "values": [ "none" ] },
        { "tag": "uri", "values": [ // 截至目前被请求的接口名称
            "/actuator/metrics/{requiredMetricName}",
            "/actuator/metrics",
            "/demo"
        ] },
        { "tag": "outcome", "values": [ "SUCCESS" ] },
        { "tag": "status", "values": [ "200" ] }
    ]
}
```

WebMvc 模块中的客户端主要指 RestTemplate，Spring Boot Actuator 也可以对 RestTemplate 进行监控，只需要使用 RestTemplateBuilder 构造 RestTemplate 并将其注册到 IOC 容器（注意直接通过 new 操作得来的 RestTemplate 不会被 Spring Boot Actuator 监控收集信息）。比如我们编写一个配置类注册 RestTemplate 到 IOC 容器，并在 DemoController 中使用 RestTemplate 请求百度的首页，测试代码如代码清单 15-25 所示。

代码清单 15-25　注册并使用 RestTemplate

```java
@Configuration
public class WebConfiguration {

    @Bean
    public RestTemplate restTemplate(RestTemplateBuilder restTemplateBuilder) {
        return restTemplateBuilder.build();
    }
}

@RestController
public class DemoController {
    // 此处省略

    @Autowired
    private RestTemplate restTemplate;

    @GetMapping("/test")
    public String test() {
        return restTemplate.getForObject("https://www.baidu.com", String.class);
    }
}
```

随后重启应用，多次访问 /test 请求后再访问 /actuator/metrics，即可在监控指标中发现一个名为 http.client.requests 的指标，这就是 HTTP 客户端的监控指标，如果查看这个指标，可以得到类似代码清单 15-26 所示的结果。对比 http.client.requests 和

`http.server.requests` 返回的内容，可以发现两者记录的内容中有部分是重叠的，这部分本来就是 HTTP 请求中必然可以收集到的指标。

代码清单 15-26　RestTemplate 使用指标统计

```
{
    "name": "http.client.requests",
    "baseUnit": "seconds",
    "measurements": [
        { "statistic": "COUNT", "value": 1 },
        { "statistic": "TOTAL_TIME", "value": 0.1848656 },
        { "statistic": "MAX", "value": 0 }
    ],
    "availableTags": [
        { "tag": "exception", "values": [ "none" ] },
        { "tag": "method", "values": [ "GET" ] },
        { "tag": "error", "values": [ "none" ] },
        { "tag": "uri", "values": [ "/https://www.baidu.com" ] },
        { "tag": "outcome", "values": [ "SUCCESS" ] },
        { "tag": "client.name", "values": [ "www.baidu.com" ] },
        { "tag": "status", "values": [ "200" ] }
    ]
}
```

2. JDBC

当整合 JDBC 场景后，我们最关心的指标是 `DataSource` 的状态和指标，比如数据源中的连接池大小、当前活跃的线程、最大线程数量等。当引入 `spring-boot-starter-jdbc` 场景启动器并配置数据源的信息后，再次访问 /actuator/metrics，即可看到返回的监控指标中多出一组 `hikaricp` 开头和一组 `jdbc` 开头的指标，这些就是 JDBC 场景下我们可以获取的监控指标信息。

3. Redis

与整合 JDBC 场景类似，当整合 Spring Data Redis 场景后，默认 Spring Boot 选择使用 Lettuce 作为 Redis 的连接工具，所以 Actuator 的监控指标中会多出一组 `lettuce` 开头的指标，通过它们可以得知 Lettuce 的相关监控信息。关于具体效果读者可自行测试，本节不再展开赘述。

15.4 管理 Spring Boot 应用

通过以上内容我们已经可以体会到 Spring Boot Actuator 强大的生产级监控特性，不过使用 API 工具访问这些监控端点和指标信息未免有些"原始"，如果能有一种可视化的工具帮助我们将这些指标都直观地展示到浏览器中，那么使用体验会大大提升。当前比较流行的可视化监控组件是 Spring Boot Admin，虽然不由 Spring Boot 官方提供，但其较高的实用性和易用性赢得了一众开发者的青睐，所以接下来介绍的就是 Spring Boot Admin 的使用。

Spring Boot Admin 是一个管理和监控 Spring Boot 应用的组件，可以对 Spring Boot 应用进行健康状态的实时监控和展示、监控端点和指标数据的展示、显示和下载线程堆栈信息、控制应用内的日志级别等。Spring Boot Admin 由服务端和客户端两部分构成，其中 Spring Boot Admin

Server 是中心管理端，负责监控信息的收集、存储和预警，Spring Boot Admin Client 则需要整合到各个 Spring Boot 应用中，借助 HTTP 的方式注册到 Spring Boot Admin Server 上（如果使用了微服务架构，则可以借助 Eureka、Nacos、Consul 等注册中心进行注册）。

Spring Boot Admin 的代码都托管在 GitHub 上，并且在代码仓库的 README 中还给了一个 quick guide，单击它可以很轻松地找到 Spring Boot Admin 提供的最新使用文档。

15.4.1 搭建 Admin Server

我们按照 Spring Boot Admin 的文档快速搭建使用 Spring Boot Admin 所需的环境。首先是服务端的创建，需要创建一个全新的 `springboot-13-admin` 工程，引入 `spring-boot-admin-starter-server` 依赖即可，如代码清单 15-27 所示。除此之外还要引入 WebMvc 和 Actuator 的场景启动器，以满足监控自身所需。

代码清单 15-27　引入 Spring Boot Admin Server 的依赖

```xml
<dependency>
    <groupId>org.springframework.boot</groupId>
    <artifactId>spring-boot-starter-web</artifactId>
</dependency>
<dependency>
    <groupId>org.springframework.boot</groupId>
    <artifactId>spring-boot-starter-actuator</artifactId>
</dependency>

<dependency>
    <groupId>de.codecentric</groupId>
    <artifactId>spring-boot-admin-starter-server</artifactId>
    <version>3.2.1</version>
</dependency>
```

然后编写 Spring Boot 的主启动类，如代码清单 15-28 所示。注意，启用 Spring Boot Admin Server 时需要在主启动类上标注 `@EnableAdminServer` 注解，代表当前应用充当 Spring Boot Admin Server 的角色。

代码清单 15-28　SpringBootAdminApplication

```java
@EnableAdminServer
@SpringBootApplication
public class SpringBootAdminApplication {

    public static void main(String[] args) {
        SpringApplication.run(SpringBootAdminApplication.class, args);
    }
}
```

另外需要读者注意一点，由于本节中需要启动多个服务，因此需要配置每个服务的端口号，对于当前的 Admin Server 工程我们选择使用 8899 端口作为服务端监听端口，在 `application.properties` 中配置 `server.port=8899` 即可。

工程搭建完毕后就可以运行 `SpringBootAdminApplication` 的 main 方法，随后在浏览器上访问 http://localhost:8899，即可得到如图 15-6 所示的界面，证明搭建完毕。

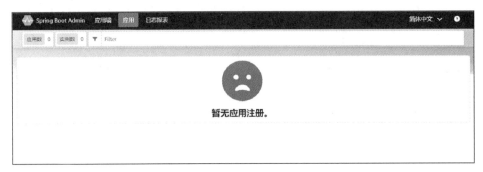

图 15-6　Spring Boot 3.x 下 Admin Server 的主界面

Spring Boot 3.x 中使用的 Spring Boot Admin Server 在 UI 上进行了升级，对此如果读者接触过 Spring Boot 2.x 的 Admin Server 会感到有些不适应，图 15-7 是 Spring Boot 2.x 下使用的 Admin Server 的主界面，相对而言更旧一些，易用性也略差。

图 15-7　Spring Boot 2.x 下 Admin Server 的主界面

15.4.2　应用注册到 Admin Server

接下来我们将 `springboot-13-actuator` 工程入驻到 Admin Server 中，只需要在 `pom.xml` 中导入 Admin Client 的依赖，并且对应编写连接 Admin Server 的配置，如代码清单 15-29 所示。

代码清单 15-29　整合 Admin Client

```xml
<dependency>
    <groupId>de.codecentric</groupId>
    <artifactId>spring-boot-admin-starter-client</artifactId>
    <version>3.2.1</version>
</dependency>
```

```
spring.application.name=springboot-13-actuator
spring.boot.admin.client.url=http://localhost:8899
spring.boot.admin.client.instance.prefer-ip=true
```

配置完毕后即可重启工程，当工程重启完成后，回到浏览器的 Spring Boot Admin Server 监控面板中，可以发现首页应用中自动监听到了 `springboot-13-actuator` 工程注册，如图 15-8 所示，单击这个应用还可以看到当前应用的地址和运行状态、版本号等信息。

15.4　管理 Spring Boot 应用

图 15-8　springboot-13-actuator 工程成功进入 Admin Server 的监控管理范围

15.4.3　查看应用实例信息

接下来的内容是 Admin Server 的使用，我们可以从 Admin Server 面板中获取非常多的信息。下面一一来看。

1．应用基础信息

单击应用实例的空白处可以跳转到应用详情页面，也就是图 15-9 中展示的概况。其中展示的是一个 Spring Boot 中最基础的信息，包含 info 端点的信息、health 端点的信息，以及右侧线程的信息、CPU、内存、磁盘等。简单地说，这个"细节"面板中可以让我们对一个 Spring Boot 的应用实例有一个基本了解。

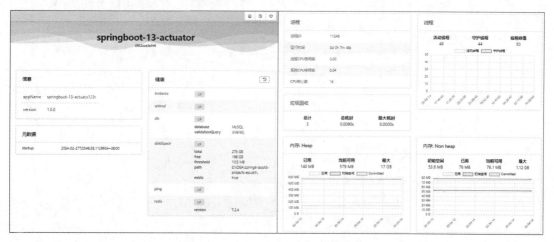

图 15-9　应用基本信息概览

2．性能

"性能"板块其实对应的就是监控指标，我们可以从中选择一些自己感兴趣的监控指标添加到常驻面板上，这样就能得到实时的数据监控信息。比方说图 15-10 中笔者添加了 3 个指标，分别监控 /demo 接口调用的次数以及 CPU 核心数、占用率。除此之外，读者是否观察到右侧还有一个数值选择框，我们可以根据监控指标的数据类型选择相应的数值，让它展示得更合理。

图 15-10　添加感兴趣的监控指标常驻到面板中

3．环境

"环境"其实对标的就是 Spring Framework 中的 `Environment`，也就是监控端点列表中 env 端点返回的数据，只不过 Admin Server 可以使用可视化界面展示出来。有关 `Environment` 的概念本书没有介绍，会在本书后续的高级篇中展开讲解，此处读者只需要从监控效果中看出 `Environment` 中包含的一些配置属性。环境展示的 Environment 信息如图 15-11 所示。

图 15-11　环境展示的 Environment 信息

4．组件

下一个介绍的是"类"，笔者认为这个译名失之偏颇，因为这个板块对应的监控端点是 beans，所以翻译为"组件"更为恰当。与 beans 端点返回的数据相同，组件面板中可以查看某个 Bean 中依赖的其他 Bean 以及这个 Bean 的来源，如图 15-12 所示。

图 15-12　组件中展示 IOC 容器中的所有 Bean

5．配置属性

"配置属性"就是监控端点中的 configprops，它对应的是 /actuator/configprops 端点返回的数据。配置属性的呈现方式是按照 properties 类分组展示，并没有多余的信息展示，如图 15-13 所示。

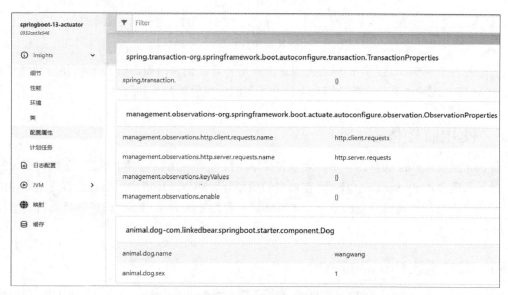

图 15-13　配置属性展示所有的配置对象信息

6．日志配置

下面的一个重点是日志配置的内容，在 15.2.6 节中我们提到过，loggers 这个端点具备多个功能，发送 GET 请求可以获取指定的日志级别，而发送 PUT 请求可以修改日志级别，在

Admin Server 的这个面板中我们就可以利用图形化界面代替 API 工具发送请求。当打开日志配置页面时如图 15-14 所示，默认没有配置的情况下所有日志输出级别都是 INFO，通过单击每个日志项右侧的按钮可以动态修改某个包下（甚至全局）的日志打印级别。这个功能在项目开发中非常有用，正常情况下我们在开发环境中可能使用 INFO 级别，在生产环境中可能使用 WARN 或者 ERROR 级别，而当出现问题需要调试时希望可以切换到 DEBUG 级别，但是传统开发中每次切换都要重新启动工程，费时费力，因此 Admin Server 直接提供了可视化切换面板，即便在生产环境中发现了问题时需要配合日志定位错误，也可以直接在 Admin Server 中直接切换日志输出级别，配合日志收集分析，排查问题也容易得多。

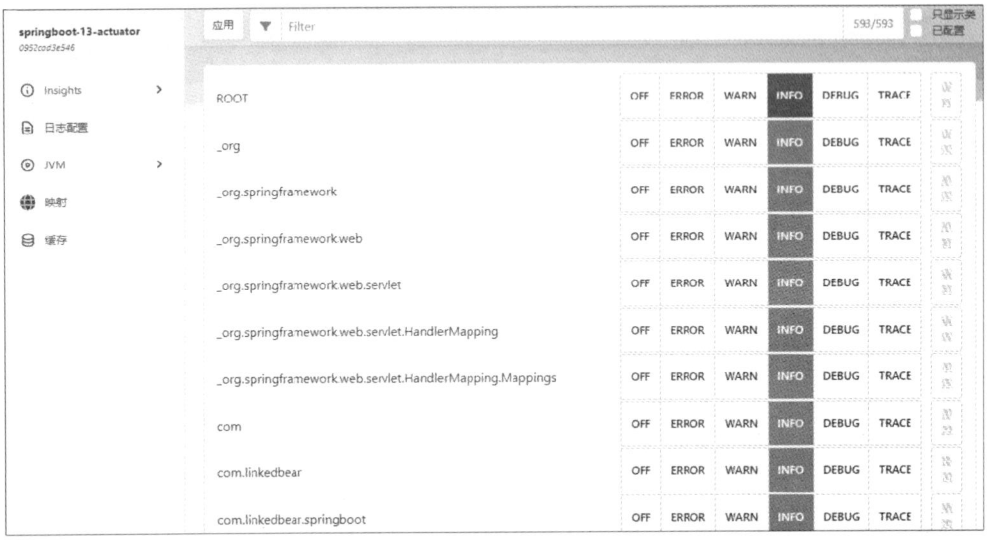

图 15-14　可视化查看和调整日志输出级别

其余的各个板块，感兴趣的读者可以逐个单击查看，比如前面讲解的 mappings 映射信息，以及 JVM 堆、栈的查看，这些功能大大提升了我们监控的体验感和效率。

15.5　使用监控体系

Spring Boot Admin 的核心作用是管理和简单监控 Spring Boot 应用的状态，所以其最大的局限性就是只能监控 Spring Boot 应用，在真实的项目开发和生产环境中我们更希望使用专业的监控体系来全方位监控我们开发的系统。本章的最后我们就来介绍当下比较成熟且流行的监控体系 Prometheus+Grafana。

15.5.1　监控系统 Prometheus

Prometheus 是一个成熟的主流的监控预警系统，同时 Prometheus 还是一个时间序列数据库（后简称时序数据库），所谓时序数据库，是指数据库中的所有数据都带有"时刻"的概念，即一条数据的保存时间天然集成到数据本身。由于监控数据中包含时刻信息，因此 Prometheus 可以很轻松地完成监控指标数据和趋势统计等。

Prometheus 主要具备以下特点。

- 独特的多维数据模型，其中包含由指标名称和键值对标识的时间序列数据。
- 专用的指标查询语言 PromQL，这种查询语言可以基于数据维度进行指标数据的灵活查询。
- Prometheus 不依赖分布式存储，这就意味着每个 Prometheus 服务器节点都是独立运行自治的。
- Prometheus 默认使用 HTTP，通过 pull（拉）模式采集时间序列。
- Prometheus 可以借助服务注册与发现机制动态发现需要监控的目标，当然也支持通过配置文件手动指定。
- 支持整合多种可视化平台，例如下面要介绍的 Grafana。

下面我们简单快速地安装 Prometheus，利用 Docker 可以在 Linux 服务器中快速安装 Prometheus。需要注意的是，后续我们要修改 Prometheus 的配置文件，所以需要使用 -v 参数指定挂载外部目录文件，并事先在 /home/prometheus 目录下新建一个 prometheus.yml 文件，将代码清单 15-30 中的 YML 配置内容复制到其中即可。YML 文件准备完毕后，接下来就可以执行代码清单 15-30 所示的命令。

代码清单 15-30　用 Docker 安装 Prometheus

```
global:
  scrape_interval:     15s
  evaluation_interval: 15s


scrape_configs:
  - job_name: 'prometheus'
    static_configs:
    - targets: ['localhost:9090']
docker run -d --name prometheus -p 9090:9090 -v /home/prometheus:/etc/prometheus prom/prometheus
```

当执行完毕后，我们在浏览器中访问 http://192.168.50.4:9090/（笔者使用的局域网服务器 IP 地址为 192.168.50.4），即可跳转到 Prometheus 的指标查询页面，如图 15-15 所示，这个页面可以供我们查询 Prometheus 中保存的指标数据，通过编写 PromQL 即可查询。

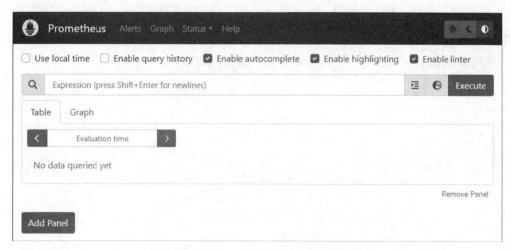

图 15-15　Prometheus 的指标查询页面

15.5.2　Actuator 输出到 Prometheus

接下来我们需要给 Spring Boot 应用引入 Prometheus 的支持，由于默认情况下 Actuator 返回的都是 JSON 格式的数据，而 Prometheus 需要接收 key-value 形式的数据，因此需要导入一个 Micrometer 适配 Prometheus 的依赖，如代码清单 15-31 所示。

代码清单 15-31　Micrometer 适配 Prometheus

```xml
<dependency>
    <groupId>io.micrometer</groupId>
    <artifactId>micrometer-registry-prometheus</artifactId>
</dependency>
```

当整合该依赖后重启应用，再次访问 /actuator 接口，可以发现多了一个 /actuator/prometheus 端点，我们访问这个端点可以得到一组非常多的指标数据，部分指标数据如代码清单 15-32 所示（已去掉注释），仔细观察这些指标数据，可以发现刚好就是所有的监控指标数据，只是指标的名称与我们之前看到的 JSON 数据有所不同，粗略概括一下可以发现，Prometheus 需要的指标格式为：指标名称{限制条件} 指标值 。

代码清单 15-32　/actuator/prometheus 端点返回数据（片段）

```
jvm_buffer_total_capacity_bytes{id="mapped - 'non-volatile memory'",} 0.0
jvm_buffer_total_capacity_bytes{id="mapped",} 0.0
jvm_buffer_total_capacity_bytes{id="direct",} 4227088.0
jvm_gc_memory_promoted_bytes_total 2000384.0
application_ready_time_seconds{main_application_class="com.linkedbear.springboot.actuator.SpringBootActuatorApplication",} 2.018
hikaricp_connections{pool="HikariPool-1",} 10.0
hikaricp_connections_usage_seconds_count{pool="HikariPool-1",} 2.0
hikaricp_connections_usage_seconds_sum{pool="HikariPool-1",} 0.005
hikaricp_connections_usage_seconds_max{pool="HikariPool-1",} 0.005
system_cpu_usage 0.0
# ......
```

随后再找到 Prometheus 的配置文件，在 `scrape_configs` 节点中添加当前 Spring Boot 应用的监控端点即可，如代码清单 15-33 所示。其中的几个配置属性含义已标注在注释中，读者可以结合来看。

代码清单 15-33　配置 Prometheus 抓取监控指标信息

```yaml
global:
  scrape_interval:     15s
  evaluation_interval: 15s

scrape_configs:
- job_name: 'prometheus'
  static_configs:
  - targets: ['localhost:9090']
- job_name: 'springboot-actuator'      # 当前监控的名称
  metrics_path: '/actuator/prometheus' # 监控抓取的请求路径
  static_configs:
  - targets: ['192.168.50.130:8080']   # 监控抓取的主机地址
    labels:
      nodename: 'springboot-13-actuator' # 该主机组的名称
```

将修改好的配置文件上传到服务器，随后使用 `docker restart prometheus` 命令重启

Prometheus，稍等片刻后访问 http://192.168.50.4:9090/targets，即可看到 Prometheus 成功抓取了当前 Spring Boot 应用信息，如图 15-16 所示。

图 15-16　Prometheus 抓取到 Spring Boot 的监控信息

为了验证监控指标是否收集到 Prometheus，我们可以切换到 Graph 页面，输入 `tomcat_sessions_active_current_sessions` 指标名称并单击右侧的 "Execute" 按钮，可以发现下方的 Table 选项卡中展示了当前嵌入式 Tomcat 中的会话数量为 0，如图 15-17 所示；随后再输入 `process_cpu_usage` 指标名称并点击 "Execute" 按钮，可以发现这次获得的值是一个浮点数，切换到 Graph 选项卡，可以得到一个当前主机 CPU 使用占比的折线图，如图 15-18 所示。

图 15-17　使用 Prometheus 查看当前 Tomcat 中的会话数量

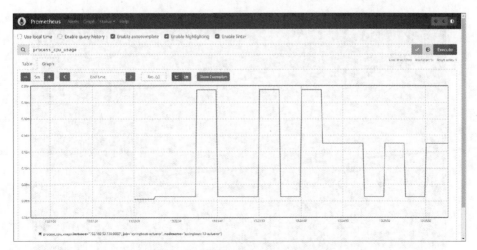

图 15-18　查看主机 CPU 占用情况

15.5.3 可视化监控平台 Grafana

虽然 Prometheus 可以完成指标数据的展示，但是这种需要输入指标名称来获取数据值的方式未免有些复杂和烦琐，我们更希望通过一个可视化平台来直观地查看尽可能多的监控指标数据。Grafana 是一个开源的数据可视化平台，通过 Grafana 接入 Prometheus 就可以更好地展示监控指标数据的具体值和变动趋势。

安装 Grafana 同样可以使用 Docker，输入代码清单 15-34 所示的命令即可安装 Grafana。需要注意的是，这段创建容器的命令中包含一些配置邮件发送的 SMTP 信息，读者需要根据自己准备的邮件发送信息进行替换。默认情况下 Grafana 会运行在 3000 端口上，安装完毕后访问 http://192.168.50.4:3000 便可以跳转到 Grafana 的登录页面，如图 15-19 所示，默认的登录用户名和密码均为 admin，第一次使用 admin 登录后 Grafana 会推荐更改密码，简单修改后提交，即可进入 Grafana 的主页面，如图 15-20 所示。

图 15-19　Grafana 的登录页面

图 15-20　Grafana 的主页面

代码清单 15-34　用 Docker 安装 Grafana

```
docker run -d --name grafana -p 3000:3000 \
-e GF_SMTP_ENABLED=true \
-e GF_SMTP_SKIP_VERIFY=true \
-e GF_SMTP_HOST=smtp.126.com:25 \
-e GF_SMTP_USER=发送邮件的账号 \
-e GF_SMTP_PASSWORD=发送邮件的客户端授权码 \
-e GF_SMTP_FROM_ADDRESS=邮件发送者地址，一般同 GF_SMTP_USER \
grafana/grafana
```

Grafana 只是一个数据可视化平台，而数据源来自 Prometheus，所以接下来我们要把 Prometheus 配置到 Grafana 中。依次单击左侧菜单的 Home→Connections→Data sources→Add data source，在数据源列表中选择 Prometheus，并在跳转后的页面中填写连接地址 http://192.168.50.4:9090，最后在页面底部单击 "Save and test" 按钮，如果 Grafana 提示 `Successfully queried the Prometheus API`，则证明 Prometheus 数据源添加成功。整个过程如图 15-21 所示。

图 15-21　Grafana 添加 Prometheus 数据源

接下来要根据 Prometheus 中已经收集的监控指标数据来绘制可视化仪表盘（Dashboard）。如果我们对这些指标完全掌控，那么可以尝试自行绘制，但即便如此，绘制的过程也很烦琐，因此可以使用 Grafana 的 Dashboard 市场中现有的成品直接导入。进入 Grafana 的面板市场 https://grafana.com/grafana/dashboards，在下方的搜索框中搜索 "Spring Boot"，即可找到一系列监控 Spring Boot 应用的成品面板，如图 15-22 所示。

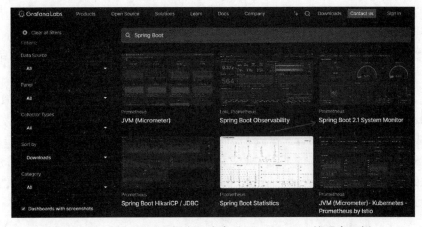

图 15-22　Grafana 面板市场中有关 Spring Boot 的现有面板

第 15 章 生产级特性

我们选择这组面板中与 Spring Boot 应用相关的受欢迎程度较高的是"Spring Boot 2.1 System Monitor",我们单击进入后可以得到一个面板 ID:11378,复制这个 ID,回到我们自己的 Grafana 中单击右上角的加号,弹出下拉菜单中选择"Import dashboard"按钮,随后填入刚才复制的 ID 并选择 Prometheus 数据源,即可得到类似图 15-23 所示的监控面板,通过这张图可以直观地看出当前监控的 Spring Boot 应用已经运行的时间、内存占用情况、CPU 运行情况、JVM 堆内存情况等。

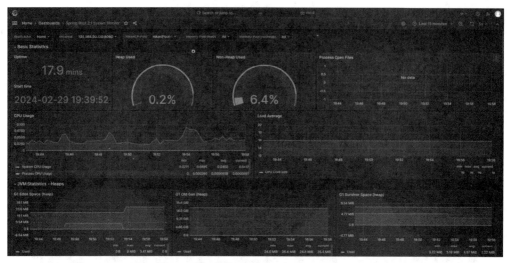

图 15-23　11378 面板对应的监控效果

细心的读者可能会发现监控面板中左上角的 Application 值为 None,这其实是指代当前监控 Spring Boot 的名称,我们只需要在 `application.properties` 中添加一个配置:`management.metrics.tags.application=springboot-13-actuator`。配置完毕后重新启动工程,等待大约 15 秒后刷新 Grafana 面板,可以发现刚才配置的 Spring Boot 名称成功显示到 Application 中。

15.5.4　利用 Grafana 实现监控告警

截止到目前,已经可以做到主动查看 Spring Boot 应用的运行情况,然而应用运行中难免会遇到一些异常情况,比如 CPU 突然飙升、内存暴涨且频繁进行垃圾回收,Prometheus 和 Grafana 都内置了监控告警的功能,可以做到当满足一定指标要求时主动向我们推送异常信息。Prometheus 自带的 Alertmanager 组件可以实现监控告警,不过使用 Alertmanager 需要了解告警规则的编写,相对而言操作复杂度会高一些;Grafana 自带的监控功能支持可视化配置告警规则,上手难度相对低,也更容易理解。下面我们使用 Grafana 配置实现监控告警。

Grafana 默认使用邮件作为告警手段,而使用邮件需要配置一组 SMTP 服务的信息,也就是我们在创建 Grafana 容器时传入的那组 SMTP 信息。随后我们还要在 Grafana 的 Alerting→Contact points 中找到默认的邮件推送规则并单击 Edit,在跳转的编辑页面表单中填写需要接收告警邮件的邮箱地址即可,如图 15-24 所示。

图 15-24　配置接收告警邮件的邮箱地址

随后在 Alerting→Alert rules 中单击"New alert rule"按钮添加一个监控告警规则，并按照图 15-25 所示的内容配置，简单概括这些配置信息：（1）给当前的告警规则命名；（2）配置告警规则，我们取出 Prometheus 中 192.168.50.130:8080 的 up 指标，这个指标代表被监控的目标是否在线，返回 1 代表在线，0 则意味着下线或宕机；（3）配置监控行为，我们指定每隔 10 秒检测一次判定结果，如果符合告警规则，则再等待 20 秒，20 秒后仍然符合规则则会推送告警消息。

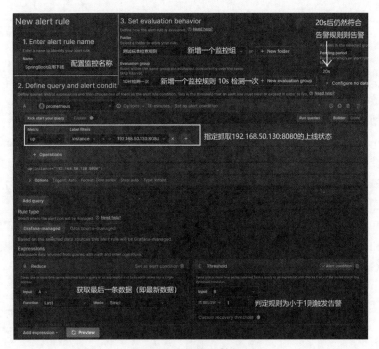

图 15-25　配置监控规则

配置完成后单击右上角的"Save rule and exit"按钮，即可保存当前告警规则。初次添加后该监控规则的判定结果为 Normal，代表当前状态正常，无须告警。

如果此时我们停止当前的 Spring Boot 工程，则会在等待大约 15～20 秒后 Grafana 的告警状态变为 Pending，意为不确定当前是否应该告警，这个状态下会遵循我们配置的最大等待时间，也就是 20 秒，如果在等待 20 秒后判定结果仍然符合告警规则，则告警状态会变为 Firing，代表已经推送告警信息。当告警消息推送完毕后，我们可以在接收邮件的邮箱中发现 Grafana 已经推送了告警邮件，如图 15-26 所示，这就意味着基于 Grafana 的告警规则已经配置完毕。

图 15-26　Grafana 的告警邮件

15.6　小结

本章介绍了 Spring Boot 的重要特性之一：生产级的监控指标和管理。Spring Boot 能快速流行和被广泛使用，完备和高可扩展性的监控体系是非常有分量的筹码之一。

作为 Spring Boot 中整合生产级监控指标管理的场景启动器，Spring Boot Actuator 默认提供了非常多的监控端点和监控指标，且大部分支持 HTTP 和 JMX 协议的访问，不过出于对安全的考虑，Spring Boot Actuator 默认禁用了绝大部分 HTTP 端点，我们在实际项目上线时需要做好 HTTP 监控端点的防护后再开启。

通过 HTTP 访问监控端点，配合 Spring Boot Admin 可以更好地管理和浏览 Spring Boot 应用的运行状态和相关管理。Spring Boot Actuator 整合 Micrometer 的 Prometheus 模块，可以配合 Prometheus 和 Grafana 完成完善的监控和告警体系。